“十三五”普通高等教育本科部委级规划教材

成衣工艺学（第4版）

Garment Technology
Fourth Edition

张文斌 等编著

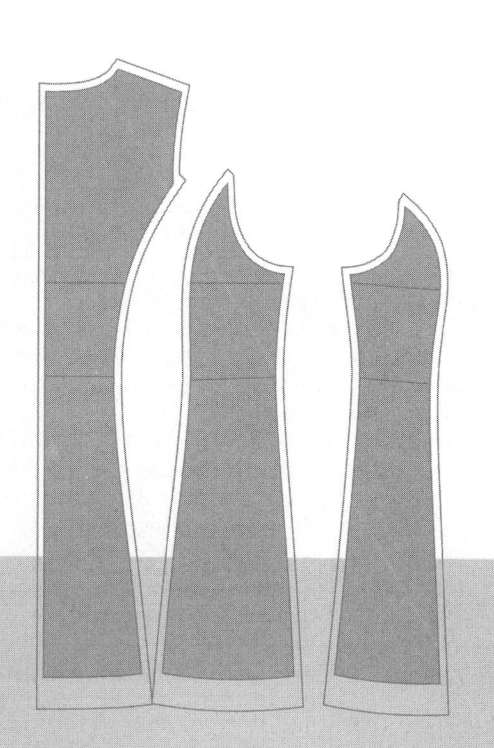

国家一级出版社
中国纺织出版社
全国百佳图书出版单位

内 容 提 要

本书作为"十三五"普通高等教育本科部委级规划教材，继承了《服装工艺学》(成衣工艺分册)的特色，摒弃了若干落后于时代潮流的内容，拓展了现代加工技术的知识面，增补了若干新的知识点。

本书内容有机缝工艺、手缝工艺及装饰工艺等成衣工艺基础，材料的准备、检验、预缩等前整理，衣片的排列、裁剪、捆扎及裁剪原理分析，服装生产流水线的设计与管理，衣片的缝纫加工原理与缝制工艺，衣片的熨烫定形工艺，服装标志使用说明，服装质量控制标准与检测方法以及成品后整理、包装和运输等。

本书可作为高等院校服装专业教材，也可供服装技术人员参考和阅读。

图书在版编目（CIP）数据

成衣工艺学/张文斌等编著．—4版．--北京：中国纺织出版社，2019.2（2024.11重印）

"十三五"普通高等教育本科部委级规划教材

ISBN 978-7-5180-5551-7

Ⅰ．①成…　Ⅱ．①张…　Ⅲ．①服装缝制—服装工艺—高等学校—教材　Ⅳ．①TS941．63

中国版本图书馆CIP数据核字（2018）第250449号

策划编辑：李春奕　　责任编辑：苗　苗　　责任校对：王花妮
责任设计：何　建　　责任印制：王艳丽

中国纺织出版社出版发行
地址：北京市朝阳区百子湾东里A407号楼　邮政编码：100124
销售电话：010—67004422　传真：010—87155801
http：//www.c-textilep.com
E-mail：faxing@c-textilep.com
中国纺织出版社天猫旗舰店
官方微博 http：//weibo.com/2119887771
三河市宏盛印务有限公司印刷　　各地新华书店经销
1993年6月第1版　1997年6月第2版
2008年11月第3版　2019年2月第4版　2024年11月第31次印刷
开本：787×1092　1/16　印张：22.25
字数：403千字　定价：49.80元

第 4 版前言

《成衣工艺学》（第 4 版）继承了纺织总会统编教材《服装工艺学》（成衣工艺学分册）的特色，摒弃了若干落后于时代潮流的信息，拓展了服装企业智能化改造方面的内容。

本书作为高校专业教科书，首先应具一定的学术性，具有较系统的知识结构，将现代成衣技术以理性的笔触去概括总结，使学生能通过它了解成衣工程的理论原理和工程架构，掌握工业化生产技术知识平台。

服装技术是实用技术，相对于其专业理论而言，它首先是实用技术的属性，因此《成衣工艺学》（第 4 版）又必须从实用性、可操作性的方面去解说，剖析成衣加工技术，即作为桥梁让读者能够通过它直面现代服装生产企业的技术链和技术行为。

现代经济越来越趋向全球一体化，服装产业的个性化、智能化发展要求高校服装专业学生具有国际视野，立足于网络技术智能生产的知识平台。因此本次修订在章节中注意吸收了相关信息和知识结构，以适应客观需求；删去了缝纫原理部分与生产关系不大的内容；增加了第十三章服装产业新兴技术，集中分析了智能制造和个性化定制方面的信息和知识。

本次修订的编写分工与第 3 版相同，此外增补的第十三章由东华大学杜劲松编写，杨帆等同学参加了文字的编辑与图表的编制工作。全书由东华大学张文斌主编，在此谨对所有参编人员鸣谢。

张文斌

2018 年 9 月

第3版前言

《成衣工艺学》作为教育部“十一五”重点教材之一，继承了纺织总会统编教材《服装工艺学》（成衣工艺分册）的特色，摒弃了若干落后于时代潮流的信息，拓展了现代加工技术的知识面，增补了若干新的知识点，以尽力完成本书所应该承担的社会责任。

本书作为高校服装专业的教科书，首先应具有一定的学术性，具有较系统的知识结构，将现代服装成衣技术用理性的笔触去总结概括，使学生能够通过它了解成衣工程的理论原理和工程架构，掌握工业化生产这个技术知识平台。

服装技术是一门实用技术，相对于其专业理论来说，它首先是实用技术的属性。因此《成衣工艺学》又必须从实用性、可操作性的层面去解说、剖析成衣加工技术，即作为桥梁让读者能够通过它直面现代服装生产企业的技术链和技术动作。

现代的经济越来越趋向全球一体化，服装产业的国际化接轨要求高校学生具有国际化的知识大平台。因此，本书在一些章节中尽可能地收录了国际组织及工业化国家的相关信息，以适应客观的要求。

全书由东华大学服装学院张文斌主编，其中本书第一章由浙江理工大学祝煜明、东华大学张文斌编写；第二章由东华大学李东平、张文斌编写；第三章由浙江理工大学祝煜明、广东纺织职业技术学院张宏仁编写；第四章由天津工业大学佟立民、河北科技大学李晓燕编写；第五章由东华大学杜劲松编写；第六章由东华大学张祖芳、李兴刚，广东纺织职业技术学院张宏仁编写；第七章由东华大学杜劲松、天津工业大学佟立民编写；第八章由五邑大学李引枝编写；第九章由东华大学张文斌、华南农业大学吴军编写；第十章由东华大学张文斌、张向辉编写；第十一章、第十二章由东华大学张文斌编写。另黄志瑾先生亦参与部分章节的编写工作；东华大学刘亚平、刘雷、毕研旬、何艳霞、付赟龑、米婷婷、王慧、洪健、张晓霞、任天亮等同学参加了文字的编辑与图表的编制工作。在此对所有给予本书帮助的同行一并鸣谢。

张文斌
2008年8月

第2版前言

由中国纺织总会教育部（原纺织工业部教育司）规划出版的高等服装院校首轮服装专业教材：《服装色彩学》《服装设计学》《服饰图案设计》《服装材料学》《服装工艺学》（结构设计分册）、《服装工艺学》（成衣工艺分册）及《服装机械原理》，出版至今已有七八年了，受到高等服装院校广大师生的好评，同时也得到大批社会读者的认同。对培养高级服装专门人才起到了积极推动的作用。

随着教育改革的逐步深入，服装工业高新技术的应用，各类新标准的推广，对服装教材提出了新的要求。为此，我们正在编写新一轮教材。为满足教学的急需和社会的需要，我们同时组织原作者对上述教材进行修订，主要增加服装新材料、新工艺、新设备及现代服装方面的知识，并使用了最新的有关国家标准。力求使全套教材与现代社会对服装的新要求、高标准合拍。

希望此套修订教材能同样获得广大读者的欢迎，并恳请读者对书中的不足之处提出批评指正。

中国纺织总会教育部

1996年8月

第1版前言

为了适应我国纺织工业深加工、精加工的迫切需要，自1984年以来，纺织工业部在所属的高等院校中陆续设置了一批服装专业。随着服装教育事业的发展，尽快编写出版一批满足教育及生产急需的教材和参考书，有着特别重要的意义。为此，在1987年，纺织工业部教育司委托“服装专业委员会”，组织一批在教育第一线工作的同志，通过集体创作，编写了第一批教学用书，此批图书共六本，包括《服装设计学》《服装工艺学》（结构设计分册、成衣工艺分册）、《服装色彩学》《服装材料学》《服装机械原理》《服饰图案设计》。这套教材的出版，在初步实现教育用书“现代化”和“本国化”方面是一个有益的尝试。本套教材既可用作纺织院校服装专业的教学用书，也可作为服装制作爱好者的自学参考用书。

《服装工艺学》分结构设计分册和成衣工艺分册。本书为成衣工艺分册，主要进行基本缝迹、缝型等机缝工艺、手缝工艺及装饰工艺等成衣基础工艺，原材料的检验、预缩等前整理；衣片的排列、剪切、捆扎及剪切原理分析，衣片的缝纫加工原理与缝制工艺，服装成品与半成品的熨烫工艺与机理，服装生产的后整理工艺，服装的质量控制标准与检测方法，成品的包装与储运以及各类技术文件的制订方法等内容的教学与技能训练。

鉴于服装专业是各学科相互渗透、密切联系的综合性学科，因此在编写过程中，既注意服装工艺学作为一门独立的学科，保证其理论的系统性、完整性和实践的合理性、科学性，又注意使其注重于专业实用知识的教学，使理论与实践有机结合。

本书第一章、第三章由浙江丝绸工学院祝煜明编写；第二章由苏州丝绸工学院黄志瑾编写；第四章、第六章由天津纺织工学院佟立民编写；第五章由中国纺织大学张祖芳、李兴刚编写；第七章由西北纺织工学院朱君明编写；第八章、第九章由中国纺织大学张文斌与黄志瑾编写。全书由张文斌统稿。

由于编写者学识疏浅，时间短促，难免有遗漏、错误之处，欢迎专家、专业院校的师生及广大读者们批评指正。

编者

1992年5月

《成衣工艺学》（第4版）教学内容及课时安排

章/课时	课程性质/课时	节	课程内容
第一章 （2课时）	基础理论 （2课时）	•	绪论
		一	成衣工艺发展史
		二	我国服装产业的发展趋势与前景
		三	服装生产工序的组成
		四	名词术语
第二章 （4课时）	实用理论及技术 （20课时）	•	成衣基础工艺
		一	常用手针工艺
		二	装饰手针工艺
		三	机缝线迹、缝迹与缝型
		四	基础缝纫工艺
第三章 （6课时）		•	生产准备
		一	材料准备
		二	材料的检验与测试
		三	材料的预缩与整理
		四	样品试制
		五	板样修正、匹配与复核
第四章 （4课时）		•	裁剪工艺
		一	裁剪方案的制订
		二	服装排料技术
		三	服装铺料技术
		四	服装裁剪技术
		五	服装验片、打号、包扎
		六	计算机技术在服装裁剪工程中的应用
第五章 （2课时）		•	服装生产流水线设计与管理
		一	工序分析与制订
		二	工序编制效率
		三	生产流水线种类
		四	生产流水线设计程序
		五	多款式生产流水线管理
第六章 （4课时）		•	缝制工艺
		一	部件缝制
		二	衬料、里布的缝制

章/课时	课程性质/课时	节	课程内容
第六章 （4课时）	实用理论及技术 （20课时）	三	组装缝制
		四	特殊材料服装的缝制
		五	缝制工艺实例分析
第七章 （2课时）	基础理论 （2课时）	•	缝纫原理
		一	缝纫机线迹的特点及形成
		二	缝口强度
		三	缝制质量因素
第八章 （2课时）	实用理论及技术 （14课时）	•	熨烫定形工艺
		一	熨烫定形基本条件
		二	手工熨烫
		三	机械熨烫
		四	熨烫定形机理
第九章 （4课时）		•	成衣品质控制
		一	成衣品质控制程序和内容
		二	成衣跟单的品质控制
		三	服装质量疵病及其产生原因
		四	服装质量检测标准
		五	成衣品质控制的检查方法
第十章 （2课时）		•	服装标志
		一	服装使用说明图示
		二	服装包装、运输和贮存标志
第十一章 （2课时）		•	后整理、包装和储运
		一	后整理
		二	包装
		三	储运
第十二章 （2课时）		•	生产技术文件
		一	生产总体设计技术文件
		二	生产工序技术文件
		三	质量标准技术文件
		四	技术档案
第十三章 （2课时）		•	服装产业新兴技术
		一	智能制造
		二	服装个性化定制

注 各院校可根据自身的教学特色和教学计划对课程时数进行调整。

目　录

基础理论——

绪论

课题名称: 绪论

课题内容: 成衣工艺发展史

我国服装产业的发展趋势与前景

服装生产工序的组成

名词术语

课题时间: 2 课时

训练目的: 1. 了解成衣工艺发展史及发展前景

2. 了解服装生产工序组成

3. 掌握重要的名词术语

教学要求: 以视播光盘及图片展示为主要教学手段。

第一章　绪论

第一节　成衣工艺发展史

服装成衣工艺作为服装制作、生产的技术手段，经历从低级阶段向高级阶段发展的过程。

距今约10万年前的远古时代，人类的祖先在与大自然的搏斗中，已经学会了使用动物的筋、骨制成的针、线，将兽皮、树叶等材料缝合成片状物包裹身体。北京周口店猿人洞穴、浙江余姚“河姆渡新石器时代遗址”发现的管状骨针和绕线棒等物，都说明那时已产生最原始的服装制作工艺形式。

服装加工工具的进步，促进了制作工艺向成衣工艺发展。人类在14世纪发明了铜针，取代骨针，直到18世纪末，服装制作工具仍处于原始阶段，工艺方式一直处于手工制作阶段。19世纪初，第一次产业革命兴起，英国人托马斯·逊特首次发明了链式线迹缝纫机；随后，法国人巴特勒米·西蒙纳在其基础上将其实用化；继而英国人艾萨特·梅里特·胜家兄弟设计了全金属锁式线迹缝纫机。从而将纯粹的手工操作进化到尚需人力的机械操作，服装制作形式亦进入成衣化、规模化阶段。但直至19世纪末，才实现全机械操作，缝纫机亦进入机械高速化、自动化及专门化的研究阶段。从20世纪40年代起，缝纫机的转速已从300r/min提高到10000r/min以上。1965年后，世界各大缝纫机制造商都致力于研究各种缝纫机的自动切线装置和缝针自动定针等省力化机种。日本重机株式会社、美国格伯公司、意大利内基公司分别制造了数控（NC）工业缝纫机。这类缝纫机可使缝制工序程式化、标准化。现今机种类型纷繁，常见的加工工具和设备多达4000余种，主要有单缝机、链缝机、绷缝机、包缝机、缲缝机、刺绣机、锁眼机、钉扣机、打结机等缝纫机械；打褶机、拔裆机、黏衬机、各种部件熨烫机和成品熨烫机等熨烫机械；摊布机、电动裁布机、模板冲压机等裁切机械；自动吊挂传输装置应用于生产流水线。随着电子计算机在服装工业中的广泛应用，各种诸如计算机自动排料、摊布、剪切系统，色差疵点分辨系统，缝制功能的计算机控制系统以及将复杂工序组合而成由单一机种完成的特殊机种，大量使用于生产过程，成衣的生产工艺无论方法还是组织形式，都产生了质的变化。

服装材料的不断更新和发展，也推动成衣工艺向现代化方向发展。服装材料有天然的动物纤维、植物纤维、矿物纤维和人造纤维、合成纤维织造的织物以及各类纤维混纺、交织的织物。新风格的织物形态和新涂料的产生，将推动各种湿热塑形工艺、黏接缝制工艺的发展，从而改进了部件的组合形式，促进旧工艺的改进和新工艺的产生，提高了加工效率和制品质量。

服装品种的发展和款式流行趋势，也对成衣工艺产生影响。服装种类的不断增加，主要体现在两个方面：一是品种的不断增加，如潜水服、石棉服、航空航天服等不同职业的服装，它们有着不同的特殊要求，促使各种新工艺的形成和发展；二是随着人们文化修养和生活水平的提高，服装款式的流行趋势也朝着多样化、个性化方向发展，形成服装的“多品种、小批量、短周期”的特点。这就需要服装加工工艺和服装加工设备向着智能化、自动化、模块化、高效率的柔性制造智能制造的方向发展，生产设备的模块化、传递生产件的机器人化、传输生产线的自动化、生产管理的无人化、操作技术的简单化、生产过程的透明化、个性化信息的生产全程化将成为服装生产形态的主流。

现代成衣工艺技术发展的方向是：

（1）服装加工设备尽可能采用电子技术、气动技术、机械手及机器人等现代科学技术手段，尽量减少生产环节，提高设备利用率。目前已采用电子计算机与激光技术进行设计、纸样缩放、排板、剪切，促进了成衣工业向高效率、高质量发展。

（2）整理工程、裁剪工程、缝制工程及后整理工程，包括面、辅料的检验、划样、开剪、衣片分配、部件缝制、衣片组装、半成品运输、成品检验、包装及储运等工序，实现程序化生产，使整个成衣制品生产形成自动化流水线。

第二节 我国服装产业的发展趋势与前景

我国的成衣工艺有着悠久的历史，但由于几千年封建社会制度的影响，严重束缚和影响了科学技术及生产力的发展，致使我国的服装工业发展十分缓慢，在相当长的时期内还停留在个体制作和手工作坊的生产形式。19 世纪初，随着西方服饰文化的传入，我国传统的服装生产形式及工艺方法得到改变，并在民间逐步产生专门制作和生产西式外衣的“红帮”裁缝；专门制作和生产西式内衣、衬衣及婚礼服等的“白帮”裁缝；专门生产和制作中国传统服装的“中式”裁缝；专业生产军需被服和成衣的“大帮”裁缝。这四大服装生产形式成为当时的主要派系。20 世纪中叶，脚踏缝纫机在我国逐步推广，并逐渐改革手工操作的服装工艺过程，生产规模与形式也在不断扩大。这时，在许多沿海大城市逐步形成西服、衬衣、内衣、童装、男装、女装、裘皮服装、绣衣等特殊行业，但个体劳动的生产形式仍然占较大比例。

新中国成立以后，国家首先对手工业进行了社会主义改造，逐步改变和摆脱了旧的生产方式，组织起四类不同的服装生产形式，即国营、公私合营、集体、个体。但由于长期对服装生产在国民经济中的重要性认识不足以及整个国民经济发展的速度不理想，致使服装生产发展的速度缓慢，跟不上人民生活水平的递增速度。近年来，随着经济的发展和体制改革的不断深入，国家为了切实解决好人民的穿衣问题，扭转“买衣难”、“做衣难”的局面，对成衣生产的体制作了调整，成衣生产的渠道也在不断扩大，已形成纺织、商业、乡镇工业、第三产业、个体业等系统的多种生产渠道。

20世纪80年代末期，服装工业已成为国家积累资金、扩大外汇来源的重要组成部分，服装也成为国际贸易的大宗商品。所以，加强我国服装工业的建设是一项重要国策。国家对发展服装工业十分重视，积极支持服装工业的体制改革，逐步实现纺织与服装产业的联合，并向着现代化的技术和管理发展。目前，服装行业已成为一个具有一定现代生产规模的劳动密集型工业生产体系。

随着世界新技术革命高潮的到来，电子技术时代和信息时代已经进入服装生产领域各种微型计算机、气动技术、激光技术及电子群控技术等新科技被广泛应用。展望未来，一个技术密集型的服装生产形式将逐步建立，我国服装工业必将进入一个从设计到成衣制作高速化、自动化、高效率的新时代。

第三节　服装生产工序的组成

成衣工艺加工方法是要根据不同品种、款式和要求制订出其特定的加工手段和生产工序。随着新材料、新技术的不断涌现，加工方法和顺序也随之复杂多变，而它的科学性将直接关系到加工效率和加工质量，这也是成衣工艺学中需要研究的十分重要的课题。尽管它的生产形态是不定形的，但它的生产过程及工序是基本一致的。服装生产工序大致由以下几个生产工序和环节组成。

一、生产准备

生产准备作为生产前的一项准备工作，要对生产某一产品所需要的面料、辅料、缝线等材料进行选择配用，并做出预算，同时对各种材料进行必要的物理、化学检验及测试，包括材料的预缩和整理、样品的试制等各项工作，保证其投产的可行性。

二、裁剪工艺

一般来说，裁剪是服装生产的第一道工序，其主要内容是把面料、里料、衬料及其他材料按划样要求剪切成衣片，包括排料、铺料、算料、坯布疵点的借裁、套裁、划样、剪切、验片等。

三、缝制工艺

缝制是整个加工过程中技术较复杂、也较为重要的成衣加工工序。它是按不同的服装材料、不同的款式要求，通过科学的缝合，把衣片组合成服装的一个工艺处理过程。所以，如何科学地组织缝制工序，选择缝迹、缝型及机械设备和工具等都是十分重要的。服装缝制技术是成衣过程中需要研究探讨的一个重要方面。

四、熨烫塑形工艺

熨烫塑形是通过对成品或者半成品施加一定的温度、湿度、压力、时间等条件的操作工艺，使织物按照要求改变其经纬密度及衣片外形，进一步改善服装立体外形。它包括研究湿热加工的物理、化学特性以及衣片归缩、拉伸塑形原理和手工机械进行熨烫的加工工艺方法、定形技术要求等内容。

五、成品品质控制

成品品质控制是研究使产品达到计划质量与目标质量相统一的控制措施。它是使产品质量在整个加工过程中得到保证的一项十分必要的措施和手段，是研究特定产品在加工过程中必须和可能产生的质量问题，并研究制订必要的质量检验措施。

六、后整理

后整理包括包装、储运等内容，是整个生产工程中的最后一道工序，也称后处理工程。它必须根据不同的材料、款式和特定的要求采取不同的折叠和整理形式；同时研究不同产品所选用的包装和储运方法，还需要考虑在储藏和运输过程中可能发生的对产品造成的损坏和质量影响，以保证产品的外观效果及内在质量。

七、生产技术文件的制订

生产技术文件的制订包括总体设计、商品计划、款式技术说明书、成品规格表、加工工艺流程图、生产流水线工程设置、工艺卡、质量标准、标准系列板样和产品样品等技术资料和文件。

八、生产流水线设计

生产流水线设计是根据不同的生产方式及品种方向来选择和决定生产的作业方式，并编制工艺规程和工序，根据生产规模的大小设计出场地、人员、配备和选择生产设备，要求能形成高效率、高质量的最佳配置形式。

从整个成衣生产过程看，由于电子计算机技术和自动化技术逐步运用于服装工业中，如布料的检验、纸样推档、排料、衣坯剪切等工作都被自动化所替代，使这些工序逐步从劳动密集型转变到技术密集型，但缝纫、熨烫工序还大量地使用人工劳动，其使用的机械设备占整个成衣生产需要的大部分，生产员工数亦占总生产员工数的60%～80%。

服装生产工序顺序如图1-3-1所示。

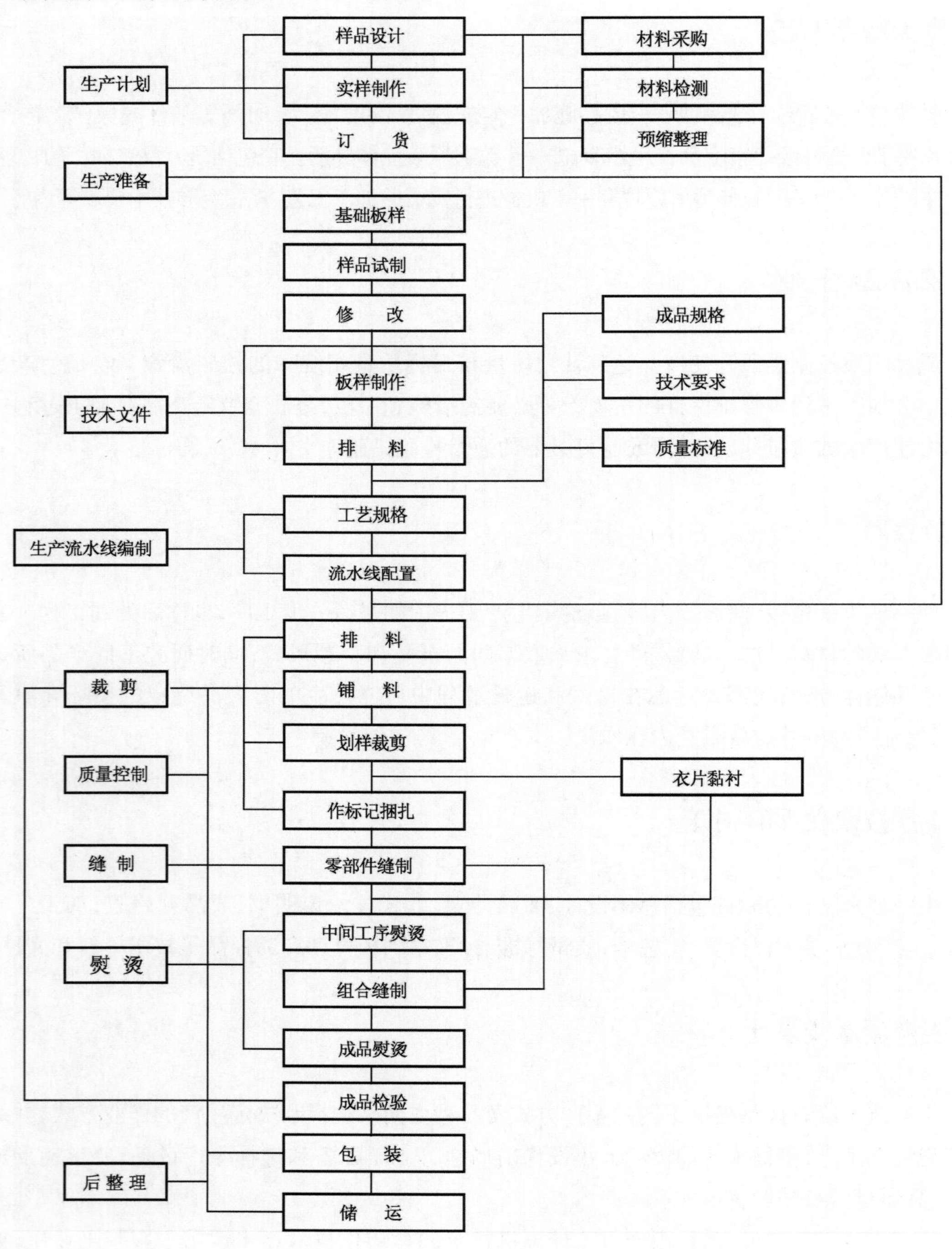

图1-3-1 服装生产工序图

第四节　名词术语

《成衣工艺学》中使用的名词术语，是按照2008年中国国家标准化管理委员会颁布的《服装术语》作为标准用语的，并根据近年来服装工业的发展所出现的一些新的技术用语，作部分增补。

本节所介绍的成衣工艺名词术语，主要有三部分。

一、检验工艺名词

(1)验色差：检查原、辅料色泽级差，按色泽级差归类。

(2)查疵点：检查原、辅料疵点。

(3)查污渍：检查原、辅料污渍。

(4)分幅宽：原、辅料门幅按宽窄归类。

(5)查衬布色泽：检查衬布色泽，按色泽归类。

(6)查纬斜：检查原料纬纱斜度。

(7)复码：复查每匹原、辅料的长度。

(8)理化试验：测定原辅料的物理、化学性能。包括原、辅料的伸缩率、耐热度、色牢度等试验。

二、裁剪工艺名词

(1)烫原辅料：熨烫原辅料折皱印。

(2)排料：排出用料定额。

(3)铺料：按照排料的长度、层数，把面料平铺在裁床上。

(4)划样：用板样或漏划板按不同规格在原料上划出衣片裁剪线条。

(5)复查划样：复核划样结果。

(6)裁剪：按划样裁成衣片。

(7)钻眼：用电钻在裁片上做出缝制标记。应作在可缝去的部位上，以免影响产品美观。

(8)打粉印：用粉片在裁片上做缝制标记，一般作为暂时标记。

(9)编号：裁好的衣片按顺序编上号码。同一件衣服上的号码应一样。

(10)查裁片刀口：检查裁片刀口质量。

（11）配零料：配零部件料。

（12）钉标签：将有顺序号的标签钉在衣片上。

（13）验片：检查裁片质量。

（14）织补：修补裁片织疵。

（15）换片：调换不符合质量的裁片。

（16）分片：将裁片按序号配齐或按部件的种类配齐。

（17）冲上下领衬：用模具冲压领子的上领和下领的衬布。

（18）衣坯：未作任何加工的衣片。

（19）段耗：指坯布经过铺料后断料所产生的损耗。

（20）裁耗：铺料后坯布在划样开裁中所产生的损耗。

（21）成衣坯布制成率：制成衣服的坯布重量与投料重量之比。

三、缝纫工艺名词

（1）刷花：在裁剪绣花部位上印刷花印。

（2）修片：修剪毛坯裁片。

（3）打线丁：用异色棉纱线在裁片上做缝制标记。一般用于毛呢服装上的缝制标记。

（4）剪省缝：毛呢服装省缝剪开。

（5）环缝：毛呢服装剪开的省缝用纱线作环形针法绕缝。以防纱线脱散。

（6）缉省缝：省缝折合用机缉缝合。

（7）烫省缝：省缝坐倒或分开熨烫。

（8）推门：将平面衣片经归拔等工艺手段烫成立体形态的衣片。

（9）缉衬：机缉前身衬布。

（10）烫衬：熨烫缉好的胸衬。使之形成人体胸部形态，与经推门后的前衣片相吻合。

（11）敷胸衬：前衣片敷上胸衬。使衣片与衬布贴合一致，且衣片布纹处于平衡状态。

（12）纳驳头：手工或机扎驳头，亦称扎驳头，用手工或机器扎。

（13）做插笔口：在小袋盖上口做插笔开口。

（14）滚袋口：毛边袋口用滚条包光。

（15）拼接耳朵皮：手工或机缝拼接耳朵皮（在前身里与挂面处拼接做里袋的一块面料）。

（16）包底领：中山服底领包转机缉。

（17）做领舌：做中山服底领探出的里襟。

（18）敷止口牵条：牵条布敷上止口部位。

（19）敷驳口牵条：牵条布敷上驳口部位。

（20）缉袋嵌线：袋嵌线料缉在开袋上。

(21)开袋口:将缉好袋嵌线的袋口剪开。

(22)封袋口:袋口两头机缉封口。

(23)敷挂面:挂面敷在前衣片止口部位,即敷过面。

(24)合止口:门里襟止口机缉缝合。

(25)修剔止口:止口缝毛边剪窄。一般有修双边与修单边两种方法。

(26)扳止口:止口缝毛边与前身衬布用斜针扳牢。

(27)擦止口:翻出的止口扎一道临时固定线。

(28)合背缝:背缝机缉缝合。

(29)归拔后背:将平面后衣片按体型归烫成立体衣片。

(30)敷袖窿牵条:牵条布缝上后衣片的袖窿部位。

(31)敷背衩牵条:牵条布缝上背衩边口部位。

(32)封背衩:背衩封结。一般有明封与暗封两种方法。

(33)扣烫底边:衣边折转熨烫。

(34)叠底边:底边扣烫后扎一道临时固定线。

(35)倒钩袖窿:沿袖窿用倒钩针法缝扎。使袖窿牢固。

(36)叠肩缝:将肩缝头与衬扎牢。

(37)做垫肩:用布和棉花等做成垫肩。

(38)装垫肩:垫肩装在袖窿肩头部位。使最厚部位处于人体肩线上,以增加领圈牢度。

(39)倒钩领窝:沿领窝用倒钩针法缝扎。

(40)拼领衬:领衬拼缝机缉缝合或黏合搭拼。

(41)拼领里:领里拼缝机缉缝合。

(42)归拔领里:领里归拔熨烫。

(43)归拔领面:领面归拔熨烫。

(44)敷领面:领面敷上领里。使领面、领里复合一致,领角处的领面要宽松些。

(45)绱领子:领子装上领窝。领子要稍宽松些。

(46)分烫绱领缝:绱领缉缝分开熨烫。

(47)分烫领串口:领串口缉缝分开熨烫。

(48)叠领串口:领串口缝与绱领缝扎牢。注意使串口缝保持齐直。

(49)包领面:西装、大衣领面外口包转,用曲折缝机与领面绷牢。

(50)归拔偏袖:偏袖部位,归拔熨烫。

(51)缲袖衩:袖衩边与袖口贴边缲牢固定。

(52)叠袖里缝:将袖子面、里缉缝对齐扎牢。

(53)收袖山:抽缩袖山松度或缝吃头。

(54)包袖窿:用滚条将袖窿毛边包光。增加袖窿的牢度和挺度。

(55)缲领钩:底领领钩开口处用手工缲牢。

(56)叠暗门襟:暗门襟扣眼之间用暗针缝牢。

(57)定眼位:划准扣眼位置。

(58)滚扣眼:用滚扣眼的布料把扣眼毛边包光。

(59)锁扣眼:将扣眼用粗丝线锁光。

(60)滚挂面:挂面里口毛边用滚条包光,滚边宽度一般为0.4cm左右。

(61)做袋片:将袋片毛边扣转,缲上里布做光。

(62)翻小襻:小襻正面翻出。

(63)绱袖襻:袖襻装在袖口上规定的部位。

(64)倒烫里子缝:里子缉缝压倒熨烫。

(65)缲袖窿:将袖窿里布固定于袖窿上,然后将袖子里布固定于袖窿里布上。

(66)缲底边:将底边与大身缲牢。有明缲与暗缲两种方法。

(67)绱帽檐:将帽檐缉在帽前面的止口部位。

(68)绱帽:帽子装在领窝上。

(69)领角薄膜定位:将领角薄膜在领衬上定位。

(70)热缩领面:将领面进行防缩熨烫。

(71)粘翻领:领衬与领面的三边沿口用糨糊黏合。

(72)压领角:翻领翻出后,将领角进行热定形。

(73)夹翻领:将翻领夹进底领面、里布内机缉缝合。

(74)镶边:用镶边料按一定宽度和形状装在衣片边沿处。

(75)镶嵌线:用嵌线料镶在衣片上。

(76)缉明线:机缉或手工缉缝服装表面线迹。

(77)绱袖衩条:将袖衩条装在袖衩位上。

(78)封袖衩:在袖衩上端的里侧机缉封牢。

(79)绱拉链:拉链装在门襟上。

(80)绱松紧带:将松紧带装在袖口、底边等部位。

(81)点纽位:用铅笔或划粉点准纽扣位置。

(82)钉纽:将纽扣钉在纽位上。

(83)刮浆:在需要用浆的位置把浆刮匀。以增加该部位的挺度,便于缝合。

(84)划绗棉线:划出绗棉间隔标记。

(85)绗棉:按绗棉标记机缉或手工绗缝。将填充材料与衬里布固定。

(86)缲纽襻:将纽襻边折光缲缝。

(87)盘花纽:用缲好的纽襻条,按一定花型盘成各式纽扣。

(88)钉纽襻:纽襻钉上门里襟纽位。

(89)打套结:在衣衩口用手工或机器打套结。

(90)拔裆:将平面裤片拔烫成符合人体臀部下肢形态的立体裤片。

(91)翻门襻:门襻缉好后将正面翻出。

(92)绱门襻:门襻装在裤片门襟上。

(93)绱里襟:里襟装在里襟片上。

(94)绱腰头:腰头装在裤腰上缝合。

(95)绱串带襻:串带襻装在腰头上。

(96)绱雨水布:雨水布绱在裤腰里下口。

(97)封小裆:小裆开口机缉或手工封口。以增加前门襟开口的牢度。

(98)钩后裆缝:后裆缝弯处用粗线倒钩针法缝扎。以增加后裆缝的穿着牢度。

(99)扣烫裤底:裤底外口毛边折转熨烫。

(100)绱大裤底:裤底装在后裆的十字处缝合。

(101)花绷十字缝:裆十字缝分开绷牢。

(102)扣烫贴脚条:裤脚口贴条扣转熨烫。

(103)绱贴脚条:贴脚条绱在裤脚口里侧边沿。

(104)叠卷脚:裤脚翻边在侧缝下裆缝处缝牢。

(105)抽碎褶:用缝线抽缩成不定形的细褶。

(106)叠顺裥:缝叠成同一方向的褶裥。

(107)包缝:用包缝机将衣片毛边包光,使纱线不易脱散。

(108)针迹:缝针刺穿缝料时,在缝料上形成的针眼。

(109)线迹:缝制物上两个相邻针眼之间的缝线迹。

(110)缝迹:相互连接的线迹。

(111)缝型:一定数量的布片在缝制过程中的配置形态。

(112)缝迹密度:在规定单位长度内缝迹的线迹数,也可称为针脚密度。

(113)手针工艺:应用手针缝合衣料的各种工艺形式。

(114)装饰手针工艺:兼有功能性和艺术性并以艺术性为主的手针工艺。

(115)塑形:把衣料通过熨烫工艺加工成所需要的形态。

(116)定形:根据面、辅料的特性,给予外加因素,使衣料形态具有一定的稳定性。

小结

本章综述了成衣工艺自古至今、从无到有、从简单到复杂的发展过程,分析了成衣工艺的相关领域和交叉学科,重点阐述了成衣工艺学名词术语的规范释文和技术定义。

本章的重点是掌握名词术语的技术定义。

思考题

1. 结合服装发展的历史，谈谈你对推动服装向现代成衣工艺方向发展因素的认识。
2. 简述现代成衣工艺技术的发展方向。
3. 谈谈你对服装产业发展趋势和前景的认识。
4. 服装生产工程包括哪些生产工序？
5. 掌握重要的成衣工艺名词术语。

实用理论及技术——

成衣基础工艺

课题名称:成衣基础工艺

课题内容:常用手针工艺

装饰手针工艺

机缝线迹、缝迹与缝型

基础缝纫工艺

课题时间:4课时

训练目的:1. 掌握重要手针工艺技术原理与方法,了解装饰手针工艺技术原理与制作程序

2. 掌握机缝线迹、缝迹的分类、特点、用途

3. 掌握缝型的分类及制作原理与方法

4. 掌握基础缝纫工艺的原理

教学要求:各种手针及机缝成缝原理,应用动态展示分析重要线迹、缝迹,应用图示分析缝针、缝线的组成和位置。重要缝型应用图示分析制作过程,并讲清使用的场合。

第二章　成衣基础工艺

成衣基础工艺是服装加工工艺的基础，它包括手针工艺、装饰工艺和基本缝型的缝制工艺。

第一节　常用手针工艺

手针工艺是服装缝纫工艺的基础工艺，主要是使用布、线、针及其他材料和工具通过操作者的手进行操作的工艺。

一、工具

常用手针工具主要有下列几种。

（一）手缝针

手缝针是最简单的缝纫工具。针号随衣料的厚薄、质地及用线的粗细而决定（表2－1－1）。

表2－1－1　手针号码与缝线粗细关系表

针　号	1	2	3	4	5	6	7	8	9	10	11	长7	长9
直径（mm）	0.96	0.86	0.78	0.78	0.71	0.71	0.61	0.61	0.56	0.56	0.48	0.61	0.56
长度（mm）	45.5	38	35	33.5	32	30.5	29	27	25	25	22	32	30.5
线的粗细	粗　线			中　粗　线				细　线		绣　线			
用　　途	厚　料			中厚料			一般料		轻　薄　料				

（二）顶针

顶针又名针箍，用于保护手指在缝纫中免受刺伤。有帽式与箍式之分。

(三)剪刀

剪刀有裁剪刀、缝纫小剪刀、刺绣剪刀等几类。裁剪刀与缝纫小剪刀要求尖部合口锋利,刺绣剪刀要求细长而翘起。

(四)绷架

绷架有圆绷与方绷之分。圆绷用竹材制成,有固定式与可调节式两种,直径为12cm、20cm、30cm等,适用于小件的刺绣;方绷用木材制成,大小约为40cm×70cm,可调节,用于绣大件的绣品。

二、针法

手工缝纫是一项传统的工艺,能代替缝纫机尚不能完成的技能,具有灵活方便的特点。手针工艺是服装加工中的一项基本功,特别在缝制毛呢或丝绸服装的装饰点缀时,手针工艺更是不可缺少的辅助工艺技法。

手针缝纫有多种针法,按缝制方法可分为平针、回针、斜针等;按线迹形状可分为三角针、旋针、竹节针、十字针等;按刺绣图案可分为平绣、缎绣、双面绣等。

三、技法

技法是在针法的基础上,运用熟练的技术和技巧。具体表现在运针时上下针的均匀程度、针迹间隔距离、线迹的粗细、绣线缠绕方向,由此而产生线迹的纹样。

(一)短绗针

短绗针是指将针由右向左,间隔一定距离构成针迹,依次向前运针,用于手工缝纫和装饰点缀(图2-1-1)。

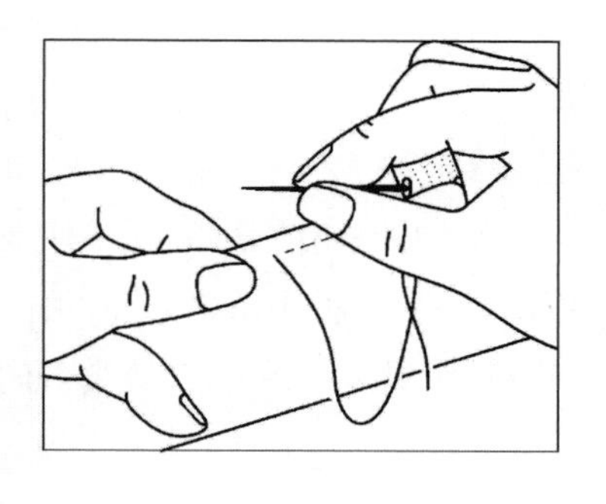

图2-1-1　短绗针

(二)长短绗针

面料上为长绗针迹,底料上为短绗针迹,一般用于敷衬、打线丁(图2-1-2)。

(三)回针

面料正面的线迹平行连续,有时为斜形。针迹前后衔接,外观与缝纫机线迹相似。用于加固某部位的缝纫牢度(图2-1-3)。

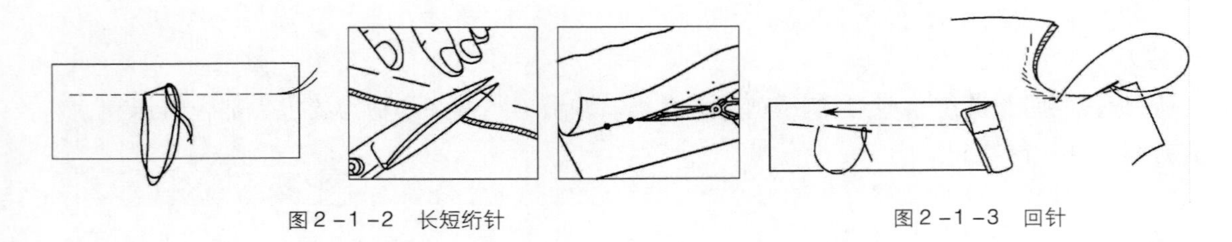

图 2－1－2　长短绗针　　　　图 2－1－3　回针

（四）扎针

扎针亦称斜针。线迹为斜形，针法可进可退。主要用于部件边沿部位的固定（图 2－1－4）。

（五）纳针

纳针的线迹为八字形，上下面料缝合后形成弯曲状，底针针迹不能过分显见。主要用于纳驳头（图 2－1－5）。

（六）暗针

暗针亦称拱针。用于止口无缉线的毛呢服装衣身、挂面、衬料三者的固定。表面尽量不显现线迹（图 2－1－6）。

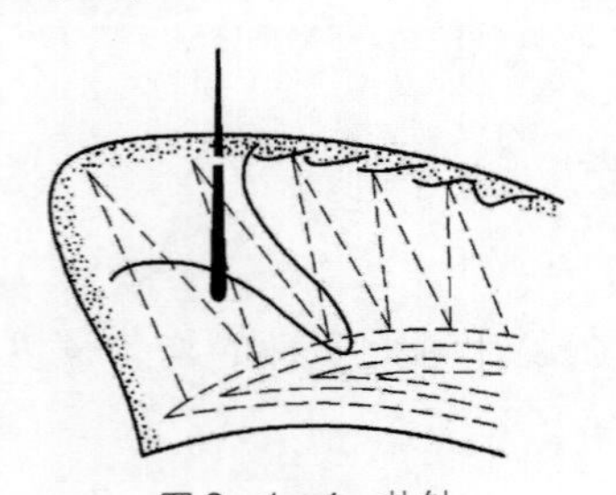

图 2－1－4　扎针

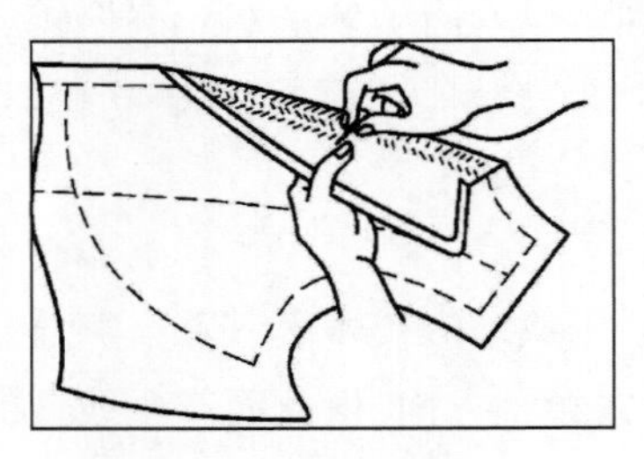

图 2－1－5　纳针

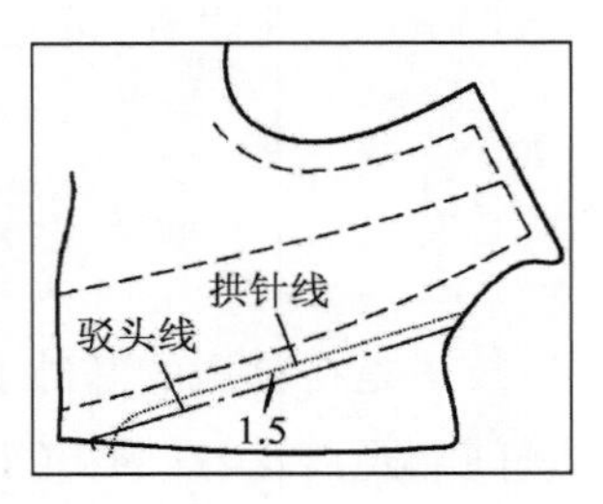

图 2－1－6　暗针

（七）缲针

缲针的针法有三种。第一种是由右向左、由内向外缲，每针间隔 0.2cm，针迹为斜扁形［图 2－1－7(a)］；第二种为由右向左、由内向外竖直缲，缝线隐藏于贴边的夹层中间，每针间隔 0.3cm［图 2－1－7(b)］；第三种为针迹由右向左，每针间隔 0.5cm，线迹稍松弛［图 2－1－7(c)］。

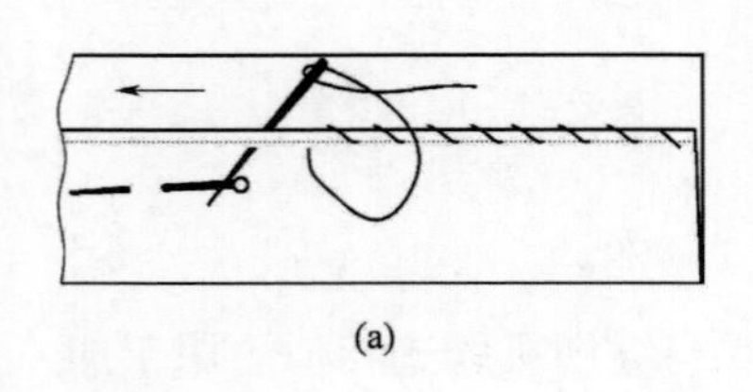

(a)

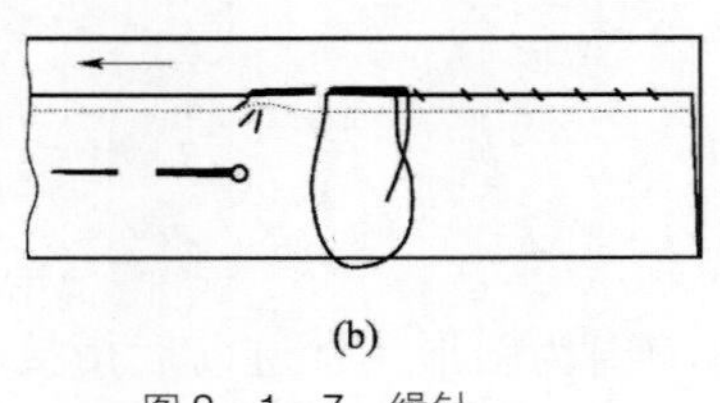

(b)

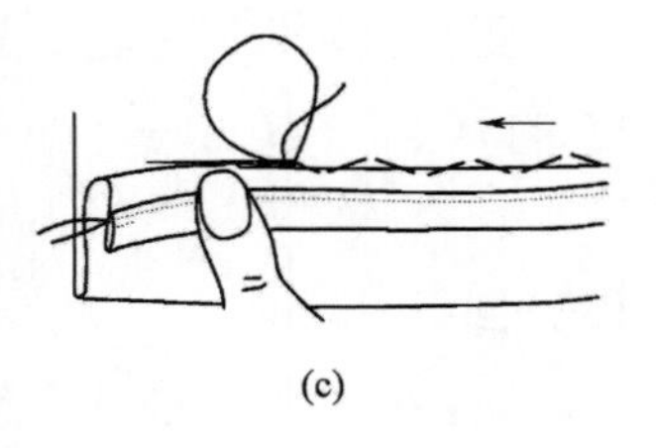

(c)

图 2－1－7　缲针

（八）三角针

三角针亦称花绷针。针法为内外交叉、自左向右倒退，将布料依次用平针绷牢，要求正面不露针迹，缝线不宜过紧。常用于衣服贴边处的缝合（图2－1－8）。

（九）套结针

套结的作用是加固服装开口的封口处。针法与锁扣眼针法相同。操作时需先在封口处用双线来回作衬线，然后在衬线上用锁眼方法锁缝。针距要求整齐，且缝线必须缝住衬线下面的布料（图2－1－9）。

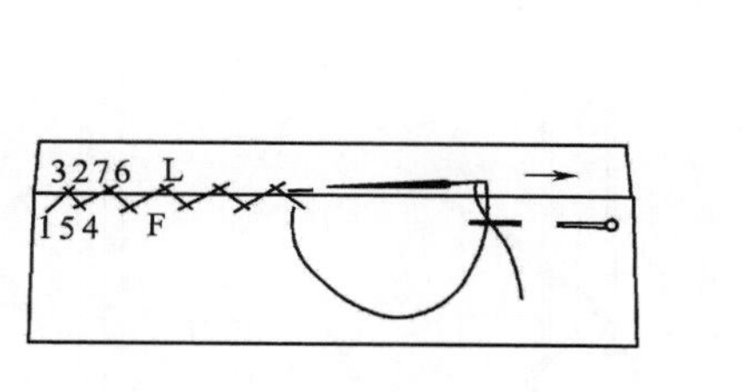

图2－1－8　三角针

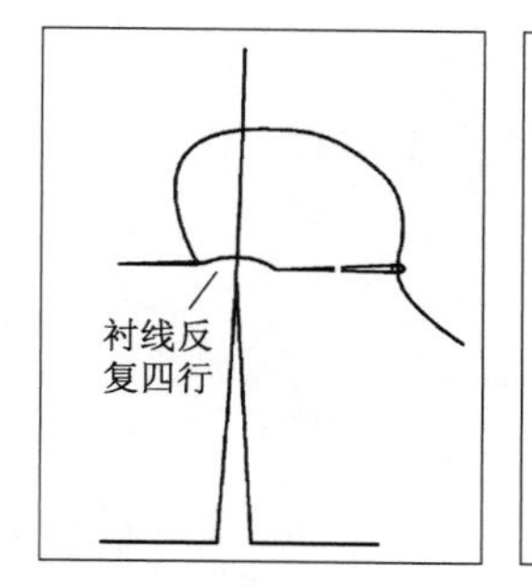

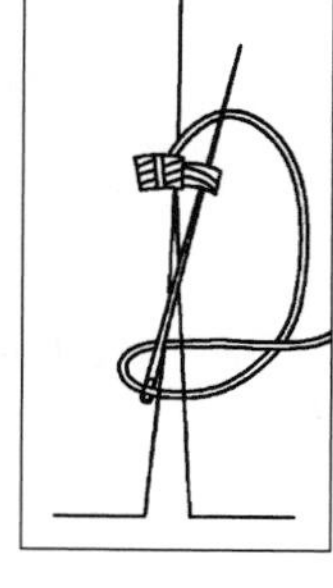

图2－1－9　套结针

（十）拉线襻

拉线襻的操作方法分为套、钩、拉、放、收五个步骤。常用于纽襻及连接里料与面料（图2－1－10）。

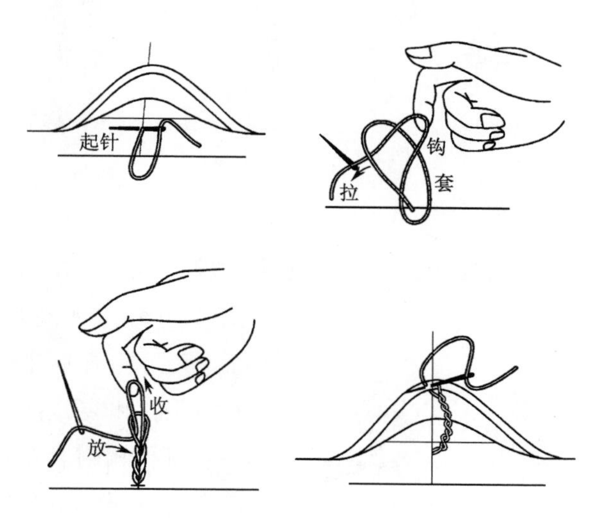

图2－1－10　拉线襻

（十一）锁纽孔

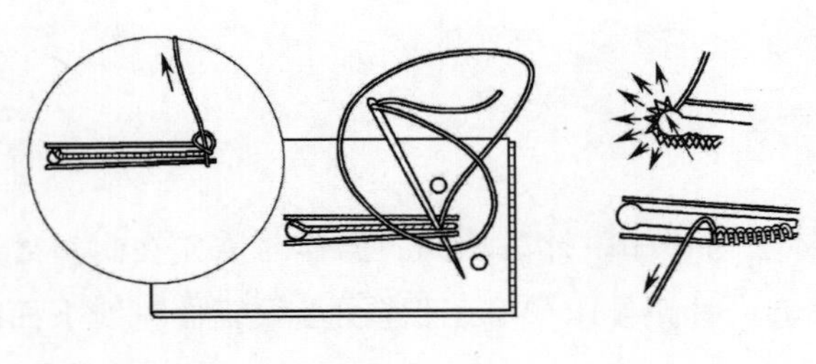

图2－1－11　圆头锁孔

纽孔在外观上分方头和圆头两种；功能上有实用与装饰之分；加工方法上有手工缝锁和机器缝锁之分。一般以单股用线为佳，有时根据衣料厚度可用两股缝线合并缝锁。图2－1－11和图2－1－12所示分别为圆头锁孔和方头锁孔。圆头锁孔即在纽孔前端锁成圆孔状，圆孔大小等于纽脚粗细。方头锁孔的针法与圆头锁孔一样，其最大区别是可省略衬线和无纽脚孔。圆头纽孔常用于毛呢及较厚的化纤面料服装上，方头纽孔常用于内衣及一般厚度的外衣上。

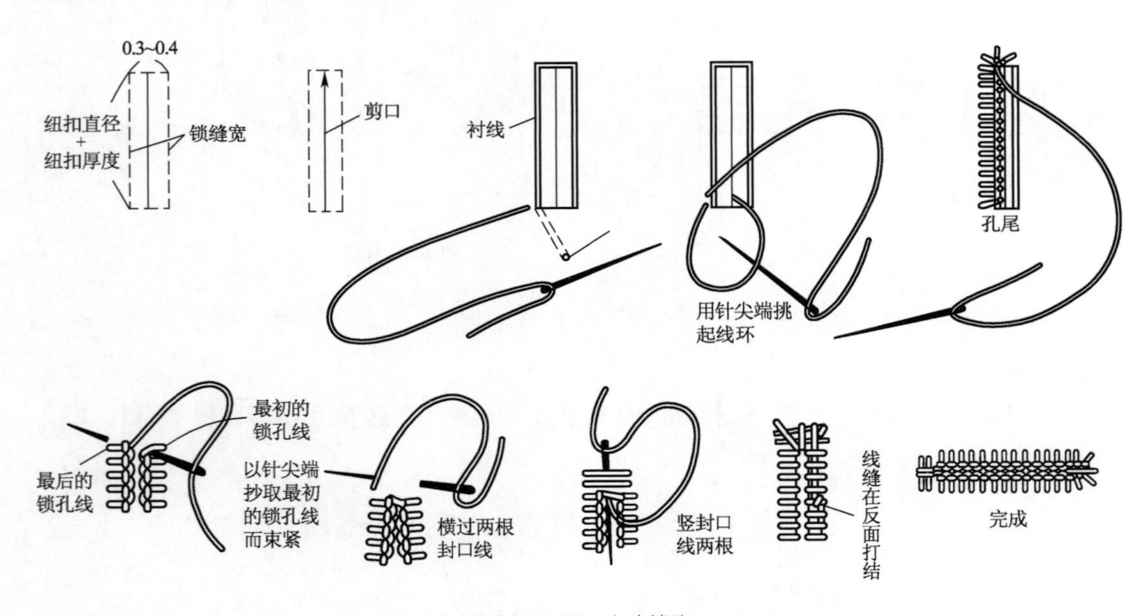

图2－1－12　方头锁孔

（十二）钉纽扣

纽扣的种类按材料可分为纸板、胶木、木质、电木、塑料、有机玻璃、金属、骨质等；在式样上有圆形、方形、菱形等各种造型；在与衣服的关系上可分为有眼和无眼两种。钉缝的纽扣有实用扣和装饰扣两种功能形式。实用扣要与纽孔相吻合。钉纽扣时，底线要放出适当松量，作缠绕纽脚用。线脚的高矮要根据衣料的厚薄来决定（图2－1－13）。钉

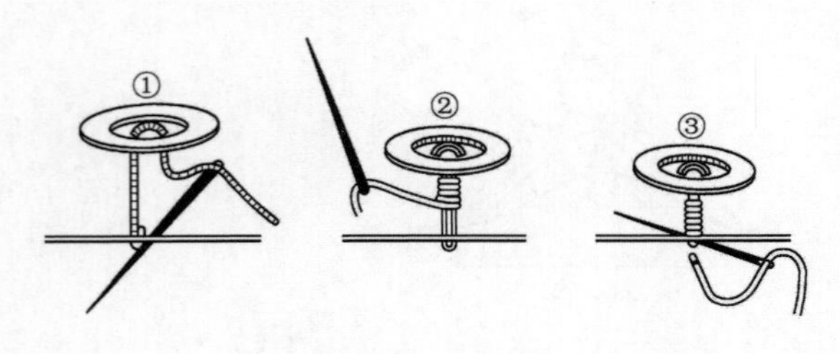

图2－1－13　钉纽扣

缝装饰纽扣时线要拉紧钉牢。

有时用衬布、衬扣来加强纽扣和缝钉的牢度。衬布又称垫布，衬扣又称支力扣或垫扣。一般衬布用在单薄的衣片上，衬扣用在厚重的衣片上（图 2－1－14）。

四孔纽扣的穿线方法有平行、交叉、方形三种（图2－1－15）。

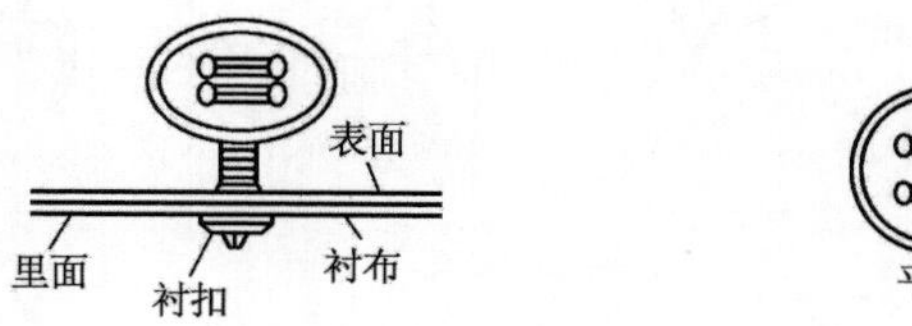

图2－1－14 衬布和衬扣

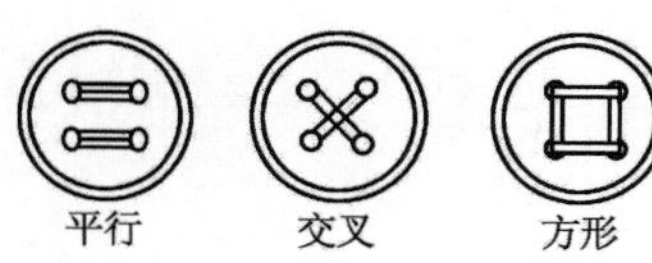

图 2－1－15 四孔纽扣

（十三）包扣

包扣是将布按纽扣直径的 2 倍剪成圆形，用双线在其边沿均匀拱缝一周，塞进纽扣或其他硬质材料后将线均匀抽拢、固定。有时为了点缀，可在布上作装饰针法。包扣在服装上既有实用功能，又起点缀作用（图 2－1－16）。

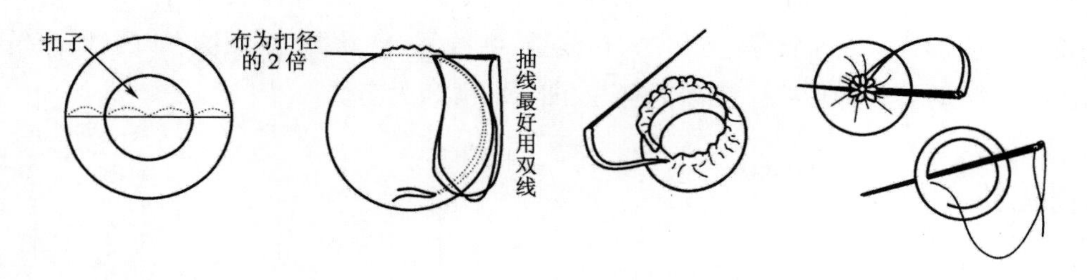

图 2－1－16 包扣

（十四）钉揿扣

揿扣又称按扣、子母扣，它较纽扣、拉链穿脱方便，且较隐蔽。其大小与颜色可随衣料而定。凸形揿扣缝钉在上衣片挂面上，然后在下衣片上作标记后缝钉凹形揿扣。缝钉针法与锁纽孔针法相同（图 2－1－17）。

（十五）钉钩扣

钩扣的大小、形状种类较多，要根据使用的位置与功能进行选择。衣领上用风纪扣、腰带上用裤钩。缝钉时，钩的一侧要缩进，扣的一侧要放出，钩好后使衣片之间无空隙（图 2－1－18）。

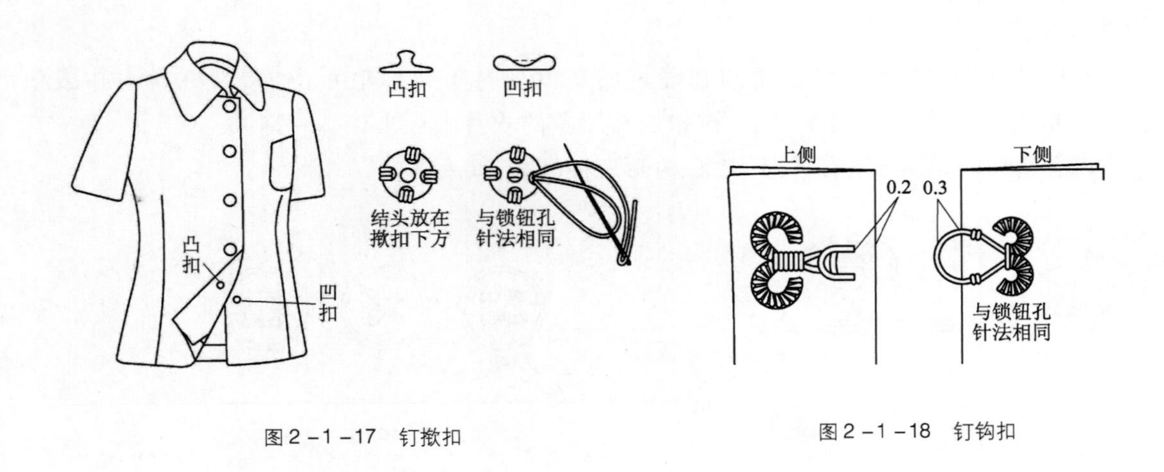

图2－1－17　钉揿扣　　图2－1－18　钉钩扣

第二节　装饰手针工艺

装饰手针工艺是增强服装及家用纺织品装饰性的重要工艺手段。有刺绣、钉珠、扳网、做布花等各种形式。手工刺绣(简称手绣)是将绣线通过手针以一定规律的运行形成线迹,勾画成刺绣图案的工艺形式。有平面绣、立体绣、花线绣、绒线绣、劈丝绣、双面绣、雕绣、贴布绣、抽丝绣、包梗绣、十字绣等多种形式。流派上有苏、湘、蜀、粤四大名绣。

一、杨树花针

杨树花针亦称花绷针。针迹长短要求一致,图案顺直。针法可分为一针花、二针花和三针花等,视装饰需要而定(图2－2－1)。

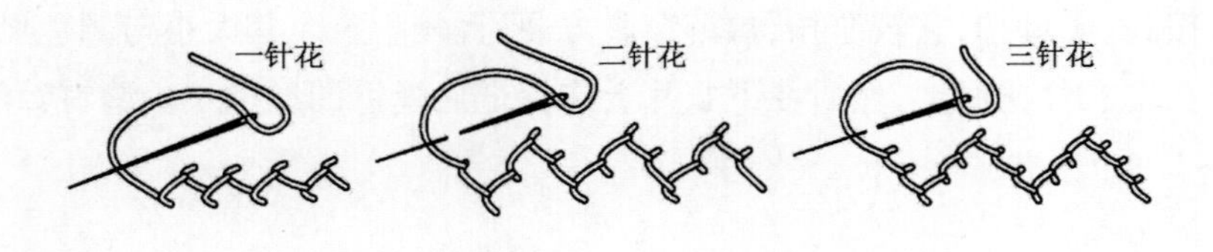

图2－2－1　杨树花针

二、串针

串针是指用绣针作行针针迹,再用其他种绣线在其间穿过。多用于女装和童装的门襟、止

口及袋口处装饰(图 2 –2 –2)。

三、旋针

旋针的针法是隔一定距离打一套结,再向前运针,周而复始,形成涡形线迹。多用作花卉图案的枝梗(图 2 –2 –3)。

四、竹节针

竹节针是指刺绣时将绣线沿着图案线条,每隔一定距离作一线结并刺穿衣料。多用于刺绣各类图案的轮廓线(图 2 –2 –4)。

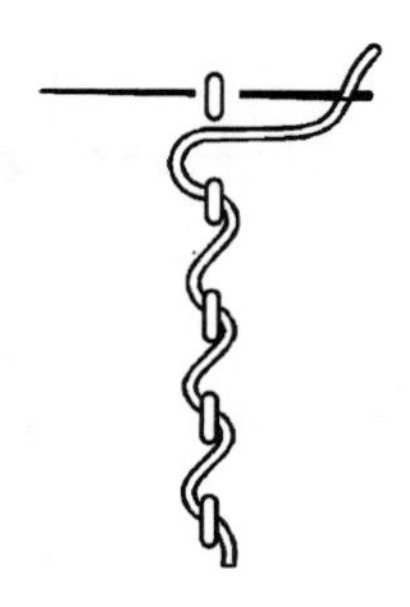

图 2 –2 –2　串针

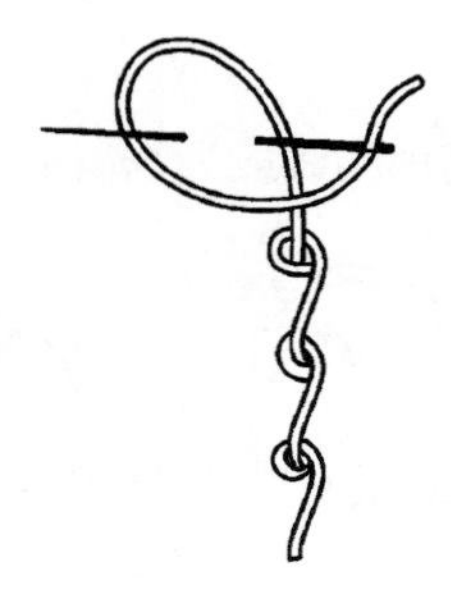

图 2 –2 –3　旋针

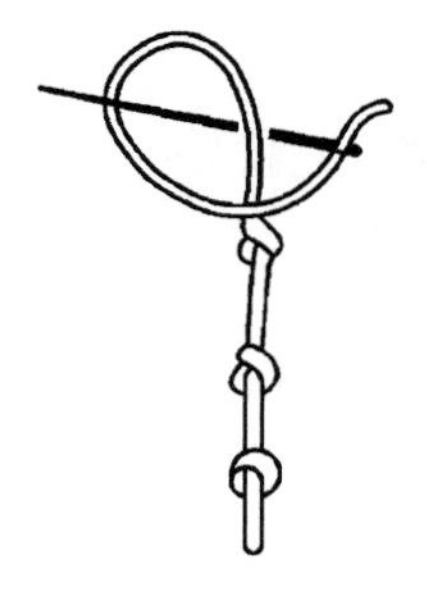

图 2 –2 –4　竹节针

五、山形针

山形针的针法与线迹和三角针相似,只是在斜行针迹的两端加一回针。多用于育克边沿装饰(图 2 –2 –5)。

六、链条针

链条针亦称锚链针。线迹一环紧扣一环,形如锚链。可用作图案的轮廓线刺绣。针法分正套和反套。正套刺绣时先用绣线绣出一个线环,再将绣针压住绣线后运针,作成链条状。反套法先将针线引向正面,再在与前一针并齐的位置将绣针插下,压住绣线,然后在线脚并齐的地方绣第二针,逐针向上而成。如作宽形链条状,则两边的起针距离大,且挑针角度形成斜形(图 2 –2 –6)。

七、嫩芽针

嫩芽针亦称Y形针。多用于儿童、少女服装。将套环形针法分开绣成嫩芽状(图2－2－7)。

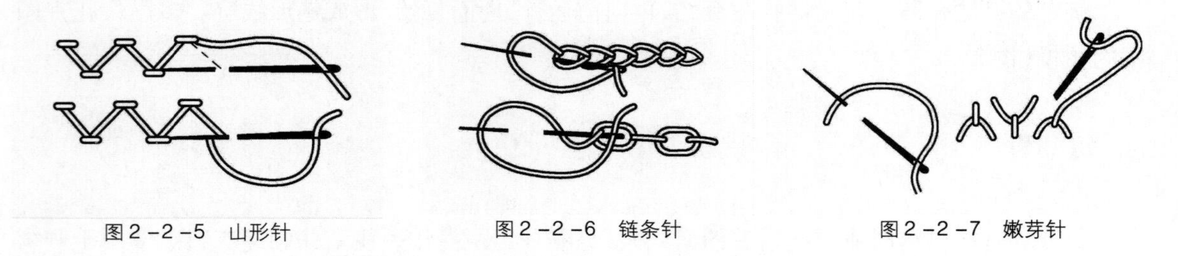

图2－2－5　山形针　　图2－2－6　链条针　　图2－2－7　嫩芽针

八、叶瓣针

叶瓣针是将套环的线加长,使连接各套环的线成为锯齿形。多用于边沿上的装饰(图2－2－8)。

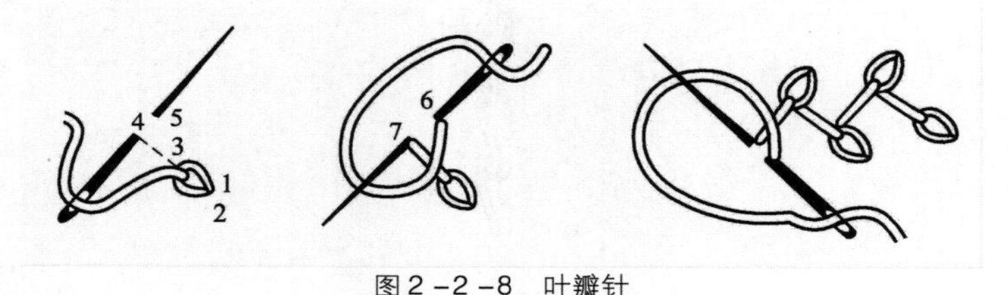

图2－2－8　叶瓣针

九、绕针绣

绕针绣是刺绣时先绣回形针迹,再用线缠绕在原来的针迹中,产生捻线的视感。多用于毛呢服装的门襟边沿(图2－2－9)。

十、盘肠绣

盘肠绣时先按等距离作成回形线迹,再用另一绣线在回形针迹中穿绕作成盘肠线迹。注意穿绕时松紧要一致(图2－2－10)。

十一、穿环针

穿环针是指刺绣时先作绗针,然后在针距空隙中用另一种色线补缺成为回形针状,再用第三种色线穿绕成为波浪状，最后用第四种色线如前法穿绕，补充波浪线迹的空白，组成连环状。由于异色线关系可使刺绣的格调产生变化（图2－2－11）。

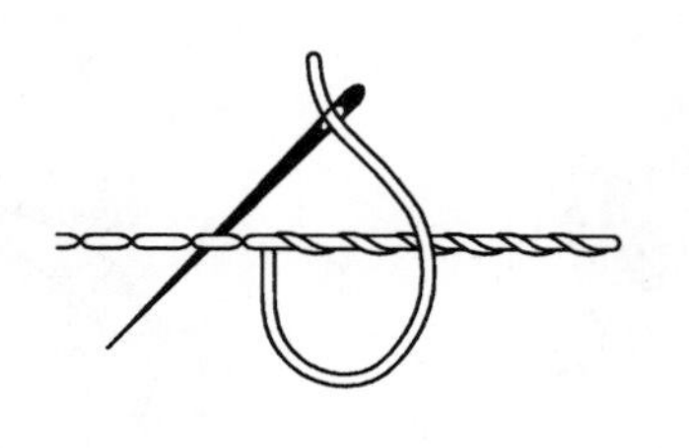

图2－2－9　绕针绣

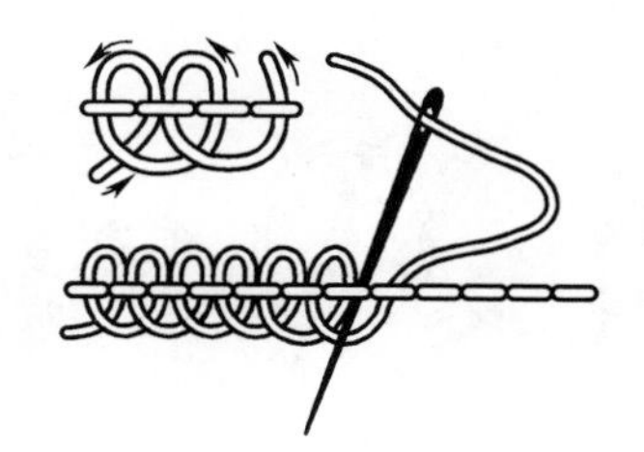

图2－2－10　盘肠绣

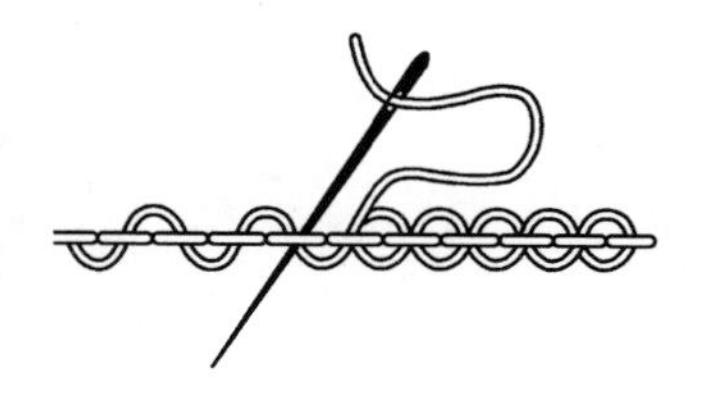

图2－2－11　穿环针

十二、水草针

水草针的针法是先绣下斜线，再绣横线和上斜线，线迹长短、宽窄要求一致，形成水草图形（图2－2－12）。

十三、珠针

珠针亦称打子绣。用于作花蕊或点状图案。针法是绣针穿出布面后，将线在针上缠绕两圈，再拔出针向线迹旁刺入即成。在花蕊中打珠针要求排列均匀，并可饰以金银色绣线（图2－2－13）。

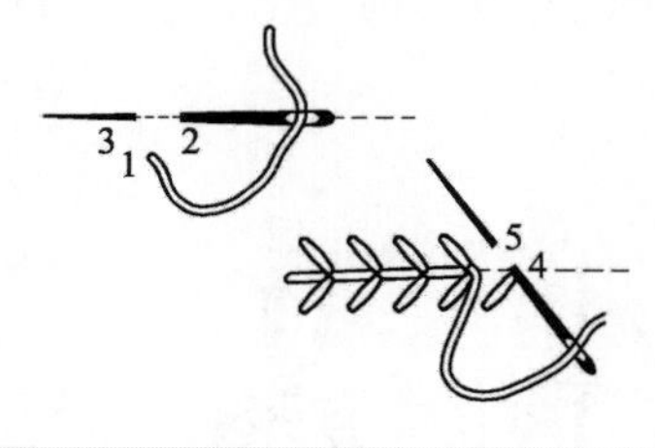

图2－2－12　水草针

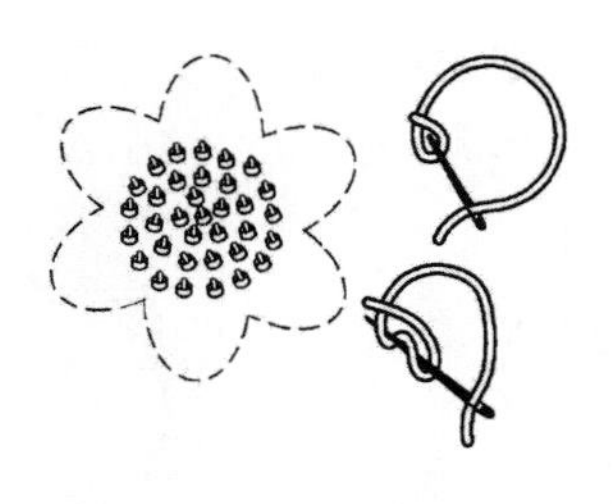

图2－2－13　珠针

十四、绕针

绕针亦称螺丝针。针法是将绣针挑出布面后，绣线在绣针上缠绕数圈（圈数视花蕊大小而定）。然后将针仍旧刺入布面，将绣线从线环中穿过。绕成的绣环结可形成长条形或环形，要求线环扣得结实紧密。常用于花蕾及小花朵刺绣（图2－2－14）。

十五、十字针

十字针亦称十字挑花。由许多十字针迹排列形成各种图形，有单色、彩色之分。其针法有两种：一种是将十字对称针迹一次挑成；另一种是先从上到下挑好同一方向的一行，然后再从下到上挑另一方向的另一行。在此基础上还可改绣米字形双十字针。针迹要求排列整齐，行距清晰，十字大小要均匀，拉线要轻重一致（图2－2－15）。

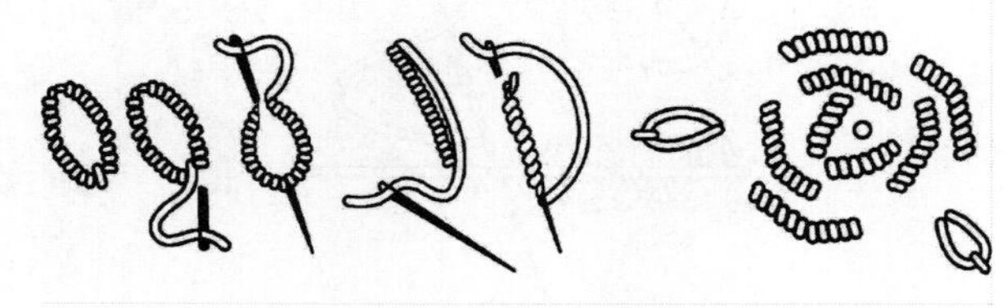

图2－2－14　绕针

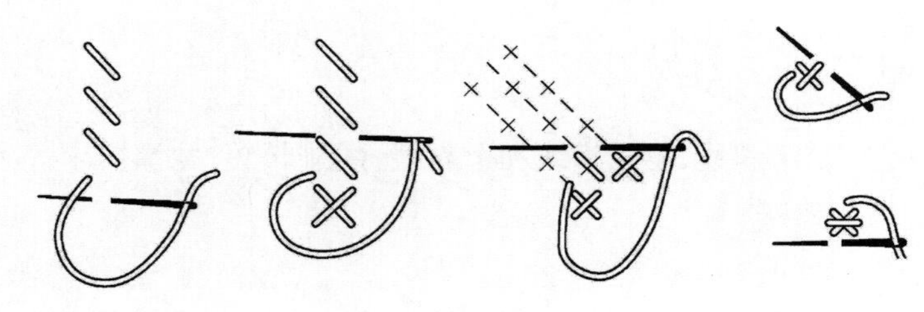

图2－2－15　十字针

十六、雕绣

雕绣亦称镂空绣。刺绣时将布按图案镂空后，作包梗绣或锁边绣针法将布边包住。多用于女衬衫及床上用品（图2－2－16）。

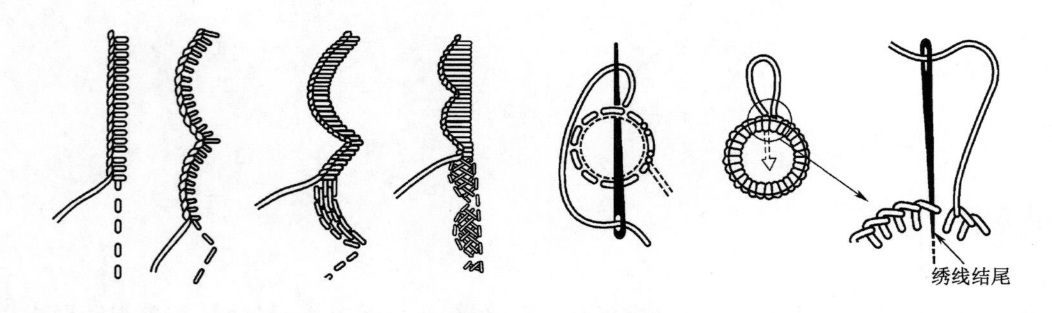

图2－2－16　雕绣

十七、贴布绣

贴布绣是将其他色布按图案剪裁后固定在大片布料上，四周用其他色线或同色线作包梗针、锁边针或斜十字针将其包光。多用于童装。

十八、抽丝

抽丝是指在绣布上抽去一定数量的经纱或纬纱，然后再用线在两边或四周作封针或扎牢，使绣布纱线不致松散，最后将剩下的布料纱线编绕成各种图案（图 2－2－17）。

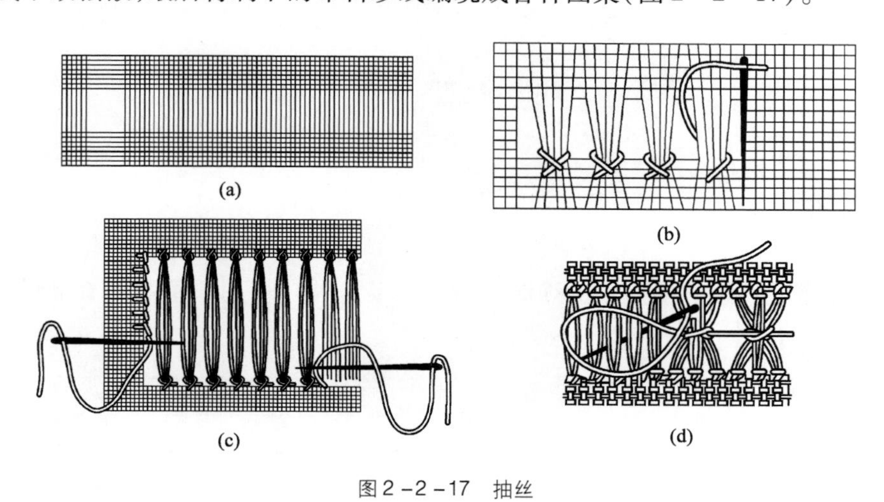

图 2－2－17　抽丝

十九、打揽

打揽亦称拉司麦脱或扳网。它是用手针缝的方法将布料收拢成为蜂窝、珠粒、格纹等造型。首先在布料上确定装饰部位，用线拱上一行针距约为 0.3cm 的短绗针，将其收拢，两边线头留长一点套上后固定，然后用彩色绣线按设计花纹进行打揽。注意左右手动作协调，针距匀齐（图 2－2－18）。

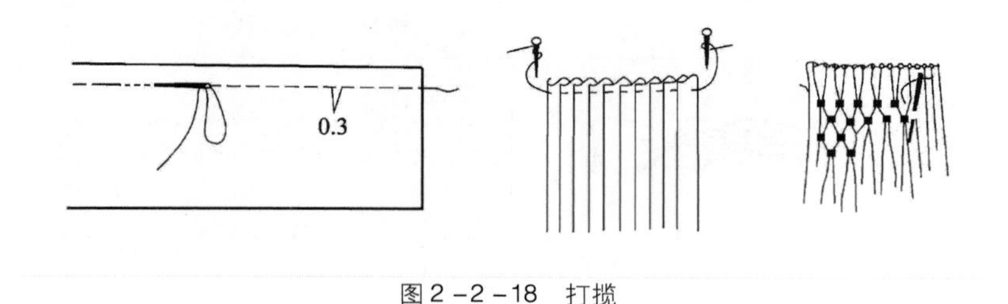

图 2－2－18　打揽

二十、钉珠绣

钉珠绣根据图案要求可分散地用回针刺绣，也可用成串的串钉针法。大珠粒图案可用双线绣钉，扁形的珠粒或珠片可用环针针法，也可在其上加上一颗珠粒作为封针（图 2－2－19）。

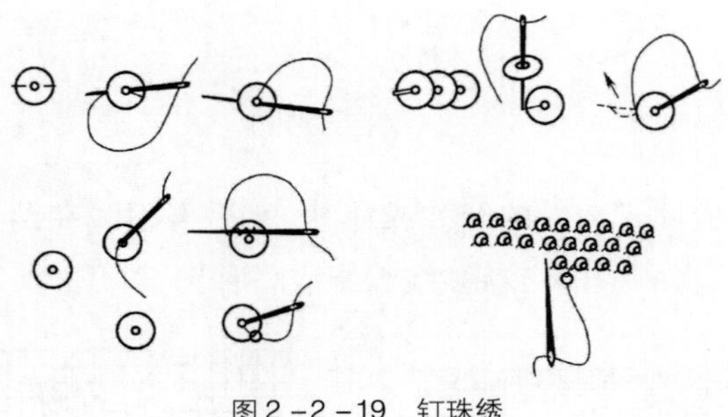

图2－2－19　钉珠绣

二十一、元宝褶

元宝褶是用手缝针法缝抽而成的连续花型的带状饰物。多用于童装和女装的领、袖边沿（图2－2－20）。

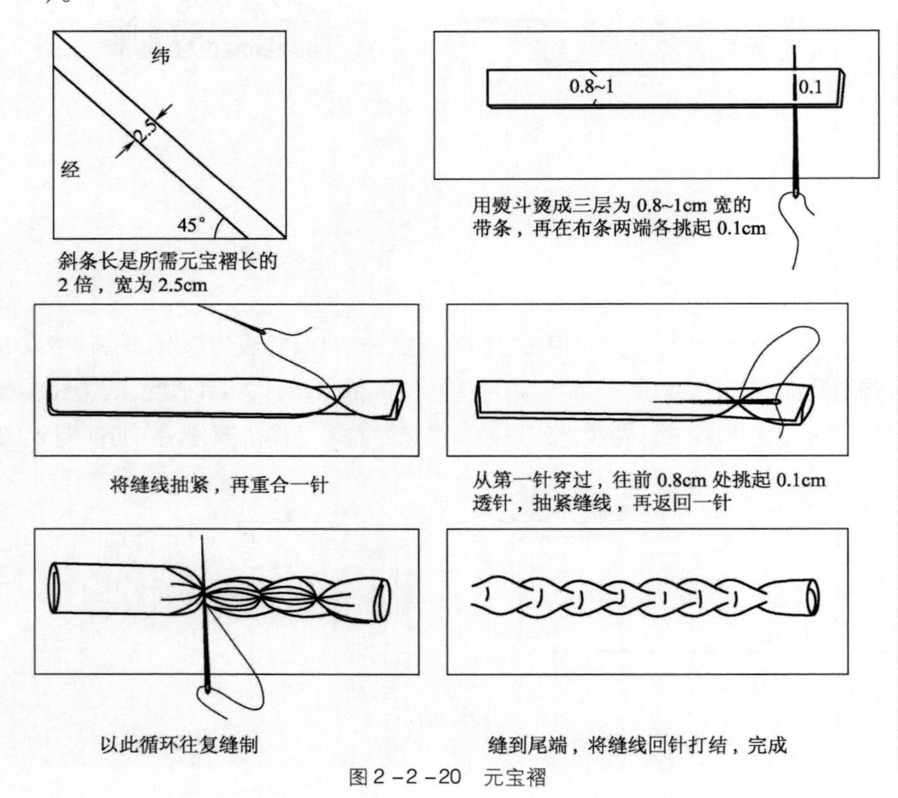

图2－2－20　元宝褶

二十二、蝴蝶结

蝴蝶结是将布料缝合、抽缩形成装饰性较强的形如蝴蝶的布花。用作童装、女装点缀之用

（图2－2－21、图2－2－22）。

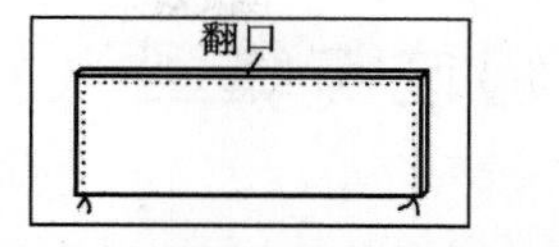

按所需大小剪一块长方布，由中间折转，沿距边0.8cm宽处缉一道线，中间留一小口

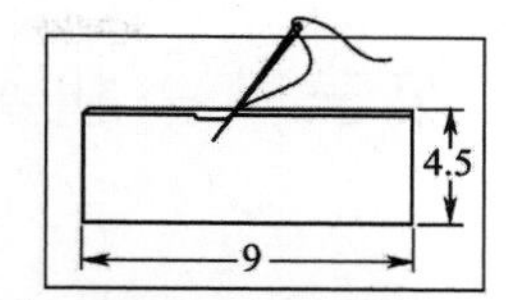

由小口处翻出，用手针将小口缝住

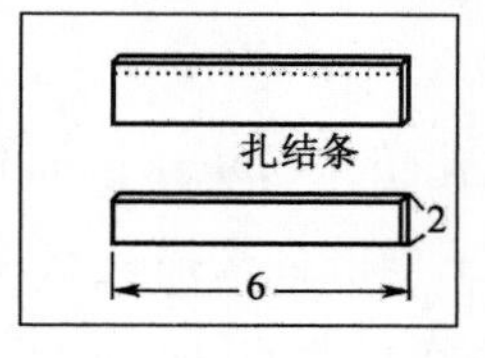

剪扎结条布，折转，缉成筒状后翻出

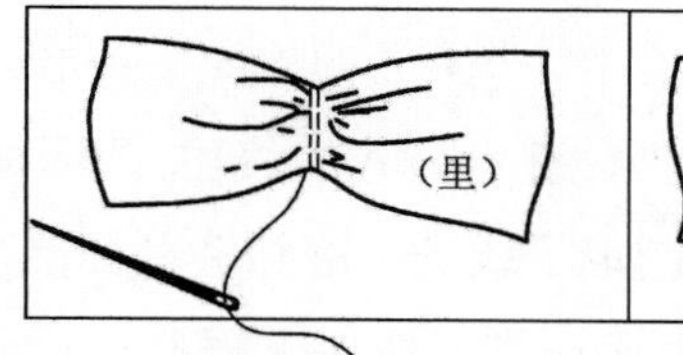

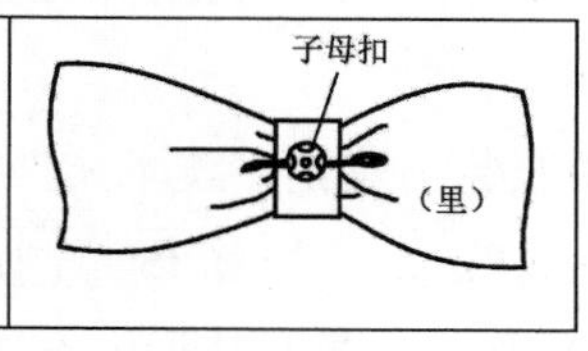

将扎结条包在蝴蝶结中间，把毛边叠在里面，在蝴蝶结中间处抽线，用手针缝住，可在上面缝子母扣，也可缝上尼龙搭扣

图2－2－21 蝴蝶结

剪两块飘带布，对折缉合，从上端翻出烫平；用尼龙搭扣扣在蝴蝶结上，注意正反面

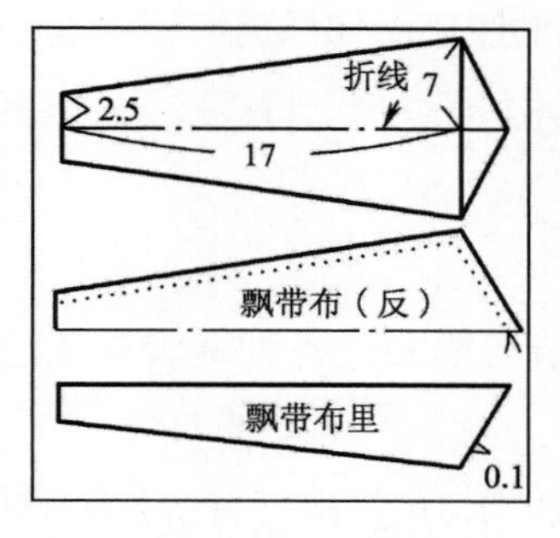

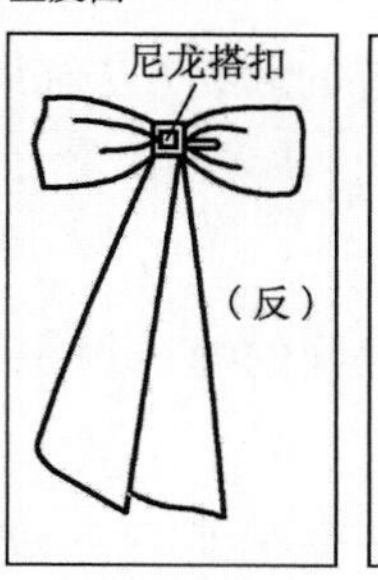

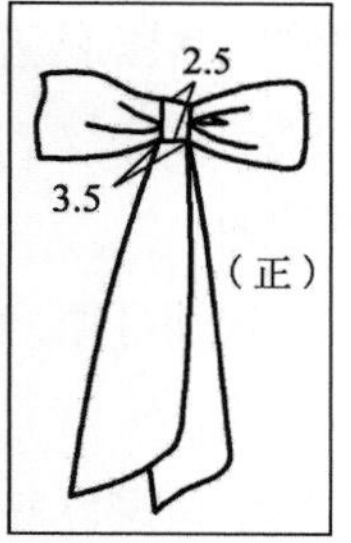

图2－2－22 飘带蝴蝶结

二十三、葡萄纽

葡萄纽亦称盘花纽，是具有传统风格的装饰纽。多用于中式服装（图2－2－23）。

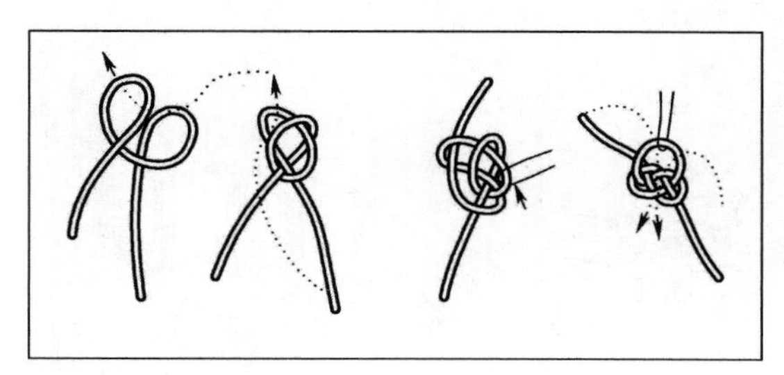

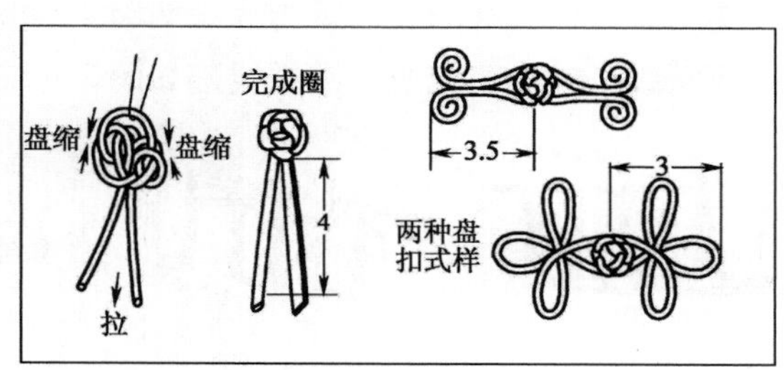

图2－2－23 葡萄纽

第三节　机缝线迹、缝迹与缝型

服装是由衣片通过针线缝合而成的，衣片叠合的方式和针线缝合的方式是服装缝合中两个最基本的要素。

为了方便服装工业生产技术文件中缝合方式的表述，国际标准化组织（International Organization for Standardization，简称 ISO）制定了线迹标准和缝型标准，用工程语言来描述衣片缝合的形式和针法，使全世界各服装加工企业一目了然地了解并执行服装缝制中的缝合形式和针法，以确定相应的加工工艺和加工设备。

一、线迹结构、性能和用途

缝纫机种类很多，同种缝纫机又可形成多种形式的线迹结构以适应不同的用途，故线迹名称繁多、变化复杂。为方便使用，根据线迹的形成方法和结构上的变化，将线迹分成各种类型和型号。

（一）线迹类型的国际标准

线迹是指缝料上两相邻针眼之间的缝线组织结构单元。各种缝线在线迹中的相互配置关系决定了线迹结构的形式。

线迹类型的统一规定由国际标准化组织于 1979 年 10 月拟订，代号为 ISO 4915。

国际标准将线迹类型分成六级，共列举 88 种线迹图形，现将各级及各级常用线迹介绍如下。

100 级——链式线迹。常用线迹如图 2－3－1 所示。

200 级——仿手工线迹。常用线迹如图 2－3－2 所示。

300 级——锁式线迹。常用线迹如图 2－3－3 所示。

400 级——多线链式线迹。常用线迹如图 2－3－4 所示。

500 级——包缝线迹。常用线迹如图 2－3－5 所示。

600 级——覆盖线迹。常用线迹如图 2－3－6 所示。

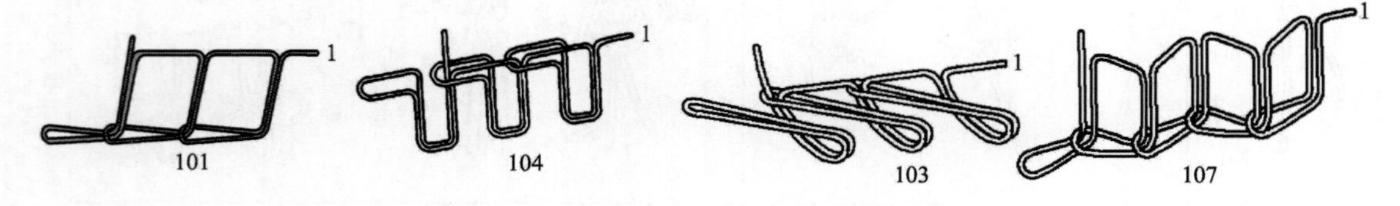

图 2－3－1　常用链式线迹

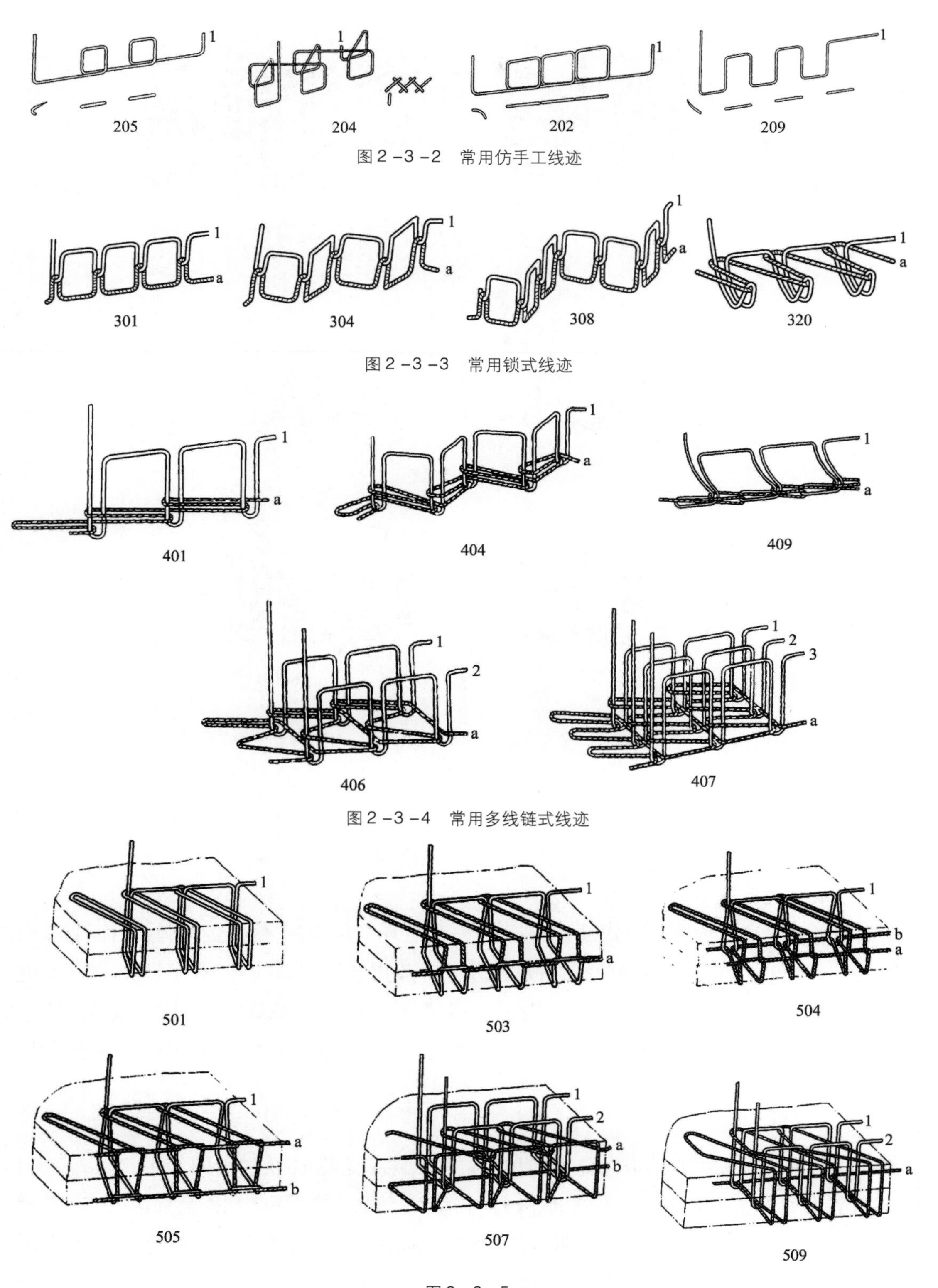

图2－3－2　常用仿手工线迹

图2－3－3　常用锁式线迹

图2－3－4　常用多线链式线迹

图2－3－5

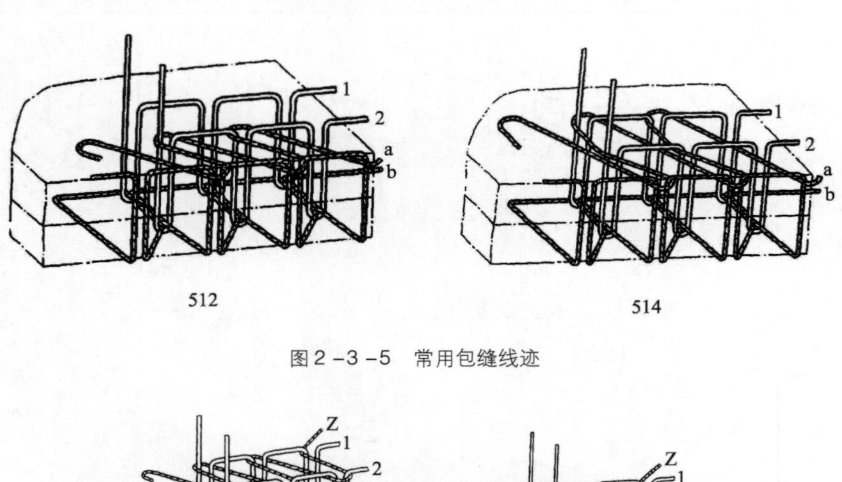

图2-3-5 常用包缝线迹

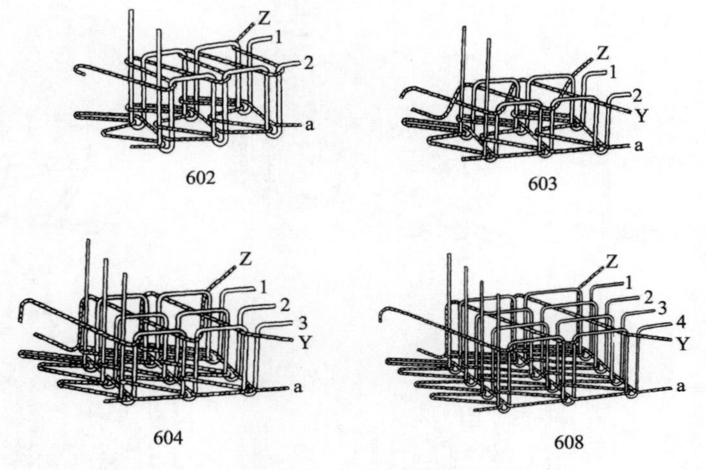

图2-3-6 常用覆盖线迹

(二)常用线迹的性能和用途

线迹的种类繁多，变化复杂，为了在服装加工时便于选择与材料相适应以及与穿着要求相符合的线迹类型，下面对各种类型的线迹性能及用途作简单介绍。

1. 100 级链式线迹

100 级链式线迹多为单环链式线迹，其优点是环与环互相穿套，使线迹有弹性，而且它不用梭芯，缝纫效率也高；但缺点是易脱散，可靠性差。一般用于缝制面粉袋、水泥袋等，便于拆包。在缝制针织服装时可与其他线迹结合使用，如缝制厚绒衣时可用绷缝线迹加固。此外，101 号线迹还可用于钉纽扣及西服领的扎驳头；103 号线迹可用于服装折边的缲缝；107 号线迹可用于上下衬布的边沿拼接。

2. 200 级仿手工线迹

200 级仿手工线迹主要用于机缝不能加工的场合或者起装饰及加固的作用。如 202 号线迹，俗称回针，面料正面的线迹平行连续，外观与缝纫机线迹相似，用于加固某部位的缝纫牢度；204 号线迹，俗称三角针，正面针迹不明显，常用于衣服贴边处的缝合；205 号线迹，俗称倒钩针，常用于某部位的加固，如西服裁剪后在袖窿弧线处用此线迹加固以避免袖窿变形；209 号线迹，俗称绗针,用于衣片缝合或装饰点缀。

3. 300 级锁式线迹

300 级锁式线迹由针线和梭线两根缝线交叉连接于缝料中而形成。此线迹在缝料的正反两面呈相同的外形。它的优点是用线量少,不易脱散,上下缝合较紧密,结构简单、牢固,是缝纫中普遍采用的线迹;但缺点是弹性差,形成此线迹时要用梭芯,而梭芯的容线量受限制,经常要绕梭芯,影响生产效率。301 号线迹为直线型锁式线迹,一般用于不易受拉伸的衣料和部件,如缝制口袋、衣领、门襟、钉商标、滚带、缝边、省缝等;304 号线迹叫做曲折型锁式线迹,用线量相对较多,但其拉伸性明显提高,外形美观,可用于缝制针织服装、衣边装饰和打套结平头锁眼等;320 号线迹常称为装饰缲边线迹,拉伸性好,缝料正面不露明线,专用于衣服边缘的缲边。

4. 400 级多线链式线迹

400 级多线链式线迹的用线量较多,弹性及强力都较锁式线迹好,缝纫时不用梭芯,效率高且不易脱散,因此常被用于弹性较强的面料和受拉伸较多的部位。如 401 号线迹常用于西裤后裆缝的加固缝合以及针织衣片的缝合;另外,401 号线迹还能与三线包缝线迹构成复合线迹,即五线包缝线迹。404 号线迹又称双线链式人字线迹,一般用于服装的饰边,如犬牙边。409 号线迹又称双线链式缲边线迹,常用于服装底边缲缝。406 号及 407 号线迹又称绷缝线迹,多用于针织服装的滚领、滚边、折边、绷缝、拼接缝等。

5. 500 级包缝线迹

500 级包缝线迹可使缝制物的边沿被包住,起到防止针织物边缘线圈脱散的作用且弹性好。此外,四线包缝及五线包缝还具有很好的缝合作用。501 号线迹为单线包缝,容易脱散,一般用于缝制麻袋和毯子边沿等;503 号线迹为双线包缝,适宜缝制弹性大的部位,如弹力罗纹衫的袖口、底边等;504 号、505 号和 509 号线迹都被称为三线包缝,主要用于各类织物的包边。504 号线迹与 505 号线迹的主要区别在于面线与底线之间张力不同,即 504 号线迹的面线张力大于 505 号线迹的面线张力。因此,相对来说 504 号线迹的拉伸性不如 505 号线迹大, 505 号线迹可用在缝合受拉伸较大的部位。507 号、512 号、514 号线迹为四线包缝线迹,又称“安全缝线迹”,此类线迹除了能起到防止织物边沿脱散的作用外,还具有可直接缝合衣片的作用。另外,504 号线迹与 401 号线迹组合后称为五线包缝线迹,就是常说的“复合线迹”。这种复合线迹也可以由一个双线链式线迹和一个四线包缝线迹组成六线包缝线迹。同样,此类线迹可起到防止织物边沿脱散以及直接缝合衣片的作用。这不仅可使缝合工序简化,而且外观好、牢度高,从而提高了缝制的生产力。

6. 600 级覆盖线迹

600 级覆盖线迹也属于绷缝线迹。在国际标准中,把没有装饰线的绷缝线迹归属于 400 级,而把有装饰线的绷缝线迹归属于 600 级。如 406 号绷缝线迹加一根装饰线为 602 号绷缝线迹,加两根装饰线为 603 号绷缝线迹;407 号线迹加两根装饰线为 604 号绷缝线迹。绷缝线迹强力大,拉伸性较好,缝迹平整,在拼接缝、缝串带环、衣服折边等场合既可防止织物边沿脱散亦可缝合。另外,600 级覆盖线迹由于上面覆盖有装饰线,因此使得缝迹外观非常漂亮。绷缝线迹的另一个特点是:形成线迹时不管直针数是多少,弯针总是只有一根,如果有装饰线,那么装饰线的配置由饰线导纱器完成,因此绷缝线迹可由直针数和缝线数加以命名。如 608 号线迹叫作"四针七线绷缝",它表示由四根直针线、一根弯针线和两根装饰线组成。也就是说,如果在没有装饰线的情况下,命名时线数比针数多一个数,如"二针"一定是"三线";如果有装饰线,只要在后面的线数上再加上装饰线的数量即可命名。绷缝线迹可用于针织服装的滚领、滚边、折边、绷缝加固、拼接缝和饰边等。

二、缝型的分类与应用

根据缝料的形态和配置方式及缝针穿刺部位,缝型有比线迹更多的变化,因此用术语很难正确表达某种缝型,而必须采用代号才能完全说明缝型。缝型代号已成为现代服装产业的一种工程语言。

（一）缝型分类

缝型是指一定数量的缝料在缝制过程中的配置形态。缝型和线迹是一切缝制过程中的两个最基本的因素。根据缝料数量和配置方式,可将缝型分为八类（图 2 – 3 – 7）。缝型中的布片,按其布边在缝合时的位置可分为"有限"和"无限"两种,即缝迹直接缝制在布边上的,称为有限布边（用直线表示）,远离缝迹的布边称为无限布边（用波纹线表示）。

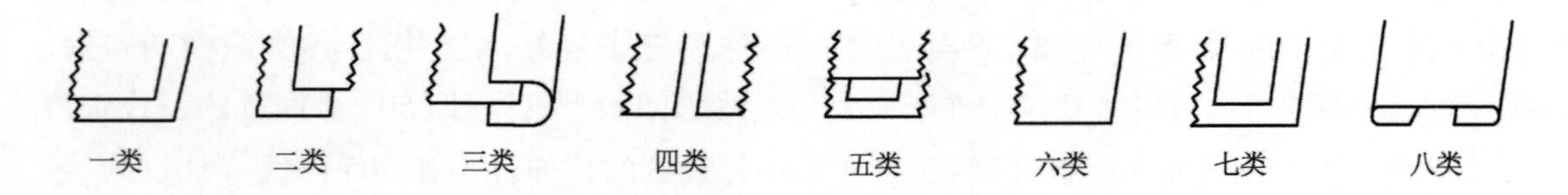

图 2 – 3 – 7　缝型类别图

一类缝型——有两片或两片以上缝料,其一侧或两侧皆为有限布边。

二类缝型——有两片或两片以上缝料,其有限布边各处一侧,两片布片相对配置与叠搭,若多于两片缝料,其有限布边可处一侧或两侧。

三类缝型——有两片或两片以上缝料,第二片布片两侧均是有限布边,第一片布片缝料只有一侧布边是有限的,且被第二片布片的有限布边夹于其中,若多于两片缝料可以按前述方式处理。

四类缝型——有两片或两片以上缝料,两缝料在同一水平上配置且其有限布边各处一侧,若多于两片缝料,其有限布边可在任意一侧。

五类缝型——有一片或一片以上缝料,如一片缝料,无限布边位于两侧,若两片以上,其有限布边可居一侧或两侧。

六类缝型——只有一片缝料，其中任意一侧为有限布边。

七类缝型——有两片或两片以上缝料，其中一片的任意一侧为有限布边，其余布片两侧均为有限布边。

八类缝型——有一片或一片以上缝料，布片两侧均为有限布边。

（二）缝型国际标准表示与描绘方法

国际标准化组织于1982年颁布了缝型标准代号ISO 4916—82。按照此标准，缝型可由一个五位阿拉伯数字表示。

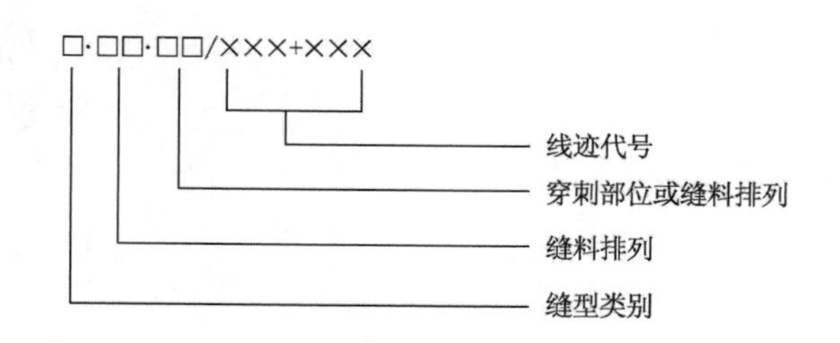

缝型代号命名的排列顺序如下：

第一位数字表示缝型类别。

第二位、第三位数字表示缝料排列形态，用两位阿拉伯数字表示（图2－3－8）。

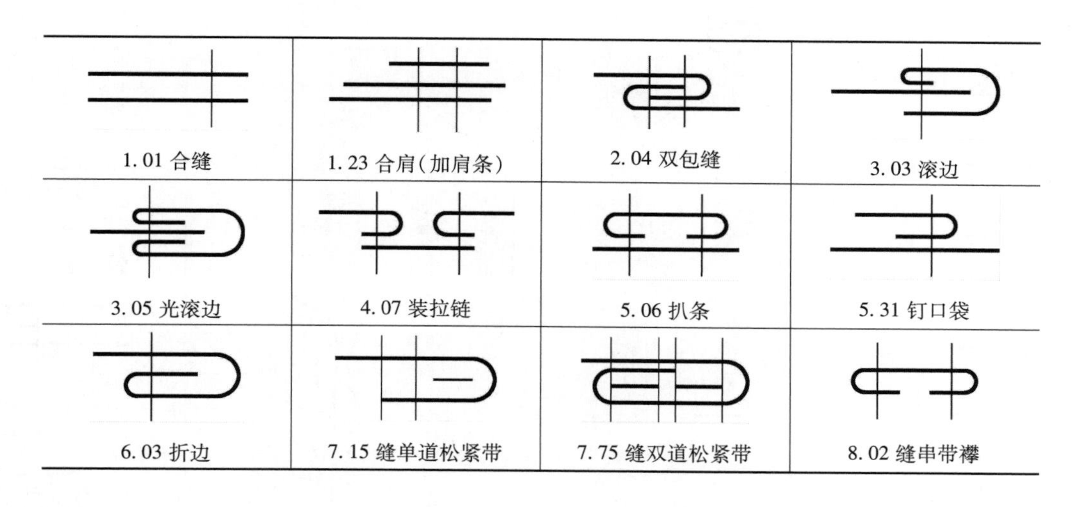

图2－3－8 缝料排列形态及代号示意图

第四位、第五位数字表示机针穿刺布片的部位分类，或表示缝料的排列，用01到99两位数字表示。机针穿刺缝料的方式有三种：一是穿透全部缝料；二是不穿透全部缝料；三是成为缝料的切线（图2－3－9）。

图2－3－9 机针穿刺缝料的方式

缝型代号示例如图 2－3－10 所示。

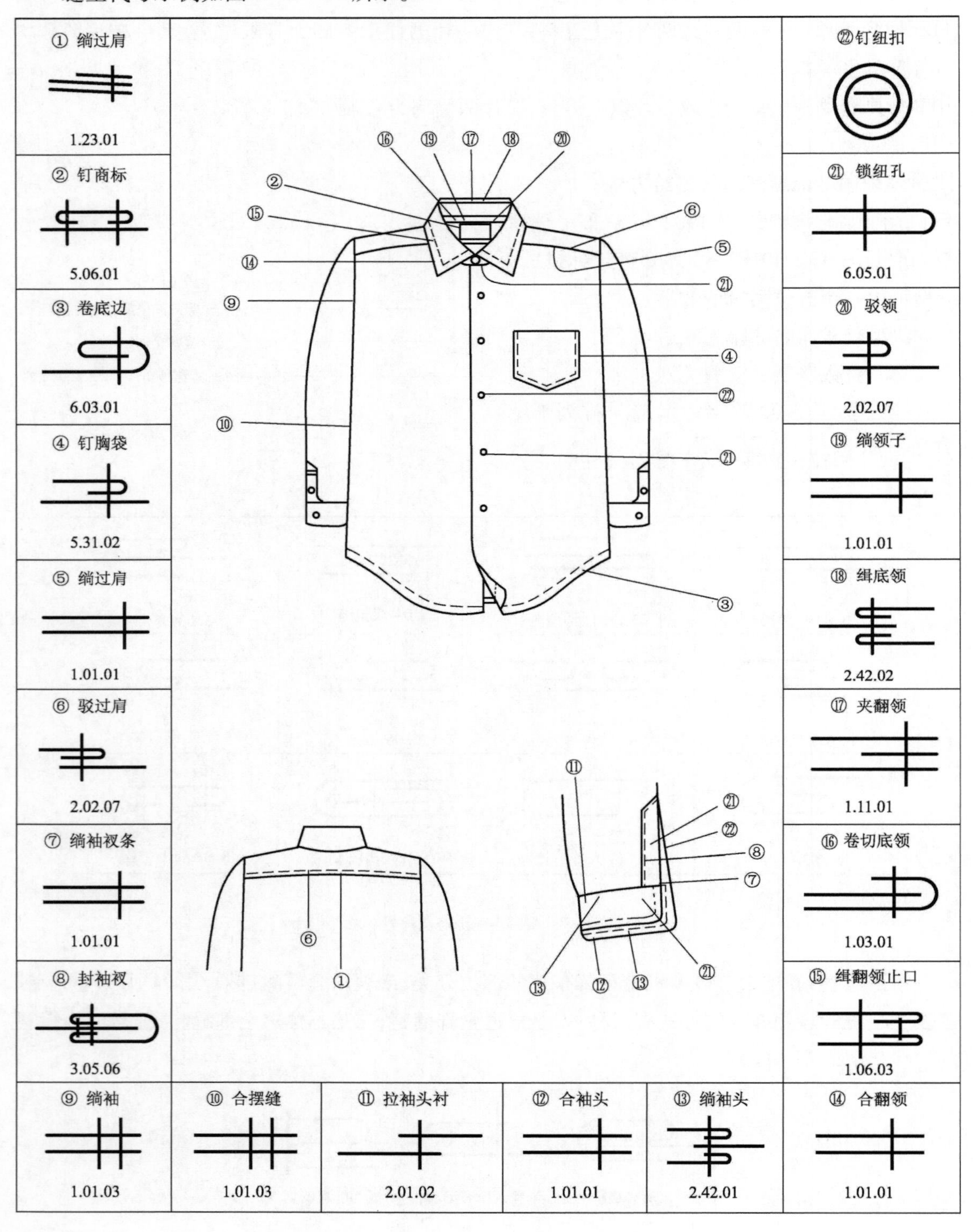

图 2－3－10　缝型代号示例

缝制所用的线迹代号放在缝型代号的后面，用斜直线分开，如果要用几种线迹，则线迹代号自左向右排列。

服装的缝型是衣片互相装配的一种组合方式。它们之间的关系不能在服装款式图上一一用立体剖视图表示。国际标准规定，衣片的搭配方式用编号表示。如图2-3-10所示，工序⑩中的摆缝缝型，两层缝料是叠放在一起的，而且有限布边在同一侧，对照前面的缝型定义可知属于第一类缝型；它的两层有限布边是平放对齐的，对照相应的缝料排列形态规定是属于"01"种；它采用五线或四线包缝，有两根机针穿过缝料，对照机针穿刺缝料的形态属于"03"种。所以，它可用"1.01.03"表示，如再加上线迹代号即为：1.01.03/514或1.01.03/401+505。

（三）服装生产中常用缝型

在国际标准ISO 4916中八类缝型共列举了284种缝料配置形态，并根据缝针的穿刺形式标出了543种缝型代号。比较常见和家用的缝型选列于表2-3-1中。缝型标号后的斜线下方数字为选用的线迹代号。

表2-3-1 常用缝型代号

缝迹类型	缝型名称	缝型构成示意图
包缝类	三线包缝合缝 （1.01.01/504或505）	
	五线包缝合缝 （1.01.03/401+504）	
	四线包缝合肩（加肩条） （1.23.03/512或514）	
	三线包缝包边 （6.01.01/504）	
	二线包缝折边 （6.06.01/503）	
	三线包缝折边 （6.06.01/505）	
	三线包缝加边 （7.06.01/504）	
锁缝类	合缝 （1.01.01/301）	
	来去缝 （1.06.02/301）	

续表

缝迹类型	缝型名称	缝型构成示意图
锁缝类	育克缝 （2.02.03/301）	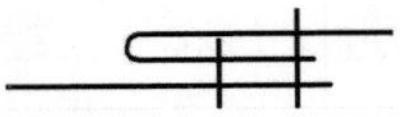
	装拉链 （4.07.02/301）	
	钉口袋 （5.13.02/301）	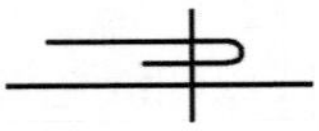
	折边 （6.03.04/301或304）	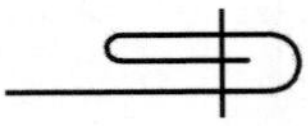
	绣花 （6.01.01/304）	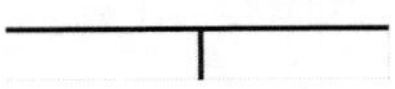
	缲边（毛边） （6.02.02/313或320）	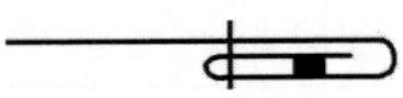
	缲边（光边） （6.03.03/313或320）	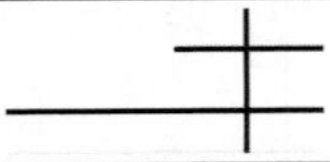
	缝扁松紧带腰 （7.26.01/301或304）	
	钉商标 （7.02.01/301）	
	缝带衬布裤腰 （7.37.01/301+301）	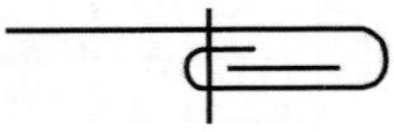
绷缝类	滚边 （3.03.01/602或605）	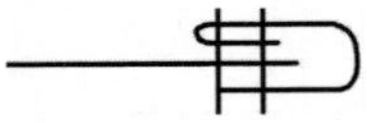
	双针绷缝 （4.04.01/406）	
	折边（腰边） （6.02.01/406或407）	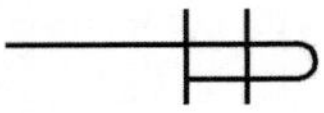
	松紧带腰 （6.02.02/313或320）	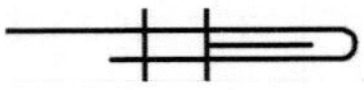
	缝串带襻 （8.02.01/406）	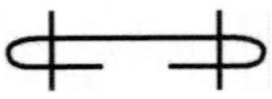
链缝类	单线缉边合缝 （1.01.01/101）	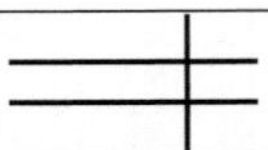
	双链缝合缝 （1.01.01/401）	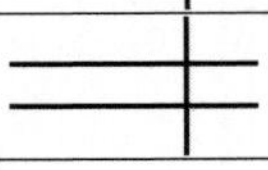
	双针双链缝双包边 （2.04.04/401+404）	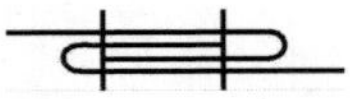

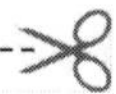

续表

缝迹类型	缝 型 名 称	缝 型 构 成 示 意 图
	双针双链缝犬牙边 （3.03.08/401+404）	
	滚边（实滚） （3.05.03/401）	
	滚边（虚滚） （3.05.01/401）	
链	双针扒条 （5.06.01/401+401）	
缝	双线缝褶裥 （5.02.01/401）	
类	双链缝缲边 （6.03.03/409）	
	单链缝缲边 （6.03.03/105 或 103）	
	锁眼（双线链式） （6.05.01/404）	
	双针四线链缝松紧带腰 （7.25.01/401）	

三、影响缝迹牢度的因素

（一）缝迹的拉伸性

服装缝纫时，如果缝型的拉伸性与缝料的性能不相匹配，则穿着时容易将缝线拉断而开缝断线。缝迹的拉伸性决定于线迹的结构和缝线的弹性。因此，在产品设计时，经常受拉伸的部位一定要选用有弹性的线迹结构和缝线。还有，缝迹密度也影响缝迹的弹性，如图 2-3-11 所示。随着缝迹密度的增大，缝迹的断裂伸长率也能提高。

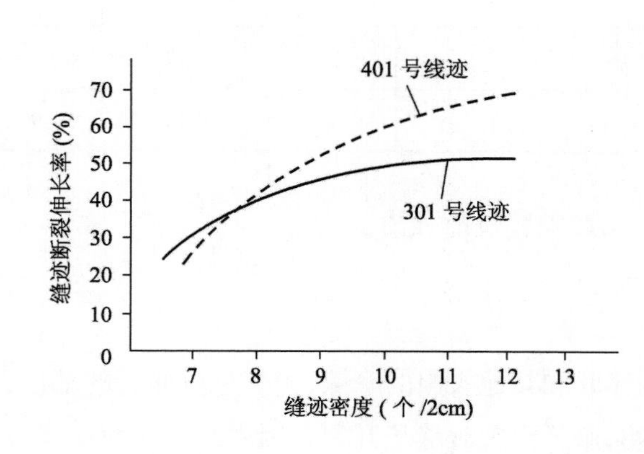

图 2-3-11 缝迹的拉伸性

（二）缝迹的强力

缝迹强力直接与缝线强力有关。它们之间成正比关系，即缝线强力越大，缝迹强力也越大。缝迹密度对缝迹强度的影响可通过试验方法得出。如在 15.3tex（38 英支）棉毛布样

(5cm×10cm)的横列方向用7.3tex×3(80英支/3)漂白棉线缝一道三线包缝缝迹,沿缝迹方向进行拉伸试验,得出如表2-3-2所列的数据。

表2-3-2 缝迹拉伸试验结果

缝迹密度(个/2cm)	6	8	10
试样断裂强力(kgf)	4.2	6.3	7.4
试样断裂拉伸率(%)	75	96	110

由表2-3-2可见,缝迹密度越大,其拉伸性和强力也就越大。但是必须指出,缝迹密度过大,对缝迹牢度反而会产生不利影响。这是因为缝迹过密,单位长度缝料中针迹数增多,有可能使针织物线圈的纱线被缝针刺断,造成"针洞",缝迹牢度反受其害。而且缝迹过密,势必降低缝制效率和增加不必要的缝线消耗,因此缝迹密度应有一定的范围。应根据缝制材料的种类和线迹的用途而决定。表2-3-3所列是我国轻工业部颁布的缝迹密度范围。

表2-3-3 各种用途缝迹的密度标准 单位:个/2cm

缝迹用途 / 缝迹密度 / 缝料种类	锁缝	单线缉边缝	三线包缝	双针绷缝	平双车	三针	滚领	包缝底边	滚带	松紧带
绒布	9~10	7~8	7~8	6~7	7~8	8~9	8~9	6~7	8~9	7~8
双面布	10~11		8~9	7~8	8~9	9~10	9~10	7~8	9~10	8~9
双纱汗布			8~9							
汗布	10~11			8~9	8~9	9~10	9~10	7~8	9~10	8~9
布料	16~18		10~12					16~18	14~16	7~8
毛呢料	14~16		9~11						12~16	6~7
绸料	14~16		11~13					14~16	14~16	8~9

此外,线迹成形不良而产生"跳针"等疵病也会影响缝迹的强力。

(三)缝线的耐磨性

服装在穿着过程中,几乎所有缝迹都要受到体肤和其他衣服的摩擦,尤其是拉伸大的部位,缝线与缝料本身也会发生频繁的摩擦。试验证明,服装穿着时缝子开裂多因磨断缝线而使线迹发生脱散所引起。因此,缝线的耐磨性对缝迹牢度影响很大。

第四节　基础缝纫工艺

一、基础缝型缝纫工艺

衣服是由不同的缝型连接在一起的。由于服装的款式不同以及适应范围不同，因此在缝制时，各种缝型的连接方法和缝份的宽度也就不同。缝份的加放对于服装成品规格起着重要作用。

(一)平缝

平缝是把两层缝料的正面相对，在反面缉线的缝型(图 2－4－1)。这种缝型宽一般为 0.8～1.2cm。在缝纫工艺中，这种缝型是最简单的缝型。如将缝份倒向一边称为倒缝；缝份分开烫平称为分开缝。广泛适用于上衣的肩缝、侧缝，袖子的内外缝，裤子的侧缝、下裆缝等部位。缝纫时，在开始和结束时作倒回针，以防止线头脱散，并注意上下层布片的齐整和松紧。

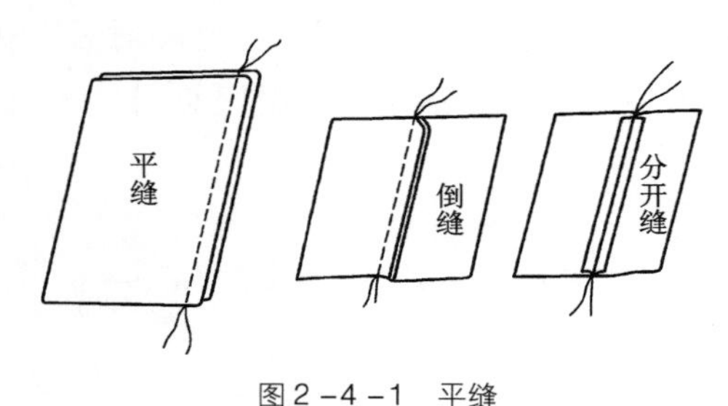

图 2－4－1　平缝

(二)克缝

克缝又称扣压缝。先将缝料按规定的缝份扣倒烫平，再把它按规定的位置组装，缉 0.1cm 的明线(图 2－4－2)。常用于男装的侧缝，衬衫的过肩、贴袋等部位。

(三)内包缝

内包缝又称反包缝。将缝料的正面与正面相对重叠，在反面按包缝宽度做成包缝。缉线时注意正好缉在包缝的宽度边缘。包缝的宽窄是以正面的缝迹宽度为依据，有 0.4cm、0.6cm、0.8cm、1.2cm 等(图 2－4－3)。内包缝的特点是正面可见一根面线，反面两根底线。常用于肩缝、侧缝、袖缝等。

(四)外包缝

外包缝又称正包缝。缝制方法与内包缝相同。将缝料的反面与反面相对后，按包缝宽度做成包缝，然后距包缝的边缘缉 0.1cm 明线一道，包缝宽度一般有 0.5cm、0.6cm、0.7cm 等多种

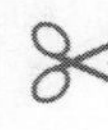

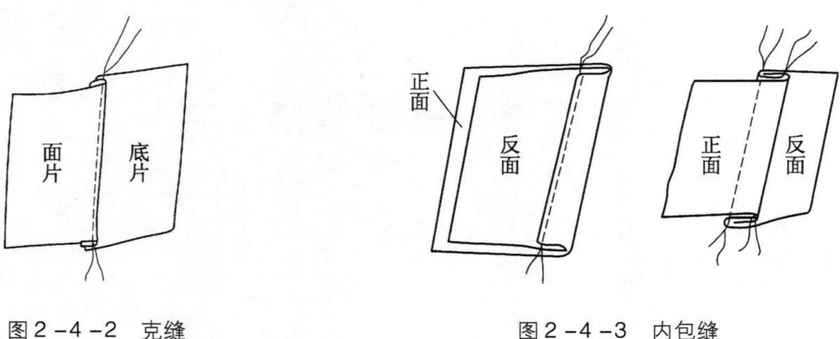

图2－4－2　克缝　　图2－4－3　内包缝

（图2－4－4）。外观特点与内包缝相反，正面有两根线（一根面线、一根底线）、反面有一根底线。常用于西裤、夹克等。

（五）来去缝

来去缝是正面不见缉线的缝型。缝料反面与反面相对后，距边缘0.3～0.4cm缉明线，并将布边毛屑修光。再将两缝料正面相对后缉0.5～0.6cm的缝份，且使第一次缝份的毛边不能露出（图2－4－5），适用于薄料服装。

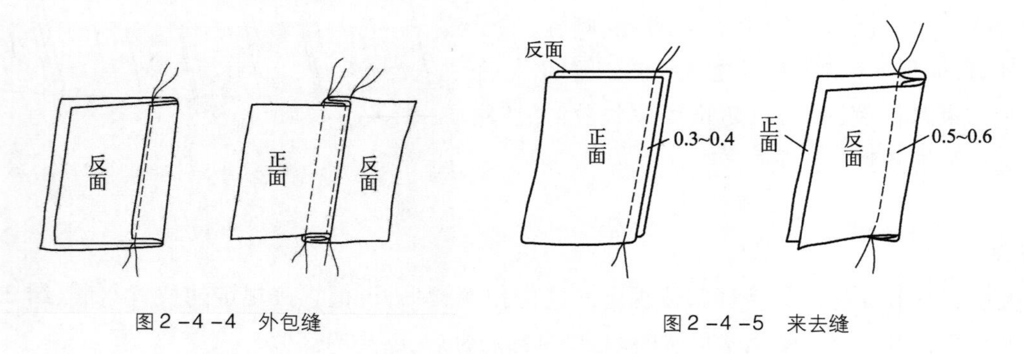

图2－4－4　外包缝　　图2－4－5　来去缝

（六）滚包缝

滚包缝是只需一次缝合并将两片缝份的毛边均包净的缝型（图2－4－6）。既省工又省线，适宜薄料服装的包边。

（七）搭接缝

搭接缝亦称骑缝。将两片缝料拼接的缝份重叠，在中间缉一道线将其固定，可减少缝子的厚度，多在拼接衬布时使用（图2－4－7）。

（八）分压缝

分压缝亦称劈压缝。先平缝后两侧分开，再在分开缝的基础上加压一道明线而形成的缝型

（图2－4－8）。其作用一是加固，二是使缝份平整。常用于裤裆缝、内袖缝等。

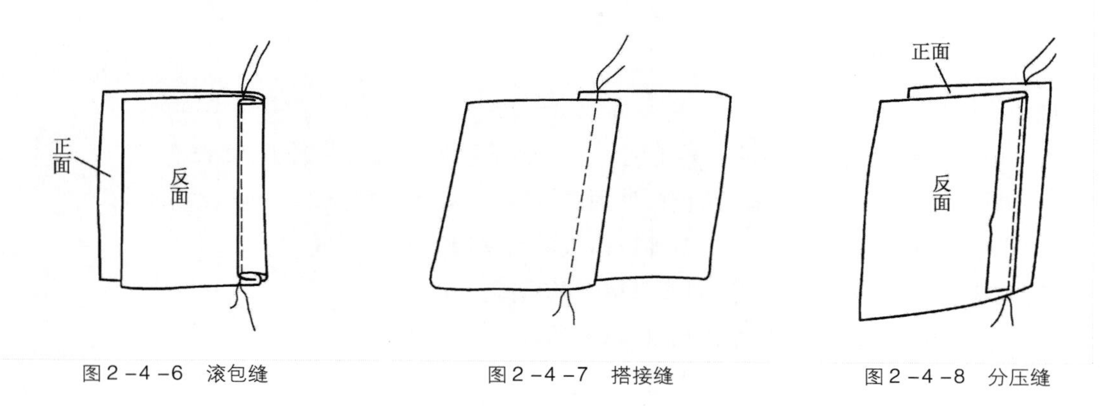

图2－4－6　滚包缝　　图2－4－7　搭接缝　　图2－4－8　分压缝

二、特殊缝迹缝制工艺

滚、嵌、镶、宕是我国传统工艺，多用于女装、童装的装饰缝制工艺。常见于睡衣、衬裤、中式便服、丝绸服装等。

（一）滚

滚亦称滚边。既是处理衣片边沿的一种方法，也是一种装饰工艺。滚边按宽窄、形状分，有细香滚、窄滚、宽滚、单滚、双滚等多种。按滚条所使用的材料及颜色分，有本色本料滚、本色异料滚、镶色滚等。按缉缝层数分，有二层滚、三层滚、四层滚等。

（1）细香滚：滚边宽度为0.2cm左右，成形形状为圆形，与细香相似。

（2）窄滚：滚边宽度为0.3cm以上、1cm以下的滚边。

（3）宽滚：滚边宽度在1cm及1cm以上的滚边。

（4）单滚：滚边条数只有一条的滚边。

（5）双滚：在第一条滚边上再加滚一条滚边。

（6）本色本料滚：使用与面料相同颜色的同种材料滚边形成的滚边类型。

（7）本色异料滚：使用与面料相同颜色的其他材料滚边形成的滚边类型。

（8）镶色滚：使用与面料不同颜色的同种材料滚边形成的滚边类型。

（9）二层滚：滚条缉上后面料与滚条均不扣转，只缉牢面料及滚条料各一层。

（10）三层滚：为防止面料纱线脱散，在缉滚条时先将面料扣转，然后缉牢面料两层及滚条一层。常用于细香滚及边沿易脱散的面料。

（11）四层滚：为防止面料与滚条脱散以及使滚条外观厚实，在缉滚条时将面料与滚条扣转后缉线，缉牢面料和滚条各两层。常用于细香滚及边沿易脱散开的面料。

(12)夹边滚:是用夹边工具把滚条一次缝合后夹在面料上,正反两面都有缉线可见,既省线又省工。

(二)嵌

嵌线是处理装饰服装边沿的一种工艺。嵌线按缝装的部位分为外嵌、里嵌等。

(1)外嵌:装在领、门襟、袖口等止口外面的嵌线,是应用最普遍的一种嵌线。

(2)里嵌:是嵌在滚边、镶边、压条等里口或两块拼缝之间的嵌线。

(3)扁嵌:指嵌线内不衬线绳,因而呈扁形的嵌线。

(4)圆嵌:指嵌线内衬有线绳,因而呈圆形的嵌线。

(5)本色本料嵌:用本身面料做嵌线。

(6)本色异料嵌:用与面料颜色相同的其他材料做嵌线。

(7)镶色嵌:用与面料颜色不同的同种材料或其他材料做嵌线。大都是按主花镶色配嵌线,色泽协调。

(三)镶

镶主要指镶边与镶条。镶边,从表面看,有时与滚边无异,主要区别是滚边包住面料,而镶边则与面料对拼,或在中间镶一条即嵌镶,或夹在面料的边缘缝份上即夹镶。

(四)宕

宕即宕条。指制作在服装止口里侧衣身上的装饰布条。宕条的做法有单层宕、双层宕、无明线宕、一边明线宕、两边明线宕等。式样有窄宕、宽宕、单宕、双宕、三宕、宽窄宕、滚宕等多种。宕条的颜色一般为镶色,也可以同时用几种颜色。

(1)单层宕:先将宕条的一边扣光后,按造型的宽窄缉在面料上,然后驳转。

(2)双层宕:先将宕条双折,烫好后按原来的宽窄缉在面料上,然后驳转。

(3)无明线宕:第一道车缝后反过来缉,再用手工缲,两边均无明线可见。

(4)一边明线宕:第一道车缝反过来缉,驳转宕条后采用明缉,在宕条一边产生明线。一般缉明线的一边在里口。

(5)两边明线宕:也称双线压条宕。在宕条的两边均缉明线。

(6)宽宕:宕条宽度在1cm以上。

(7)窄宕:宕条宽度在1cm以下。

(8)单宕:指只宕一条宕条。

(9)双宕、三宕:指平行宕两条或三条等。

(10)宽窄宕:指两条或多条宽窄不同的宕条做在一起,如一宽一窄宕、二宽二窄宕。

(11)一滚一宕:在滚条里口再加上一根宕条。

(12)一滚二宕:在滚条里口再加上两根宕条或者多条。

(13)花边宕条:用织带花边代替宕条材料,既方便又增加花色。

(14)丝条宕条:用丝条直线宕或编排成图案形状。

(五)缉花

缉花是丝绸服装上常用的一种装饰性工艺。一般有云花、人字花、方块花、散花、如意花等图案。缉花时,在原料下面需垫衬棉花及皮纸,亦可用衬布代替。需缉花的领子、克夫可不再用衬布。

(1)云花:因花型像乱云,故亦称云头花。按花型的大小稀密可分为密云花、中云花、稀云花、大云花等多种。常用于衣领、口袋、袖口等部位。

(2)缉字:将字写在纸上,再将纸覆在衣料上按照字形缉线,缉线后将纸扯去。常用于前胸、后背等部位的装饰。

(3)如意花:常用于门襟、开衩等部位的缉线装饰。

小结

本章分析了重要的手缝工艺与装饰工艺的技术过程和作用,阐述了线迹、缝迹、缝型的定义和各自的技术形式,重点分析了重要的线迹和缝型的构成形态及其在各类服装成衣工艺中的作用。

本章的重点为重要的线迹、缝迹、缝型的构成形态的分辨和成缝原理。

思考题

1. 常用手针工艺技法包括哪些针法?简述各种针法的特点和用途。
2. 装饰手针工艺包括哪些针法?简述各种针法的特点和用途。
3. 服装生产中常用线迹包括哪几类?各有什么特点?
4. 简述影响缝迹牢度的因素。
5. 机织服装常用缝型有哪些?其缝型方法怎样?
6. 针织服装常用缝型有哪些?其缝型方法怎样?
7. 基础缝型缝制工艺包括哪些缝法?各有什么特点?
8. 特殊缝型缝制工艺包括哪些缝法?各有什么特点?

实用理论及技术——

生产准备

课题名称:生产准备

课题内容:材料准备

材料的检验与测试

材料的预缩与整理

样品试制

板样修正、匹配与复核

课题时间:6 课时

训练目的:1. 了解生产准备的技术内涵

2. 掌握材料使用时的配伍性

3. 掌握材料预缩与整理的技术原理与方法

4. 了解样品试制的技术过程

5. 掌握板样修正方法、匹配和复核的内容

教学要求:用图示或动态视频直观地展示生产准备的技术过程和内涵。

用动态视频分析板样修正、匹配与复核的技术要点。

第三章 生产准备

第一节 材料准备

服装材料是服装生产所需要的最基本条件，是关系到能否保证正常生产和产品质量的重要因素。

一、材料准备准则

服装材料品种多而复杂。材料的准备要想能适合服装小批量、多品种的生产形式，难度较大。因此，生产前的材料准备工作必须遵循以下准则。

（1）现货生产类的进料必须慎重，要考虑实际生产的能力和范围、产品销售的对象和地区及产品的特点和要求，并根据产品技术要求，备齐面料、里料、辅料，尽力做到规格、花色齐全，保证其生产的可行性，如有变化必须事前征得技术部门和有关方面的同意。

（2）来料、来样加工生产类的进料，要严格根据客户的要求，按预定材料进料，如有变更必须征得客户同意。

（3）进料时必须随时注意生产节奏和市场动向，要避免生产脱节、市场脱销，所以进料要掌握适时适量、快销快进的原则。

（4）对进仓入库的原材料，必须严格检验材料的规格、品种和数量，对不符合要求的材料要按规定程序处理，并及时纠正。

（5）原材料必须按照各类原材料的特性和要求存放，避免造成不必要的损失和疵病。

二、材料的选择

服装材料包括面料、里料和辅料三大类。这些纺织品与非纺织品的材料和纤维不同，其性能特点也各不相同，选择时必须扬长避短，区别对待，才能保证产品的质量。

(一)面料的选择

选择的方法可以从不同角度和不同要求出发,分述如下。

1. 功能

不同的服装品种具有不同的穿着功能,在选择面料时首先应该考虑面料的特点是否符合该服装功能的要求。

2. 色泽

挑选面料的色泽和图案必须与设计要求相符或相接近。如果是两种以上不同颜色的镶拼,需要考虑染色牢度。

3. 质感

在服装款式中常常会出现两种或几种服装面料的组合,这时面料的选择要考虑厚、薄等质感是否协调,寿命和牢度是否一致。

4. 地域

由于各地区的穿着习惯不同,所以要根据产品销售地区的具体要求选择面料。

5. 工艺

各种服装有不同的工艺特点,所以挑选面料时应分析面料是否适合该款式的缝纫、熨烫等工艺要求。

6. 价格

价格也是关系到产品在销售市场上生命力的一个重要因素,选择面料时应考虑服装的销售档次,以免造成成本过高而影响销售。

(二)里料的选择

里料主要包括里布、托布和填充料。

1. 里布

里布又称夹里布,主要起保护服装、改善穿着性能和保护服装外观造型的作用,它的好坏同样会影响服装的穿着效果。

(1)里布必须表面滑爽,以减弱与内衣的摩擦,使穿脱容易,行动方便。

(2)里布的柔软度和硬挺度必须服从面料的轮廓造型,以保持服装的外观形态。

(3)要求里布与面布能自然贴合,提高服装的穿着舒适感和外观质量。

(4)里布的强度要与面布相适应,差距太大会影响服装的使用寿命。

(5)里布要有光泽或装饰性,但又要防止透过里布看到面布。

(6)选择里布时也要考虑织物的透气性和吸湿性,以提高使用性能。

(7)里布缩水率应选择与面布相仿的,如果里布缩水率较面布大,在制作时则应保证有充分的余量。

(8)有填充物的服装在选择里布时,应注意防止填充物外钻的可能性。

(9)选择里布时,色泽除特殊的款式要求外,应与面布相接近或者相协调,同时也应注意染色牢度。

(10)如果遇到有伸缩性的里布,要从伸缩性与形态稳定性这两方面加以综合考虑。

(11)此外,要从工艺要求方面选择缝合性能及耐热性能好的里布,以便于制作。

2. 托布

托布是用于保护和固定填充物的里料,一般放在面布与填充物之间,而填充物则放在托布和里布之间。

托布应选择质地柔软、不影响服装外观造型的材料,要考虑服装外形的形态稳定性以及造型设计的艺术效果。

3. 填充料

服装中的填充料,主要起保暖作用,一般在里布和托布之间。它的选择也要根据材料的特性和款式的实际需要而定。

(1)在选择填充料时,首先应从功能上考虑,如选择登山运动服装的填充料,可采用比重轻、保暖性特强的羽绒,而且应具有蓬松、柔软、回弹性好的特点。

(2)选择填充料也要从经济角度出发,如是一次性使用或较少使用的服装,如婴儿服装、劳动服装等,可以选用价格较低廉、保暖性尚好的棉花作为填充料。

(3)使用特点也是选择填充料时应注意的一个方面。每年需要拆洗的服装可选择丝绵作为填充料,因为丝绵可翻拆重复使用;不需常拆洗的服装则可选用驼毛或驼羊毛、驼涤毛作为填充料,其特点是轻松柔软,保暖性强,能拍松后使用,不需要重翻。

(4)有的服装外部形态需保持一定的挺括性,同时也要有一定的保暖性。按这种要求,可选择驼绒、腈纶棉或裘皮作为填充料。这些填充料自身能独立裁制成与衣片形状相符,可保持服装形态的稳定性和挺括度。

(三)辅料的选择

除了面料和里料之外,服装所需用的辅助材料统称为辅料。包括各类衬布、线、带、扣、钩、拉链、肩垫、商标等。选择这些材料时,必须从属于主料特性、款式的特定要求等。

1. 根据面料的材料性能进行选择

(1)天然纤维类面料:由天然纤维织成的织物具有较高的含水率,而且吸水后很容易引起外形尺寸上的变化,在通常情况下,脱水后仍能回复原状,所以在选用辅料时对此要加以注意。例如,羊毛纤维织物尺寸的改变与含水率有很大关系,吸水后,面料的尺寸增大很多时会导致衣服变形,因此,必须选择能够随面料尺寸改变而相应改变的衬布,但在采用热熔黏合衬或者纺织衬时,在熔合和缝合过程中,对含水率的控制是十分重要的。

蚕丝织物手感柔软、光泽较好,所以选择衬布时应具有软、薄、透气性好的特性。同时,真丝织物由于受热压力容易产生表面风格的改变,选择衬布时应采用低熔点聚酰胺(PA)类衬布,特

别是缎组织织物，宜选择采用撒粉法或浆点法并具有很细小黏合点的黏合衬布。

未经缩水处理的棉织物，通常会有较高的缩水率，所以在选择衬布时，必须确保两者之间的缩水率一样或者比较接近。同时，棉织物耐热性较好，而且在蒸汽下有很好的回复能力，所以棉布在采用热熔衬进行熔合时是相当稳定的。一般来说，衬衫黏合衬布缩水率应在1%以下，外衣黏合衬布缩水率应在2%左右。

麻织物的种类很多，有苎麻、亚麻、黄麻、大麻等，使用不同的纤维织造和不同的物化处理都会使麻织物产生不同的缩水率，因此在选择衬布时，必须考虑面料的缩水率与衬布一致。同时要注意麻布采用的黏合衬，因为它们之间的结合力不够强，因此要尽可能采用黏合强度高的聚酰胺类衬布，但这类衬布不耐热水洗涤。

(2)再生纤维类面料：这是一种质地较脆弱的布，水分会严重影响纤维的拉伸强度，有时禁止水洗。不需水洗的服装可采用普通的纺织衬布。由于再生纤维通过热及压力所造成的变化难以回复，所以和黏合衬较难得到很好的结合力。一般来说，越薄、越光亮的面料，熔合性能就越差。

(3)半合成纤维类面料：由于这类纤维对热相当敏感，很容易由于受热而产生光泽及手感的变化，因此，应尽量采用低温型黏合衬。

(4)合成纤维类面料：合成纤维面料的伸缩力可以说是最稳定的，它基本上不受水分影响，所以采用的衬布同样也要具有相应的形态稳定性和伸缩力。

涤纶、锦纶，其热定形温度与纤维的耐热性直接相关，但一般来说，这类纤维仍然有相当高的耐热性，选用热熔衬布的耐热温度可相应增高。但在熔合前，应采用低于热定形时的温度。

聚丙烯类面料，宜采用耐热度较低的黏合衬布。在生产过程中，对熔合后热量尚未散发的衣片，在搬运时必须特别小心，以防止黏合部分产生变形。

(5)人造皮革、合成皮革类面料：由于不存在水分影响产生的变形，所以衬布必须是缩水率极低的材料。同时，由于它们对受热所产生的极光及皱褶是较难消除的，因此以选用低温黏合衬布为宜。一般来说，合成革对热较为敏感，所以在熔合时必须特别留心。

(6)天然裘皮面料：一般属高档服装，常规下严禁水洗，所以可采用纺织衬布，只要有相应的形态稳定性即可。如选用黏合衬布，由于天然裘皮是由蛋白质组成的，在高温下很容易产生质与色的改变，同时裘皮的毛绒被高温压倒后也不易回复，所以要尽量采用低温型黏合衬。

(7)在选择缝线时，由于不同原料成分的面料，其可缝性不一样，所以在选择缝纫线时要与面料性能相适应，如纯棉面料可选用纯棉缝线；化学纤维或化学纤维混纺、交织织物、麻织物等都可选用涤棉缝线；毛料、丝绸、裘革等织物，可选用丝线。这样可使缝线和面料之间的伸缩率、强度、耐热度、色泽等相配伍，以保证服装形态的稳定性。

(8)在缝制服装时常用扁纱带作为袖窿滚条、插装吊带、缝在毛呢服装止口和驼绒反面的牵带，其作用是防止布料拉长，有时也用于加固缝道。这类纱带的选择，同样要与面料的厚薄和伸缩率相适应，应尽可能选用伸缩率较小的材料。在颜色选用上也要与面料相同或者以白色为宜。这是为了防止服装使用纱带的部位因伸缩而变形或者因纱带褪色而使面料沾色。

(9)有时服装上需用装饰性辅料，如锦纶花边、人造丝带、彩色绸带等，此时需要注意它们的质感、厚薄、伸缩率、色牢度、耐热度等，要与面料的性能基本一致。

2. 根据面料的组织结构进行选择

面料的组织结构有很多种，其与衬布的选择密切相关。在选择衬布时，除了要考虑手感外，还要考虑下列因素。

(1)薄而半透明的面料，包括上等细布、巴厘纱、雪纱绸、闪光织物、乔其纱等，如选用黏合衬布，当衬布粘贴于这类布料时，会产生过胶、胶粒的反光或闪光、云纹、胶粒的渗出以及多层布叠起来后形成的布色转变，因此在选择衬布时，应注意衬布颜色与面料的一致性，并尽量选用细薄的底布组织及细小的胶粒。深色面料可以考虑采用有色胶粒，以避免胶粒的反光作用。如用纺织衬布，也要考虑其厚薄和色泽的一致性。

(2)弹性面料。如果是具有弹性的机织或针织面料，应选择有相同弹性的衬布，而且应考虑到面料所要求的不同弹性表现(如在经向或纬向)，若不能控制这个弹性，衣服则容易变形。

(3)一些捻度和密度较高的面料，在水分的影响下，会产生尺寸上的较大变化，从而导致衣服变形，因此应选择与面料尺寸的改变基本一致的衬布。

(4)缎、塔夫绸等表面光滑的面料很容易由于过胶或胶粒的渗出而影响外观，所以在选择衬布时应选择具有细小胶粒的衬布。

(5)表面经过处理的面料，如泡泡纱、双绉等，一般可采用手感较柔软、薄而附着力较强的衬布。因为布表面的处理很容易被黏合时的压力所影响，所以应选用低压黏合衬。

(6)绒毛织物或有起绒表面的面料，包括丝绒、平绒、灯芯绒、维罗呢、毛巾布、长毛绒等，除应使用伸缩力、保形性、厚薄相宜的纺织衬布外，还应选择一些即使在低压下也能有很强黏合力的衬布。低压黏合衬布是较为理想的材料。

(7)不同厚薄的织物要选择粗细与之相适应的缝线，以保证缝道强度和外观效果。

3. 根据面料工艺处理情况进行选择

经过工艺处理的一些面料，对纺织衬布要求具有相应的特性，而对黏合衬布要求较严，所以在进行黏合工序前，应进行面料黏合试验，以确定何种衬布最合适。

(1)经防水处理、硅树脂处理的面料会降低结合力，用硅作软化处理，也会对面料造成较差的结合力。当面料层作上述处理时，应小心检验不同黏合条件下的结合力及其耐洗(干洗)性，从而找出黏合衬布的最佳熔合条件。

(2)上胶织物、层叠织物、氨基甲酰涂料织物，如油布、聚氯乙烯人造革、合成皮革等织物的表面经处理，都会很容易被热压所破坏，所以应尽量选择一些低温黏合衬布。

(3)经起绒处理的织物，如法兰绒、缩呢、麦尔登呢等，虽然毛绒表面可以获得较强的结合力，但压力可能使表面特征改变，所以应尽量选择低温低压衬布。

4. 根据服装功能进行选择

人们在劳动时,人体运动的幅度大、频率高且易出汗,所以应选择柔软、透气性和吸湿性都较好的材料,否则会导致能量消耗过大,劳动效率降低。

运动服装和工作服装的开口处最好选用拉链一类的勾连附件,以防止运动和工作时钩拉脱或穿脱不便而造成事故。如果选用的拉链颜色与面料不同,则要注意拉链的染色牢度,以防沾色。

礼服类服装可选用缩水率小、弹性好、手感柔软的纺织衬布,也可选用一些性能良好的黏合衬布,使造型丰满、适体、不易走样。丝绸类服装,如宴会服、舞会服和夜礼服等服装,可选用黏结性能较好的低温低压衬布。

5. 根据服装款式要求进行选择

(1)服装的造型要借助辅料的辅助作用。肩部轮廓造型需平挺时,可选用腈纶棉肩垫或身骨较硬挺的衬布。腰、袖口、裤口等部位需要自然收缩的,可根据不同需求采用规格不同的各类松紧带进行局部造型。廓体造型可采用金属、塑料线型和板型材料来帮助塑造形体,也可应用喷涂料、定形剂等材料来达到造型需求。

①胸衬:用于塑造胸部形态,支撑前衣身面料,使其呈挺服饱满状。在胸衬的各个部位,对衬布的要求与作用也各不相同。

底衬:胸衬的基础部分。常选用粗布棉衬、蜡线衬或由棉纤维、头发、黏胶纤维组成的黑炭衬,也可使用基布为机织布的黏合衬布。

挺胸衬:用于增加胸部挺度和丰满度,通常选用全毛黑炭衬或马尾衬。

保暖衬:增加胸衬的保暖性、弹性和厚实度,通常选用无纺布类的薄型毛毡,如腈纶棉等。

下脚衬:胸衬腰节线以下部分,用于增加胸衬的挺度和稳定性,通常选用棉衬或黏合衬。

肩部增衬:增加胸衬肩部的挺度和稳定性,常选用化学纤维衬。

胸部固定衬:用于固定胸部形态,通常选用棉衬(经向)。

②挂面衬:用于衬托挂面部位,使门襟部位挺服、稳定不变形,常选用棉衬或化学纤维衬、黏合衬。

③领衬:衬于衣领部位,使衣领挺服。立领通常选用棉衬或化学纤维衬、黏合衬,翻折领一般选用黏合衬或棉衬,西服领衬常选用领底呢(毡类织物)辅以黏合衬。

(2)服装上常采用纽扣、拉链、花边、彩带等辅料作为服装款式上的装饰。在选用这些具有装饰作用的材料时,既要注意颜色上的协调和适应性,又要审视这些饰品形状大小的适应性。总之,要从艺术的角度选择辅料。

6. 根据制作工艺条件进行选择

(1)在制作工艺上需要高温定形、高温熨烫工艺的服装,衬布及其他辅料应具有相应的耐热特性。

(2)有些开口部位不宜采用纽扣等常规辅料时,宜选用按扣、拉链或锦纶搭扣等其他勾连件。

(3)服装某些部位常需要皱编工艺的,则可采用具有弹性的橡筋线作为缝纫的底线,面线仍采用一般的缝线,即可产生皱编效果。

(4)缝纫用线分为两大类型:一种是缝纫机用线,另一种是手工缝纫用线。不同的缝纫工艺,可选用不同类型的缝线材料。两种类型的线一般不能互换乱用,以免影响缝纫质量和缝道强度。

三、材料的配用

现代服装往往由一种以上的材料所组成,这些材料的特性相同或相异,在组合中相互作用、相互影响,从而决定了服装外部形态和内在质量,也决定了服装本身的价值。这就是服装原材料配伍的重要性。要保证这种良好的配伍,必须遵循下列原则。

(一)伸缩率的合理配伍

任何服装在配用里料、辅料包括线、带、商标等小配件时,都必须采用伸缩率基本一致的材料。如必须采用伸缩率较大的里料、辅料时,这些材料一定要进行预缩处理。

(二)耐热度的合理配伍

选用里料、辅料时,应考虑它们的耐热度不低于面料的耐热度,避免在进行定形、熨烫等高温工艺时,使里料、辅料产生烫黄、烫焦或熔化、变形等现象。

(三)质感的合理配伍

不同的里料有不同的厚薄、质感和风格。在配用里料和辅料时,除特殊情况外,一般应考虑这些方面的一致性。

(四)坚牢度的合理配伍

服装的使用寿命一部分是由面料的坚牢度决定的,而另一部分是由里料和辅料决定的。如服装面料坚牢度性能较好(包括撕裂程度、顶破程度和耐劳程度),而配用的里料及辅料坚牢度较差,就会降低服装的使用寿命。反之,坚牢度较差的面料,只要里料和辅料配伍合理,反倒会起到保护面料的作用,从而延长服装的使用寿命。

(五)颜色的合理配伍

面料、里料和辅料在颜色上配伍是否合理,同样会影响成衣质量,薄型的透明或半透明面料,配用不同于面料颜色的里料或辅料,里料或辅料的颜色会外透,从而改变外观色彩效果。所

以，除款式的特殊要求外，一般均配用同种颜色或相近颜色的面、辅材料比较适宜。

（六）金属配件的合理配伍

在服装上常采用许多金属配件作为辅料，这些辅料用铁、铜、锌、铝、不锈钢等不同材料制成。在配用这些金属类辅料时，要特别注意金属表面的处理是否符合要求，包括表面粗糙程度，是否有毛刺，是否会生锈、氧化变质等情况。

（七）价值和档次的合理配用

服装材料有档次高低的区别，也有价值昂贵和低廉的区别。在配用上要考虑它们之间的价值相配性。档次、价值较高的面料应该配用相应较高档的里料和辅料。反之，则会降低服装本身的价值。

四、材料的耗用预算

在材料的准备工作中，除了考虑选择品种和规格外，还需要考虑材料的数量。而在考虑数量时，必须首先在计划用料的基础上考虑其他影响因素，随后作出适当的预算。

（一）自然回缩的损耗

面料、里料和辅料在生产厂后处理时经拉伸以及成包时受压缩，有可能在经干燥处理后，有回缩或伸长的情况，所以从开包发料起到铺料前会产生长度和幅宽的自然回缩或伸长，从而出现数量上的缺溢。这种缺溢必须在标准用料的基础上加放。其他损耗如缝纫损耗、工艺回缩、缝制回缩及熨烫回缩，均应在板样工艺设计中加以考虑，属于标准用料之内的缺溢，可不必计算。

（二）缩水率的损耗

面料、里料和辅料缩水率较大者，必须在裁剪前进行预缩处理。这种情况引起的短缺，属于缩水损耗。这种损耗也应该在标准用料的基础上加放，加放数据可在不同的材料缩水率的基础上进行计算。

$$\text{缩水损耗率}=\frac{\text{缩水损耗长度}}{\text{缩水前布的长度}}\times 100\%$$

（三）织疵的损耗

各种材料由等级决定材料内部的残疵情况，所以等级越低的材料织疵就越多，这将直接影响成衣坯布的制成率。在作材料预算时，必须考虑到这一因素。

（四）段料的损耗

段料的损耗也称段耗。这里指净坯布经过铺料后，由于断料所产生的损耗。段耗的原因主要有以下几个方面。

（1）机头布：织布过程中机器开始运行时织成的布段，常产生形变。

（2）不够成品段长又不能裁制独件产品的余料。

（3）在断料时因裁剪技术不熟练，落料不齐而使用料增加的部分。

（4）更改成品规格或裁制附件所剩余的布料。

（5）坯布中的残疵由于无法去残借裁的断料或废品衣片。

在材料准备中的预算，主要考虑的是前三个因素。

$$段耗率=\frac{段耗长度（或重量）}{投料长度（或重量）}\times 100\%$$

（五）残疵产品的损耗

在成衣生产过程中，由于产品的难度、工人技术熟练程度及工序中的事故等原因，使产品造成残疵品或报废等损失。这种情况也应在材料预算中加以考虑。

（六）特殊面料的正常损耗

面料由于布纹、图案、组织对用料影响的特殊情况，应适当给予加放。如一般倒顺的绒毛类面料应加放7cm，格子料加放1格，倒顺格加放2格，倒顺花加放7cm等（以上按件为单位加放）。

（七）其他损耗

除上述各类损耗外，材料测试、样品试制等情况所需要耗用的材料，如果量较小则可不考虑，如数量较多、比例较大者，则需要放进预算。

以上各类因素的损耗，应该在定额用料（即标准用料）的基础上加以估算。估算的方法应视产品具体情况的不同而各异。

第二节　材料的检验与测试

一、检验与测试的目的

成衣生产投料前，必须对使用的材料进行质量检验和物理、化学性能的测试。其目的是为了掌握材料性能的有关数据和资料，以便在生产过程中采用相应的工艺手段和技术措施，提高产品质量及材料的利用率。

测试内容有数量复核、疵病检验、伸缩率测试、缝缩率测试、色牢度测试、耐热度测试等。

测试的方法有两种：一种是按国家印染棉布标准 GB 411—432—78 规定的技术条件进行测试，具体方法可参照规定；另一种是按生产工艺的模拟形式进行测试。

二、数量的复核与检验

（一）规格数量的复核

对原材料进行规格、数量的复核，是投产前的一项主要准备工作。这一工序一般在原料仓库进行，也有在裁剪车间进行的。规格、数量的复核，其主要内容有以下几个方面。

1. 纺织品材料复核

首先要检查出厂标签上的品名、色泽、数量及两头印章、标记是否完整，并按单子逐一核对，做好记录。

筒卷包装的材料，一般应该在量布机上复核；折叠包装的材料，应先量折叠的长度是否正确。

有一些按重量计算的原材料（如针织类面料）同时应该过秤复核，并按面料的单位面积重量（g/cm^2）计算其数量是否正确。

核对门幅规格：在复核每匹原料长度时也要测量门幅。如差距在 0.5cm 以上者，应在原材料上标明，并点校后单独堆放，发料时应按最小门幅数发料。如差距在 1cm 以上者，同时该段布料的长度是门幅差的 2 倍以上者，可以冲断后按实际门幅计算，并应在每匹上注明幅宽和长度，整理后列出清单，提供给下道工序，以便窄幅窄用、宽幅宽用，做到合理使用、节约用料。

2. 其他辅料的复核

首先核对品名、色泽、规格、数量等与实际是否相符。物件较小、数量较大的物品，如纽扣、裤钩、商标等小物件，可按小包装计数，并拆包抽验数量和质量是否与要求相符。

配套用的材料，要核对其规格、色泽和数量是否有短缺、差错情况，以便及时纠正。

（二）疵病检验

此工序又称验料。一般是指对纺织品材料的检验，主要任务是检查原料中的疵病（织造疵点、染整疵点、印花疵点等）。在逐匹进行检查时，发现有疵点的位置要作明显标记，以便在铺料划样时合理使用。

1. 疵点的检验

根据原料包装的不同，分为两种检验方法。

(1)在验布机上进行验料:一般应用于圆筒卷料包装和双幅材料。验布机可以分窄与宽两种。其工作原理是,布料通过送布轴和导布轮的传送,让材料在毛玻璃的斜台面上徐徐通过,在毛玻璃的台面下装有日光灯,利用柔和的灯光透过布面,使其充分暴露疵点。验料者如发现色迹、破损、格子大小等疵点,随即作出记号,以便铺料划样时去残借裁(图3-2-1)。图3-2-1中①为布卷,②为导布辊,③为玻璃台,④为摆布架,⑤为滑车,⑥为送布轴。

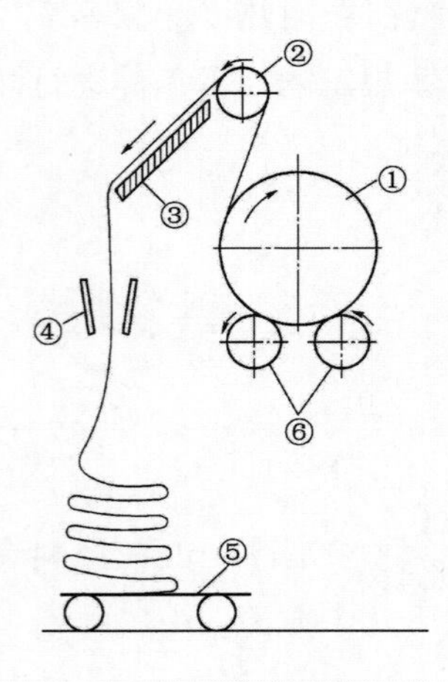

图3-2-1 验布机

(2)台板检验:这种检验方法,一般应用于折叠包装材料。检验时应将布匹平放在检验台上,光线要柔和稳定,一般应设在朝北的窗口。检验者从上至下逐页翻看,发现疵点随即作记号。检验的标准可按照生产厂的企业标准或同类产品的部级标准和国家标准,并根据服装疵点允许范围和要求进行检验。

2. **色差、纬斜的检验**

在检验疵点的同时,应进行色差与纬斜的检验。

(1)色差:检验色差时,将坯布左右两边的颜色相对比,同时也和门幅中间的颜色相对比。相隔10m料,应进行一次这样的对比;整匹布验完后还要进行布的头、尾、中三段的色差比较。色差按国家色差等级标准评定。

(2)纬斜与纬弯:纬斜和纬弯是因纬纱与经纱不呈平直状态而影响外观质量的疵病。

纬斜一般指纬纱呈直线状歪斜(图3-2-2)。图3-2-2中A和B两点间的距离表示纬斜的程度。纬纱歪斜会使布料产生条格的歪斜和纹样的歪斜。

纬弯是指纬纱呈弧状歪斜。它的形状有弓形纬弯(图3-2-3)、侧向弓形纬弯(图3-2-4)、波形纬弯(图3-2-5)等。纬弯也造成布面的条格、纹样等歪斜变形。纬弯程度可测量A、B两点间的距离。

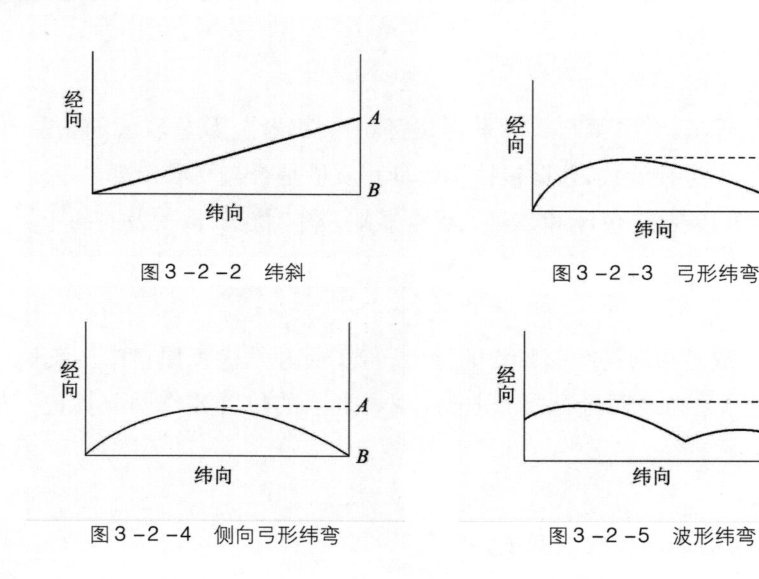

图3-2-2 纬斜
图3-2-3 弓形纬弯
图3-2-4 侧向弓形纬弯
图3-2-5 波形纬弯

纬斜和纬弯可按服装疵点允许范围要求进行检验。

织物疵病分类详见表3－2－1。

表3－2－1 织物疵病分类

<table>
<tr><th colspan="2">疵病分类</th><th>疵点名称</th></tr>
<tr><td rowspan="8">机织物疵点</td><td>经向疵点</td><td>松经，紧经，吊经（经缩、浪纹），分条痕，磨痕，张力不均，断经，穿错，筋损伤（破筘），上浆不良，布面断裂，大结，错经（错支、错品种），错纤度，错纤维，修括，浆斑</td></tr>
<tr><td>纬向疵点</td><td>厚段，薄段，机械段（稀密不匀），轧梭，飞梭，花纬（纬纱错色），松纬（纬错），紧纬，断纬，打纬不匀，大脱纬（乱纬），双纬，多纬，异物织入，开口不清，回丝织入，错纬，闭口不符（小密路），竹节纱，皱疵（强捻纱织物疵点），纬纱异常，磨光（擦白），缺纬</td></tr>
<tr><td>布边疵点</td><td>紧边，松边，破边，荷叶边，烂断边，边污</td></tr>
<tr><td>组织疵点</td><td>错组织（错花纹、穿错、组织错乱等），花纹错乱，脱针，综框脱落，条纹错乱，纹板疵点，提花疵点</td></tr>
<tr><td>不合标准</td><td>窄幅，短码，码口不足，宽窄不匀，宽度不足</td></tr>
<tr><td>伤疵</td><td>跳纱，浮织，夹梭，边撑疵，停车档，修补疵，破洞，刮痕</td></tr>
<tr><td>沾污</td><td>污经，污纬，浆斑，梭箱油污，流印，印章污渍，黄斑，锈渍，投梭油污，洗痕，综筘油污，机械沾污，油污</td></tr>
<tr><td>其他疵点</td><td>闪光（丝织物或人造丝织物）</td></tr>
<tr><td rowspan="6">针织物疵点</td><td>经向疵点</td><td>经轴疵点，吊经，断纱，经向条纹，导纱器疵，原布破损，经向条斑，直条针路，沉降弧条痕，卷取疵点，双孔眼，织入别物，长丝裂，布面起毛，直条轧痕</td></tr>
<tr><td>纬向疵点</td><td>色疵，纬段，停车横条，机械段（条纹），横向割伤，纹路歪斜，断纱，条纹，织入别物，添加弹性纱编织不良</td></tr>
<tr><td>伤疵</td><td>针洞，破洞，漏针，破裂疵点，修补疵，飞跳，收缩疵点（吊纱、松纱），磨破（刮破），起绒不匀，结节，跳疵，断疵，错针孔</td></tr>
<tr><td>布边不良</td><td>破边，边缩（紧边），松边，边组织不良，边不齐</td></tr>
<tr><td>沾污及褶皱</td><td>原纱污渍，油污，针污，摩擦污点，尘埃污点，烟灰污点，虫污，折痕处沾污，露水污斑，墨水污渍，锈污，洗痕，褪色，布边污渍，硬伤</td></tr>
<tr><td>其他疵点</td><td>组织错乱，编织云斑（织孔不清），织孔不齐，垂针（双针、重叠织疵）</td></tr>
</table>

三、材料的性能测试

（一）伸缩率测试

织物在受到水和湿热等外部因素的刺激后，纤维从暂时平衡状态转到稳定的平衡状态，在这个过程中发生了伸缩，其伸缩程度就是伸缩率。

织物伸缩率的大小，主要取决于织物原料的特性及其加工过程的方法和处理手段。如在定形时强抻硬拉，可促使织物的伸缩率增大；又如经纬密度大小也同样会产生不同的伸缩率。一般经向密度大于纬向密度，那么经向缩率就大于纬向缩率；反之，纬向缩率大于经向缩率。

通过测试，可获得较准确的伸缩率数据，在板样设计中可作为长度和宽度缩放的依据，能够使成衣规格符合设计要求。所以，测试项目与成衣加工时的工艺有关。一般有以下几个项目：

1. 自然回缩率

自然回缩率是指织物没有受任何人为作用和影响，在自然状态下受到空气、水分、温度及内应力的影响所产生的伸缩变化。在机织物中产生这种收缩的情况较多，在针织物中由于针织物是由屈曲的纱线缠绕而成的，故在剪切后，常因失去线圈的相互牵引而产生伸长，并且不同纤维组织而成的材料，伸缩情况也不一样。

测试的方法是：首先将原料从仓库中取一个包装中的一匹，测量其长度和门幅宽度，把量取的数据作记录，随后将整匹原料拆散抖松，在没有任何压力的情况下，常温静置 24h，随后进行复测，即可计算出面料的伸缩率。

2. 湿热收缩率

在成衣加工工艺中，常用水浸、喷水、干烫、湿烫等方法对织物进行加工处理。由于受到这些外部因素的作用而使织物产生收缩现象，其收缩率同未处理前的尺寸之比称为湿热收缩率。为了掌握这种收缩规律，必须对进行了这些工艺处理后的织物收缩情况进行测试。

（1）干烫收缩率的测试：干烫缩率是指织物在干燥情况下，用电熨斗熨烫，使其受热后产生收缩的程度。测试方法如下：

采样：在布匹的头部或者尾部除去 1m 以上（因开始织布时的张力有显著变动，要从头部除去数米），随后取 50cm 长的布料，除去布的两边道（因两边道的张力与门幅中部的张力有差异，会影响测试的准确性，如针织物、静电植绒类织物两边应除去 10cm），并记录好长度和宽度数据。

干烫温度条件：

印染棉布——190 ~ 200℃；

合成纤维及混纺印染布——150 ~ 170℃；

黏胶纤维印染布——80 ~ 100℃；

印染丝织品——110 ~ 130℃；

毛织物——150 ~ 170℃。

干烫时间：分别按各类温度条件，在试样上熨烫 15s 后，待冷却。

测试：待凉透后，测量试样长度和宽度，然后计算该织物的收缩率。计算公式为：

$$干烫收缩率 = \frac{干烫前长度（宽度）- 干烫后长度（宽度）}{干烫前长度（宽度）} \times 100\%$$

（2）湿烫收缩率的测试：湿烫收缩率是指织物给予水分进行熨烫所产生的收缩率。湿烫收缩率的测试方法，按工艺不同可分为喷水熨烫测试法和盖湿布熨烫测试法两种。

①喷水熨烫测试法：

采样：在离原料头部或尾部1m以上处，取长度50cm作为试样，并除去布的两边道。

湿润条件：在试样上用清水喷湿，水分分布要均匀。

熨烫条件：用电熨斗在试样上往复熨烫，时间控制在熨干为宜。

测量和计算：待试样凉透后，测量其长度和宽度，并计算收缩率。计算公式为：

$$湿烫收缩率=\frac{湿烫前长度(宽度)-湿烫后长度(宽度)}{湿烫前长度(宽度)}\times 100\%$$

②盖湿布熨烫测试法：

采样：与喷水熨烫测试法相同。

温度条件：与喷水熨烫测试法相同。

湿润条件：将一块去浆的毛白平布用清水浸透，并拧干备用。

熨烫条件：把湿布盖在试样上，按照温度条件，用电熨斗在试样上往复熨烫，时间控制在盖布熨干为宜。

测量和计算：待试样凉透后，测量其长度和宽度，并按湿烫收缩率的计算公式计算收缩率。

(3)水浸收缩率的测试：水浸收缩率是指让织物的纤维完全浸泡在水里，给予充分吸湿而产生的收缩程度。测试方法如下：

采样：方法与干烫测试法相同。

湿润条件：将试样用60℃的温水给予完全浸泡，用手搅拌，使水分充分进入纤维，待15min后取出，然后捋干，在室温下晾干(不可拧)。此项试验也可用缩水机进行测试。

测量和计算：测量其试样长度，然后计算收缩率。计算公式为：

$$水浸收缩率=\frac{测试前试样长度(宽度)-测试后试样长度(宽度)}{测试前试样长度(宽度)}\times 100\%$$

3. 常用织物收缩率

由于加工工艺流程的不同，各种纺织品的收缩率也不一样。下面所列各表是一些主要纺织品在不同工艺条件下的收缩率，供选用时参考(表3-2-2~表3-2-9)。

表3-2-2 毛织物喷水或盖湿布熨烫收缩率

材料名称	收缩率(%)	
	经向	纬向
精纺毛织物	0.2~0.6	0.2~0.8
粗纺毛织物	0.4~1.2	0.3~1
毛涤混纺	0.2~0.5	0.2~0.5
其他化学纤维与毛混纺	0.5~1	0.5~1

表3－2－3　棉织物喷水熨烫收缩率

材料名称	收缩率(%)	
	经向	纬向
细布	1～1.5	1～1.5
斜纹布	2～3	1～2
纱卡	1～1.5	0.5～1
线卡	1～2	0.5～1
涤卡	0.3～0.5	0.2～0.4
劳动布	2～3	1～2
府绸	1～2	0.5～1
白漂布	1～2	1～2
印花布	1～2	1～2
树脂印花布	0.5～1	1～2
棉涤	0.4～0.6	0.1～0.3
灯芯绒	0.6～1.2	0.2～1.5
防缩织物	0.5～0.7	0.5～0.7
粗布(水浸)	3～4	2～3

表3－2－4　丝、化学纤维织物干烫收缩率

材料名称	收缩率(%)	
	经向	纬向
金玉缎	0.5～1	—
九霞缎	0.5～1	—
留香绉	1～2	—
富春纺	1～1.5	—
涤新绫	0.5～1	—
华春纺	0.5～1	0.3～0.5
尼丝纺	无缩	无缩
针织涤纶呢	0.5～1.5	0.4～0.7
涤黏中长花呢	0.2～0.8	0.1～0.4
中长华达呢	0.5～1	0.2～0.5

表 3-2-5 丝织物收缩率

材料名称	收缩率(%)	
	经向	纬向
桑蚕丝真丝织物	5	2
桑蚕丝与其他纤维交织	5	3
绉线织品和绞纱织物	10	3

表 3-2-6 化学纤维织物收缩率

材料名称		收缩率(%)	
		经向	纬向
黏胶纤维织物		10	8
涤棉混纺织物	平布,细布,府绸	1	1
	卡其,华达呢	1.5	1.2
涤/黏胶纤维,涤/混纺织物(涤含量65%)		2.5	2.5
富强纤维/涤混纺织物(富纤含量65%)		3	3
棉维混纺织物(维纶含量50%)	卡其,华达呢	5.5	2
	府绸	4.5	2
	平布	3.5	3.5
涤/腈混纺织物(中长化学纤维织品,涤含量50%)		1	1
涤/黏胶纤维混纺织物(中长化学纤维织品,涤含量65%)		3	3
棉/丙纶混纺织物(丙纶含量50%)		3	3
粗纺羊毛化学纤维混纺呢绒	化学纤维含量在40%以下	3.5	4.5
	化学纤维含量在40%以上	4	5
精纺羊毛化学纤维混纺呢绒(涤纶含量在40%以上)		1	1
精纺化学纤维织物	涤纶含量在40%以上	2	1.5
	其他织品	4.5	4
	锦纶含量在40%以上或腈纶含量在50%以上,涤、棉、腈混纺含量在50%以上	3.5	3
化学纤维丝织物	醋酯纤维织品	5	5
	纯人造丝织品及各种交织品	8	3
	涤纶长丝织品	2	2
	涤/黏胶纤维/绢丝混纺织品(涤65%、黏胶纤维25%、绢丝10%)	3	3

表3-2-7　呢绒收缩率

材料名称			收缩率(%)	
			经向	纬向
精纺呢绒	纯毛或羊毛含量在70%以上		3.5	3
	一般织品		4	3
	化学纤维含量在40%以上		4	5
粗纺呢绒	呢面紧密的露纹织物	羊毛含量在60%以上	2	1.5
		羊毛含量在60%以下及交织品	4.5	4
	绒面织物	羊毛含量在60%以上	4.5	4.5
		羊毛含量在60%以下	5	5
	组织结构比较稀松的织物		5以上	5以上

表3-2-8　印染棉布的收缩率

材料名称		收缩率(%)	
		经向	纬向
丝光布	平布（粗支、中支、细支）	3.5	3.5
	斜纹、哔叽、贡呢	4	3
	府绸	4.5	2
	纱卡其、纱华达呢	5	2
	线卡其、线华达呢	5.5	2
本光布	平布（粗支、中支、细支）	6	2.5
	纱卡其、纱华达呢、纱斜纹	6.5	2
经过防缩整理	各类印染布	1~2	1~2

表3-2-9　色织棉布的收缩率

材料名称	收缩率(%)	
	经向	纬向
男女线呢	8	8
条格府绸	5	2
被单布	9	5
劳动布（预缩）	5	5
二六元贡（元密呢）	11	5

（二）缝缩率测试

缝缩是指织物在缝制时，由于缝针的穿刺动作、缝线的张力、布层的滑动及缝线挤入织物组织的关系，使织物产生横向或纵向的规格变化。其变化程度可用缝缩率表示。

皱缩波纹越大，皱缩率越大。所以它对成衣缝制质量影响较大。缝缩率的测试方法如下：

采样：取经、纬向试样各6块（长50cm，宽5cm），在试样上按图3－2－6所示作标记，并做好记录。

缝制条件：将同向的两块试样重叠，按规定的缝制要求（即缝针、缝线规格、针迹密度和底面线的张力大小等），在不用手送料的情况下，缝合试样中间的直线。

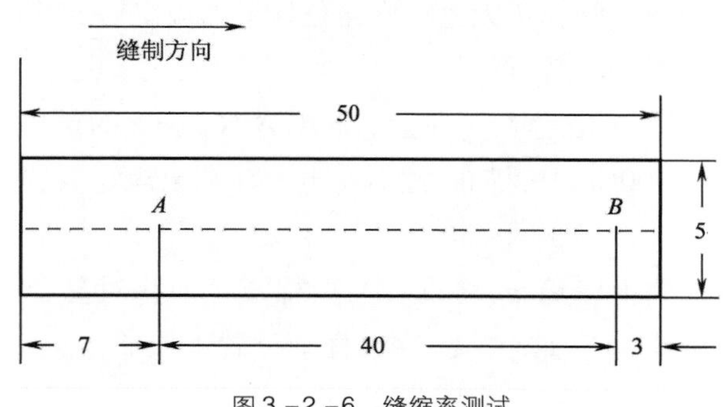

图3－2－6　缝缩率测试

测量和计算：测定试样缝制前、后标记A、B两点间的长度（一般下层布料缝缩较大，故以下层布料作为评定对象）。取试样上三个部位的平均值，计算缝缩率。公式如下：

$$缝缩率 = \frac{缝制前两标记间的长度 - 缝制后两标记间的长度}{缝制前两标记间长度} \times 100\%$$

（三）色牢度测试

色牢度测试是对织物的一种化学性能的测试，也称染色坚牢度测试。目的是测试染色织物在穿着或加工过程中经受各种外力作用时，着色织物对这些外力作用的抵抗性。由于外力作用的形式不同，测试的种类很多，有日晒、洗涤、汗渍、摩擦、熨烫、干洗、升华等十几个项目。按服装加工要求，色牢度的测试可选择与之关系较密切的几个项目，主要有熨烫色牢度和洗涤色牢度两种。

1. 熨烫色牢度的测试

染色织物通过熨烫，有时会出现变色或褪色。这种变色、褪色是以对其他织物的沾色程度来确定的。测试分干法试验和湿法试验两种。在湿法试验中，又分为强试验和弱试验两种，而每种试验都以不同的温度分成5个试验。在实际应用时，可根据试验的目的要求在这些方法中进行适当选择。测试方法如下：

采样：在需要测试的面料上，距离布边5cm处取5cm×5cm作为试样，共取5块（数量也可根据试验的要求和项目决定），再准备同样面积的白棉布若干块，作为沾色用。电熨斗的表面温度必须能够在120～200℃的范围内调节到要求温度±5℃的水平。电熨斗的自重按底面折

算成织物承受压力为1.96～2.94kPa(20～30gf/cm^2)。

试验温度:电熨斗的熨烫温度分为5级:A号—200℃,B号—180℃,C号—160℃,D号—140℃,E号—120℃。正负误差为5℃。

试验方法分干法和湿法两种。

(1)干法试验:将白棉布平铺于熨烫台上,然后将试样与白棉布正面相对复合,再将电熨斗温度调至规定温度,在试样上放置15s。然后将试样和白棉布按不同的温度编上号,并放在暗处4h后,与原样对比。按GB 250—64染色牢度褪色样卡的规定评定其色牢度。

(2)湿法试验:分强试验和弱试验两种。

①强试验:将白棉布平铺于熨烫台上,在上面放上含水100%的试样,试样与白棉布的正面复合,再在其上面放上含水100%的白棉布,然后将电熨斗调至规定温度,在试样上放置15s,再按不同的温度编上号。

②弱试验:在熨烫台上铺上白棉布,将试样与白棉布正面相对复合,然后在上面放上含水100%的白棉布。再将电熨斗调至规定温度,在试样上放置15s,将染色布和试样布按不同温度编上号。

试验后将染色布晾干,与原样进行对比,按GB 251—64染色牢度沾色样卡的规定进行评定。

2. *洗涤色牢度的测试*

染色织物的洗涤色牢度试验,可将试样与沾色布缝在一起,然后放在清水或一定温度的洗涤液中,在机械或人工的搅拌下,按规定的时间和浸渍、洗涤条件试验后,观察其沾色程度。根据纤维种类和沾污程度的不同,可采用不同的方法和条件进行测试。

采样:在原料距头或尾部1m以上处,分别在门幅的中间和边道位置处,剪取5cm×10cm试样各两块(印花布类,应按花布的各种颜色取全)并取同样大小的白棉布与试样布正面复合缝住。

测试条件:用水温50℃加洗涤剂(无增白剂)或皂粉5g,浴比为50∶1,浸渍时间10min。

测试方法:将试样放入洗涤液中,用机械或手工搅拌,也可将试样往复搓洗10次,10min后用清水漂清,随后晾干(如烘干,温度不可超过60℃),通过原样和试样褪色后的色差,未沾色白布和沾色白布的色差的对比,按GB 250—64染色牢度褪色样卡的规定进行评定。

如作清水试样,可不用50℃温水,改用常温清水,不加洗涤剂,其他条件可按上述办法测试。

(四)耐热度测试

耐热性也称耐老化性。耐热度的测试,主要测试织物在高温加工条件下,织物的物理和化学性能是否发生老化或损害现象,以鉴定织物的耐热温度。测试方法如下:

采样:在距离要测试的面料的头部或尾部1m以上处,在门幅的中部剪取10cm×10cm试样两块(印花布类织物,必须将各类颜色取全)。

温度条件:各类织物的试样温度不同。棉织物,190～200℃;丝织物,110～130℃;毛织物,

150～170℃；合成纤维及其他混纺织物，150～170℃（试验温度一般高于工作温度10～20℃）。要求电熨斗的表面温度能够在80～200℃内调节。

工作压力：控制在1.96～2.94kPa（20～30gf/cm^2）。

试验方法：首先把试样平放在熨烫台上，然后将电熨斗调至试验规定的温度，放置在试样上，静止压烫10s，待试样完全冷却后进行评定。

评定方法：主要通过目测和理化测试，鉴定其耐热和耐老化程度。

观察颜色：用目测评估，让原样与试样作对比，看是否有变黄或变色情况。

观察质地：是否有硬化、熔化、皱缩、变质、手感等质的变化。

检查性能：可通过理化测试方法，检验该试样是否仍保持原有的多种强度、牢度等物理和化学特性。

根据以上各项检验结果，评估该织物的耐热性能。

第三节 材料的预缩与整理

服装材料加工时，由于加工手段不同，在织物内部存在着不同的应力和其他疵病，这种情况若在投产前不加以消除，将会不同程度地影响服装成品的形态稳定性、穿着性能等加工质量。预缩与整理是消除和纠正这种影响的一种必要工序，所以在投产前，必须对服装制品所用的材料，主要是面料、里料和衬布等，进行充分的预缩和良好的整理。

一、材料的预缩

服装材料由于在生产过程中，经过织造、精练、染色、整理等各种处理，在各道工序中所受的强烈的机械张力导致织物发生纬向收缩、经向伸长的不稳定状态，使织物内部存在各种应力及残留的变形。这些处理虽然提高了布料的使用价值，但也随之产生一些自然曲缩、湿热收缩等不良变形特性。根据纤维和材料的不同，这些变形特性各异，因而在裁剪前要消除或缓和这些变形的不良因素，使服装制品的变形降低到最小限度，这就是材料的预缩。

由于材料中存在的变形因素不一样，所以在预缩处理过程中所采用的手段和方法也应该不同。

（一）自然预缩

在裁剪前将织物拆包、抖散，在无堆压及张力的情况下，停放一定的时间。棉针织物在轧光

或定形后，应放置24h以上，使织物自然回缩，消除张力。

一些有张力的辅料也应采用同样的方式处理。如各类橡筋带材料，在使用前必须抖散、放松，放置24h以上才能使用，否则短缩量会很大。

（二）湿预缩

收缩率较大的材料或质量要求较高的服装，在裁剪前，所用材料必须给予充分的缩水处理。

机织棉麻布、棉麻化学纤维布，可将布料直接用清水浸泡，然后摊平晒干。浸泡的时间根据材料的品种和回缩率的大小而定。如一些上浆织物，要用搓洗、搅拌等方法，给予去浆处理，使水分进入纤维，这样有利于织物的吸湿收缩。

毛呢缩水可采用两种方法：精纺织物采用喷水烫干；粗纺织物可用湿布覆盖在上面熨烫至微干。熨烫温度一般前者为160℃，后者为180℃。

一些收缩率较大的辅助材料，如纱带、彩带、嵌线、花边等，也同样需要给予缩水处理。

（三）热预缩

这是一种干热预缩法。如遇到一些在温度作用下收缩率较大的织物，可采用这种热预缩的方法，缓和织物内部的热应力。热预缩的方法按给热的方式分为两种：一种是直接加热法，它可以应用电熨斗、呢绒整理机等，对布面接触加热；另一种是利用加热空气和辐射热进行加热，可利用烘房、烘筒、烘箱的热风形式及应用红外线的辐射热进行预缩。给热的温度和时间一般应低于定形温度和时间。

（四）汽蒸预缩

这是一种湿热预缩的方法。织物在汽蒸给湿和给热的作用下，恢复纱线的平衡弯曲状态，达到减少缩率的目的。

一般服装厂可采用将准备预缩的材料在无张力作用的松弛状态下放入烘房，内通49～98kPa（0.5～1kgf/cm^2）的蒸汽压力，让织物在受湿热的作用下自然回缩，时间可视材料不同而定，然后经过晾干或烘干的方法进行干燥处理。

其他辅料如橡筋带、橡筋线等也可应用汽蒸方法帮助预缩。

目前有一些大型服装厂，已经逐步采用预缩机进行预缩处理，这是一种比较先进的预缩方法。预缩机的种类很多，主要有呢毯式或橡胶毯加热承压辊式两大类。

机械预缩机采用一种可压缩的弹性物质，如呢毯、橡胶毯等作为材料，将可塑性纤维织物紧压在该弹性物质的表面上，在弹性材料屈曲时，它的外弧增长，而内弧随之收缩，如果将弹性材料再往反向弯曲，则原来伸长的一侧变为收缩，而收缩的一侧变为伸长。织物紧压在弹性物质上，随着弹性物质的运动，织物从弹性物质的外弧转向内弧，即从拉伸部分转入收缩部分。由于不允许有滑动和起皱的余地，就必然会随着弹性材料的收缩而挤压产生收缩，这样可消除原来大部分潜在的收缩，达到预缩的目的（图 3 －3 －1）。

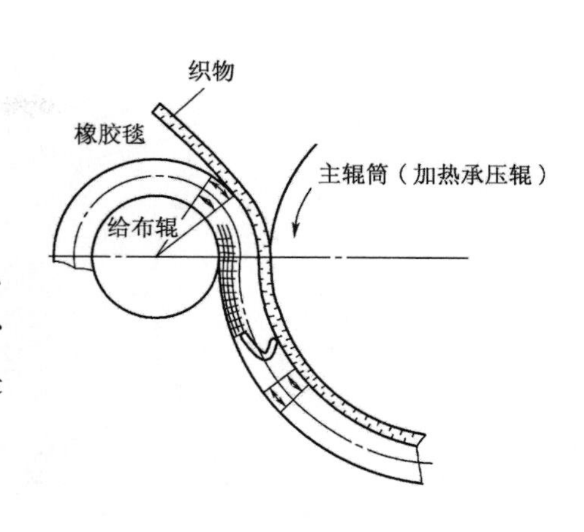

图 3 －3 －1 机械预缩机

二、材料的整理

材料在检验后会发现许多疵点和缺陷，如织疵、缺经、断线、纬斜等，如能通过整理工序给予修正和补救，对提高成衣质量、提高材料的利用率、降低成本是很有必要的。

（一）织补

织补是指对面料存在的缺经、断纬、粗纱、污纱、漏针、破洞等织疵，用人工方法按织物的组织结构给予修正。一般的服装厂和针织厂专门设有修补间或配有修补工，织补也作为一道必要的工序。织补工序常分为半成品修补和成品修补两种。半成品一般在染整前进行修补，修补后再通过染整工序，修补的疵点基本可与原组织相同。这一方法在染织厂和针织厂应用较多。服装厂的半成品修补，一般是对裁剪后的裁片疵点进行修补。如已经制成成品服装再发现织疵，并进行织补处理，则称为成品织补。

（二）整纬

正常织物的经纬纱应保持互相垂直的状态。湿加工时由于织物左右两边所受张力不均匀或中部与两边所受张力不一致，往往会造成织物的纬斜或纬弯等现象，薄织物更易产生。这种外观疵病可通过整纬装置进行矫正整理。

整纬装置是调整织物纬纱歪斜，改善织物外观质量的一种装置。整纬的作用原理是按织物的纬斜、纬弯方向和程度，调整整纬辊的位置，通过该装置的运行，使平幅织物全幅内有关部分的经向张力产生相应的变化，从而使纬纱歪斜程度在相应部位超前或滞后，达到全幅内纬纱与经纱垂直相交的整纬效果（图 3 －3 －2）。图 3 －3 －2（a）为不整纬时的运转状态，图 3 －3 －2（b）为整纬时的运转状态。

整纬装置的类型很多。若以效能分类，可分为纬斜整纬装置和纬弯整纬装置。若以结构分类，则可分为差动齿轮式整纬装置和辊筒式整纬装置。常用的设备中，有电动或手动操作两种方法。这两种方法的缺点是劳动强度大，精确性差。目前，为了提高整体灵敏度和精确度，有采用光电整纬装置的。这类自动检测和调整的整纬装置种类也颇多。整套装置分自动检测、控制和执行三部分。按自动检测的基本原理分，有脉冲幅度检测、脉冲相位检测等几种方法。它的工作原理是：将光源发射的平行光线透过运行着的织物进入信号接收头，经按各自的检测原理而设计的光学系统所取的纬纱成像，由光电原理转换成输出信号，通过放大控制器和执行机构，调整直辊和弯辊（直辊和弯辊分别调整纬斜和纬弯）达到整纬目的。

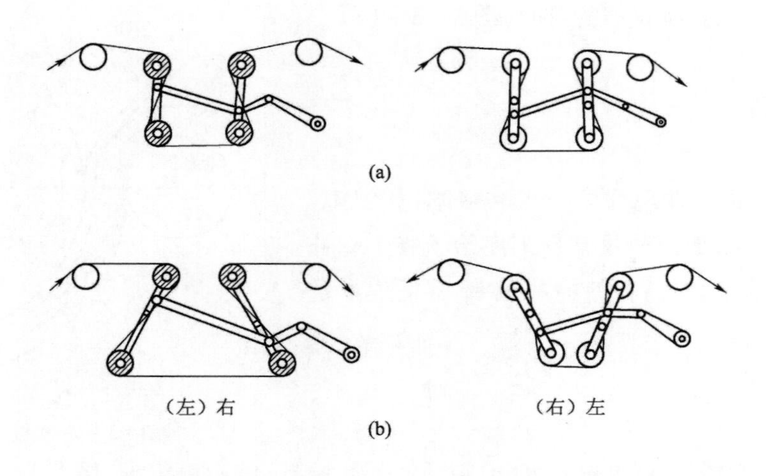

图3－3－2　整纬装置

在没有整纬设备的工厂或者不能采用机械整纬的情况下，如单件服装加工等，可采用手工整纬的方法。方法是先将原料喷湿，然后两人在纬斜的反方向对拉，等原料自然回复后，再用电熨斗烫干使其保持形态的稳定。如一次不行，可反复进行几次。但此种方法劳动强度大、速度慢，质量也往往难以保证。

（三）裘、革的整理

抻宽定形是裘皮和皮革的整理措施。由于皮面不平整，面积不够大或有变形，可采取抻宽定形方法。首先在皮张的底板上喷上适量温水，使底板湿透，然后将皮板放在木板上，用钉钉住。钉钉时先钉下端，然后沿长度方向猛抻，再钉上端，最后将两翼钉住。四周钉完后，必须待其阴干后再取下，这样可避免回缩，使皮板平整。钉皮板时应注意按板样的尺寸钉，防止尺寸过大或过小。

如遇到皮板硝粉过多而太硬，可用藤棍轻轻抽打，可使皮子柔软些。

第四节　样品试制

样品试制一般包括两部分内容。一是根据服装款式图或按客户来样进行样品试制。一般前者叫实样制作，后者叫确认样制作。它们的目的都是为了被客户认可。二是根据客户的修改意见以及根据生产的可行性研究进行实物标样试制，也叫试样。目的是为了帮助确立最佳生产方案和保证产品质量。

一、实样试制

单凭服装效果图或者款式图是不能完全体现该服装的真正效果的，必须制成实样，并对不合理的部位加以必要的修正。实样试制一般可以参照以下几个程序。

（一）分析效果图或实样

在分析效果图或者客户所提供的实样时，要着重考虑四个方面。

（1）选择与设计要求相适应的面料及辅料。

（2）分析该服装的造型。如是礼服还是生活服，是宽松型还是紧身型等，以便选用与之相适应的结构造型方法。

（3）分析该服装各部位的轮廓线、结构线、零部件的形态和位置。

（4）分析选用合适的缝制方法及所需要的附件，需要何种工艺，采用何种设备等。

（二）绘制款式板样

绘制样品服装的款式板样可按如下步骤进行。

1. 选择样品规格

首先选择试制规格，一般应按代表尺寸，内销的可按国家号型中的中间标准体，即男上装165/88，裤子165/76；女上装155/84，裤子155/72；外销的一般选择M规格（即中心规格）。如果客户有来样，可按实样试制，也可根据客户要求选定规格。

2. 选择结构造型方法

根据款式特点选择适宜的结构造型方法，有原型法、基样法、比例法、立体造型法等。

3. 描绘样品纸样

根据款式板样，绘制出衣片及各种零部件和辅料纸样，并加放缝份和贴边。同时填写图样说明，注明各部件的布纹方向、吻合标记及件数等。绘制后必须认真检查是否有遗漏、短缺等，然后剪成纸样。

（三）修剪试样布及检查其效果和形状

当纸样完成后，对没有把握的一些部件如领子、袖子等，为了保证其合体情况及效果，可先用试样布进行立体别样（这项工作可以在人台上进行），观察其效果，然后进行必要的修改。在完成以上工作后，方可裁剪正式衣料。

（四）加工样品

在加工前必须慎重考虑缝制形式、缝迹、缝型、熨烫形式和顺序，尽可能采用简单合理的、既

保证质量而效率又高的加工工艺，同时记录好加工形式、顺序和耗用时间。

（五）样品的审视和评价

服装加工完毕后，应把样品挂在衣架上，进一步审视是否有缺陷或是否存在问题。服装经过评价后，就可进行成品整烫及包装。

样品试制完毕后，可提供订货客户确认的款式板样及工艺、工序说明，留作技术档案。

二、试产

试产是在批量投产前，按照产品设计的要求进行一次模拟工厂的加工条件及手段的少量实样试制，数量一般在12件（一打）以下。目的是通过试制，观察分析生产可行性和操作时间以便改进不合理的部分，为制订必要的生产管理、质量管理等方面的技术文件提供可靠的技术资料和数据，并提供生产用的实用标样。所以这是投产前的一项必不可少的技术工作，是关系到生产能否顺利实施的一项重要准备工作。

（一）试制准备

样品的试制过程，从材料组织、样衣试制至成品完成的整个过程，类似于大生产的流水作业线，在某种程度上等于生产过程的板样。所以试制的准备工作与投产前的准备工作同样需要严肃认真。

1. **材料组织**

首先根据核准后的生产品种，把所需要的材料筹集齐全，并将所有的材料规格、品种颜色、数量及要求逐一进行核对，检查是否符合要求。样品试制用的一切材料，应一律使用正品，常规下不允许用等级品或者不符合要求的代用品。材料的选择方法可参照本章第一节“材料的选择”的有关内容。

2. **试制条件的准备**

（1）首先对所要试制的样品进行一次技术条件和要求的分析，列出该产品所需要的工艺要求、设备、工具、资料、材料等条件及工艺操作工序，并作好记录。

（2）试制前要对所需要的设备、工具等作一次检查，并将有缝制特殊工艺要求的器材和配件准备妥当，如缝纫机上的导布器、轧辊、压脚、挡板等附件。然后，对所用的设备进行调试，调试时应按试制材料的特性和工艺要求进行，如针迹密度、张力、速度以及熨烫设备中的温度、压力等，要按技术要求调试正确，进入备用状态。

（3）试制人员要具有一定的技术素质和水平，要能在质量和技术要求上有一定的分析能力和解决问题的能力，以便在试制过程中切实处理和解决好有关技术问题。

（二）试样

样品试制过程实际是一个探索过程，摸索和总结一套省时、省力、保证质量的合理、科学的生产工艺一般需掌握以下几个原则。

1. **材料使用的合理性**

服装每一个部位所使用的材料，都要做到"物尽其用"，而不是"可有可无"或者"大材小用"。要尽可能发挥材料使用的功能合理性和经济合理性。

2. **工艺设计的合理性**

工艺设计的合理性包括两个方面：一是采用的工艺手段必须适应材料的特性，不能损害或影响材料的特性和风格；二是在设计工艺时要考虑便利操作，精简"操动"和"操动时间"，坚持"求简不求繁"的原则。

3. **工序排列的合理性**

在成衣生产过程中，工序的先后排列，很自然地关系到工作效率。所以在试样过程中，工序的安排应相对集中，坚持提高工作效率和流程畅通的原则，否则会造成工序的混乱。

4. **确保设计效果**

在样品试制中，不管采用什么材料、用什么样的工艺手段和工序排列，都必须确保设计效果。不能为了节约材料，简化工艺和工序而影响制品的造型效果，否则会造成对制品本身使用价值的损害。

5. **保证质量的可靠性**

保证制品的质量，是样品试制工作的一个重要目的。主要体现在以下几个方面：

（1）内在质量：这需从消费角度考虑使用寿命和价值，如在加工过程中，对面料、里料、辅料的强度、牢度有否损害，缝道强度是否符合要求，尺寸、规格是否准确等技术要求。

（2）外观质量：外观质量主要看外观效果，如丝缕、条格、纬斜、色差、拼接、缝制等技术项目是否符合标准。

这两项质量要求，都必须按照轻工业部有关规定和标准对照执行。

6. **注意产品生产的可行性**

样品制作完成后，必须考虑其可行性。可以试中样或大样，测试该产品的可行性。试中样，可裁制一打或数打，放入生产工段中进行中批量试制，观察在批量生产中是否可行。有一些产品批量较大的可试大样，即在裁断工序中裁制一次（几十至几百件），然后按流水工序进行制作，并观察和记录存在的问题，然后对样品再进行一次修正，最后被生产部门确认后方可投产。

三、技术数据、资料的测定和收集

在试制过程中要重视测定并收集有关技术数据和资料，因为这是作为制订成衣工艺的技术措施和质量标准、成本核算、生产定额等工作和文件的重要依据。

（一）技术数据的测定

1. 工时测定

在样品试制过程中，对每一道工序都要测出操动时间和余裕时间，这些数据是制订生产定额和成本核算的重要依据，也是工序排列和效率计算的重要依据。

2. 材料消耗的测定

对该产品所需要的各种材料，如面料、里料、衬布、缝线、纽扣、拉链、橡筋等辅料，必须测定和计算耗用量，并作记录，这也是成本核算的依据。材料耗用量的计算，请参阅有关章节。

3. 工艺技术参数的测定

工艺技术参数和数据测定的内容，主要包括缝纫线的张力，缝迹的密度、宽度，熨烫的温度、时间、压力等，这是制订技术措施和调试设备的技术依据。

（二）技术资料的记录和收集

1. 原材料资料的收集

试制样品所用的材料及其工艺技术质量等，对生产有关的资料都要及时收集。主要内容有原材料的属性、品名、规格、品号、等级、颜色、价格、生产厂家和出厂日期。同时，对材料性能方面的资料也要收集，如收缩率、色牢度、色差、强度、耐热度、干燥重量、回潮率等物理、化学性能指标，都必须记录备考。这是作为制订工艺措施的技术依据。

2. 工艺技术资料的收集

样品试制完成后，须将款式图、板样、排料图、成品规格单、工艺单及各个工艺过程的工艺要求、技术标准等资料，用文字和图表记录清楚，并收集整理归档。

3. 实物标样的收集

实物标样，主要是材料标样和成品标样两种。材料标样，从面料、里料、衬料到各种线、纽扣、钩等辅料，收集后列成标样，注明货号、规格、花色及要求。收集这些材料标样时，必须注意收集标准样品，不要选用与实际不符或等级品作为标样。成品标样，是指样品试制完成后，被技术、生产等部门认可（如加工类型的服装样品必须被客户所确认，也叫确认样），这类实物样品应按规定手续，封存入档作为标样，也称封样。如属现货生产，生产单位保存一份即可；如属加工，须客户和厂方各执一份；如中间还有公司等调节部门，则还需增加。数量要根据合同要求和实际情况来确定。成品样品的标样必须是正品，不能用等级品或副品留作标样。

第五节 板样修正、匹配与复核

工业板样种类分款式板样、裁剪板样、缝制板样、标准板样等，其中款式板样是该款式经过制板、样衣试制、修改定形后的中档规格板样；裁剪板样为在款式板样基础上缩放成一系列规格的板样，且具有缝份、经向布纹方向、号型规格裁片数量、对位记号等技术规格的符号，供裁片裁剪用；缝制板样为缝制流水线上缝制部件时，为保证缝件形状规格化而使用的板样，一般为净缝且为硬质材料；标准板样为用于检查使用中的裁剪、缝制板样的保真性而作为标准的板样，故亦称复核板样。

工业生产中对板样的修正、匹配与复核是很重要的技术环节。

一、板样检查与修正

（1）检查规格尺寸是否符合要求（图3－5－1）。

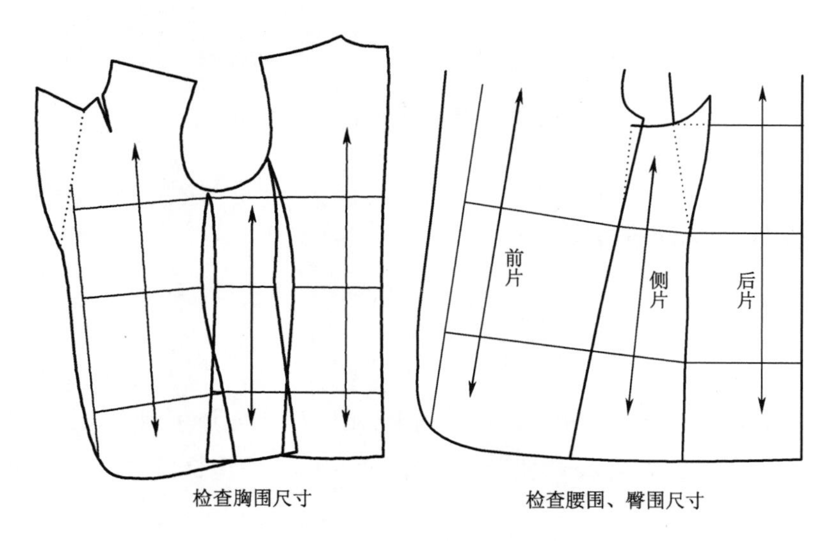

图3－5－1 检查规格尺寸

（2）检查并合部位是否匹配与圆顺。包括缝合部位的尺寸是否匹配和对合的线条是否圆顺。上衣缝合部位的尺寸包括前后肩缝、侧缝、公主线、袖山、袖窿、衣身领圈和衣领等；裤子缝合部位包括前后侧缝长、下裆长，左右片的中缝长、前裆后裆长，裤子的腰与腰头的长度配合等。上衣对合线条圆顺检查主要是指缝合肩缝后，前后领窝、袖窿接合是否圆顺；缝合公主线和侧缝后，底边是否圆顺；缝合袖片后，袖山、袖口是否圆顺等（图3－5－2）。

（3）检查板样是否齐全。

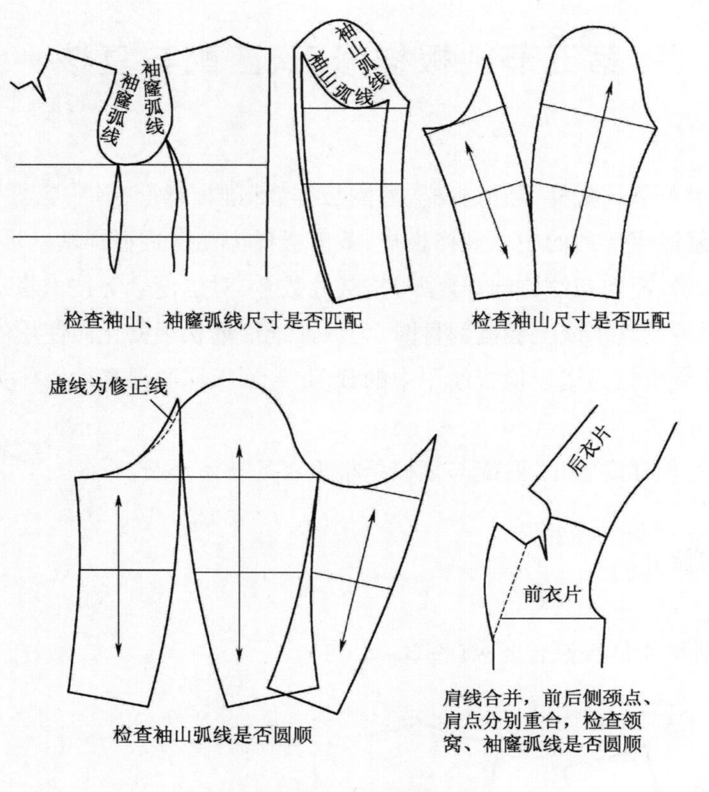

图3－5－2　检查对合部位是否匹配与圆顺

二、制作裁剪板样及标注文字

（一）放缝技巧

里布放缝份时，缝份形状按有里布时为直角形，无里布时为锐角、钝角形。本章以有里布为例进行分析：缝份量一般约为1.2cm，弧形缝份为0.8～1cm，底边缝份为3.5～4cm，特殊缝型的缝份视具体而定。

1. 底边放缝

如图3－5－3(a)所示，衣服底边的止口折上去后要和衣身相应部位的大小、长短一致，所以底边放缝时，缝份要以净缝为基准线，净缝上、下缝份宽以内侧对称为准，如图3－5－3(b)所示。

2. 侧缝、公主线放缝

侧缝、公主线放缝的主要问题是两边的角度不同，如果按照常规方法放缝份，两片裁片的同一条缝合线，长度相差较大，这个问题在公主线的放缝上表现得尤其明显。解决这个问题的方法如图 3－5－4 所示，图 3－5－4（a）是放缝的方法，图 3－5－4（b）是缝份的效果，图 3－5－4（c）是按图 3－5－4（b）的缝份缝制的效果。

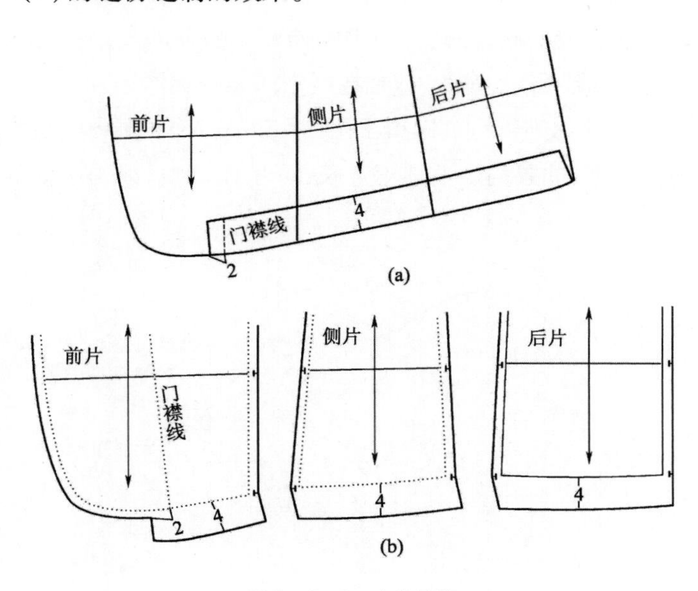

图 3－5－3　底边放缝

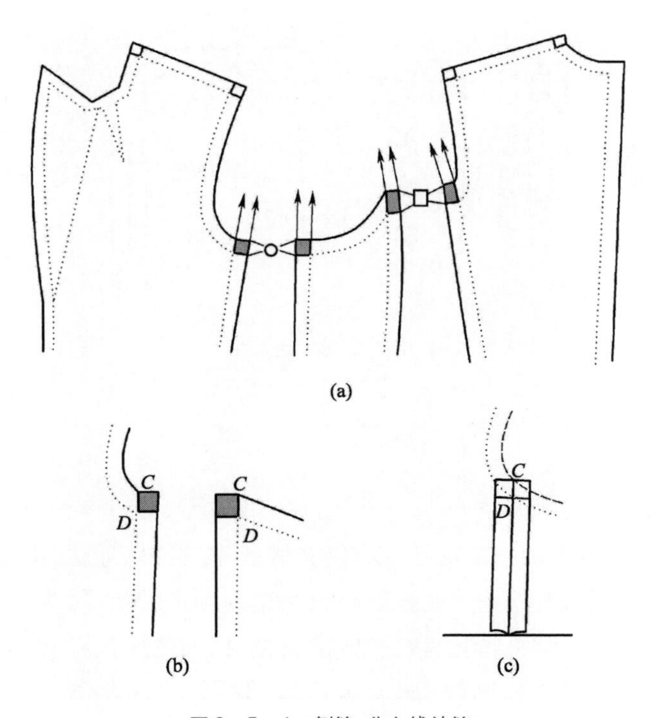

图 3－5－4　侧缝、公主线放缝

3. 袖放缝（图 3－5－5）

以袖放缝为例详细讲解诸如此类情况的放缝方法。如图 3－5－5(a)左图所示，B 是两条线(袖山线和袖缝线)的交点，在缝制时，这两条线的缝制顺序有先有后，如在圆装袖中，应先制作袖子，再绱袖，所以要先缉合袖缝，再缝合袖山和袖窿。后缝的那条线先放缝，所以先把袖山放缝得到线条 E，再延长后缝的那条净线，即袖缝线 F，E 与 F 相交于 A 点，再过 A 点作袖缝线 F 的垂线，与袖缝线的止口线相交于 D 点，即得出图 3－5－5(b)的效果。与之缉合的另外一片方法相同。放好缝后测量一下，如果两边毛缝不等长，可稍作调整，以提高裁片的准确度，从而提高成衣的品质。

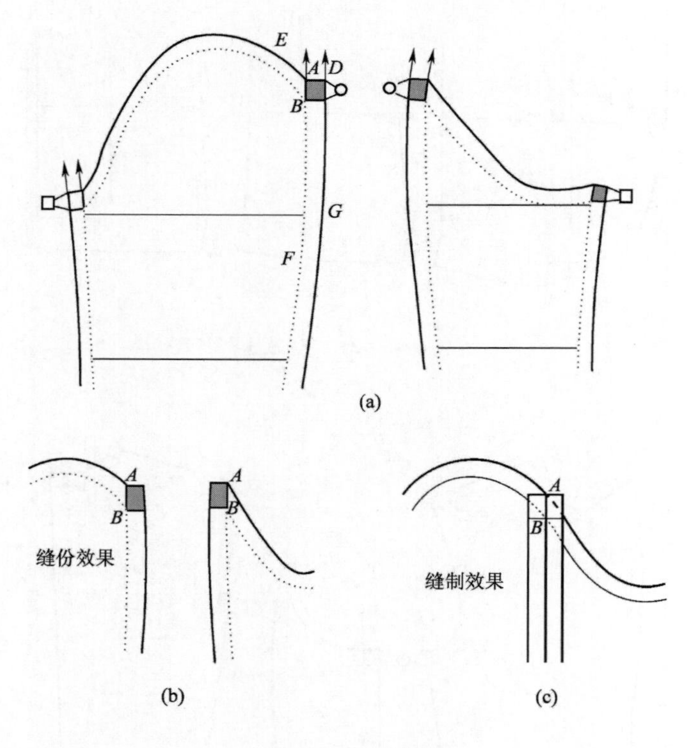

图 3－5－5　袖放缝

（二）制作裁剪板样

1. 面料裁剪板样及文字标注

厚度、缩缝或产生里外匀而损失的量。衣领在服装中的特殊地位，决定了它较高的品质要求，而翻驳领的结构较为复杂，仅凭改变缝份已无法达到预定的效果，为了准确地满足面、里的配合，使衣领的效果美观、平服，精确的做法是：把衣领、挂面的净板样在相关部位剪开，拉展开必要的量，在此基础上画顺净轮廓线，然后再放缝［图 3－5－6(b)］。展开的量一般约为0. 3cm，具体情况需根据面料的厚薄、样片的不同结构和工艺略作增减。

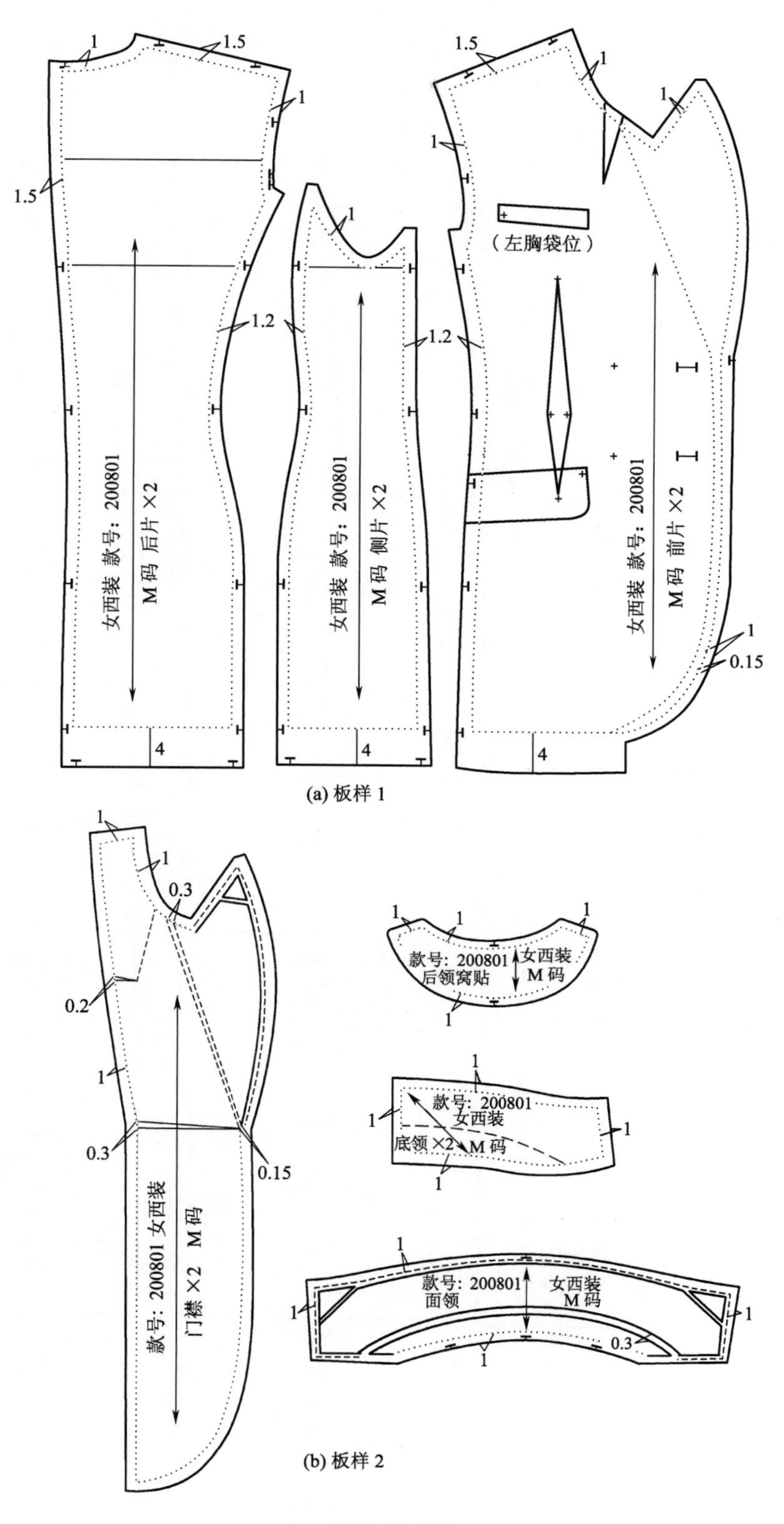
1
1.5
1
1.5
1
1.2
1.2
1
1.5
1
1
1
（左胸袋位）
女西装 款号：200801
M码 后片 ×2
女西装 款号：200801
M码 侧片 ×2
女西装 款号：200801
M码 前片 ×2
1
0.15
4
4
4
(a) 板样 1
1
1
0.3
0.2
1
0.3
0.15
款号：200801 女西装
门襟 ×2 M码
款号：200801
后领窝贴
女西装
M码
款号：200801
女西装
底领 ×2 M码
款号：200801
面领
女西装
M码
0.3
(b) 板样 2

图 3－5－6

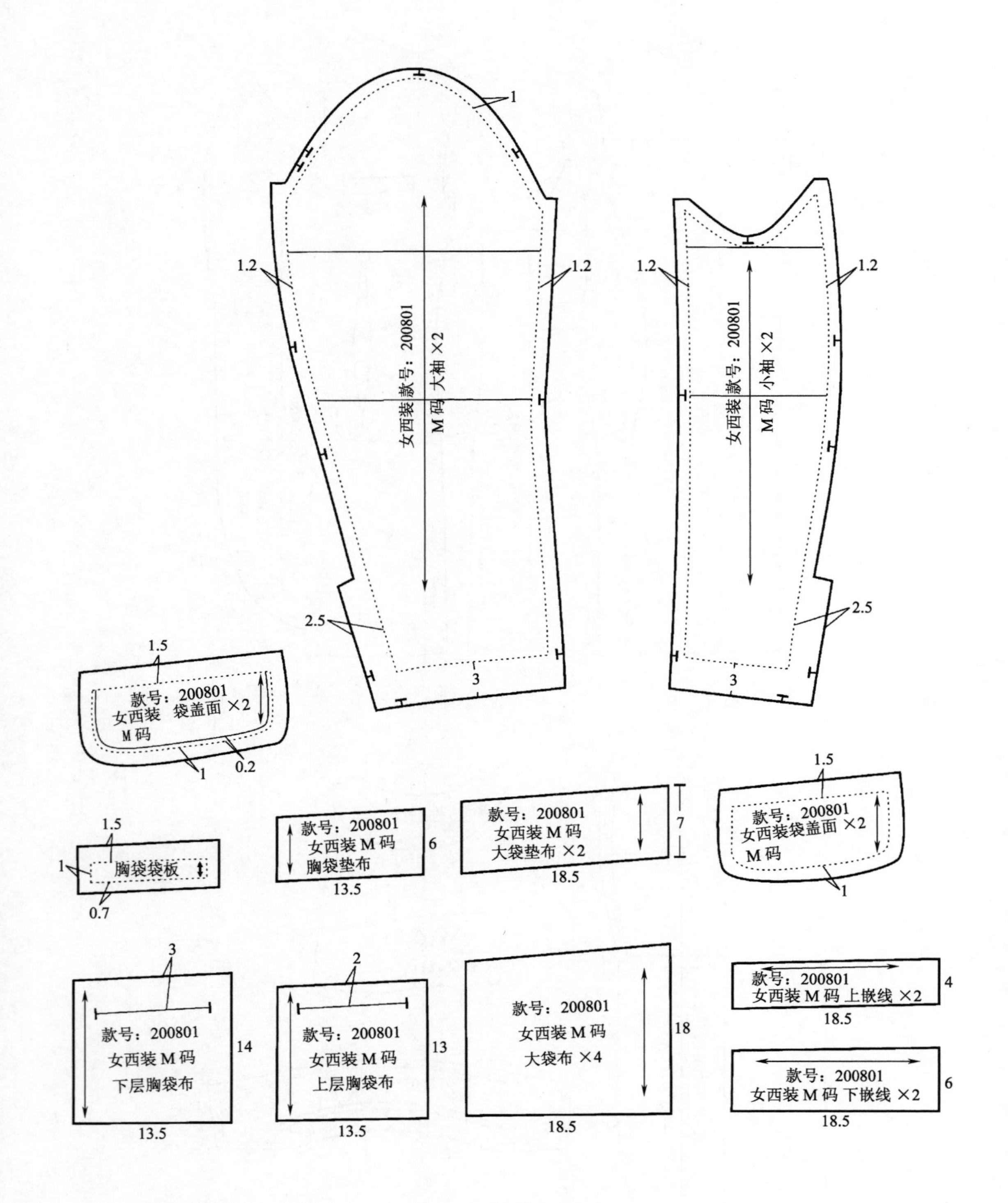

(c)板样 3

图 3-5-6 面料裁剪板样

2. 里料裁剪板样及文字标注

里布板样缝份：为了避免衣服在穿着时里对面的牵扯，成衣的里要比面松，这样里布板样就需要比面板样稍大。在图 3－5－7 所示的里料裁剪板样中，细实线为面的净板样，虚线为里的净板样，而外面的粗实线即为里子毛板样的轮廓线。很明显，每条里板样的净缝在面板样净缝的基础上分别加大了 0.2cm，然后再放缝得到里的毛板样。此外，里的省要比面的省稍小，如图 3－5－7(a)前片里所示。里板样在纵向应比面板样多放出1～2cm 的容量，作为因穿着后里的回缩而应放的量，故里板样的底边线一般在面板样的实际底边线附近。

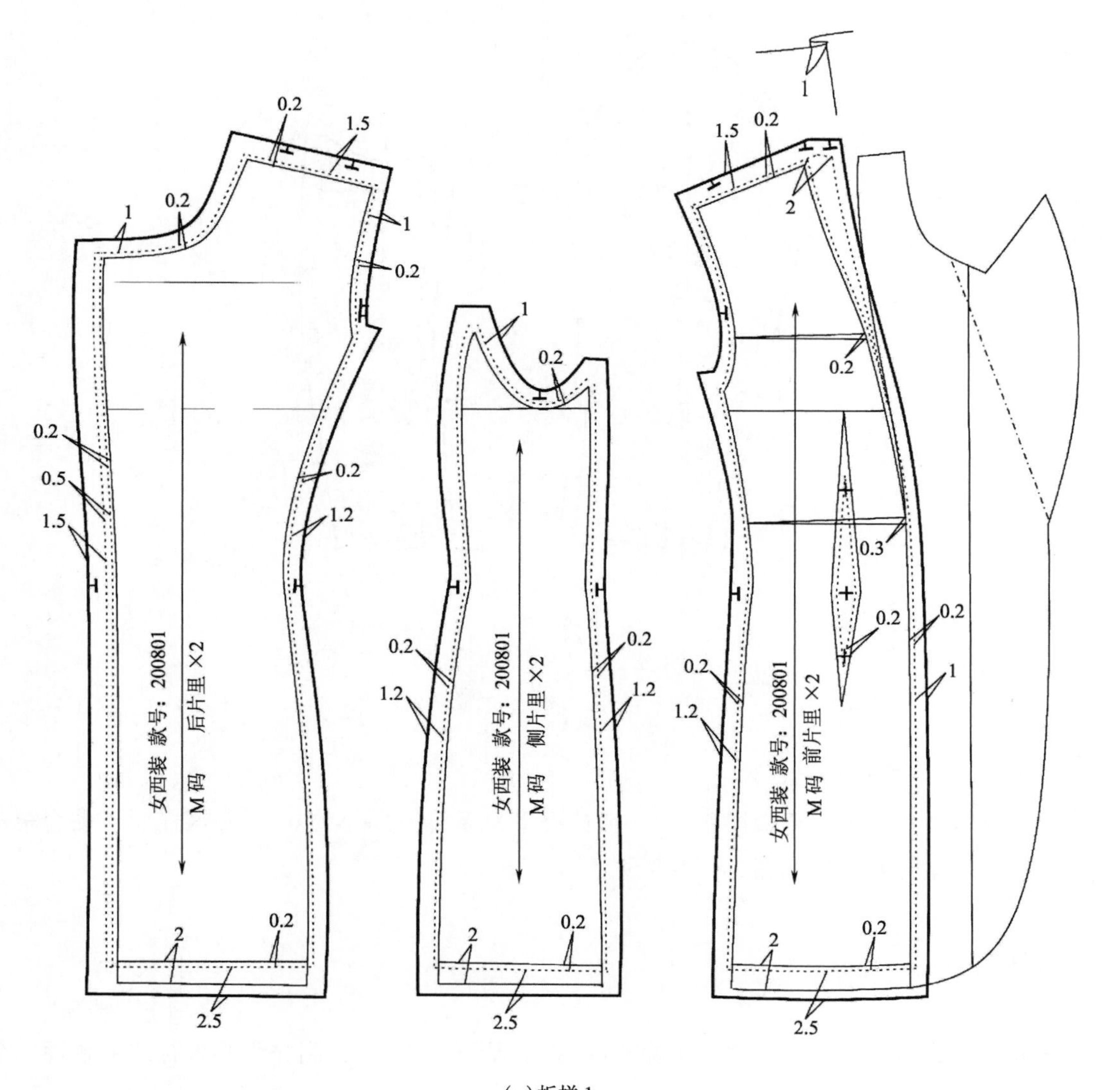

(a)板样 1

图 3－5－7

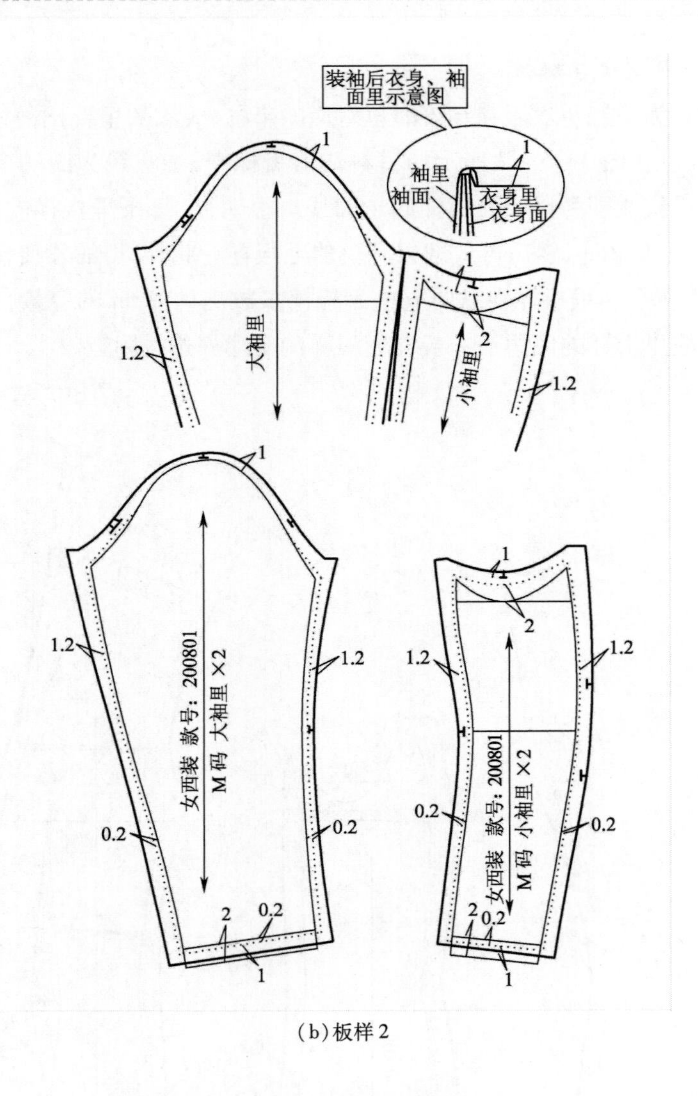

（b）板样2

图3－5－7 衣身里料的裁剪板样

3. 衬料板样及文字标注

衬的板样要比样片的毛板样稍小，一般情况下每条缝分别小约0.3cm，这样便于黏合机黏衬。此款服装的衬料板样如图3－5－8所示。

三、板样复核

虽然板样在放缝之前已经进行了检查，但为了保证万无一失，制完整套板样之后仍然需要进一步复核，复核的内容如下：

（1）审查板样是否符合款式特征。

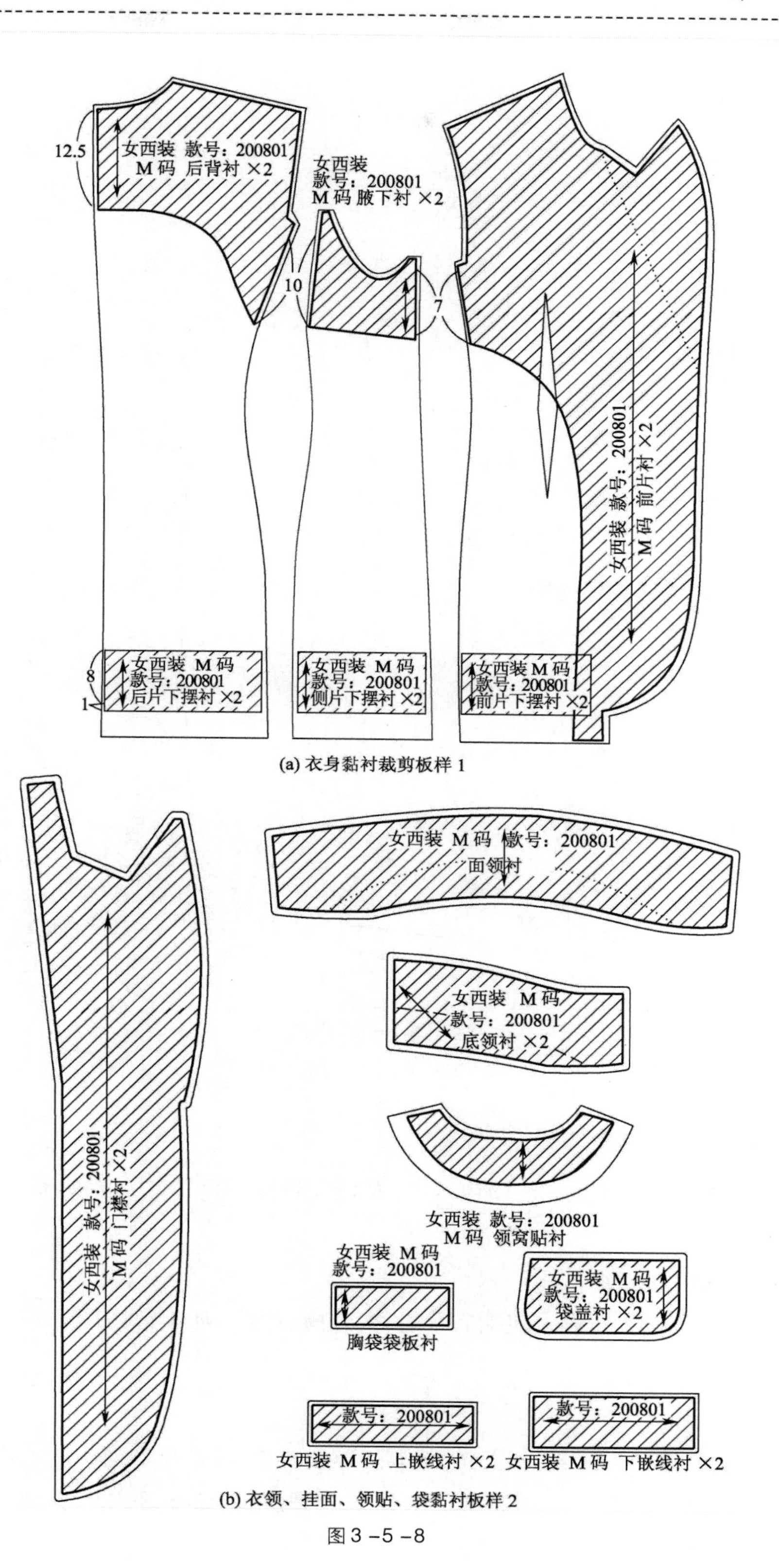

(a) 衣身黏衬裁剪板样 1

(b) 衣领、挂面、领贴、袋黏衬板样 2

图 3-5-8

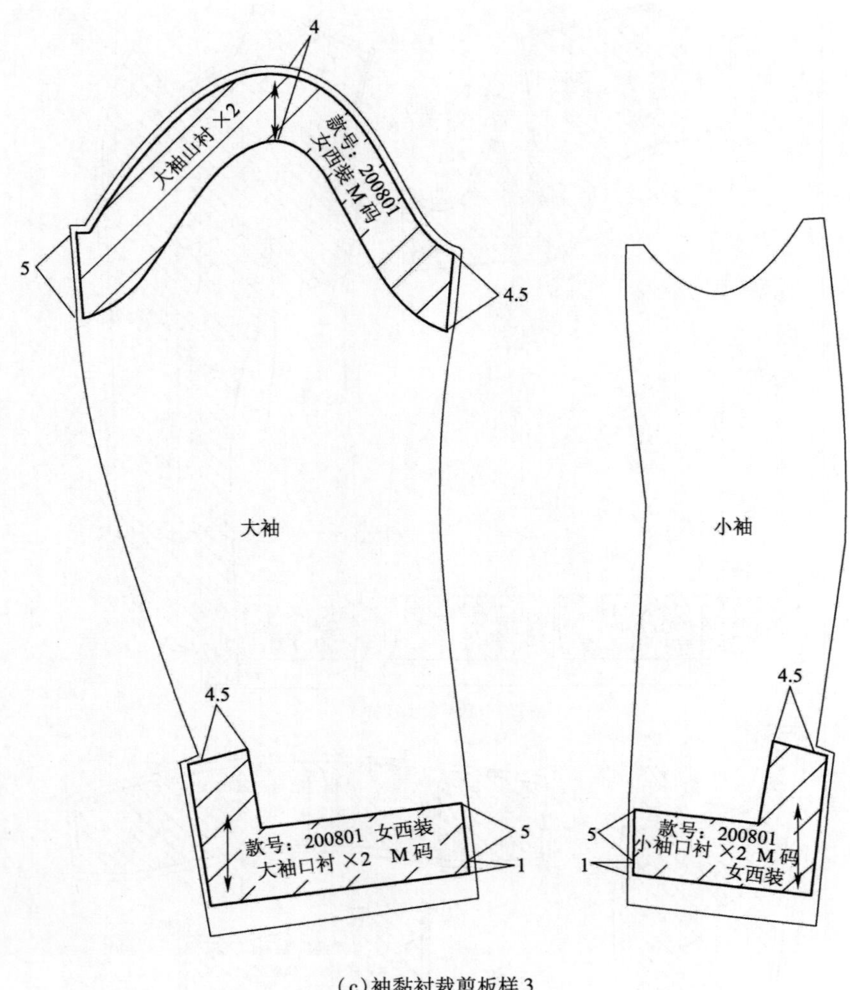

（c）袖黏衬裁剪板样 3

图 3 –5 –8 衬料裁剪板样

（2）检查规格尺寸是否符合要求。

（3）检查整套板样是否齐全。包括面、里、衬料等板样，此外，还有修正板样和定位板样等是否齐全。

（4）检查并合部位是否匹配与圆顺。

（5）检查文字标注是否正确。包括衣片名称、经向、片数、刀口等。

小结

本章分析了生产前对各种面料、里料、辅料的准备要求，其各自物理性能的鉴别方法和技术标准以及它们相互间的物化性能、外观装饰要求的合理配伍，论述了实样试制前的准备工作和实样试制程序以及板样的检验、修正和复核工序。

本章重点分析各面料、里料、辅料的性能要求和成衣工艺中它们相互间的合理配伍。

思考题

1. 简述生产前的材料准备必须遵循的原则。
2. 在进行面料选择的时候，可从哪些方面进行考虑？
3. 里布的作用是什么？里布选择时应注意什么？
4. 服装材料的配伍应遵循哪些原则？
5. 材料的耗用预算需要考虑哪些损耗？
6. 简述材料检验、测试的目的、内容和方法。
7. 了解并掌握数量复核、疵品检验、伸缩率测试、缝缩率测试、色牢度测试、耐热度测试等的内容和方法。
8. 材料的预缩包括哪些方面的预缩？并简述各种预缩的使用范围。
9. 材料的整理包括哪些方面？
10. 简述实样试制的一般程序。
11. 试制前的准备工作包括哪些？样品试制过程应遵循什么原则？
12. 板样的检验和修正包括哪些技术内容？板样复核又包括哪些技术内容？

实用理论及技术——

裁剪工艺

课题名称：裁剪工艺

课题内容：裁剪方案的制订
服装排料技术
服装铺料技术
服装裁剪技术
服装验片、打号、包扎
计算机技术在服装裁剪工程中的应用

课题时间：4 课时

训练目的：1. 了解裁剪方案制订的程序和内容
2. 掌握服装排料技术的技巧性
3. 掌握铺料的种类和技术要求
4. 了解裁剪工序的技术内容和使用设备
5. 了解验片、打号、包扎及计算机技术在裁剪工序中的应用形式

教学要求：排料、铺料教学要尽量采用图示，多举实例图，以此分析排料的技巧及计算用料的方法。使用设备及工厂的裁剪工序状况要多展示实景照片。

第四章　裁剪工艺

裁剪工程是服装投入正式生产的第一个工程。其任务是把整匹服装材料按所要投产的服装板样切割成不同形状的裁片,以供缝制工程缝制成衣。

在服装生产中,裁剪是基础性工作。它直接影响产品质量的好坏。如果裁剪质量不高,不能使衣片准确地按板样成形,就会给缝制加工造成很多困难,甚至使产品达不到设计要求。故裁剪的质量问题影响所及往往是一大批,关系更为重大。裁剪工程还决定着用料的消耗,如果裁剪方案设计不当,就会增加面料的消耗,提高产品的成本,直接影响生产的经济效益。因此,裁剪工程是服装生产中的关键工程,要有科学的工艺要求,严格的生产管理,确保裁剪高效优质。

裁剪工程一般要经过制订方案、排料划样、铺料、裁剪、验片、打号、包扎等工艺过程,其中重点工艺是排料划样、铺料和裁剪。

第一节　裁剪方案的制订

一、制订裁剪方案的意义

在服装生产中,面料实行成批裁剪,每批产品的数量和规格是经常变化的。假如产品的数量不多,规格单一,裁剪则比较容易进行。而在实际生产中,一批产品往往数量很大,规格也不止一个,每个规格的定额也不尽相同。如表4-1-1中所示的生产任务,显然要完成该批裁剪任务,就要根据生产条件,经过分析制订出裁剪的实施方案。方案内容包括:整个生产任务分几床进行裁剪(床数),每一床各铺多少层面料(层数),每层面料裁几个规格(号型搭配),每种规格裁几件(件数)。

表4-1-1　生产任务

规格	小号	中号	大号	特号
件数	600	1500	1000	300

不制订上述方案或方案制订不当，裁剪就只能盲目进行，造成人力、物力和时间的浪费。因此，合理制订裁剪方案是顺利进行裁剪工程的前提。通过制订裁剪方案，不仅为各工序提供了生产的依据，而且能够合理利用生产条件，充分提高生产效率，有效节约原材料，为优质高产创造条件。

二、制订裁剪方案的原则

对于一批生产任务，如何进行裁剪，方案有多种。一般来讲，每种方案都各有利弊，究竟采取哪种方案为好，要根据具体生产条件来确定。为此，制订裁剪方案时应该遵循以下三个原则。

（一）符合生产条件

生产条件是制订裁剪方案的主要依据。因此，制订方案时，首先要了解生产这种服装产品所具备的各种条件，包括面料性能、裁剪设备情况、加工能力等。根据这些条件，确定铺料的最多层数和最大长度。

铺料的层数主要是由面料的性能和裁剪设备的加工能力决定的。各种裁剪设备都有其最大的加工能力，最大铺层数 = 裁刀长 - 4cm。因此，根据裁刀的最大裁剪厚度和面料的厚度，就可以得出铺料的最多层数。除上述因素外，还要考虑面料的性能。有些面料耐热性能差，如果铺层较厚，裁剪过程中产生的摩擦热量就不易散发，刀片温度高，将使面料受到损伤。遇到这种面料，应相应减少铺料层数。根据不同面料的性能，确定出适合的铺层数最大值。此外，还应考虑服装的质量要求及裁剪工人的技术水平。一般来讲，铺层越多，裁剪的误差越大，裁剪的难度也越大。因此，质量要求高的品种或者裁剪工人技术水平不高时，应适当减少铺料的厚度，以保证裁剪质量。

铺料的长度限制是由裁床的长度和操作人员的配备等情况决定的。铺料长度不能超过裁床的长度，有时几种产品同时投产，当一个裁床同时裁剪两个以上产品时，要根据实际生产条件，确定铺料的最大长度。铺料长度越大，需要的操作人员就越多。因此，铺料长度还要根据人员配备情况而定。人员配备少，铺料长度就不能太长。根据上述生产条件确定铺料的最大长度后，再结合产品的用料定额，便可以确定每层面料最多的裁剪件数。如铺料最大长度是 6m，若每件衣服用料是 1.3m，那么每床最多可裁 4 件。铺料厚度（层数）和长度（件数）的许可范围确定后，在制订具体裁剪方案时就要使方案符合这些条件。

（二）提高生产效率

提高生产效率就是要尽可能地节约人力、物力和时间。根据这一原则，在制订裁剪方案时，应在生产条件许可范围内，尽量减少重复劳动，充分发挥人员和设备的能力。例如，减少床数就可以减少排料划样及裁剪的工作量，加快生产进度，从而提高生产效率。因此，制订方案时，一般应尽量减少床数。

（三）节约面料

裁剪方式对面料的消耗有影响。根据经验，几件进行套裁比只裁一件的面料利用率要高。因此，制订裁剪方案时，应考虑在条件许可的前提下尽量使每床多排几件，这样便能有效地节约面料，尤其对批量大的产品，套裁更能显示其省料的优越性。

三、裁剪方案的制订

在生产中，制订每批产品的裁剪方案，实际上就是上述三个原则的灵活运用。对每批产品如何进行裁剪，方案并不是唯一的，只要符合上述三个原则即为可行。经过分析比较，在不同方案中选出体现多、快、好、省的最佳方案。下面通过实例具体说明裁剪方案的制订方法。

例1：某批生产任务确定的裁剪方案为两床裁剪：第一床铺料100层，每层套裁36号1件、37号2件、38号1件，共4件；第二床铺料80层，每层套裁38号2件、39号1件、40号1件，共4件。

以上裁剪方案可以用下面形式表示：

$$2\begin{cases}(1/36+2/37+1/38)\times100\\(2/38+1/39+1/40)\times80\end{cases}$$

大括号前面的数字“2”表示床数，乘号后面的数字“100”、“80”表示每床铺料层数，小括号中分式的分母表示裁剪的规格号数，而分子则表示一床中每个规格搭配的件数。

例2：某批服装生产任务如表4－1－2所示，试确定裁剪方案。

表4－1－2　生产任务

规格	小号	中号	大号
件数	200	300	200

要完成这批裁剪任务。如果单从数字考虑，可以有许多种方案。如下所列的四种方案均可。

方案Ⅰ

$$3\begin{cases}(1/\text{小})\times200\\(1/\text{中})\times300\\(1/\text{大})\times200\end{cases}$$

方案Ⅱ

$$2\begin{cases}(1/\text{小}+1/\text{大})\times200\\(1/\text{中})\times300\end{cases}$$

方案Ⅲ

$$2\begin{cases}(1/小+1/大)\times 200\\(2/中)\times 150\end{cases}$$

方案Ⅳ

$$2\begin{cases}(1/小+1/中+1/大)\times 200\\(1/中)\times 100\end{cases}$$

这四种方案各有特点。方案Ⅰ铺料长度短，占用裁床小，铺布较易进行。每个规格一次即可裁完，排料、裁剪都没有重复劳动。因此这个方案效率较高。方案Ⅱ是把方案Ⅰ中的一床、三床合并为一床，减少了床数，进一步提高了效率。同时由于大小规格套裁，有利于节约面料。但增加了铺料长度，需要占用较大的裁床。方案Ⅲ是把方案Ⅱ的中号单件裁剪改为2件套裁，更能充分节约面料。同时减少了铺布层数，有利于裁剪。但中号需要增加排料和裁剪的工作量。工作效率有所降低。方案Ⅳ为大、中、小号3件套裁，进一步提高了面料的利用率。但由于铺布长度较长，因此占用裁床多，操作也较困难。中号同样要经过两次裁剪，增加了重复劳动，效率较低。

这四种裁剪方案究竟选择哪种？要根据具体生产条件而定。如任务是生产细薄布料的衬衫，由于面料较薄，铺300层裁剪时不会发生问题。同时裁床长度较长，可以增加铺料长度，那么选择方案Ⅱ更为理想，不仅效率高，而且节约面料。如任务是生产毛料西服，由于面料较厚，铺300层就会超过裁刀的裁剪能力，影响裁剪质量，因此就应减少铺料层数。另外西服面料价格比较高，节约用料非常重要，因此应尽量采取套裁。这时就应选择方案Ⅲ，如果裁床长度许可，也可以采用方案Ⅳ。

上例说明，裁剪方案的确定，关键在于生产条件。因此，应根据具体生产条件，确定方案的限制条件，然后再本着高效节约的原则选择最佳方案。

例3：生产1500件西服上衣，规格与件数如表4－1－3所示，面料为毛花呢。已知裁剪车间的裁床为8m长，电剪最大裁剪厚度为15cm。试确定裁剪方案。

表4－1－3　生产规格和件数

规格	30号	31号	32号	33号	34号	35号
件数	150	300	300	300	300	150

首先根据生产条件确定方案的限制条件：根据电剪的最大裁剪厚度15cm，面料为毛花呢，可以确定铺料层数不应超过150层。根据裁床长度为8m，生产西服上衣，可以确定每床最多可排5件。由于面料成本较高，裁剪时应尽量节约用料，因此应考虑多件套裁。

为了提高裁剪效率，同一规格应尽可能一次裁剪完成，避免排料、裁剪的重复劳动。但是由于生产条件所限，此种面料铺布层数不得超过150层，因此31号、32号、33号、34号四个规格各生产300件就不可能一次裁完，必须分组。如若分为2组，每组150件，则符合限制条件。可考虑把中间四个规格分为2组，然后与30号、35号搭配进行裁剪。于是可以得出如下裁剪方案：

$$2\begin{cases}(1/30+1/31+1/32+1/33+1/34)\times150\\(1/31+1/32+1/33+1/34+1/35)\times150\end{cases}$$

这个方案共分2床，每床铺布150层，每层套裁5件，符合生产条件。而且每床都是大小5个规格进行套裁，可以有效节约用料。在这个方案中，没有不必要的重复劳动，裁剪效率高。因此方案可行。

除上述方案外，还可以有其他方案，如下：

$$2\begin{cases}(1/30+2/31+2/32)\times150\\(2/33+2/34+1/35)\times150\end{cases}$$

这个方案亦符合生产条件，因此也是可行的。但是与上述方案比较，有其不足之处。为了有效节约面料，进行套裁时一般应小号与大号不同规格的几件一起套裁，这样才便于排料时互相穿插，有效地利用面料。前一方案中，每床都有从小到大五个规格，比较合理。而后一方案中每床只有3个规格，且是较小的规格在一床，较大的规格在一床，这样就不如前一方案合理。另外，前一方案中每个规格在一床中只排1件，而后一方案中每个规格在一床中需排2件，这样排料时就需要2套板样，一般情况下裁剪车间只有1套板样，因此排料不方便，会影响排料的顺利进行。相比之后，按前一方案进行裁剪为宜。

例4：生产3600件男衬衫，规格、花色、件数如表4-1-4所示。面料为素色面料，已知裁床长度为8m，电剪最大裁剪厚度为14cm。试确定裁剪方案。

表4-1-4　衬衫规格、花色、件数

花色＼件数＼规格	36号	37号	38号	39号	40号	41号	42号
白	0	100	100	300	300	200	200
灰	200	200	600	600	400	400	0

首先根据生产条件确定：铺料层数，最多为300层；每床件数，最多可裁6件。在此限制条件下，可以选择最佳方案。

方案Ⅰ

$$3\begin{cases}(1/37+3/39+2/40)\times\text{白}100\text{、灰}200\\(1/38+1/40+2/41+2/42)\times\text{白}100\\(1/36+3/38+2/41)\times\text{灰}200\end{cases}$$

方案Ⅱ

$$4\begin{cases}(1/37+1/38+1/39+1/40)\times\text{白}100\text{、灰}200\\(1/39+1/40+1/41+1/42)\times\text{白}100\\(1/36+1/38+1/39+1/41)\times\text{灰}200\\(1/38+1/39+1/40+1/41)\times\text{灰}200\end{cases}$$

以上两个方案哪一个方案更好，经过分析可以得出以下结论。

方案Ⅰ比方案Ⅱ少1床，但是每床铺布长度方案Ⅰ比方案Ⅱ长1/2。由于铺布长度的增加，操作人数也要增加，因此对于铺布来讲，从时间、人力的利用上，方案Ⅰ不比方案Ⅱ效率有明显提高。一般情况下，每批产品铺布量是固定的，因此减少床数，对铺布的效率不会有很大影响。那么从排料和裁剪的角度来看，方案Ⅰ一共裁剪18件（分子数字之和），方案Ⅱ一共裁剪16件，可见方案Ⅰ比方案Ⅱ排料、裁剪的工作量大，增加了重复劳动，因此方案Ⅰ比方案Ⅱ效率低。方案Ⅰ中每床是3个规格套裁，方案Ⅱ中每床是4个规格套裁，从节约用料的角度考虑，方案Ⅱ更为合理。另外，方案Ⅰ中一个规格的板样在排料时要排2～3件，如果每个规格的板样只有1套，那么排料时就很不方便。综上所述，选择方案Ⅱ更为适宜。

从以上例子可以看出，制订裁剪方案首先要根据生产条件确定裁剪的限制条件，然后在条件许可的范围内，本着提高效率、节约用料、有利生产的原则，根据生产任务的要求把不同规格的生产批量进行组合搭配。一般情况下，计划部门下达的生产任务，各规格之间生产批量都呈一定比例，有一定规律，只要分析各规格数字之间的特点，便可以找出适当的搭配关系。在有不同的搭配方案情况下，通过分析比较，选择最理想的方案，即可完成裁剪方案的制订工作。

第二节　服装排料技术

一、服装排料的概念与原则

（一）排料的概念与意义

排料，又称排板，是指将服装的衣片板样在规定的面料幅宽内合理排放的过程，即将板样依工艺要求（正反面，倒顺向，对条、格、花等）形成能紧密啮合的不同形状的排列组合，以期最经济地使用布料，达到降低产品成本的目的。

排料是进行铺料和裁剪的前提。通过排料，可知道用料的准确长度和板样的精确摆放次序，使铺料和裁剪有所依据。所以，排料对面料的消耗、裁剪的难易、服装的质量都有直接影响，是一项技术性很强的工艺操作。

（二）排料的原则

1. 保证设计要求

当设计的服装款式对面料的花型有一定要求时（如中式服装的花、条格面料服装的对条格等），排料的板样不能随意放置，必须保证排出的衣片在缝制后能够达到设计要求。

2. 符合工艺要求

服装在进行工艺设计时，对衣片的经纬纱向、对称性、倒顺毛、对位标记等都有严格的规定，排板师一定要按照要求准确排料，避免不必要的损失。

3. 节约用料

服装的成本很大程度上取决于布料的用量多少。排料作业可能影响成衣总成本的2.8%～8.3%。所以，在保证设计和工艺要求的前提下，尽量减少布料的用量是排料时应遵循的重要原则。

二、服装排料准备

（一）检查资料

检查排料所需的资料是否齐全，这些资料包括生产制造单、款式板纸、裁剪板样、面料门幅、裁剪方案等。

（二）了解订单

在作业之前了解生产订单或生产制造单，以便作业的进行不会与生产线发生脱节现象。

（三）了解布料

在排料之前，应对本批布料的幅宽、有无花型等有所了解，以便准确排料。

（四）了解款式

了解要生产的成衣款式，这对于对花、对条格、面料有无倒顺毛的产品尤为重要。

（五）了解板样

板样是排板的依据，了解板样便于检查关于板样的各项资料是否正确（如板样片数是否正确，板样形状与剪切位置是否对应等），起到第二次监督作用，避免企业受到损失。

（六）了解尺码分配

尺码分配（即分床）是排料的前提和依据，必须据此进行排料。

（七）了解作业方法

铺料的方法一般分面朝上和面对面两种。铺料的不同方式对排料的方式有很大影响。

(八)了解排板工具

若手工排料,即将板样在纸上排列后用笔描绘,工具极易掌握;如用服装 CAD 中的排料系统进行排板,则需对计算机及 CAD 软件的使用深入了解。

三、服装排料操作步骤及注意事项

(一)排料操作步骤

(1)检查板样的数量是否正确。

(2)检查面料幅宽。

(3)根据裁剪方案取其所需尺码的板样进行排料。

(4)取出排料纸,用笔画出对应布边的纸边垂直的布头线,然后画出排料的宽度线。

(5)先放最大块或最长的板样在排料纸上,剩余空间放适当的细小板样,并注意板样的丝缕方向。

(6)在排板结束时,各板样尽量齐口,然后画上与布边垂直的结尾线。

(7)重复检查排料图,不能有任何板样遗漏。

(8)在排料纸的一端写上制单号、款号、幅宽、尺码、件数、排料长度、拉布方法和利用率等有关数据。

(9)排料图交主管及品管人员复核。

(二)排料注意事项

1. 衣片的对称

服装上许多衣片具有对称性,如上衣的大身、裤子的前后片等,一般都是左右对称的两片。在制作板样时,这些对称衣片通常只绘制出一片板样。排料时要特别注意将板样正、反各排一次,使裁出的衣片一左一右对称,避免出现"一顺"现象(图 4-2-1)。另外,对称衣片的板样要注意避免漏排。

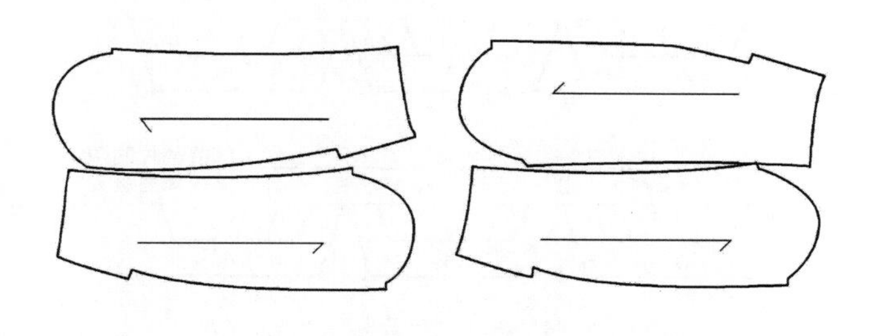

图 4-2-1 对称衣片的排料

2. 适当的标记

在排料图上，每一块板样都应标有其所属服装的尺码、款号，还要有板样名称和对位刀眼、丝缕方向等记号（图4－2－2）。

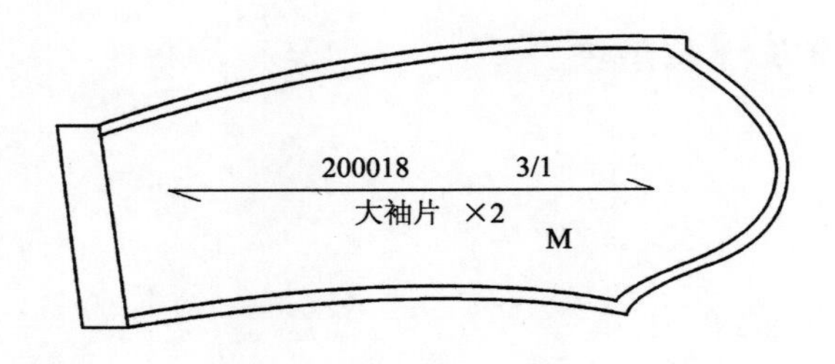

图4－2－2　排料图标记图示

3. 裁剪设备的活动范围

排料时应注意，板样间要留有适当的位置让裁刀顺利地裁割弯位和角位，否则易导致衣片尺寸不正确。

图4－2－3排板方法(b)优于(a)，不但减少许多空隙，且使裁剪易于下刀和减少进刀数。

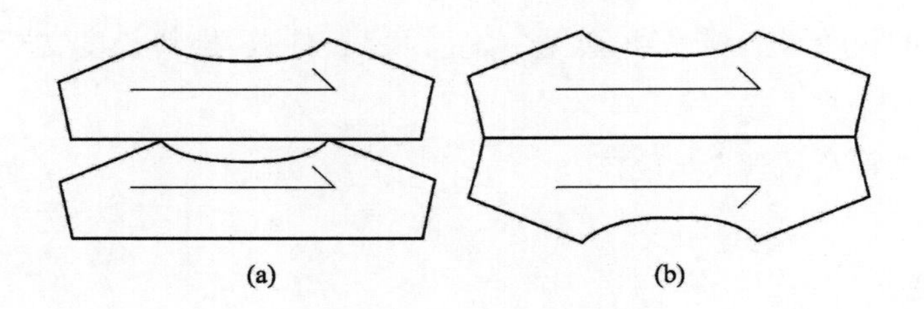

图4－2－3　排料时裁剪设备的活动范围

图4－2－4是考虑直刀裁剪机的进刀和刀模问题而设计的排料图例，其中上图看似排板紧凑，却无从下刀；下图则保留裁片间隙，便于进刀。

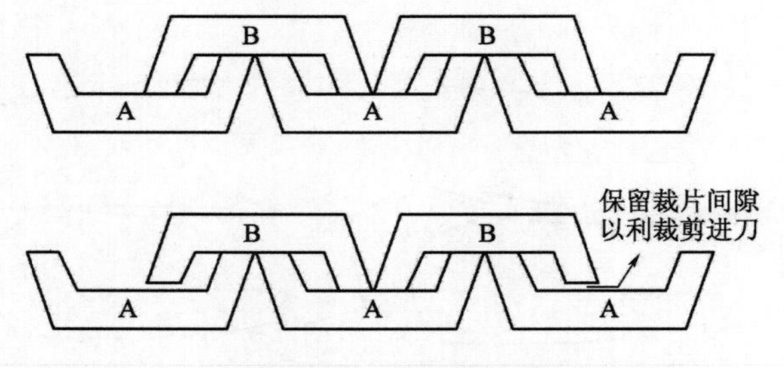

图4－2－4　排料时裁剪设备的活动范围

4. 经纬向要求

(1)一般要求。面料有经纬纱向之分,在制作服装时,面料的经向、纬向、斜向都有各自独特的性能关系到服装的结构以及表面的造型,排料时不能随意放置。一般应使板样上所标出的经纱方向与布料的经纱方向平行。

(2)经纬向偏斜规则。为了节约用料,在某些情况下,原板样规定的经纬向也可略有偏斜。

①由服装的档次和款式决定可否偏斜:

a. 高档产品为保证质量和信誉,一般不允许偏斜;中低档产品为降低成本,在不影响使用质量的前提下,经纬向允许略有偏斜,偏斜程度应有规定。

b. 西服、旗袍以及其他讲究衣着仪表的服装不允许偏斜,一般性的服装如工作服、家居服等可以略有偏斜。

②由面料的花型决定可否偏斜:有明显条格或工艺技术规定的必须对条、对格、对花的产品的经纬向不允许偏斜;无花纹的素色面料在不影响质量的前提下可以略有偏斜。

③由板样的部位决定可否偏斜:直接影响外观效果的部位应规定不允许偏斜,次要部位在不影响质量的前提下允许略有偏斜。

④由客户订单决定可否偏斜:若客户对服装各部位经纬向有所规定,应严格按合约规定进行排料;若无规定,可参照相关的技术标准。

(3)国家标准对服装经纬纱向的规定举例。

①衬衫各部位纬斜允许程度:如表4-2-1所示。

表4-2-1 衬衫纬斜允许程度

原料	色织		印染		素色(纱向)		
部位	前身	后身	前身	后身	前身	后身	袖子
要求	不允许倒翘,顺翘不超过3%	允斜3%	不允许倒翘,顺翘不超过3%	允斜3%	不允许倒翘,顺翘不超过3%	允斜2%	允斜3%

②男、女棉服装经纬纱向技术规定:色织格料纬斜不大于3%,前身底边不倒翘。

③男西服、大衣经纬纱向技术规定:

a. 前身:经纱以领口宽线为准,不允斜。

b. 后身:经纱以腰节下背中线为准,西服倾斜不大于0.5cm,大衣倾斜不大于1cm,条格料不允斜。

c. 袖子:经纱以前袖缝为准,大袖倾斜不大于1cm,小袖倾斜不大于1.5cm。

d. 领面:纬纱倾斜不大于0.5cm,条格料不允斜。

e. 袋盖:与大身纱向一致,斜料左右对称。

f. 挂面:以驳头止口处经纱为准,不允斜。

④女西服、大衣经纬纱向技术规定：

a. 前身：经纱以领口宽线为准，不允斜。

b. 后身：经纱以腰节下背中线为准，西服倾斜不大于0.5cm，大衣倾斜不大于1cm，条格不允斜。

c. 袖子：经纱以前袖缝为准，大袖倾斜不大于1cm，小袖倾斜不大于1.5cm。

d. 领面：纬纱倾斜不大于0.5cm，条格料不允斜。

e. 袋盖：与大身纱向一致，斜料左右对称。

f. 挂面：以驳头止口处经纱为准，不允斜。

⑤男、女西装经纬纱向技术规定：

a. 前身：经纱以烫迹线为准，倾斜不大于1cm，条格料不允斜。

b. 后身：经纱以烫迹线为准，左右倾斜不大于1.5cm，条格料倾斜不大于1cm。

c. 腰头：经纱倾斜不大于1cm，条格料倾斜不大于0.3cm，色织格料纬斜不大于3%。

⑥风雨衣纬斜允许程度：色织格料纬斜不大于3%，前身底边不倒翘。

5. 色差排料

（1）色差排料要求：由于印染过程中的技术问题，有些服装面料存在色差。常见的有面料左右两边与中间颜色深浅不同，面料左右两边色泽不同（边色差），面料前后段色泽不同（段色差）。

有色差的面料在排料过程中必须采取相应措施，以避免服装产品出现色差。

①左右两边与中间颜色不同的面料：排料时应将同件服装的各部件都靠两边排列或都靠中间排列。

②有边色差的面料：排料时应将相组合的部件靠同一边排列，零部件尽可能靠大身排列。

③有段色差的面料：应将相组合的部件尽可能排在同一纬向上，同件衣服的各片排列时不应前后间隔距离太大，距离越大，色差程度也会越大。

（2）国家标准对服装色差的规定：

①衬衫：领面、过肩、口袋、袖头面与大身色差高于4级，其他部位色差允许4级，衬布影响色差不低于3~4级。

②男、女棉服装：上衣领、袋面料，裤侧缝部位高于4级；其他表面部位4级。

③女西服、大衣：袖缝、摆缝色差不低于4级，其他表面部位高于4级。

④男、女西裤：下裆缝、腰头与大身色差不低于4级，其他表面部位高于4级。

⑤风雨衣：领子、驳头、前披肩与前身高于4级，其他表面部位4级；里布高于3~4级。

⑥羽绒服装：摆缝、袖缝不低于3~4级，其他表面部位不低于4级；由于多层料造成的色差不低于3~4级。

6. 面料的对称

（1）面科对称性与排料的关系：若同一块面料在同一平面上旋转180°后外观相同，称之为面料对称[图 4 - 2 - 5(a)]。而通常像长毛绒、短毛绒、卷毛绒、绒圈布料及针织布在旋转 180°后,在外观上因布纹方向、光源投射或外观印染而有不同的效果,则被称为不对称面料[图 4 - 2 - 5(b)]。这两种面料的外观在从中切角 180°后有明显的不同,这将影响排板的方法。

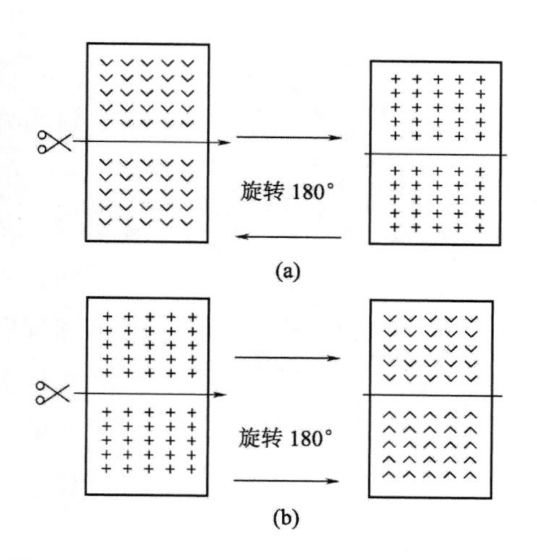

图 4 - 2 - 5 面料的对称性

对称性布料可采取双向排料的方法,用料较省;而不对称布料只能采取单向排料或分向排料的方法,用料较多。

(2)倒顺毛面料与倒顺花面料排料:不对称面料中有倒顺毛面料和倒顺花面料。

①倒顺毛面料排料要求:倒顺毛是指原料织物表面的绒毛有方向性的倒伏。在有倒顺毛的面料上排料时,首先要了解倒顺毛的方向、绒毛的长度、倒顺方向的程度及客户的具体要求,然后再确定排料的方向。

一般来说,绒毛很短的原料如灯芯绒等,为使产品毛色和顺,采取倒排(逆向排料)方式。绒毛较长的原料如兔毛或羊驼毛呢等,则不宜采取倒排,而应采取顺排。若绒毛朝上倒排,在绒毛空隙里容易积灰尘,而且因为绒毛散乱、毛向不顺,也会影响外形美观。对于绒毛倒向不太明显或客户没有明确要求的原料,为节约用料,可采取 1 件倒排、1 件顺排的套排方法。但需强调的是,同一件产品中的各部件,不论其绒毛的长短和倒顺向的程度如何,都不能有倒有顺,必须方向一致(领面的倒顺毛方向,应以成品时领面翻下后与后身绒毛同向为准)。

②倒顺花面料排料要求:倒顺花是指面料上具有方向性的花型图案。对倒顺花面料的排料,一般来说有文字的以主要文字图案为标准顺向排料;无文字的以主要花纹为标准顺向排料;若原料花纹中有倒有顺且无主体花型,或全部无明显倒顺,允许一倒一顺套排,但同一件内不可有倒有顺。

7. **对花服装的排料**

对花是指具有花型图案的面料被加工成服装后,其明显的主要部位组合处的花型仍要保持完整。对花的花型一般都是丝织品上较大的团花,如龙、凤、福、禄、寿等不可分割的花型。对花在中式丝绸服装中应用较多,对花的部位主要是两片前身、袋与大身、袖与前身等。

对花服装在排料之前,要计算好花型的组合。如图 4 - 2 - 6 中所示,前身两片在门襟处要对花,需考虑除去缝份、搭门后需要对花的花型高低和进出,从而进行准确排料。另外,排料时还要仔细检查原料的花型间距离是否规则,若距离大小不一,排料时就要分开,以免因此而引起对花不准。

8. 条格面料

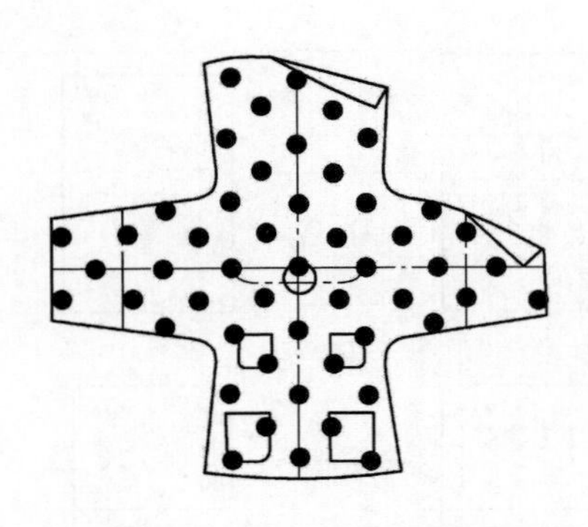
图4-2-6　对花服装的排料

(1)对条格一般要求：为了使服装成品外形美观，条格面料在排料时需对条对格。对条格，即裁剪排料时使各相关衣片上的条格对称吻合。

由于对格方法费工费料，所以在实际生产中根据条格的明显程度、原料的价值、款式或客户的具体要求，在对格范围和程度上有所不同。普通服装主要对格部位是上衣左右衣片门襟、前后衣片的摆缝、衣袖与衣片、衣背缝的后衣片、衣领的左右角等，裤子是前后裤片侧缝、前裆缝、后裆缝等部位；高档服装对格、对条还有更高的要求。

(2)对条格的方法：

①一种是在排料时就需画准对条格部位的条格。这要求铺料时必须采取对格铺料的方法，否则在裁剪时除第一层以外的各层裁片的条格就不能对准。生产批量较大的普通服装一般都采用这种方法。

②一种是将需对条格的两片中的一片先画准，将另一片采取放格的方法，开刀时裁下毛坯，然后再对称和精裁。这种方法精确度虽高，但很费时，常用于高档服装。

为了避免原料纬斜和格子稀密不匀而影响对格，排料时尽可能将需要对格的部件划在同一纬度上[图4-2-7(a)]。有关部件靠近排料，以利于对格。

在排上下不对称格子面料时，同一件产品中的各部件要保证同向排料。如图4-2-7(b)所示的前后衣片颠倒排料的方法是错误的，虽然前、后片袖窿底处对上格，但整条侧缝其实无法完全对格。

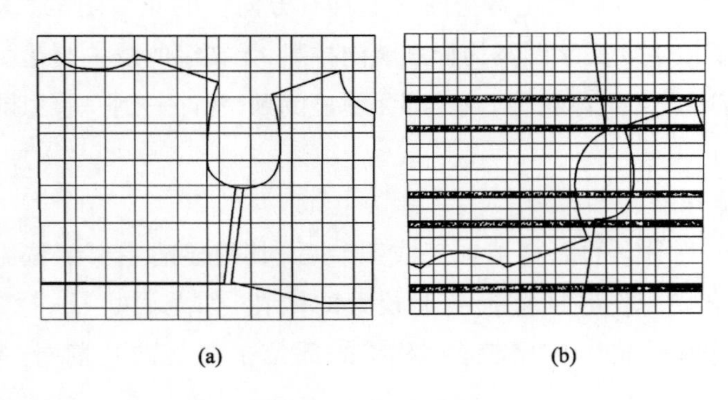

图4-2-7　对格面料的排料

(3)国家标准的对条格的规定：

①衬衫：面料有明显条格在1cm以上者，按照表4-2-2规定执行。

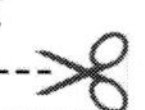

表 4-2-2 衬衫面料对条格规定

单位:cm

部位名称	对条格规定	备注
左右前身	条料顺直、格料对格,互差不大于0.3	遇格子大小不一致,以前身1/3上部为准
袋与前身	条料对条、格料对格,互差不大于0.3	遇格子大小不一致,以袋前部的中心为准
斜料双袋	左右对称,互差不大于0.5	以明显条为主(阴阳条除外)
左右领尖	条格对称,互差不大于0.3	遇有阴阳条格,以明显条格为主
袖头	左右袖头,条格顺直,以直条对称,互差不大于0.3	以明显条为主
过后肩	条料顺直,两端对比差不大于0.4	—
长袖	条料顺直,以袖山为准,两袖对称,互差不大于1	3cm以下格料不对横,1.5cm以下不对条
短袖	条料顺直,以袖口为准,两袖对称,互差不大于0.5	3cm以下格料不对横,1.5cm以下不对条

②男西服、大衣:面料有明显条格在1cm以上者,按照表4-2-3规定执行。面料有明显条格在0.5cm以上者,手巾袋与前身条料对条、格料对格,互差不大于0.1cm。

表 4-2-3 男西服、大衣对条格规定

单位:cm

部位名称	对条对格规定
左右前身	条料对条、格料对格,互差不大于0.3
手巾袋与前身	条料对条、格料对格,互差不大于0.2
大袋与前身	条料对条、格料对格,互差不大于0.3
袖与前身	袖肘线以上与前身格料对格,两袖互差不大于0.5
袖缝	袖肘线以下,前后袖缝格料对格,互差不大于0.3
背缝	以上部为准,条料对条,格料对格,互差不大于0.2
背缝与后领面	条料对条,互差不大于0.2
领子、驳头	条格料左右对称,互差不大于0.2
摆缝	袖窿以下10cm处,格料对格,互差不大于0.3
袖子	条格顺直,以袖山为准,两袖互差不大于0.5

注 特别设计不受此限制。

③女西服、大衣:面料有明显条格在1cm以上者,按照表4-2-4规定执行。面料有明显条格在0.5cm以上者,手巾袋与前身条料对条、格料对格,互差不大于0.1cm。

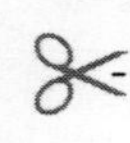

表 4-2-4　女西服、大衣对条格规定　　单位：cm

部位名称	对条对格规定
左右前身	条料对条、格料对格，互差不大于0.3
手巾袋与前身	条料对条、格料对格，互差不大于0.2
大袋与前身	条料对条、格料对格，互差不大于0.3
袖与前身	袖肘线以上与前身格料对格，两袖互差不大于0.5
袖　缝	袖肘线以下，前后袖缝格料对格，互差不大于0.3
背　缝	以上部为准，条料对条，格料对格，互差不大于0.2
背缝与后领面	条料对条，互差不大于0.2
领子、驳头	条格料左右对称，互差不大于0.2
摆　缝	袖窿以下10cm处，格料对格，互差不大于0.3
袖　子	条格顺直，以袖山为准，两袖互差不大于0.5

注　特别设计不受此限制。

9. **特殊面料**

对于伸缩性较大或布边略有不齐的面料，排料图的宽度应比面料幅宽略小，以防止某些裁片不完整，同时可避免出现由于布边太厚而造成的裁片不准确现象。一般可参考如下数据：排料图总宽度比上布边进1.5~2cm，比下布边进1cm左右。

四、服装排料方法与技巧

（一）排料的方法

依照排板的方向性，有下列四种排料方法。

1. **单向排料**

单向排料是指将所有板样朝同一方向排列。这种方法的优点是没有布纹方向所引起的色差、外观差异等顾虑，品质较佳；缺点是用布量较多，根据统计布料使用率为77%~79%。所以此种方法只在布纹方向明显及外观花格限制条件下使用[图4-2-8(a)]。

2. **双向排料**

双向排料是指板样在排列时，可以任意朝向一方或相对的一方。这种排料方法通常用在对称性的布料上，不必考虑布纹的方向及反方向的感光色差情形，用布量较省，布料使用率为81%~88%[图4-2-8(b)]。

3. **分向排料**

分向排料是指排料时将某些尺码的全部板样朝向一方，而另一些尺码的全部板样朝向另一方。这种方法排料比较方便，但成品品质不一，布料的使用率介于单向排料和双向排料之间，为80%~83%[图4-2-8(c)]。

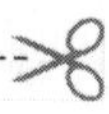

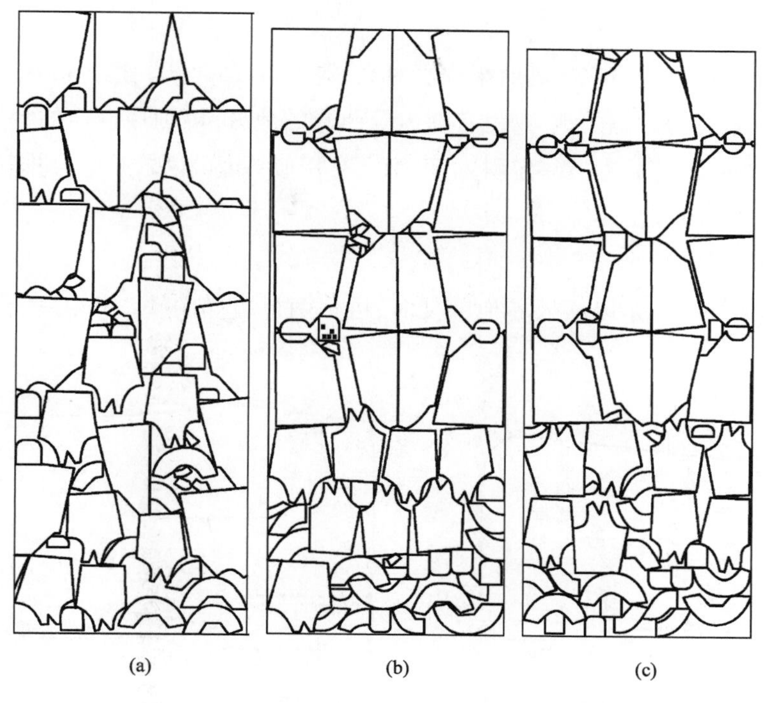

图4－2－8　排料的方法

4. **任向排料**

任向排料是指排料时不考虑任何方向性，任意排板。这种方法大都应用在没有布纹方向的非织造布上，其布料使用率为87%～100%。

（二）排料的技巧

排料的重要目的之一是节约面料，降低成本。服装企业根据多年的经验，总结出“先大后小，紧密套排，缺口合并，规格搭配”的排料技巧。

1. **先大后小**

排料时，先排大片定局，再用小片补空隙，大小合理搭配，节省面料（图4－2－9）。

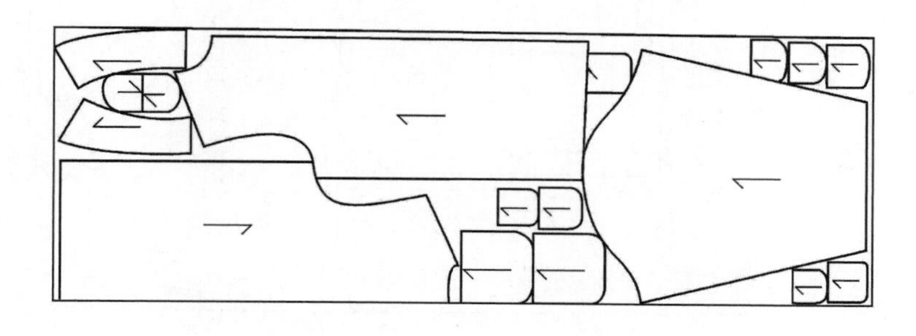

图4－2－9　先大后小、大小搭配的排料

2. 紧密套排

根据板样的不同形状，应在排料时采取直对直、斜对斜、凸对凹、弯与弯相顺，紧密套排。如衣片中既有领口、袖窿等凹陷的地方，也有袖山等凸起的地方，可利用这样的特点凸凹相配，减少空隙；衣片的肩线、侧缝处常有一定斜度，可把具有相似斜度的两衣片结合排料，使斜度拟合，减少空隙（图 4－2－10）。

3. 缺口合并

当一片板样的缺口不足以插入其他部件时，可把两片板样的缺口拼在一起，加大空隙（图 4－2－11）。

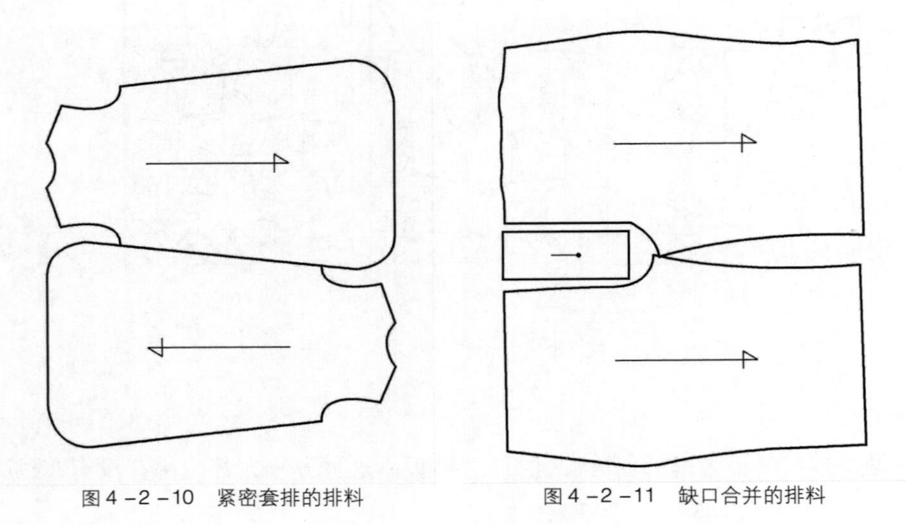

图 4－2－10　紧密套排的排料　　图 4－2－11　缺口合并的排料

4. 规格搭配

在同时排放几个规格的板样时，可将它们互相搭配，取长补短，节约用料（图4－2－12）。

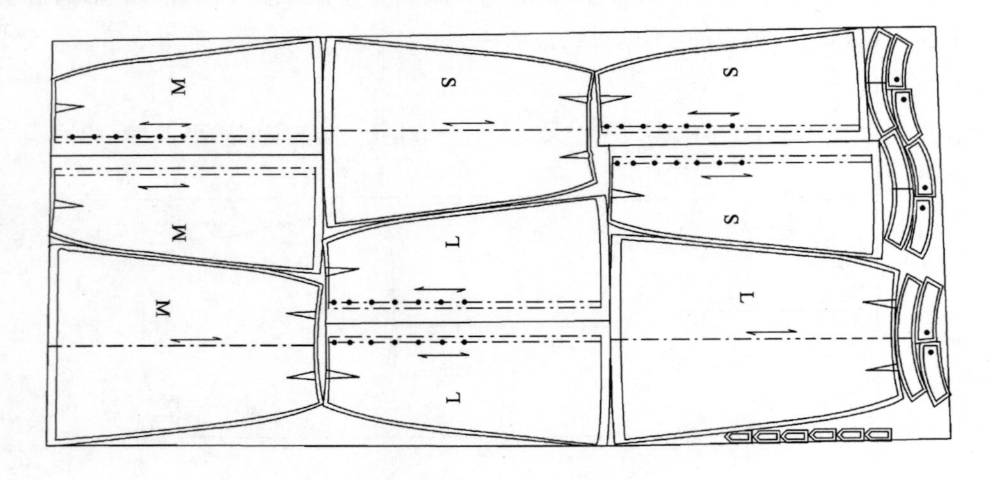

图 4－2－12　规格搭配的排料

5. **合理拼接**

服装一些零部件的次要部位，在技术标准内允许适当拼接，以提高布料的利用率。但为了减少缝纫的麻烦，在用料量相同的情况下尽可能减少拼接，同时还应注意拼接范围和程度、拼接质量和拼接标记。拼接虽然可节省用料(如挂面的拼接)，但应以不影响衣服的外形美观为原则。

国家标准对表面部位拼接范围的规定如下：

(1)衬衫：优等品全件产品不允许拼接；一等品、合格品袖子允许拼角，不大于袖围的1/4，其他部位不允许拼接。

(2)男、女棉服装：男裤腰接缝在后缝处；女裤腰接缝允许拼角，长不超过20cm，宽不超过7cm；童裤拼角长不超过下裆长的1/4。

(3)男西服、大衣：挂面拼接允许两接一拼，避开扣眼位，在两眼距之间拼接；领里允许两接一拼(大衣领里拼接不限)；大衣耳朵皮允许两接一拼。

(4)女西服、大衣：挂面拼接允许在下1/3处两接一拼，避开扣眼位；西服领里允许两接一拼；大衣领里允许四接三拼。

(5)男、女西裤：裤后裆允许拼角，接口纱向一致，长不超过20cm，窄不低于3cm(优等品不允许拼角)；女裤腰头不允许拼接一处，拼缝在侧缝或者后缝处。

(6)风雨衣：挂面在驳头下、最下扣眼以上可一拼，但必须避开扣眼位；领里可对称一拼(立领不允许)。

五、服装排料图绘制方法

(一)直接画法

将板样直接在面料上进行排料，排好后用划粉或蜡笔将板样形状画在布料上，铺布时将这块布料铺在最上层，按上面所画的板样轮廓进行裁剪。

这种方法的优点是操作简便，节省投资，不需要特别的辅助设备，对于需要对条格的面料尤其适用；其缺点是不易修改，不能复制，人工操作多，功效低。

(二)复写纸法

排料在一张与面料幅宽相同的薄纸上进行，排好后沿板样边缘将排料图描画下来，然后铺在布料上裁剪。

这种方法的优点是方便操作，易于修改，可用复写纸复制；其缺点是人工操作较多，功效较低。

(三)穿孔印法

在一张与面料幅宽相同的厚纸上画出排好的板样形状，然后沿画出的衣片边沿扎出许多小孔。这张由小孔组成的排料图称为漏板。将此漏板铺在面料上，沿着孔洞喷粉或用刷子扫粉，排料图取走后的面料上即出现排料图的粉印形状，按此便可进行裁剪。这种方法适合生产较大批量的产品。

穿孔印法的优点是排料图可多次使用，减少排料的工作量。

（四）喷墨法

喷墨法多用于男装，尤其适合格子面料。将板样直接在面料上排好后，用金属丝框架固定，然后把颜料喷在其上。板样移走后，因放置板样处没有颜料，而板样四周的面料上涂满颜料，所以排料图在布料上清晰可见。

这种方法的优点是效率较高，衣片轮廓线清晰；其缺点是需要颜料和喷枪等，成本较高，面料和裁片易受污染。

（五）影印法

将排好的板样放在感光纸和紫外灯之间，使板样与感光纸接触，然后用紫外光照射板样，让感光纸曝光，最后用阿摩尼亚蒸汽熏，使板样的形状在感光纸上显影。

这种方法的优点是画样准确且品质好；其缺点是需要感光纸和专用设备，比较昂贵，复制排料图只能用显像的方法，且感光纸的保管也较麻烦。

（六）计算机绘制法

计算机绘制法是利用服装CAD中的排料系统在计算机的显示屏上给排板师建立起模拟裁床的工作环境，排好料后由计算机控制的绘图仪自动把结果绘制成所需比例的排料图。用计算机排料可分为交互式排料和自动排料两种方法，也可两者结合使用。

交互式排料采用人机交互的方式，排板师按所选择的布幅宽度、待排衣片等，利用鼠标在屏幕上依人工排板过程灵活方便地进行排料。

自动排料是指系统按预先设定的程序让衣片自动寻找合适的位置，靠拢已排衣片或布料的边缘。计算机将按预先设置的优化次数反复进行各种方案的计算和比较，从中选出最优的结果。使用自动排料速度极快，但较费料，所以多用于承接贸易订单时估算用料，核计成本。

计算机绘制法的优点是排料速度快，效率高；计算机自动进行工艺计算，即时显示板样数量、面料利用率等；排料精度高，可反复试排，布料利用率高；排料图存储方便、简单，且可随时打印各种比例以满足生产需要。其缺点是设备昂贵，投资较大。

六、服装排料图例

下面列出常见的服装品种的排料图例供参考。其中，单件排料的适合于定做和家庭制作，多件套排的适合于批量生产。

（一）灯芯绒长裤排料图例（图 4－2－13）

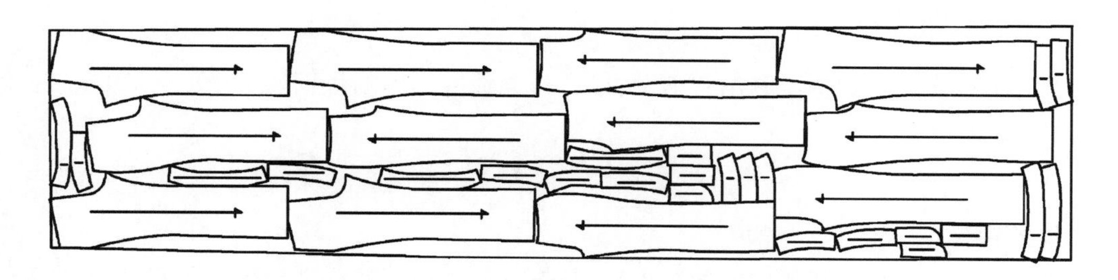

图 4－2－13　灯芯绒长裤排料图例

（二）男西装排料图例（图 4－2－14）

（三）女关门领外套排料图例（图 4－2－15）

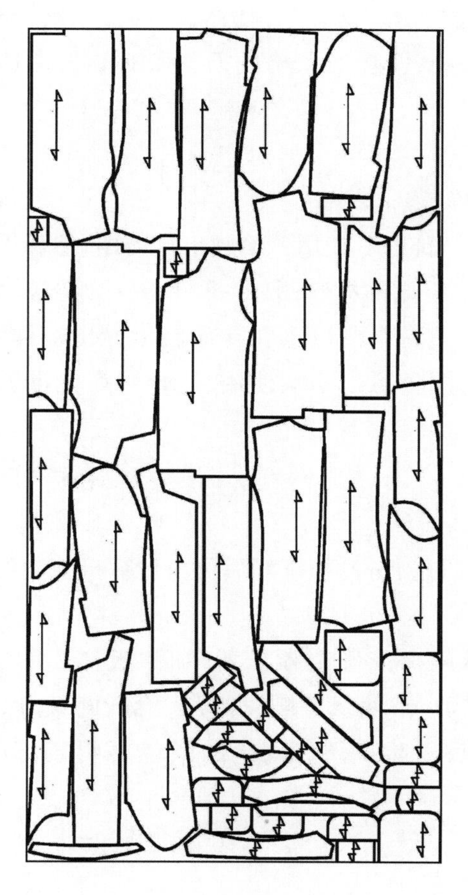

图 4－2－14　男西装排料图例

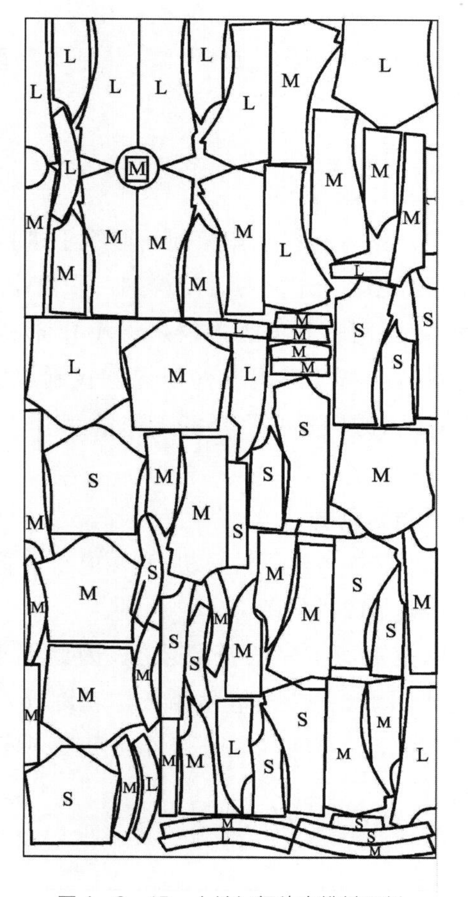

图 4－2－15　女关门领外套排料图例

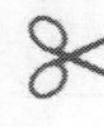

七、划样

排料的结果要通过划样绘制出裁剪图，以此作为裁剪工序的依据。划样的方式在实际生产中有以下几种。

（一）纸皮划样

排料在一张与面料幅宽相同的薄纸上进行，排好后用铅笔将每个板样的形状画在各自排定的部位，便得到一张排料图。裁剪时，将这张排料图铺在面料上，沿着图上的轮廓线与面料一起裁剪。此排料图只可使用一次。采用这种方式，划样比较方便。

（二）面料划样

将板样直接在面料上进行排料，排好后用画笔将板样形状画在面料上，铺布时将这块面料铺在最上层，按面料上画出的板样轮廓线进行裁剪。这种划样方式节约了用纸，但遇颜色较深的面料时，不如纸皮划样清晰，并且不易改动，需要对条格的面料则必须采用这种划样方式。

（三）漏板划样

排料在一张与面料幅宽相同的厚纸上进行。排好后先用铅笔画出排料图，然后用针沿画出的轮廓线扎出密布的小孔，便得到一张由小孔组成的排料图，此排料图称为漏板。将此漏板铺在面料上，用小刷子沾上粉末沿小孔涂刷，使粉末漏过小孔在面料上显出板样的形状，便可按此进行裁剪。采用这种划样方式制成的漏板可以多次使用，适合生产大批量的服装产品，可以大大减轻排料划样的工作量。

（四）电子计算机划样

将板样形状输入电子计算机，利用电子计算机进行排料，排好后可由计算机控制的绘图机把结果自动绘制成排料图。

排料图是裁剪工序的重要依据，因此要求画得准确清晰。划样时，板样要固定不动，紧贴面料或图纸，手持画笔紧靠板样轮廓连贯画线，使线迹顺直圆滑，无断断续续，无双轨线迹。遇有修改，要清除原迹或作出明确标记，以防误认。画笔的颜色要明显，但要防止污染面料。

第三节　服装铺料技术

铺料是按照裁剪方案所确定的层数和排料划样所确定的长度，将服装的面料重叠平铺在裁床上，以备裁剪。

表面看，铺料是一项简单的工作，实际上它包含着许多工艺知识。如果这些工艺技术处理不当，同样会影响生产的顺利进行和服装的质量。

一、铺料的工艺技术要求

（一）布面平整

铺料时，必须使每层面料都十分平整，布面不能有褶皱、波纹、歪扭等情况。如果面料铺不平整，裁剪出来的衣片与板样就会有较大的误差，这势必会给缝制造成困难，而且还会影响服装的设计效果。

面料本身的特性是影响布面铺平整的主要因素。如表面具有绒毛的面料，由于面料之间摩擦力过大，接触时不易产生滑动，因此要展平面料比较困难。相反，有些轻薄面料表面十分光滑，面料之间摩擦力太小，缺乏稳定性，也难于铺平整。再如有些组织密度很大或表面具有涂料的面料，其透气性能差，铺料时面料之间积留的空气会使面料膨胀，造成表面不平。因此，了解各种面料的特性，在铺料时采取相应的操作措施，精心操作是十分重要的。对于本身有褶皱的一些面料，铺料前还需要经过必要的整理手段，清除面料本身的褶皱。

（二）布边对齐

铺料时，要使每层面料的布边都上下垂直对齐，不能有参差错落的情况。如果布边不齐，裁剪时会使靠边的衣片不完整，造成裁剪废品。

面料的幅宽总有一定的误差，要使面料两边都能很好地对齐是比较困难的。因此，铺料时要以面料的一侧为基准，通常称为“里口”。要保证里口布边上下对齐，最大误差不能超过±1mm。

（三）减小张力

要把成匹面料铺开，同时还要使表面平整、布边对齐，必然要对面料施加一定的作用力而使面料产生一定张力。由于张力的作用，面料会产生伸长变形，特别是伸缩率大的面料更为显著。

这将会影响裁剪的精确度，因为面料在拉伸变形状态下剪出的衣片，经过一段时间，变形还会回复原状，使衣片尺寸缩小，不能保持板样的尺寸。因此，铺料时要尽量减小对面料施加拉力，防止面料的拉伸变形。

卷装面料本身具有一定的张力，如直接进行铺料也会产生伸长变形。因此，在卷装面料铺料前，应先将面料散装，使其在松弛状态下静置24h，然后进行铺料。

（四）方向一致

对于具有方向性的面料，铺料时应使各层面料保持同一方向。

（五）对正条格

对于具有条格的面料，为了达到服装缝制时对条格的要求，铺料时应使每层面料的条格上下对正。要把每层面料的条格全部对准是不容易的，因此铺料时要与排料工序相配合，对需要对条格的关键部位使用定位挂针，把这些关键部位条格对准。

（六）铺料长度要准确

铺料的长度要以划样为依据，原则上应与排料图的长度一致。铺料长度不够，将造成裁剪部位不完整，会对生产造成严重后果。铺料长度过长，会使面料造成浪费，抵消排料工序努力节省的成果。为了保证铺料长度，又不造成浪费，铺料时应使面料长于排料图0.5～1cm。此外，还应注意铺料与裁剪两道工序不要相隔时间太长，如果相隔时间过长，由于面料的回缩，也会造成铺料长度不准。

二、铺料方法

（一）识别布面

铺料前，首先应识别布面，包括区分正反面和确定倒顺方向。只有正确地掌握面料的正反面和方向性，才能按工艺要求正确地进行铺料。

面料的方向性，通过观察、手摸和对比，一般比较容易确定。有些面料正反面差别明显，也比较容易识别；但有些面料正反面差别不是很显著，如不仔细辨别就会搞错。因此，铺料之前要认真辨别面料的正反面。

（二）铺料方式

生产中铺料的方式主要有两种：一种为单向铺料，另一种为双向铺料。

1. **单向铺料**

单向铺料方式是将各层面料的正面全部朝一个方向（通常多为朝上）（图4－3－1）。

用这种方式铺料，面料只能沿一个方向展开，每层之间面料要剪开，因此工作效率较低。这种方式的特点是各层面料的方向一致。

2. 双向铺料

双向铺料方式是将面料一正一反交替展开；形成各层之间面与面相对、里与里相对（图4－3－2）。

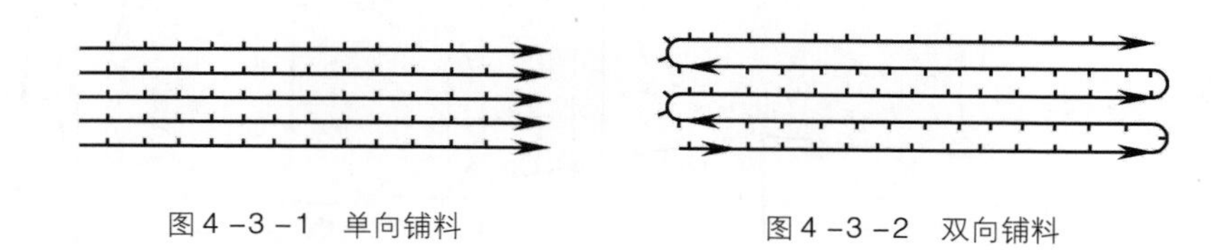

图4－3－1 单向铺料　　图4－3－2 双向铺料

用这种方式铺料，面料可以沿两个方向连续展开，每层之间也不必剪开，因此工作效率比单向铺料高。这种方式的特点是各层面料的方向是相反的。

在生产中，应根据面料的特点和服装制作的要求决定铺料方式。如素色平纹织物，布面本身不具方向性，正反面也无显著区别，此类面料可以采用双向铺料方式，使操作简化，提高效率。有些面料虽然分正反面，但无方向性，也可以采用双向铺料方式，这时可利用每相邻的两层面料组成一件服装，由于两层面料是相对的，自然形成两片衣片的左右对称，因此排料时可以不考虑左右衣片的对称问题，使排料更为灵活，有利于提高面料的利用率。如果面料本身具有方向性，为使每件衣服的用料方向一致，铺料时就应采取单向铺料方式，以保证面料方向一致。缝制时要对格的产品，铺料时也要对格，并要采取单向铺料，否则就不能做到对格。

（三）布匹衔接

在铺料过程中，每匹布铺到末端时不可能都正好铺完一层。为了充分利用原料，铺料时布匹之间需要在一层之中进行衔接。在什么部位衔接，衔接长度应为多少，这需要在铺料之前加以确定。

确定的方法是：先将画好的排料图平铺在裁床上，然后观察各衣片在图上分布的情况，找出裁片之间在纬向上交错较少的部位（图4－3－3）。这些部位就作为布匹之间进行衔接的部位。各衣片之间在这些部位的交错长度就是铺料时布匹的衔接长度。衔接部位和衔接长度确定后，在裁床的边沿画上标记，然后取掉裁剪图就可以开始铺料。铺料中每铺到一匹布的末端，都必须在标记处与另一匹布衔接，如果超过标记，应将超过的布剪掉。另一匹布按标记规定的衔接长度与前一匹布重叠后继续铺料。铺料的长度越长，衔接部位应选得越多，一般情况下平均每隔1m左右应确定一个衔接部位（图4－3－3）。

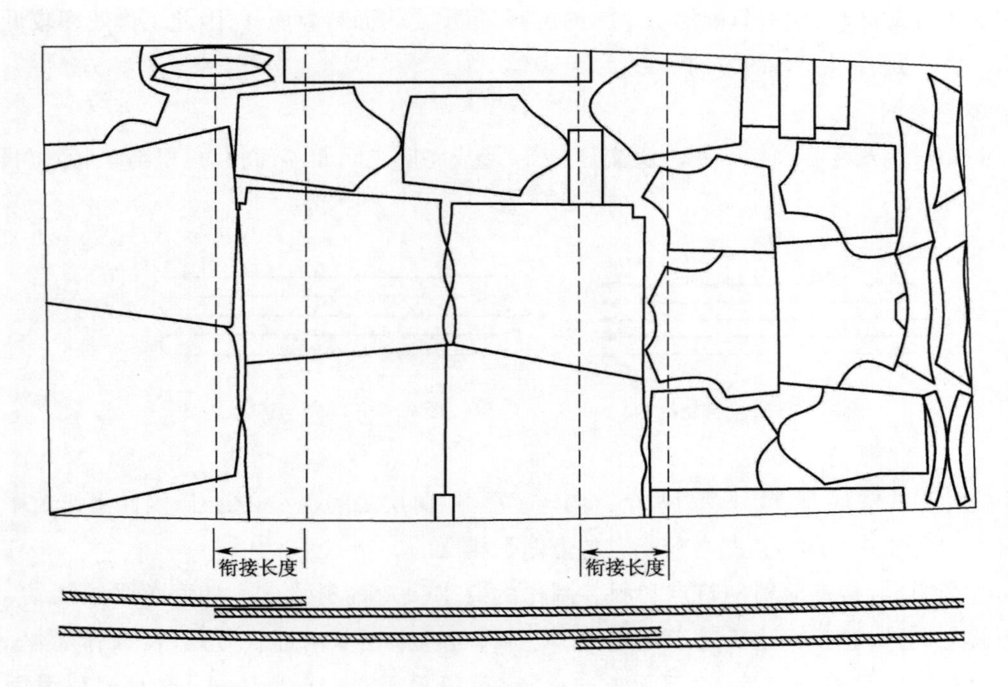

图4-3-3 布匹衔接

三、铺料设备

目前，大多数服装厂是靠人工铺料。人工铺料适应性强，无论何种面料，无论铺料长短，也无论用何种方式进行铺料，人工铺料都可以很好地完成。但是人工铺料劳动强度大，不适应现代化生产的要求。为了减轻劳动强度，在人工铺料的基础上采用一些辅助设备，如在裁床上安装带有轨道的裁布滑车，把面料放在上面用人力推动就可以将面料展开，然后靠手工把面料整平齐。有的用电动机代替人工拉布。这些辅助设备都可以有效地减轻劳动强度，提高生产效率。

现在，服装生产中已经开始使用自动铺料机进行铺料作业。这种设备可以自动把面料展开，自动把布边对齐，自动控制面料的张力大小，自动剪断面料，基本代替了手工操作，使铺料实现了机械化、自动化。但是自动铺料机的适应性不如人工铺料，在面料品种、性能经常变化时，影响使用效果。此外，如果铺料时要求对格，也不能使用铺料机，还需要人工铺料。

第四节　服装裁剪技术

裁剪工序是服装生产中的关键工序。在此之前所进行的大量工作能否获得实际效果，以后的各项加工是否能顺利进行，都取决于裁剪质量的好坏。在整个生产过程中，它具有承上启下的作用，因此裁剪工序不论对工艺技术还是加工设备都有很高的要求。保证裁剪质量是决定产品质量与生产效益的关键。

一、裁剪加工的方式及设备

传统的手工裁剪是单纯用剪刀进行的。而在服装工业生产中，为了实现优质高产，必须采取更加科学的加工方式，使用各种先进的加工设备。而且，服装生产中根据产品种类的不同、原料性能的不同、加工要求的不同以及生产条件的不同等，采取的裁剪方式及使用的设备也不相同。目前服装生产中常用的裁剪方式及设备有以下几种。

(一)电剪裁剪

电剪裁剪是目前服装生产中最为普遍的一种裁剪方式。电剪裁剪，首先要经过铺料，把面料以若干层整齐地铺在裁剪台(裁床)上，裁剪时，手推电动裁剪机使之在裁床上沿划样工序标的线迹运行，利用高速运动的裁刀将面料裁断。

这种裁剪方式，使用的设备主要是电动裁剪机，简称电剪。电动裁剪机分直刀型和圆刀型两种(图4-4-1)。

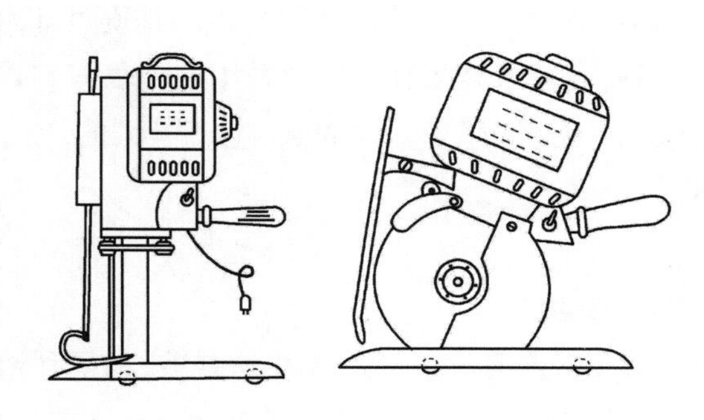

图4-4-1 电动裁剪机

生产中使用较多的是直刀型电剪。这种电剪的裁刀是直尺形的，它由电动机带动做垂直上下的高速运动，切割面料。电动机的速度有3600r/min、2800r/min和1800r/min三种。电剪的规格是以裁刀长度区分的，常用的裁刀长度有13cm(5英寸)、33cm(13英寸)及中间尺寸。这种电剪的裁剪能力即最大的裁剪厚度，通常是裁刀长度减4cm，如裁刀长度为33cm，那么它的最大裁剪厚度约为29cm。

直刀电剪在服装生产中适用范围非常广泛，对各种材料、各种形状(直线或曲线)都可以自如地进行裁剪，裁剪厚度可由几十层至几百层，因此有“万能裁剪机”之称，是服装生产中的主要裁剪设备。

圆刀型电剪的裁刀是圆盘形的，由电动机带动做高速旋转运动，切割面料。这种电剪的裁剪能力，取决于裁刀直径的大小，一般裁刀的直径为6～25cm，因此它们的裁剪厚度一般最大不超过10cm(小于裁刀的半径)。这种电剪轻便灵活，尤其是裁剪直线形状，由于它是连续切割，比直刀电剪速度快、效果好。但是裁曲线尤其是曲率较大的曲线，效果不如直刀电剪。圆刀电剪的裁剪厚度也比直刀电剪小。因此这种电剪适于裁剪小批量产品，在大批量生产中可做辅助设备。

（二）台式裁剪

这种裁剪方式使用的设备是台式裁剪机。台式裁剪机是将宽度1cm左右的带状裁刀安装在一个裁剪台上，由电动机带动做连续循环运动。裁剪时，将铺好的面料靠近运动的带状裁刀，推动面料按要求的形状通过裁刀，面料便被切割成所需要的衣片。这种裁剪方式类似木材加工中用的电锯。使用这种裁剪方式，由于裁刀宽度较小，并且裁刀是连续不断地对面料进行切割，因此裁剪精确度较高，特别适于裁剪小片、凹凸比较多、形状复杂的衣片。但是由于设备较大，不具有电动裁剪机轻便灵活的特点，因此适用范围较小。通常这种裁剪方式是与第一种裁剪方式配合使用的。

（三）冲压裁剪

在机械加工中可利用冲床将金属材料冲压加工成需要的各种形状。将这种加工方式运用到服装裁剪中，便是冲压裁剪。采用这种裁剪方式，首先要按板样形状制成各种切割模具，将模具安装在冲压机上，利用冲压机产生的巨大压力，将面料按模具形状切割成所需要的衣片。这种裁剪方式其裁剪的厚度取决于冲压机的压力大小，目前使用较多的油压冲压机压力为98～196kN。这种裁剪方式的主要特点是精确度非常高，可以非常准确的一次裁剪出若干衣片。因此，精确度要求高的部件适合采用这种裁剪方式，如衬衣的领衬。由于需要制作模具，加工成本比较高，因此适用于款式固定、生产量大的产品。变化大、批量小的产品不适合使用这种裁剪方式。

（四）非机械裁剪

以上几种裁剪方式均属机械裁剪，都是利用金属刀具对面料进行切割。随着科学技术的发展，一些新技术也开始应用于服装生产，出现了一些新的裁剪方式。这种裁剪方式改变了传统的机械切割方式，而是利用光、电、水等其他能量对面料进行切割，称为非机械裁剪。

目前，许多国家已把激光技术应用于服装裁剪。激光裁剪是利用激光器发出强度很高、方向集中的一束光作为切割工具对面料进行裁剪的，具有精确度高、速度快的优点。激光裁剪机还可以与电子计算机构成自动裁剪系统，使裁剪实现自动化、连续化、高速化。它适应于服装生产向小批量、多品种、常变化的方向发展。激光裁剪由于温度很高，容易使面料切割部位变色、热熔，同时还有烟尘污染等问题，因此还有待于进一步研究解决。

喷水裁剪机是目前研制的一种新型裁剪设备，它是使水流由直径0.2mm的喷嘴中以900m/s以上的高速喷射出来，利用它所具有的能量代替裁刀对面料产生切割作用。它的特点是切割中不产生热量，对面料无损伤，无粉尘污染，切割过程中锋利度不发生变化等。但是由于设备较大，而且还存在水流浸湿面料等问题，因此目前这种裁剪方式还不能普遍被采用，仅在一些特殊材料如无纺布的裁剪中使用。

(五)钻孔机

裁剪过程中,为了便于缝制,需要把某些衣片相互组合的位置,如衬衣口袋与衣身前片的组合位置,作出准确的标记,一般采取打定位孔的方式。打定位孔使用的设备是电动钻孔机。利用钻孔机对面料打孔时,由于钻头高速旋转,温度高,作用剧烈,因此要注意面料的性能。耐热性差的面料,如针织面料一般不宜使用电钻打孔。

二、裁剪的工艺要求

(一)裁剪精度

服装工业裁剪最主要的工艺要求是裁剪精度要高。所谓裁剪精度,一是指裁出的衣片与板样之间的误差大小;二是指各层衣片之间误差的大小。

为保证衣片与板样的一致,必须严格按照裁剪图上画出的轮廓线进行裁剪,使裁刀正确画线。要做到这一点,一要有高度的责任心,二要熟练掌握裁剪工具的使用方法,三要掌握正确的操作技术。

正确掌握操作技术规程应注意以下几点:

(1)应先裁较小衣片,后裁较大衣片。如果先裁完大片再裁小片,则不容易把握面料,给裁剪带来困难,造成裁剪不准。

(2)裁剪到拐角处,应从两个方向分别进刀而不应直接拐角,这样才能保证拐角处的精确度。

(3)左手压扶面料,用力要柔,不要用力过大、过死,更不要向四周用力,以免使面料各层之间产生错动,造成衣片之间的误差。

(4)裁剪时要保持裁刀垂直,否则将造成各层衣片间的误差。

(5)要保持裁刀始终锋利和清洁,否则裁片边缘会起毛,影响精确度。

裁剪精度中还包括打剪口的问题。剪口是在某些衣片的边沿剪出的小缺口,作用是为缝制时确定衣片之间的相互配合关系。它的作用很重要,如果剪口位置打不准确,就会造成缝制困难,影响缝制效果。因此裁剪时必须严格按板样上的剪口位置打出剪口,剪口大小为2~3mm,不可过大或过小。

(二)裁刀的温度对裁剪质量的影响

服装裁剪中另一个重要问题是裁刀的温度与裁剪质量的关系问题。由于机械裁剪使用的是高速电剪,而且是多层面料一起裁剪,裁刀与面料之间因剧烈摩擦而产生大量热量,使裁刀温度很高,对有些在高温下会变质或熔融的面料来说,所裁衣片的边沿会出现变色、发焦、粘连等现象，严重影响裁剪质量。裁剪黏合衬时，裁刀的高温也会使黏合剂熔化，而使裁刀与布发生粘连，影响裁剪的顺利进行。因此裁剪时，控制裁刀的温度是非常重要的。对于耐热性能差的面料，应使用速度较低的裁剪设备，同时适当减少铺料层数或者间断地进行操作，使裁刀上的热量能够散发，不致使温度升得过高。

第五节　服装验片、打号、包扎

裁剪之后，为了保证服装的质量和缝制工序的顺利进行，裁剪车间还要进行验片、打号、包扎等工作。

一、验片

验片是对裁剪质量的检查，目的是将不合质量要求的衣片查出，避免残疵衣片投入缝制工序，影响生产的顺利进行和产品质量发生问题。验片的内容与方法如下：

（1）裁片与板样相比，检查各裁片是否与板样的尺寸、形状一致。

（2）上下层裁片相比，检查各层裁片误差是否超过规定标准。

（3）检查刀口、定位孔位置是否准确、清楚，有无漏剪。

（4）检查对格对条是否准确。

（5）检查裁片边际是否光滑圆顺。

经过上述各项检查，将不合格的裁片剔出，可以修整的应修整合格后再使用，无法修整的则要进行补裁。由于裁剪质量同服装产品的质量和后工序生产是否顺利关系十分密切，因此验片必须一丝不苟地认真进行，严格把好质量关。

二、打号

打号是把裁好的衣片按铺料的层次由第一层至最后一层打上顺序数码。

在裁片上打顺序号，目的是避免在服装上出现色差。因为面料在印染时很难保证各匹之间的颜色完全一致，有的甚至同一匹的前后段颜色也会有差别。如果用不同匹的裁片组成一件服装，各部位很可能会出现色差。裁片上打了顺序号后，缝制过程中必须用同一号码的各裁片组成一件服装，这样各裁片就是出自同一层面料，基本可以避免色差。打号还可避免半成品在生产过程中发生混乱，发现问题便于查对。

打号用打号机进行。号码一般由七位数字组成，自左至右，最左边的两位数字表示裁剪的床数,接着两位数字表示规格号,最右边的三位数字表示层数。如0240135则表示此裁片是第2床裁剪的,规格是40号,是第135层面料裁剪出的裁片。

打号的颜色以清晰而不浓艳为宜,要防止印油太浓透过面料。打号的位置应在裁片的反面边缘处,按不同品种工艺要求打在统一规定的位置上。打号应确保准确,避免漏打、重复、错号等现象,打号后应进行复核。

三、包扎

为了便于缝制工程顺利进行,裁剪后要将裁片进行包扎。在服装生产中,每批产品裁剪后都会产生几千片、几万片大小裁片,因此必须把这些裁片根据生产的需要合理地分组,然后捆扎好,输送到缝制车间,否则就会出现混乱,使生产不能顺利进行。

根据产品的不同以及各生产组织形式和管理方法的不同,裁片的包扎方法也各有不同。但总的要求是方便生产,提高效率。裁片分组应该适中,分组过大会给缝制车间流水线的输送和操作造成不便;分组过小,裁片分散凌乱,不便于管理。一般20件左右为一组进行捆扎比较适宜。分组包扎时,还要注意不要打乱编号,小片裁片不要散落丢失,捆扎要牢固等。

第六节 计算机技术在服装裁剪工程中的应用

服装生产目前多采用“劳动密集型”的生产方式,虽然采用了各种机械设备,但仍然摆脱不了手工操作。从裁剪工程来看,尽管采用了大规模的成批裁剪方式,比起单件裁剪大大提高了劳动效率,但基本上还要依靠繁重的体力劳动完成各个工序的操作。许多工作需要操作者在站立、行走、弯腰状态下进行。同时,许多工作还要依靠操作人员丰富的经验和熟练的技术,稍有疏忽就会造成质量事故。因此工人的劳动强度很大,比起其他工业生产,劳动效率较低。

为了改变服装生产这种落后状况,近年来服装工业开始进行技术开发工作,积极采用当今先进的科学技术和设备,力图使服装生产向自动化方向发展,变“劳动密集型”为“技术密集型”,进一步解放生产力,提高劳动效率。在这方面,首先是电子计算机在服装生产中的应用有了较大的进展。许多国家已经研制出用于服装生产的计算机系统,并且已经开始商品化、实用化。

在裁剪工程中,电子计算机目前主要用于排料划样和自动裁剪中。下面简要介绍一下应用原理和方法。

一、利用电子计算机排料划样

排料划样是裁剪工程中的重要工序，长期以来靠操作人员的经验来寻求最优的排料方案，并且是在完全手工操作下进行的，因此劳动强度大，工作效率低。应用电子计算机进行排料划样，从根本上改变了过去的生产方式。操作者可以坐在电子计算机前，在显示屏幕上作业，能迅速方便地进行排料。电子计算机随时把排料的结果和布幅的利用率计算并显示出来，以便进行比较，选择最优方案。排料结束后，制图机便自动绘印出排料图，供裁剪使用。同时，每次排料的结果还可以储存在计算机中，供以后遇相同款式时直接调用。

应用电子计算机进行排料划样的工作原理如图4－6－1所示。

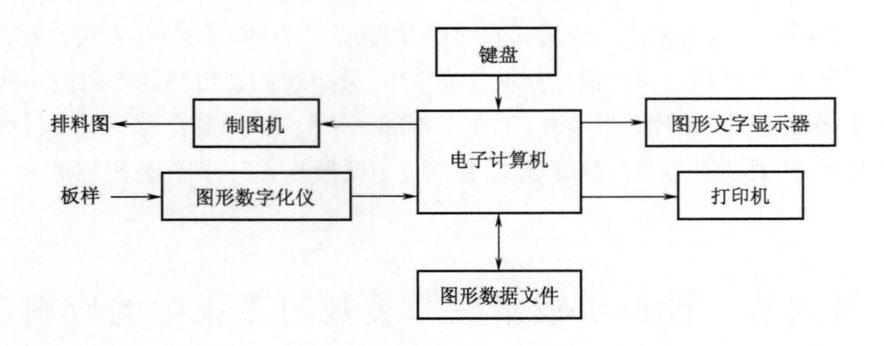

图4－6－1　电子计算机排料划样工作原理框图

应用电子计算机进行排料划样的工作程序如下。

（一）板样形状输入

首先将所需要裁剪的全部板样的形状输入计算机。输入方式有两种，即数字化仪输入方式和图形数据文件输入方式。

1. **数字化仪输入方式**

数字化仪输入方式是利用数字化仪将板样的形状数字化后输入计算机。具体方法是，把所有板样分别放在有纵横坐标显示的读图机上，将图形的各点用坐标值(x_i, y_i)表示。用数字笔将各点描入计算机，形成板样图形的规格化数据。如图4－6－2所示，图形上直线部分只需两个点的坐标值表示，而曲线部分则要多取几点才能正确表示，曲率越大，取点就越多。

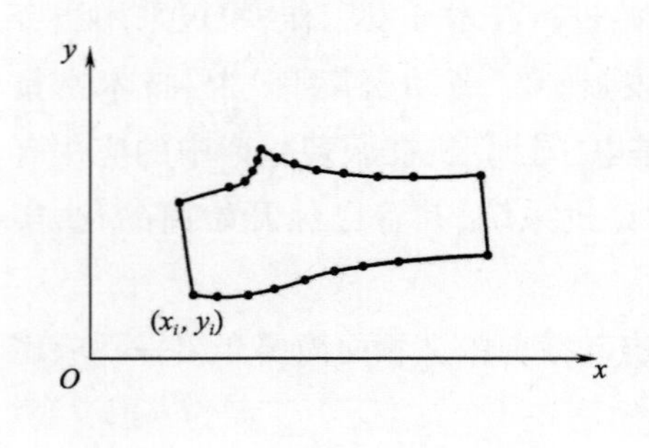

图4－6－2　数字化仪输入方式

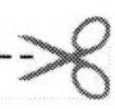

2. 图形数据文件输入方式

图形数据文件输入方式是将计算机在辅助设计过程及板样缩放过程中所形成的板样图形数据文件直接输入计算机，而生成板样规格化数据。

（二）人机交互进行排料操作

应用计算机，操作者可以脱离裁床，坐在计算机前利用键盘或光笔在屏幕上进行排料，这样就彻底改变了原来长时间站立、行走、弯腰的劳动方式，大大减轻了劳动强度。

人机交互进行排料，首先要将布幅宽度数据输入计算机，在屏幕上显示出排料区域。然后操作者利用控制键逐次把各衣片调出，衣片可在控制键或光笔的控制下按照操作者的意愿实现上下左右移动，从而被安置在某一位置上。同时，衣片也可以在光标键的控制下实现不同形式的旋转，使衣片在某位置上选取合适的状态。衣片定位以后再调出下一片，利用光笔将其摆到预定的位置。如果发生衣片重叠或超出区域，计算机会自动显示，便可以更换其他位置或调换其他衣片。如果没有衣片重叠或超界现象，计算机可以算出面料利用率，并显示在屏幕上，作为选择排料最优方案的参考。这样依次将各衣片进行排列，至全部衣片排好后，计算机将显示出面料的利用率，视其大小可决定此排料方案的取舍。在排料过程中，还可以利用控制键改变排料区域和衣片在屏幕上的比例，将图形放大，或者在屏幕上利用移动窗口观看排料全部区域的情况，这就为操作者进行排料提供了有利条件。如果发现衣片排列不当，也可以修改衣片的位置，进行新的排列。

（三）绘制排料图

人机交互排料操作完成后，计算机可以控制绘图机将排料结果很快绘出 1∶1 的排料图，此图便可以作裁剪时的依据。因此，计算机完全代替了手工划样工作。同时计算机还可以将结果打印成文件，作为技术资料，并把结果在计算机内储存。

利用电子计算机进行排料划样与原来的手工排料划样相比，工人的劳动条件得到了较大的改善，劳动强度大大降低，工作质量得到了保证，工作效率显著提高。同时生产过程中的各种技术资料容易保存和管理，为再生产带来方便。特别是电子计算机排料划样为自动化裁剪、实现生产连续化自动化提供了重要条件。

以上介绍的这种电子计算机排料划样，仍然是依靠操作者的经验进行排料的，计算机只是作为一种工具起辅助作用，并不能完全代替人的工作。目前正在研制一种电子计算机全自动排料系统，使用这一系统进行排料，操作者不需具备排料的经验，只要按程序操作机器，便可完成排料划样工作。这种全自动排料系统实际上是要建立一个目标函数，使其在规定的条件下取得极小值。由于服装排料具有许多特殊性，因此使得这一问题的解决比较困难。目前许多国家正在进一步深入研究，以期尽早解决服装自动化排料问题。

二、自动裁剪

自动裁剪是在电子计算机排料划样的基础上实现的。具体程序如图4－6－3所示。

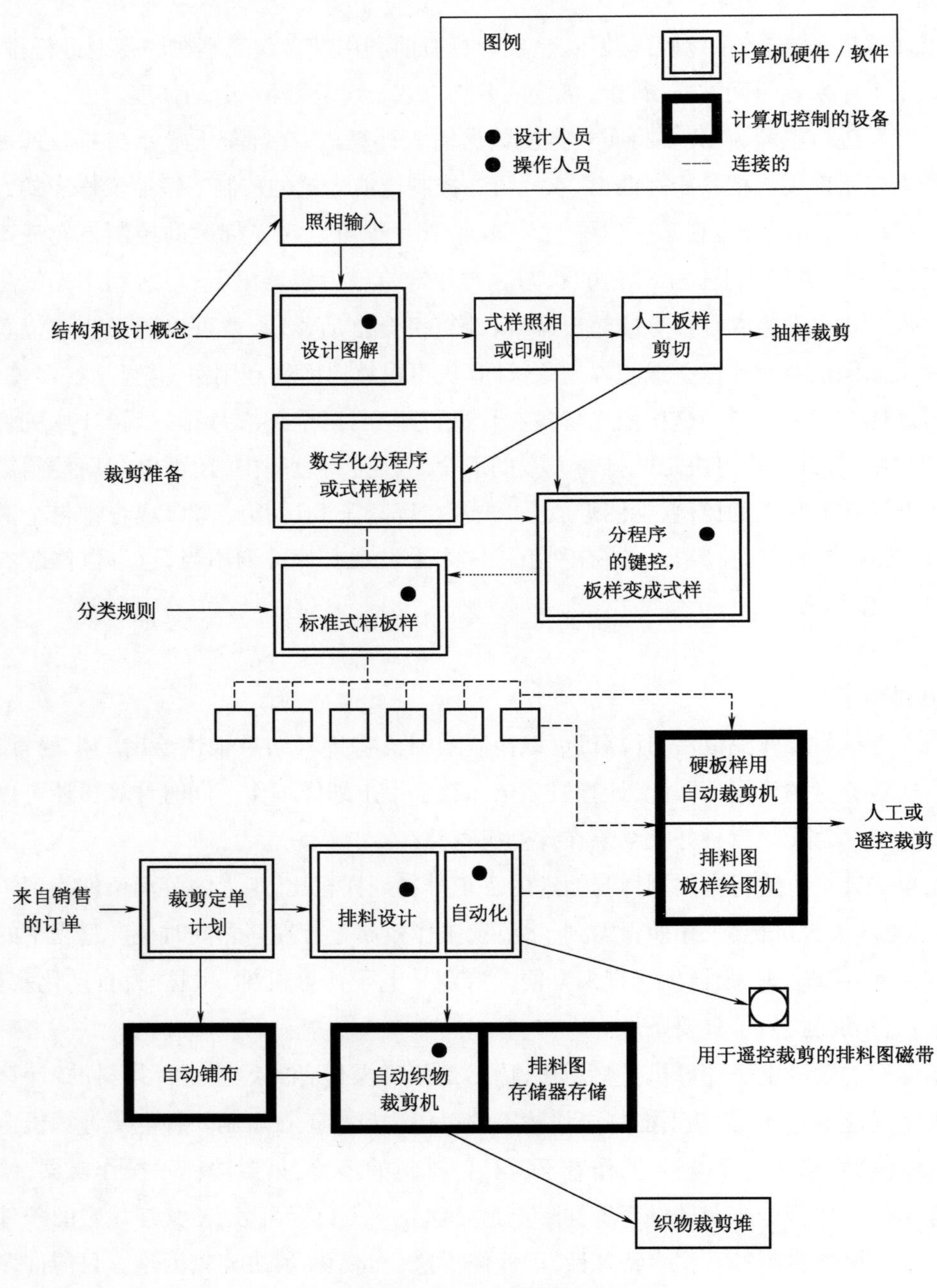

图4－6－3　自动裁剪程序图

自动裁剪机有机械裁剪、激光裁剪和喷水裁剪等种类。现在采用较多的是机械裁剪，也就是利用裁刀进行裁剪。

自动裁剪机可以与电子计算机排料联机作业，电子计算机把排料结果直接输送给裁剪机，控制裁刀在面料上按排料结果进行开裁作业，因此不需要绘出裁剪图。自动裁剪机也可以不与电子计算机排料划样系统联机作业，而是用排料系统录制的磁带控制自动裁剪系统，实行单机自动裁剪。

小结

本章分析了衣片板样的技术标准和复核校对的补正方法，衣片排料的技术程序和优化技术方案的确定，面料铺料的技术程序、技术规定以及优化技术方案的确定，解析了材料在裁剪中的力学原理和裁剪工具设备。

本章的重点有两点：一是板样的复核、校对；二是排料和铺料的优化技术方案的确定。

思考题

1. 为什么要制订裁剪方案？它的主要内容和制订原则有哪些？
2. 某批男衬衫的生产任务如下：

单位：cm

规格（领围）	36	37	38	39	40	41	42
件数	400	400	500	500	500	400	400

面料为涤棉府绸，车间裁床长度为 8m（单件用料为 1.4m），电剪可裁剪厚度为 20cm（约可裁 250 层），试确定两个方案，并分析比较它们的优劣。

3. 服装排料的原则以及排料前的准备工作有哪些？
4. 排料时的操作步骤以及注意事项有哪些？请具体说明。
5. 排料的方法有哪几种？各有何特点并适用什么场合？为节约面料，排料时有哪些技巧？
6. 服装排料图的绘制方法有哪些？并说明各种方法的优缺点。
7. 常见的划样方法有哪几种？各有何特点？
8. 铺料工序有哪些工艺技术要求？铺料时怎样进行布匹衔接？
9. 铺料的方式有哪几种？各有什么特点，适用什么场合？
10. 服装生产中常用的裁剪方式和设备有哪几种？各自的特点及适用场合怎样？
11. 什么是裁剪精度？为保证裁剪精度应注意哪些问题？
12. 验片的内容和方法是什么？打号的表示方法和原则是什么？它们各自的目的是什么？

实用理论及技术——

服装生产流水线设计与管理

课题名称:服装生产流水线设计与管理

课题内容:工序分析与制订

工序编制效率

生产流水线种类

生产流水线设计程序

多款式生产流水线管理

课题时间:2 课时

训练目的:1. 掌握工序分析与制订的方法

2. 掌握工序编制效率的计算方法

3. 了解生产流水线设计程序和流水线管理内容

教学要求:应举实例进行计算分析,用图示介绍技术内涵,并可插入相关课程教材(服装厂设计、服装生产管理)的相关内容,充实授课效果。

第五章　服装生产流水线设计与管理

服装行业像任何加工行业一样包含着必不可少的元素：生产对象、生产工具和生产力。这些元素通过一定的关系构成了生产活动。它是生产过程中在生产力（即人的劳动）的参与下，在一定的生产工具（缝纫机等其他设备）的作用下，使生产对象（原料）转变为产品（服装）的过程。

可以用图5－1来解释这一过程：

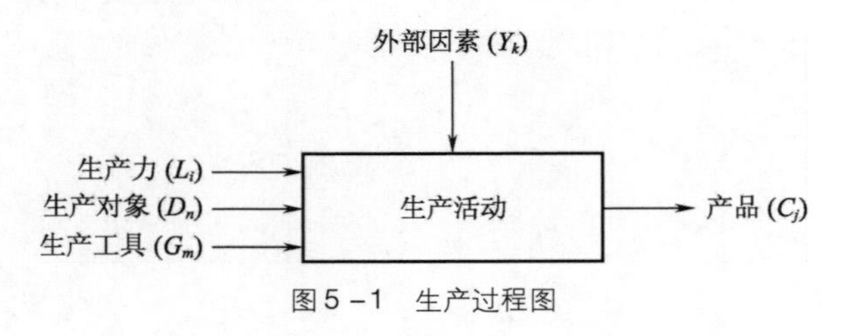

图5－1　生产过程图

这里的生产活动由生产力或者说由人来完成，所以 i 所取的不同数值来表达不同的含义。其中，i 为参加生产活动的人数。

当 $i = 0$ 时，这种情况为完全自动化，没有人直接参与生产活动。

当 $i = 1$ 时，这种情况是一个人来完成生产活动的，也只能生产出一件产品，如我们常讲的单件订做。由一人来完成工作，势必有以下特点：生产中过多的手工劳动，多功能设备，生产中个人的熟练程度差，对技能要求高，工作量大，生产周期长，成本高等。

当 $i > 1$ 时，这种情况就是我们要讲的生产流水线。它把整个劳动分为小的部分，再由各个参与者来完成。生产流水线设计可以满足新技术的运用、新工艺的研发，能充分发挥劳动力、原料、设备在生产中的使用率。它有以下特点：明显提高生产效率和质量，减少生产周期和提高缝纫设备的使用率等。

第一节　工序分析与制订

在服装生产过程中，由于专用机器设备和劳动分工的发展，服装制品生产过程往往分若干个工艺阶段，每个工艺阶段又分成不同工种和一系列上下联系的"工序"。

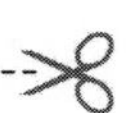

一、工序及工序分类

“工序”是构成作业系列的分工上的单位，是生产过程的基本环节，是工艺过程的组成部分。它既是组成生产过程的基本环节，也是产品质量检验、制订工时定额和组织生产过程的基本单位。

服装制品生产过程的全部工序，在性质上是完全不同的。一般可分为下列几类：

(1)工艺工序：使劳动对象发生物理或化学变化的加工工序，如裁剪工序、缝制工序等。

(2)检验工序：对原材料、半成品和成品质量进行检验的工序。

(3)运输工序：在工艺工序或工艺检验工序之间运送劳动对象的工序。

二、工序分析的目的和用途

工序分析是一种有效的产品现状分析方法，是把握生产分工活动的实际情况，按工序单位加以改进的最有效的方法。

(一)工序分析的目的

(1)明确工序顺序，能编制工序一览图。

(2)明确加工方法，能理解成品规格及质量特征。

(二)工序分析的用途

(1)能按工序单位加以改善，并跟其他水准作比较。

(2)能当作动作改进的基本资料，从中挑出进一步改进的重点。

(3)能成为生产设计的基础资料。

三、工序分析的表示方法

(一)符号

1. 一般符号(表5-1-1)

物品是指面料、辅料、半成品或成品。

表5-1-1 工序符号

工序分类	符号	内容说明
加工	◯	按作业目的，物品受到物理性或化学性变化的状态，或者为下段工序做准备的状态
搬运	○	把物品由一个位置移到另一个位置的状态
检验	□	测定物品，把其结果跟基准比较而作好与不好的判定时的状态
停滞	▽	物品既不加工，也不搬运和检验，处在储存或暂时停留不动的状态

2. **缝制符号（表5-1-2）**

表5-1-2 缝制符号

符号	内容说明
◯	平缝作业
⊘	特种缝纫机缝纫作业，特种机械作业
◎	手烫，手工作业
◎	机器熨烫作业
○	搬运作业
□	数量检验
◇	质量检验
▽	裁片、半成品停滞
△	成品停滞

（二）图表表示方法（图5-1-1）

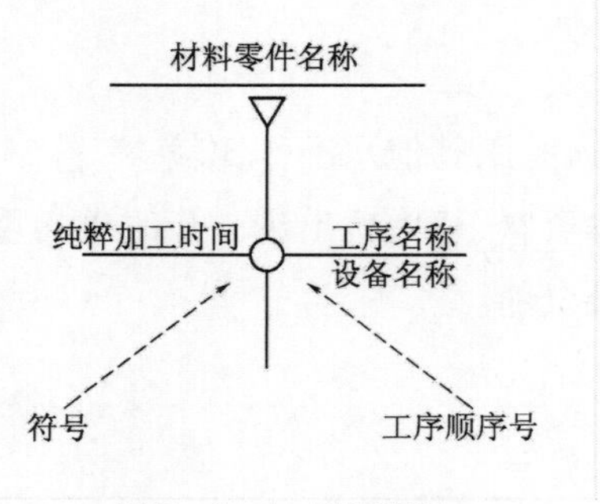

图5-1-1 图表表示

（三）排列填写方法

（1）大小不同的材料组合如图5-1-2所示。

(2)同样大小的材料组合如图 5-1-3 所示。

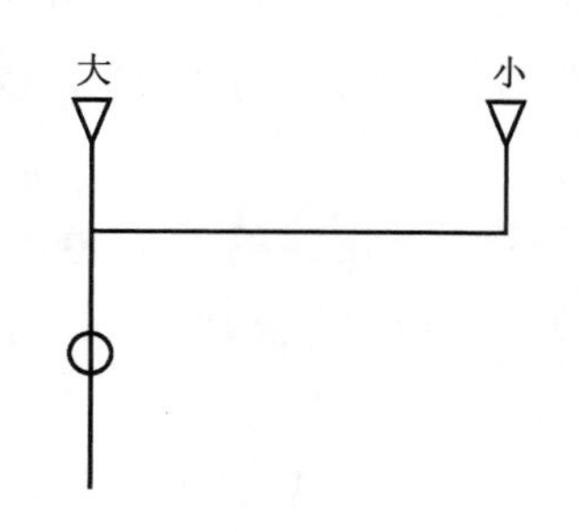

图5-1-2　大小不同的材料组合

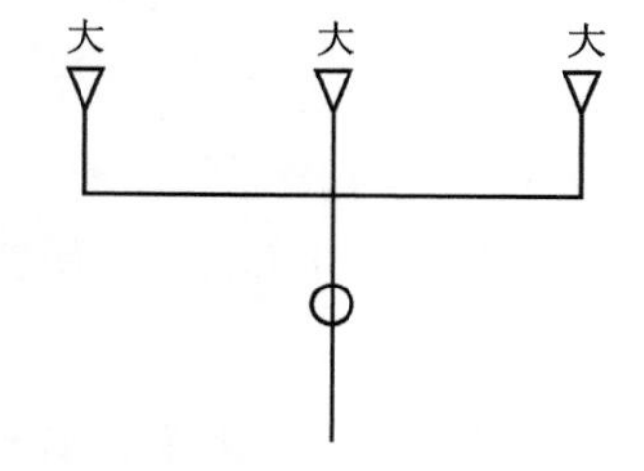

图5-1-3　同样大小的材料组合

(四)编排次序

(1)准备产品实样。

(2)确定大身衣片组合数、组合次序及编排位置。

(3)由大身开始分析,按工序次序依次编排。

(4)半成品须待装配时才可插入排列。

(5)列出总加工时间明细表。

左右对称的同工序可省略,合并排列。

(五)工序组织

服装工业生产的工序组织,是按生产形态分解和组织制成品生产工序以及制订工序的工时定额和技术要求的管理工作,包括划分不可分工序,确定工序技术等级、工时,研究流水形式,组成工序等几项工作。

1. **划分不可分工序**

所谓不可分工序,就是在不变更操作技术性质和不更换生产工具操作时,不能再进行细分的生产工序。这些工序如果再细分就会造成不合理及浪费现象。因此,不可分工序划分的正确与否,将为组织生产是否先进、合理打下基础。

划分不可分工序,主要取决于产品结构的复杂性、加工方法以及所使用的机器设备。一般来说,划分不可分工序的依据主要有以下三个方面。

(1)按照上级机关颁布的技术文件进行,其中包括制品的成品尺寸、制作要求、实物标样、产品结构和加工方法等。如是新产品,则必须通过试制,找出工序的特点、性质和内在因素,以便了解产品全部的加工过程和制作工艺上的要求,经过研究、核对后,作为划分不可分工序的技术依据。

(2)划分不可分工序前,应了解本厂和同行业其他一些工厂历史上生产同类产品所取得的一些经验及资料，作为依据。

（3）划分不可分工序时，要研究采用什么样的加工方法、何种专用机器设备。随着生产的发展，革新成果的应用，加工方法也将发生变化，工序的划分也会随之有所变动。

在划分不可分工序的工作上，由于选择的方法不同，所收到的效果也不同，因此在划分不可分工序时，必须根据本厂技术力量和设备工具的具体情况选择和采用能提高产品质量的先进方法和设备。

划分不可分工序是一项带有基础工作性质的技术研究工作。划分不可分工序是在详细了解产品结构、规格式样、工艺方法和技术要求的前提下，通过对产品全部操作内容的分析与研究，以加工部件和部位为对象，按其加工顺序划分开来。一般来讲，应使划分工序既不影响制作规格，又要便于操作；既要保证产品质量，又要考虑生产效率；既要考虑传统的加工方法，又要尽可能多地采用新的技术革新成果和新的机器设备。此项工作是进行许多其他方面工作的技术依据和基础资料。不可分工序若有变动，如增加或减少，其他许多工作也将随之变动。因此，对这项工作，应朝着多研究、细分析、一次成的方向去努力。

划分不可分工序的工作，是一件非常细致和基础性的技术研究工作。在实际生产中，除了遵循上述三条依据外，还应该注意确定机、辅工工序，必须以有利于保证产品质量为前提，在此基础上力求经济节约。划分中，对于某些难以确定的工序，应通过试制验证后再加以确定，切忌凭主观臆断的办法去确定工序。

2. 确定工序技术等级

工序的技术等级是根据工序在操作上的难易程度，该工序在产品质量上的主次地位等情况确定的。一般可参考有关工种既定的技术等级内容，确定某工序应由何级别的技术工人来担任。

四、工序组

工序组是将所划分的不可分工序，按照一定的要求合并成的一组工序，这种一组工序就称为“工序组”。

工序组是为了达到工序的同步化，流水线的节拍确定后，就要依据它来组织工艺过程，使各道工序的加工时间与流水线的节拍相等或成整倍数关系。此项工作也称为工序同步化。工序的集中与分散，是实现工序同步化的重要一环。通过把小工序并大、大工序划小的办法，可以使各个与节拍不成比例的工序，调整为与节拍相等或成整倍数关系。此外，改进工艺过程、采用先进的工艺方法、采用高效率的设备、合理设置机台和配置人员等都能调整工序的长短，以达到工序同步化。

(一) 工序组的要求

(1)合并在一个工序组内的各道不可分工序,应符合连续性的要求,以减少辅助动作的时间。

(2)合并在一个工序组内的各道不可分工序,在工艺技术上应符合同类型的要求。

(3)工序组要求符合经济原则,一般来说,机、辅工工序宜分不宜合。

(4)工序组在完成时间上虽然以节拍为标准,但常不能与节拍正好相等或成整数倍关系。一般要求所组成工序的完成时间与节拍的差距应在7%以内。

(5)各工序组的加工顺序,必须符合顺序性的要求,不应当发生倒流、倒放现象。

(6)适宜在流水线外集中加工的部件,应尽量置于流水线外加工,具体产品和具体情况应作具体分析确定。

(二) 工序组建立的步骤与方法

(1)按照不可分工序表,填写不可分工序卡。

(2)确定节拍、工作地数量、核算负荷率等。

(3)将需要集中合并加工的不可分工序卡抽出,而后以节拍为组成工序的时间标准。

(4)按照制品的加工顺序,逐部件或逐部位地把所包括的不可分工序组织成一个新的工序组,最后编制成"工序组表",尽量避免逆流和交叉。

五、合理组织生产过程的基本要求

组织生产过程要对各个工艺阶段和各个工序的工作在时间上进行合理安排,使产品在全部生产过程中处于运动状态,达到时间少、行程短、耗费小、效益高的目的。

(一) 连续性

连续性是指产品在各工序之间连续地流动,在时间上紧密衔接,始终处于运动状态。生产过程的连续性会带来较高的经济效益,可以缩短生产周期,减少在制品占有量,加速流动资金的周转。

(二) 比例性

比例性是指生产过程各阶段、各工序之间在生产能力上保持适当的比例关系。可以保证生产过程的工序平衡,减少产品在生产过程中的停放、等待时间,充分利用人力、物力,提高设备利用率。

（三）平行性

平行性是指生产过程的各项生产活动在时间上尽可能地平行进行。平行性是生产过程保持连续性的必然要求。

（四）节奏性

节奏性是指各个生产环节在相等时间内，生产相等数量的产品，各工作地的负荷相对稳定，不至于出现时松时紧、前松后紧或前紧后松等现象。

以上是合理组织生产过程的基本要求。生产过程的比例性与平行性是实现连续性的前提条件；而比例性、平行性与连续性又是保证节奏性的前提条件。这四个要求是随着企业生产技术条件、生产组织形式、工人技术水平的变化而变化的。所以，生产过程的比例性、连续性、平行性和节奏性是相对变化的，必须从各方面考虑实现最大的经济效益，有利于提高生产的机械化和自动化水平，尽可能多地采用新技术，有利于合理的劳动分工。在有机联系中，全面实现生产过程的比例性、连续性、平行性与节奏性。

第二节　工序编制效率

任何流水线都应具备节拍、产量、人数、占地面积和工位数等数据。其中流水线的节拍尤为重要，正是它体现了半成品以某一节奏配料和出品的，它也是平均每个工人完成自己工序组的时间。

一、节拍的计算

根据已知的日产量 M、已知的工人数 N 以及流水线的节拍 t，用以下公式得出：

$$t=\frac{R}{M} \quad 或 \quad t=\frac{T}{N}$$

式中：R——工作时间（8h）；

T——产品的额定工时。

二、流水线工人数与日产量

已知流水线的节拍可以计算出在流水线上的工人数 N 和该流水线的日产量 M，计算

公式：

$$N = \frac{T}{t} \quad 或 \quad M = \frac{R}{t}$$

已知日产量 M 和产品的额定工时 T，可以计算出工人数 N，计算公式：

$$N = \frac{T \cdot M}{R}$$

根据产品的种类和工位的特点可以判断出人均占地面积 H_1，即单位工人的使用面积，包括设备、通道等占地的面积。如大衣的流水线中，普通流水线的缝纫工占地为 7.3m^2，吊挂式的缝纫工占地为 6.6 m^2。

已知车间面积 S 可得出所需的工人数量，计算公式：

$$N = \frac{S}{H_1}$$

流水线能够顺畅地流动，需要所有的工序组等于或成倍于节拍的时间，计算公式：

$$t = K \cdot \tau$$

式中：K——工序组中的工人数；

t——工序组耗时。

当工序组耗时等于节拍的时间时，即该工序组由一人来完成，如果耗时是节拍的倍数，那么倍数就是工人数。

三、工序组时间与偏差值

完成工序组所用的时间等于它包含的不可分工序的时间总和 $\sum tg$，它应该等于节拍的时间 τ 或节拍的整数倍 $K\tau$。但完全等于节拍或为节拍的整数倍是很困难的，故相对已知的节拍允许一定的偏差范围。通过试验分析，单款式流水线可有以下的情况。

单一节拍流水线工序组的偏差范围为 ±5%：

$$\sum tg = \tau(0.95 \sim 1.05)K$$

自动批量传送式的偏差范围为 ±10%：

$$\sum tg = \tau(0.9 \sim 1.1)K$$

自由节拍流水线工序组的下偏差范围为 ±5%：

$$\sum tg = \tau(0.95 \sim 1.1)K$$

当实际工序组的时间属于偏差范围内，则认为工序组的组成是合理的。多款式流水线相对于单款式流水线有其自己的特点，其中各款式的节拍与品种数量，因流水线方式不同而有区别。

第三节　生产流水线种类

生产流水设计是在时间上和空间上分析流水线的特点和参数的总和，包括机械化的程度、劳动量细分的程度、加工和传送设备及产品的工艺等。

生产流水线的设计方式有下列种类：

(1)根据半成品的流动情况可分为并联、串联和混合。

(2)根据个人的位置和设备的摆放可分为直线形、圆形和矩形。

(3)根据流水线的节拍可分为固定节拍和自由节拍。

(4)根据流水线上半成品的传送可分为传送带和非传送带。

(5)根据配料的方式可分为一点配料和多点配料。

(6)根据放料的多少可分为单件放料和捆扎式放料。

(7)根据流水线上的款式可分为单款式、多款式和多品种。

(8)根据进料的顺序可分为封闭型、开放型和混合型。

一、并联、串联和混合

并联是半成品或原料在并列的线路上流动。根据设备和缝制部位的不同来决定工位的摆放。优点是提高设备的使用率，减少物流的辅助时间。串联是不间断地连续完成工序。设备的摆放呈直线形或圆形，且不间断又连续地通过传送带传递半成品。在直线形的串联流水线上各工位间的半成品流动是固定的，工位间的摆放与要完成工序的次序有直接的关系。各工位完成自己的工序以后，紧接着传给下一工位，实行单件传递，严格地执行节拍的要求，传递的时间尽量小。混合流动方式具备以上两者的不同特点。

二、固定节拍与自由节拍

所谓严格地执行传递的固定节拍，是工位以固定的节拍接受一个半成品，如传送带以固定的节奏传递半成品，或挂式、或平放。传送带以带式或链式等方式传递，还要严格地按一定的节拍运转。传送带上由挂钩(或工作槽、送料节点)连接而成，挂钩间的距离为步幅，挂钩上悬挂

一件半成品，在完成一个挂钩上的工作时，下一个挂钩已经送来。也就是说，在一个节拍 τ 的时间里，挂钩运动的长度为一个步幅 L，这样即可得出吊挂的速度 $V = \frac{L}{\tau}$。

在加工上装时，有的时候可以根据实际情况，不同部位的加工可采用不同的节拍。如果一个生产小组采用固定节拍，而另一个小组采用自由节拍，这时称为混合节拍传递。如缝制不同款式的男式大衣时采用固定节拍，而组装时可以采用自由节拍来加工。

采用吊挂系统进行生产确实存在占地面积大、生产成本高的问题，但从另一方面讲它可以提升 15% 的综合效率，提高产品质量和降低返修率，并为企业实现信息化提供必不可少的通道。采用吊挂系统能提高设备利用率，缩短加工辅助时间，提高生产效率，减少半成品占地面积，保证产品质量，是适合高效率、多品种、小批量生产的系统。服装吊挂系统按控制方法可分为机械控制和计算机控制，现代生产中多采用后者。每个工位按照生产节拍平衡进行规定工序的缝制加工，所以一个工位是组成吊挂系统的基本单元。管理人员通过计算机上参数的设定实现衣片的按工位传送和各工位间的实时调节与控制。

三、传送带与非传送带

具有固定节拍运动的传送带更适用于生产稳定的服装品种。如果传送带是以宽松的自由节拍来传递的，通常是以捆扎的方式送料，并且传递的速度是不变的，与完成工序或工序组的时间无关，传送带只起到传递的作用。如图 5－3－1 所示为双向横行封闭的线形传递，图 5－3－2 所示为双线联合式手工传递。自由节拍的传递更适用于新款式的缝制，由于捆扎式送料，所以节省传递的时间，能充分发挥个别员工的特长。

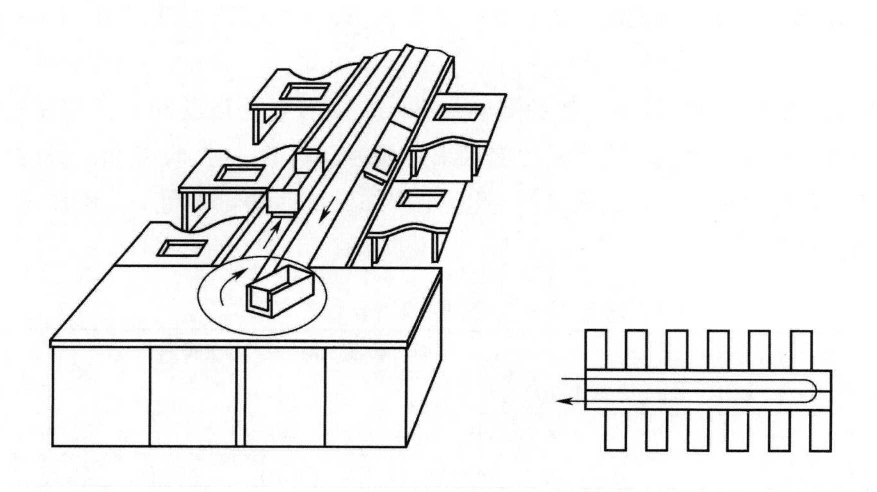

图 5－3－1　双向横行封闭的线形传递

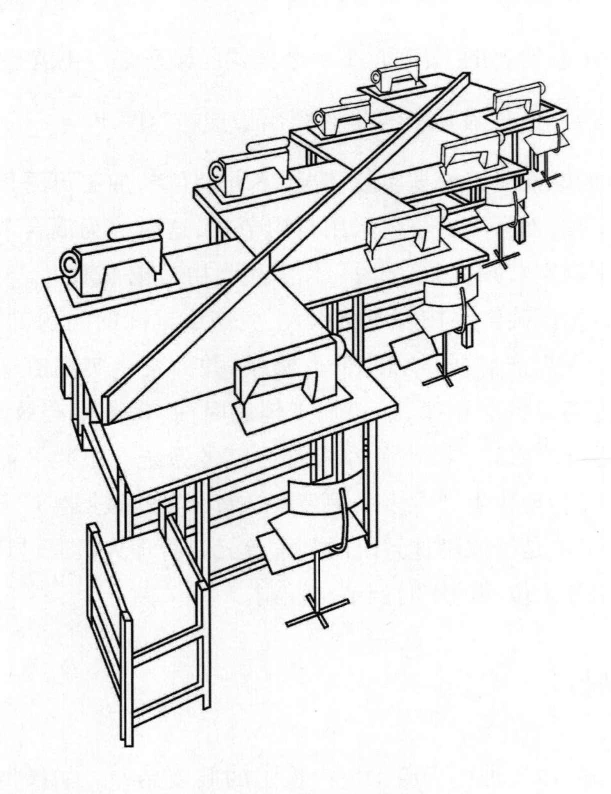

图5-3-2　双线联合式手工传递

四、按产量定形

流水线的产量可以用日产量或员工单产量来衡量，它可以分为低产量、中产量和高产量（表5-3-1）。

低产量的流水线使用于较为广泛的服装品种。它的特点是设备和人员的使用率低，成本高，自动化和机械化程度也低。高产量的流水线是最为经济的一种，设备和人员的使用率明显提高，使用于设备的机械化和自动化生产，但它生产加工的品种较为单一。中产量的流水线介于以上两者之间。

表5-3-1　不同产量流水线的人数

服装品种	不同产量的流水线及其需要的人数		
	低产量	中产量	高产量
大　衣	小于50	51~100	大于100
男西服上装（毛）	小于50	51~100	大于100
男西裤（毛）	小于40	41~80	大于80
衬　衫	小于25	26~50	大于50

在流水线上可以根据加工过程中的专业特点分为不同的生产单元，在单元的内部又可根据不同部件的加工分成模块。对于低产量的流水线，在生产额定工时较小的产品时，它本身可能是一个不可分割的单元。中、高产量的流水线一般采用单元化生产，提高质量、产量和品种多样化是单元化生产的最大特点。高产量的流水线可分为缝制单元、组装单元、后整单元和包装单元（图 5－3－3）。

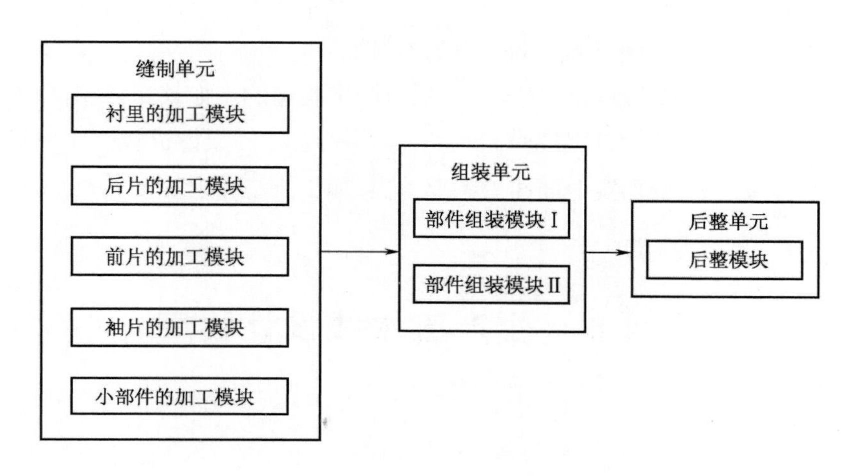

图 5－3－3　上装流水线的生产单元

缝制单元是根据产品的特点来完成它的工序，单元内部各模块的工作可以同时进行，在缝制单元中尽量完成更多的工序，这样使得组装单元的工作变得更单一。

五、一点配料与多点配料

流水线上只有一个配料点，包括所有的原料，这种放料的方式称为一点配料。如果在流水线上根据需要在不同地方配料的方式为多点配料。一点配料可以是单件和捆扎式的放料方式，而多点配料只能是捆扎式放料方式。单件放料适用于固定节拍的流水线，半成品的储备不是很多，而捆扎式放料方式的储备明显增加，这就需要更多的加工时间和工作面积来放置。捆扎式放料方式可以节省时间，如整捆的部件可以连续缝制，不需要断线。一捆的数量通常为裁剪时裁片的数量。

六、单款式与多款式

单款式流水线适用于较为稳定的服装品种，如工装、制服等。多款式流水线是同品种的多个款式在一条流水线上加工，如男大衣的不同款式。还有多品种的流水线，它是不同的服装款式或品种在一条流水线上加工，如连衣裙、女衬衫。

七、送料的多种类型

对于多款式和多品种的流水线，它的进料顺序有三种，封闭型、开放型和混合型。如有A、B、C三种款式，它们的数量相等。封闭型进料顺序可以是A，B，C，A，B，C，A，…，如果希望B款式进料多一倍也可写成A，B，B，C，A，B，B，C，A，…，它使用于不同额定工时的款式，相似的加工方式和加工设备，最好是相同颜色和相同性质的面料。

开放型进料顺序是不同的款式以需要进料的时间来确定的。如款式A、B、C需进料的时间分别为T_A、T_B、T_C，这样日工作的时间为$T_{日} = T_A + T_B + T_C$。开放型进料顺序一般使用于比较稳定的服装品种，各款式间的额定时间相差不要太大，加工方法相近。

第四节　生产流水线设计程序

前几章我们讲了服装缝制的所有过程，从半成品的衣片到如何组装这些衣片，了解这些过程后我们可以在家里缝制衣服，也可以在服装加工厂缝制，这也就是我们常说的单件生产和批量生产。

批量生产是所有这些工序在流水线上不同的位置来完成缝制过程、组装过程和后整理过程。缝制过程是缝制服装部件的过程，如缝制衬里布、衣领、袋盖等。组装过程是把衣服的各个部件缝合在一起的过程，如衣袖与衣身缝合、衣领与衣片缝合等。后整理过程是缝制服装后的过程，包括整烫、整理和包装等。

这些不可分割的工序是工人通过缝纫机、定形机或手工来完成的。为了方便表示这些工序的性质，可以用汉语拼音的第一个字母来代替：

S——手工来完成的工序；

P——运用平缝机来完成的工序；

Z——运用专机或特种机来完成的工序；

Y——运用电熨斗来完成的工序；

D——运用定形机来完成的工序。

由于完成各工序的难易不同，所以在缝制过程中的各个工序的难度系数、工价和完成该工序的额定工时也不尽相同。由于我国对于服装工程这一专业研究较晚，各地区的差异及其他各方面的原因造成了我们今天的这种无统一的难度系数标准、统一的工价和统一的额定工时的现状。由于本章篇幅的限制，这里不再额外说明难度系数、工价和额定工时等问题。

流水线的设计过程可分为以下几个步骤：工序流程设计、流水线的计算、流水线的组织、流水线的布置。如图 5－4－1 所示为流水线的设计程序。

设备的选择和工艺的改进是为了减少加工时间，提高产量和质量，有效利用场地，改善工人的工作条件。它也是衡量一条流水线是否适合于已选择的加工工艺的标准。常用产品额定工时的降低率来衡量设备对已选加工工艺的影响。

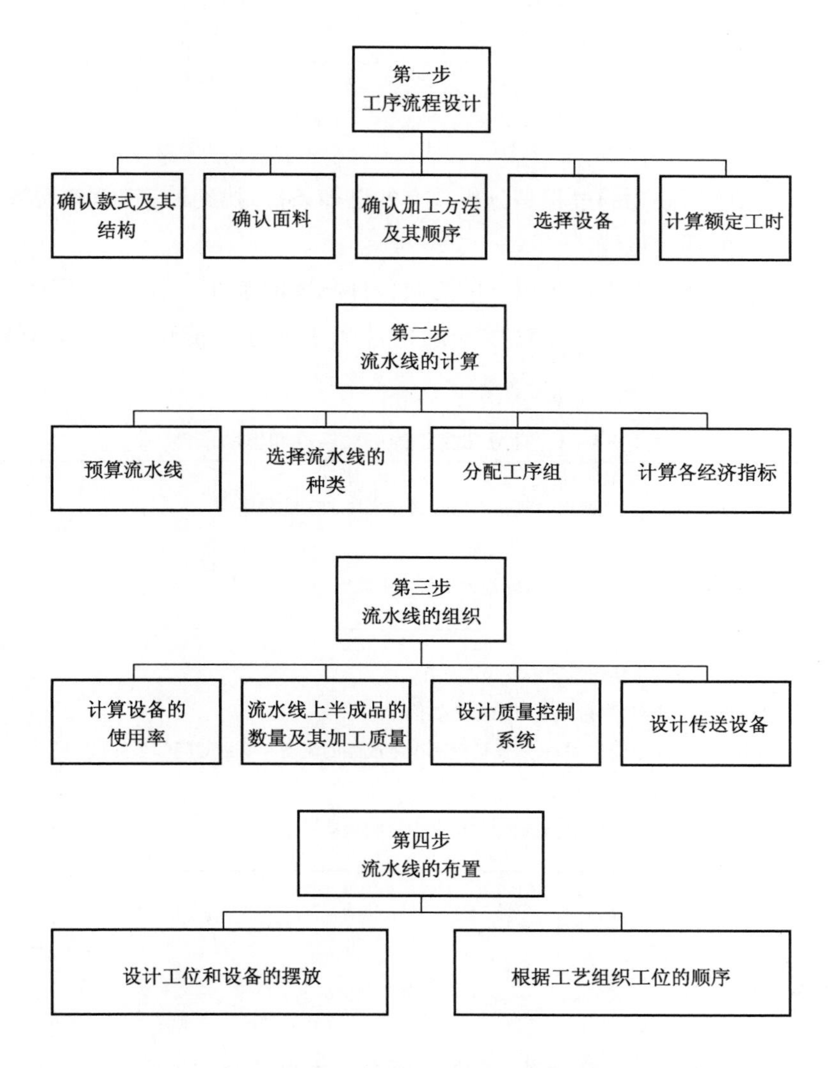

图 5－4－1 流水线的设计程序

产品的额定工时：

$$T = \sum_{1}^{n} t_{H.O}$$

式中：n——生产流程中不可分割的工序数；

$t_{H.O}$——不可分割的各工序的标准时间。

产品额定工时的降低值：

$$\Delta T = T_{旧} - T_{新}$$

式中：$T_{旧}$——原有产品的额定工时；

$T_{新}$——采用新工艺后的额定工时。

产品额定工时的降低率(%)：

$$P = \frac{(T_{旧} - T_{新})}{T_{旧}} \times 100\%$$

设计一条新流水线所必要的过程是分析现有的已知条件，找到最完善的流水线设计方案和科学地安排在车间里的摆放位置。

流水线中工序组的建立需要满足以下的必要条件和辅助条件。不满足以下的必要条件，流水线就不会有准确的节拍，只有满足这些辅助条件流水线才可能更流畅，更有效率（表5-4-1）。

表5-4-1 建立工序组的必要条件和辅助条件

必要条件	1. 根据服装的结构，在缝制过程中严格地遵循工序加工的顺序 2. 根据各个工位的人数来分配工序组 3. 设备使用的专一性和合理搭配是为了最大限度地利用
辅助条件	1. 专人或专业的工作组来完成专项的工作 2. 在分配工序组时，尽量减少节拍的整数倍 3. 尽量减少工序组间的联系，从而达到减少半成品的流动和节省时间的目的 4. 高效的专机可以多组共用 5. 排除半成品回流的现象，流动方向尽量为直线运动

一、服装的工艺流程图

如表5-4-2所示的工艺流程表中，注明了所有的不可分割的工序名称、标准工时、所需设备及它们的顺序。此表格包含了该产品的特点、加工工艺、面料性能和选择的设备等。所有这些信息都是生产流水线设计必不可少的已知条件。

工序编号从某种程度上反映了工序间加工的前后顺序，但不能更深地了解工序间的复杂关系。表格中的4，5，6分别为多个款式（A、B、C）的工序的标准时间，它们同在一条流水线上生产，如果是单一款式即只在款式A下填写就可以了。

表 5-4-2 工艺流程表

工序编号	工序名称	工种	多款式工序的标准时间（s）			设 备
			A	B	C	
1	包边	Z	7,5	0	0	GN6-3
…	…	…	…	…	…	…

服装的工艺流程图是由各个工序组成的，也可用图 5-4-2 来表示，它包含着工序编号 NO、该工序的标准时间 t_i 及完成该工序所需的设备。

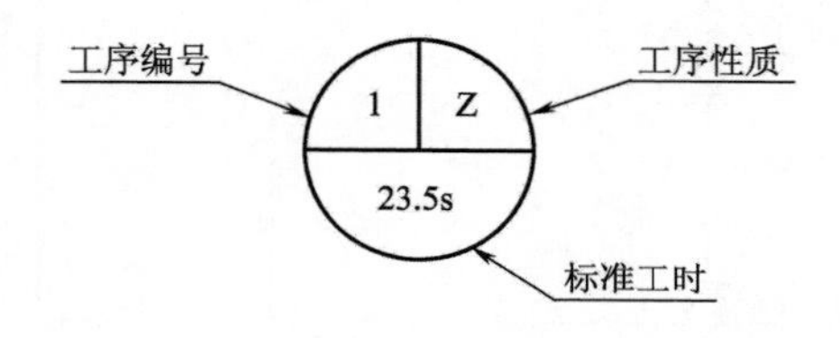

图 5-4-2 工序的示意图

由于缝制工艺的不同也影响到了图中工序位置的摆放。如图 5-4-3 所示，如果多个部件同时加工可能会出现图 5-4-3(c)(d)所示的网状结构。较常见的如图5-4-3(a)的串联结构和图 5-4-3(b)的并联结构，"树杈"代表多个部件在此处组合。

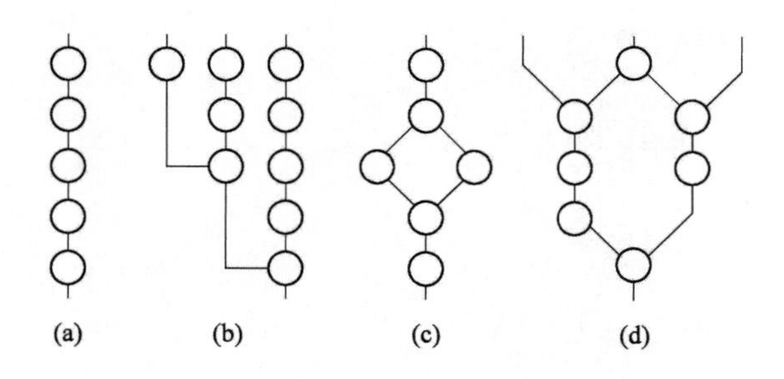

图 5-4-3 流程图中常见的工序变化

流程图的建立是基于一个缝制完整的产品过程的基础上建立的，所以它能充分地反映出服装各个部件的关系。如图 5-4-4 所示，为某服装厂生产的一款男西裤后片的工艺流程图，它可以更清楚地了解各个工序之间的关系，工艺流程图是通过一种"树"状的图形来表达服装缝制过程中各个工序的前后顺序等。

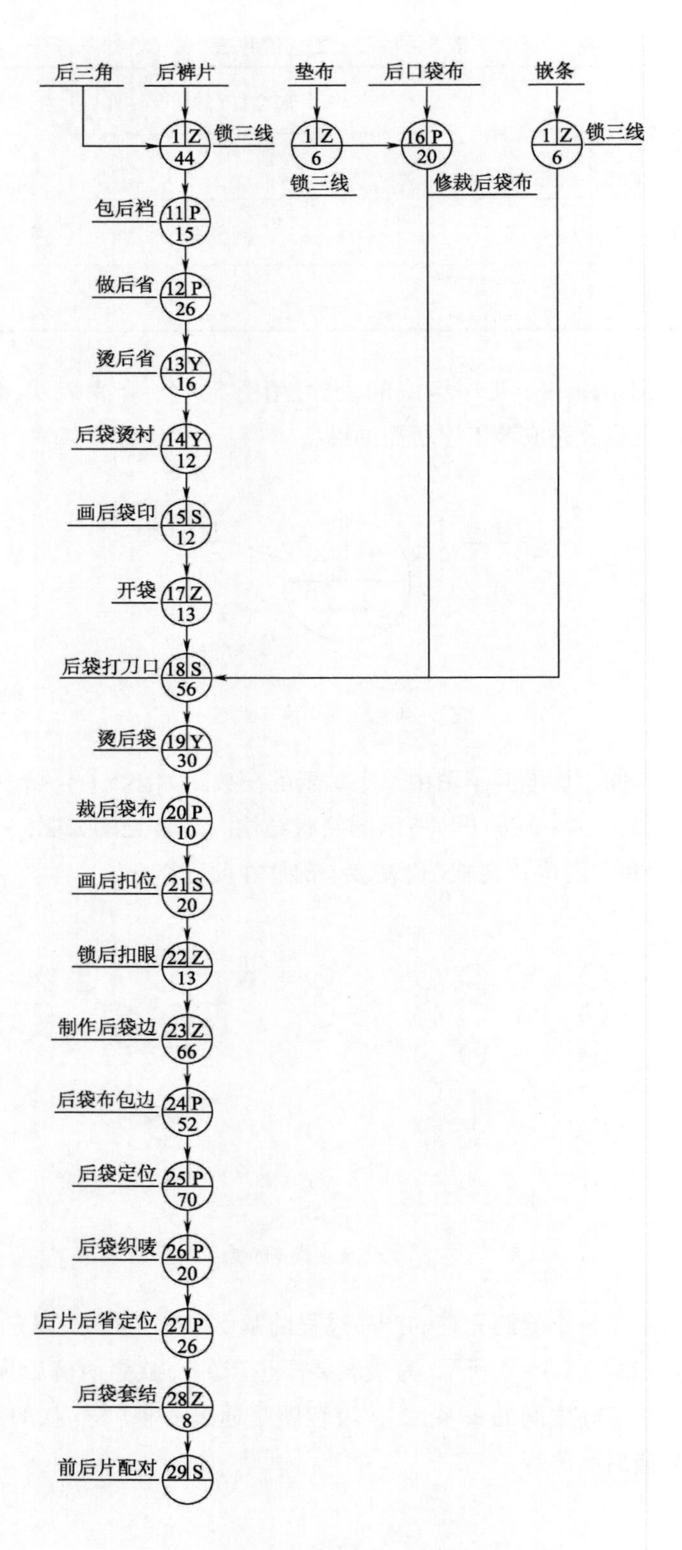

图5-4-4　男西裤后片的工艺流程图

二、建立工序组

在组建工序组时应参考表 5-4-1 中的要求，还需要注意的是在工序组内应保证工序加工顺序的正确性，工序组间也应保证它们加工的正确顺序；在由不可分的工序组建成工序组时，应遵循同一工种的原则；尽可能地结合相同或相似难度系数的工序。

工序组的建立就是工序间的组合，工序间组合的方法很多，如图 5-4-5 中所示的几种常见的组合方法。图 5-4-5(a)为相邻串联组合，可以减少工序组间的联系，两个或多个工序间的组合是最合理、最有效的组合方法。图 5-4-5(b)为两个或多个工序间非相邻的串联组合，该组合要求部件回流到前一工位，所以这种组合相对也很有效。

图 5-4-5(c)为相邻并联组合，可以减少工序组间的联系，两个或多个工序在并排“枝”上的组合，这种组合会占用更大的面积。图 5-4-5(d)为两个或多个工序间的非相邻的并联组合，该组合不会减少工序组间的联系。

工序组建立后，以表格的形式表示出来。单一款式的工序组的编制如表 5-4-3 所示。

单一款式流水线的工序组建立后，需要分析流水线的负荷情况，核实工序组的耗时和节拍是否在设计的范围之内。

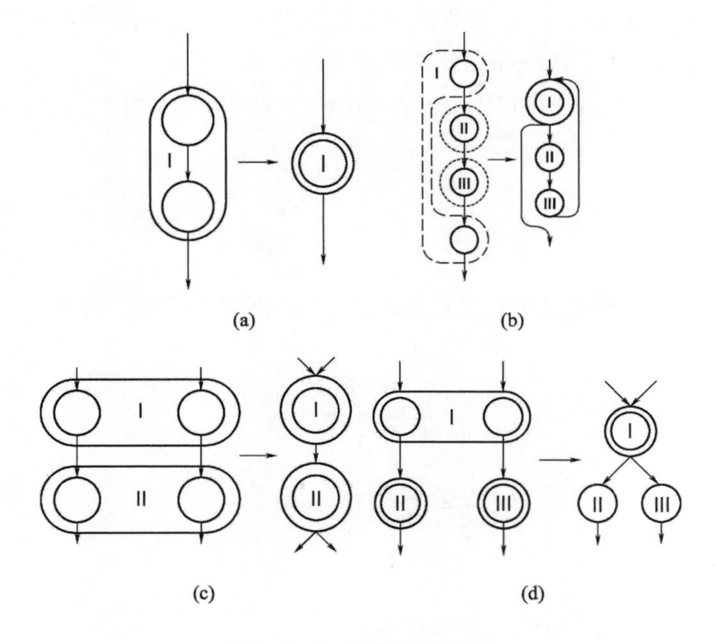

图 5-4-5　组合工序的方法

表 5-4-3　建立单一款式流水线的工序组

产品名称____

产品的额定时间(s) T = ________________________________

员工数量（人）N = ______

日产量（8h，件）M = ______

流水节拍（s）t = ______

工序组号	工序号	工序名称	工种	完成工序组的人数		工时（s）	工价（元）	日产量（件）	设备
				计算数	实际数				

计算负荷系数：

$$K_c = \frac{T}{N_s \cdot t} \quad 或 \quad K_c = \frac{N_j}{N_s}$$

式中：T——产品的额定工时；

N_s——实际生产所需的人数；

N_j——理论上所需的人数；

t——流水线的节拍。

负荷系数对节拍有严格要求的流水线，它的范围应在0.99～1.01。如果 $K_c < 1$，说明流水线上的大多数工作组的耗时较小，小于节拍或节拍的整数倍，流水线没有达到满负荷状态。如果 $K_c > 1$，情况与上述相反，流水线在超负荷状态运行。

例：流水线日产288件，节拍为100s，产品的额定工时8300s，实际工人数量80人，计算流水线的负荷系数。

$$K_c = \frac{T}{N_s \cdot t'} \quad K_c = \frac{8300}{80 \times 100} = 1.04$$

这样流水线的负荷系数超过了它允许的范围，所以需要重新校正流水线的节拍。假设当负荷系数等于1时：

$$1 = \frac{T}{N_s \cdot t'}$$

$$t' = \frac{8300}{80} = 104(\text{s})$$

式中：t'——校正后的节拍。

根据校正后的流水节拍来重新计算日产量：

$$M' = \frac{R}{t'}$$

$$M' = \frac{28800}{104} = 277(件)$$

根据工序组的建立情况可以得出设备的种类和数量(表5-4-4)。

表5-4-4 流水线上设备配置表

设备及辅件名称	设备数量(件)		
	流水线上的设备		总数
	使用设备	备用设备	

备用设备与使用设备的数量和设备的种类有关,一般为基本数量的5%~10%,双工位设备的数量也为基本数量的5%。

工序组的同步性反应在各个工序组的负荷情况,如图5-4-6中所示的工序组负荷图上的 y 坐标为流水线的节拍及它的偏差范围,并用横向的细实线表示出来。在 x 轴上用均匀的尺度来标示工序组的序号,并在图中表示出各个工序组所用的时间,用圈数来代表完成该工序组所需的人数,两个圈代表该工序组由两个工人来完成。

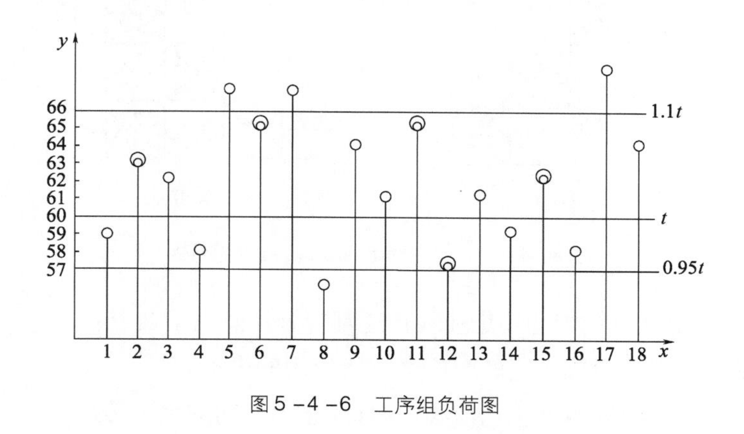

图5-4-6 工序组负荷图

通过分析各工序组耗时的情况及其在图中的位置,可以判断出哪些工序组为瓶颈工序组,或者说是超负荷的运转的工序组,可以有针对性地降低该工序组的耗时。

三、流水线上的工位摆放

流水线上工位的摆放是为了方便工人的作业,方便半成品的传递,最大限度地减少半成品的流动。合理的工位摆放可以提高效率,降低浮余时间。工位摆放受到传送设备和半成品传递轨迹的影响。在流水线上半成品的传递可分为自动传递和手工传递。

在自动传递中,传送槽、吊挂钩、机械手等都是沿着半成品的运动轨迹来传递的,相互之间是关联的。工位的摆放也应该沿着这一轨迹来设置，并且严格遵循该产品的工艺流程。工位应该摆放在流动轨迹的右侧，并且与流动轨迹相垂直。

手工传递较为常见，工位摆放也就是机台的摆放，合理的摆放可以省略掉不必要的辅助设备或人力进行传递。在工位上半成品的传递既可以是直线传递，也可以是曲线传递(图5－4－7)。

图5－4－7(a)为与机台垂直的直线传递方式；图5－4－7(b)为与机台平行的直线传递；图5－4－7(c)为与机台倾斜的直线传递；图5－4－7(d)为模块内传递。大量事实证明与机台垂直的直线传递是最简捷的传递方式，对于工序组的人数超过3人的，半成品的传递很难是直线传递，可采用图5－4－7(d)的组内传递。

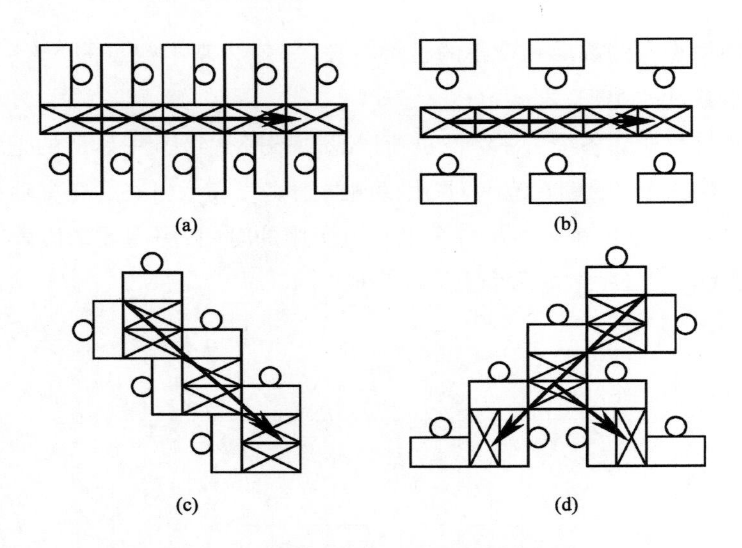

图5－4－7　工位的摆放和半成品的传递轨迹

对于机位摆放无论是直线传递还是曲线传递都应该注意以下几点：

(1)半成品的运动轨迹应按一定的顺序通过所使用的设备。

(2)模块内的机位摆放要遵循工艺流程，并且禁止模块间的手工传递。

(3)半成品的运动轨迹应位于机位的左侧，并在左手的范围内。

工位组内的建立与工序组间的工人数量有关系，常见的几种机位摆放方式，如图5－4－8所示。如1→1，表示一个工位传递给下一个工位；2→1，代表着两个工位传递给一个工位等。

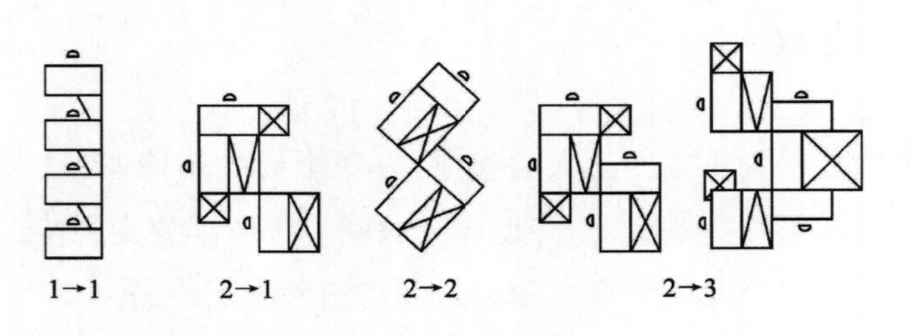

图5－4－8

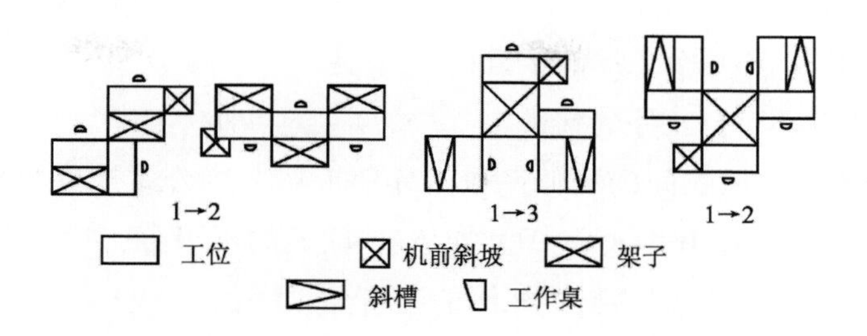

图 5-4-8　常见的几种机位摆放方式

第五节　多款式生产流水线管理

多款式流水线是在流水线上同时生产同一种类的不同款式，这样的流水线常出现在中等规模的生产中。多款式流水线对款式的要求取决于所需设备的情况、工序的顺序、面料的物理机械性能等。

首先分析典型款式，所谓的典型款式是多个款式中比较有代表性的款式，研究这一组款式的结构和工艺上的特点及其各项指标。用这组款式中的最小工序作为缝制部分、组装部分和后整部分的最小工序。从表 5-5-1 中可以比较详细地知道各个款式加工的工序情况，如不同款式间有多少工序相同，在同一工位上可以缝制出多少款式的相同工序等。同样，也可以为流水线上每一款式绘制出各自的工艺流程图，分析它们工序顺序的相同性和不同性，以便于把不同款式编制在同一个流水线中。如前节所述多款式的配料方式可分为封闭型、开放型和混合型，选择采用哪种方式配料与款式间的相似系数有关。

表 5-5-1　4 个款式的女风衣间的工序相似系数

款　式	A	B	C	D
A	1	0.65	0.66	0.58
B		1	0.85	0.59
C			1	0.70
D				1

两款式间的相似系数 K_X 为：

$$K_X = 2 \times \frac{N_T}{N_G}$$

式中：2——表示两个款式；

N_T——两款式相同的不可分工序的数量；

N_G——两款式总共不可分工序的数量。

例1：计算4个款式女风衣间的相似系数。分别根据上述公式计算两款式之间的相似系数：A—B、A—C、A—D、B—C、B—D、C—D。如A、B款式的不可分工序数分别为280和307。经过分析它们的工艺流程图得知两款式相同的不可分工序数为190，计算A、B两款的相似系数为：

$$K_{X(A—B)} = \frac{2 \times 190}{280 + 307} = 0.65$$

表5-5-1列出了其他任何两款式间的相似系数值，我们可以根据款式间的相似系数来安排流水线上的配料次序：B—C(0.85)，C—D(0.70)和C—A(0.58)，这样可得出放料的次序为B—C—D—A。

多款式流水线设计主要体现在它的配料方式和选择节拍上。对于低产量流水线上款式间的额定工时差不超过15%、中产量流水线不超过7%、高产量流水线不超过3%的情况下，通常选择自由节拍开放式配料的流水线。一般款式的数量不超过6个，流水线上的工位摆放不变动，有时在同一工位上有一两台设备。款式间面料的机械物理性不应相差太大，如不同颜色的面料，就需要在款式变换时调换机线的颜色，从而增加了流水线上的浮余时间。当款式的额定工时差不超过10%时，需要计算出它们的平均额定工时 T_P，计算公式：

$$T_P = \frac{\sum_1^n T_i}{\sum_1^n n}$$

式中：n——流水线上加工的款式数量；

$\sum_1^n T_i$——所有款式额定工时的总和；

$\sum_1^n n$——款式数量总和。

此时节拍可采用下面的公式：

$$t = \frac{T_P}{N}$$

式中：N——流水线上工人的数量。

如果流水线上款式间的额定工时差在10%～15%时，则需要对每一款式进行分析。而对于流水线上款式间的额定工时差在15%～20%时，需要选择封闭式放料方式。这种方式对款式有较高的要求，相同的使用设备、相同的面料和相同的加工工艺等，所以生产中很少用到这种方式，常用自动调控传输系统来代替这种流水线方式。

例 2:分析女大衣多款式流水线。女大衣流水线上有 3 个款式,工人数量 80 人,日工作 8h。3 个款式的额定工时分别为 4.4h、4.11h、4.15h。

经过分析这些女大衣的额定工时差小于 15%,所以选择开放式配料方式。

多款式的平均额定工时:

$$T_P = \frac{4.4 + 4.11 + 4.15}{3} = 4.22(\text{h}) = 15192(\text{s})$$

日产量:

$$M = \frac{80 \times 8}{4.22} = 151(\text{件})$$

该多款式的节拍:

$$\tau = \frac{15192}{80} = 190(\text{s})$$

例 3:工人 90 人,加工 4 个款式 A、B、C、D 的额定工时分别为 12600s、11500s、12000s、11400s,数量分别为 1000 件、1300 件、2000 件、1500 件(每 3 天一提货)。各款式应选择什么方式配料生产?每天需加工品种的数量(以每天工作 8h 计算)是多少?

若选择封闭型配料,4 个款式 A、B、C、D 的配料顺序可为:

A……A → B……B → C……C → D……D → A……A > B……B →……

若选择开放型配料,4 个款式 A、B、C、D 的配料顺序可为:A……A → B……B →C……C → D……D

B、C、D 产品的额定工时相对于 A 产品的额定工时的比分别为:

$$Q_B = \frac{11500}{12600} = 0.913$$

$$Q_C = \frac{12000}{12600} = 0.952$$

$$Q_D = \frac{11400}{12600} = 0.905$$

从额定工时的比可以看出额定工时的差小于 15%,所以宜选择开放型配料方式。

生产款式 A、B、C、D 的节拍分别为:

$$i_A = \frac{12600}{90} = 140(\text{s})$$

$$i_B = \frac{11500}{90} = 128(\text{s})$$

$$i_C = \frac{12000}{90} = 133(\text{s})$$

$$i_D = \frac{11400}{90} = 127(s)$$

A、B、C、D 款式的产量比为：

$$M_A : M_B : M_C : M_D = 1000 : 1300 : 2000 : 1500 = 1 : 1.3 : 2 : 1.5$$

款式 A 的日产量为：

$$M_A = \frac{28800}{140} = 206(件)$$

通过每日款式 B、C、D 的产量相对于款式 A 的比率，可算出需加工款式 A 的日产量：

$$S_A = \frac{206}{1 \times 1 + 1.3 \times 0.915 + 2 \times 0.956 + 1.5 \times 0.907} = 37(件)$$

这样可计算出其他款式 B、C、D 的需加工的日产量为：

$$S_B = 1.3 \times 37 = 48(件)$$

$$S_C = 2 \times 37 = 74(件)$$

$$S_D = 1.5 \times 37 = 56(件)$$

小结

本章分析了服装工业生产流水线中工序组织的工作内容，介绍了合理组织生产过程的基本要求、工业生产流水线的设计种类和步骤，并对工序进行了剖析。

本章的重点是对合理组织生产基本要求的掌握以及对工序间组合方法和特点的理解。

思考题

1. 名词解释：

   不可分工序　组成工序　产品的额定工时　负荷系数　节拍

2. 划分不可分工序的依据有哪些？应注意哪些问题？
3. 工序组织主要包括哪几项工作？具体说明。
4. 组织工序时有哪些基本要求？
5. 合理组织生产过程的基本要求有哪些？并具体说明它们对生产过程的影响。
6. 生产流水线的设计有哪些种类？其设计过程有哪些步骤？
7. 工序间的组合方法有哪几种？各自的特点是什么？
8. 如何计算流水线的负荷系数？
9. 流水线上的工位摆放的目的？摆放时应该注意哪些问题？

实用理论及技术——

缝制工艺

课题名称:缝制工艺

课题内容:部件缝制
衬料、里布的缝制
组装缝制
特殊材料服装的缝制
缝制工艺实例分析

课题时间:4 课时

训练目的:1. 掌握重要款式的部件缝制技术方法
2. 掌握重要款式的组装缝制的程序和技术方法
3. 了解衬料、里布缝制的特点
4. 了解特殊材料服装的缝制特点

教学要求:用动态视频展示服装工厂生产的实现状况,用图片、照片展示缝制过程的技术动作和成形效果。

第六章　缝制工艺

缝制，就是将平面的衣片缝合，使之成为适合穿着的立体服装。其中要经过对工序的分析、工序的制订等程序，然后再根据不同的衣料性能和服装式样采用不同的缝制工艺。本章将对缝制工艺进行分析和研究，对常用服装的部件及其组合，以操作工序编排的形式进行列举实例分析。

第一节　部件缝制

服装一般都由各类衣片和部件组合而成。常见的部件有衣领、衣袖、口袋、腰带、带襻等。服装款式的变化常取决于这些部件的造型变化。部件造型的变化又往往产生不同的缝制要求和方法。

一、衣领的缝制

(一) 翻折领的缝制

翻折领是底领与翻领连在一起的衣领。按翻折线形状可分为翻折线前端为圆弧形、直线形及部分为圆弧、部分为直线形三种。

1. 翻折线前端为圆弧形的翻折领的缝制

常用于衬衫领、连衣裙等。其特点是翻领很服帖地覆盖在颈肩部位，穿着舒适、凉快。缝制时必须要满足平服、止口不外露、领角不反翘等工艺要求。以两片式铜盆领为例，其缝制方法如表6－1－1所示。

2. 翻折线前端部分为圆弧形部分为直线形的翻折领的缝制

多见于女式衬衫、春秋衫。虽然其造型变化较大，但其缝制方法大同小异。衬衫翻领的缝制可参阅上述缝制方法。下面以女式春秋衫翻领为例，缝制方法如表6－1－2所示。

3. 翻折线前端为直线形的翻折领的缝制

此领是一种衣领和驳头连在一起的领式，典型的有西装领。常见的领式很多，有平驳领、戗驳领、蟹钳驳领等。领面与驳头的面料（俗称挂面）连在一起没有串口线的称为连驳领。连驳领有丝瓜式、燕尾式、缺角式等多种。

表 6-1-1　铜盆领缝制方法

工艺图	操作编号	工艺内容	缝型及工艺方法	工艺要求
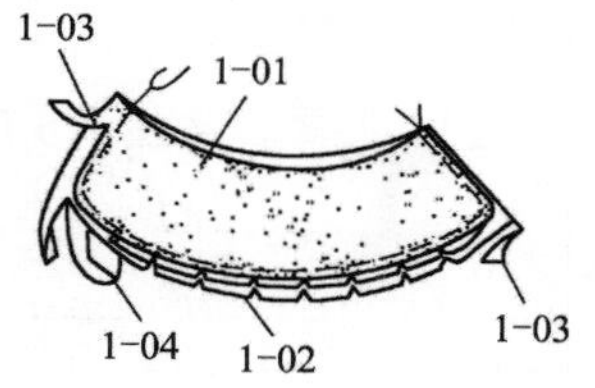	1-01	黏烫领衬	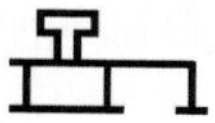	注意黏合情况，不起皱，衬的方角部位剪去
	1-02	缝合领面、领里	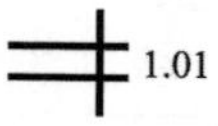 1.01	领里稍拉紧，领面、领角处稍收拢
	1-03	修剪领衬	手工	小于缝份，整齐
	1-04	修剪缝份	手工	外口打剪口，使翻转后平服
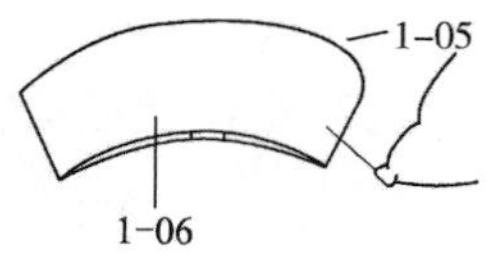	1-05	翻领	手工	翻出的角要方正，圆顺
	1-06	烫领	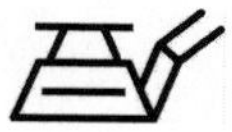	领面稍宽出领里一个余量，止口不外露，领面、领里平服

表 6-1-2　女式春秋衫翻领的缝制方法

工艺图	操作编号	工艺内容	缝型及工艺方法	工艺要求
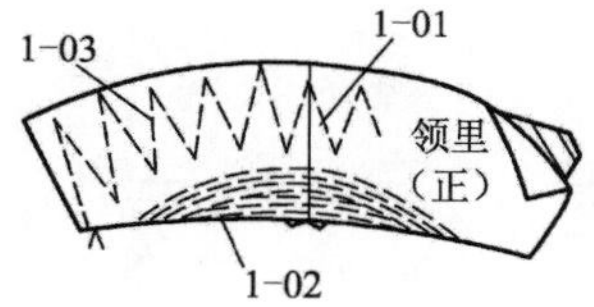	1-01	拼接领后缝	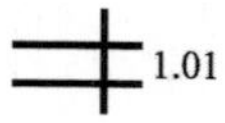 1.01	缝份劈开
	1-02	绢缝领脚线	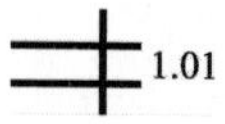 1.01	绢线呈弧形，绢时领里向上，有里外匀窝势；领脚宽度正确
	1-03	绢领里与领衬	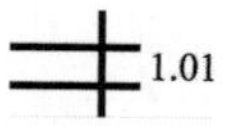 1.01	绢线呈三角形，在两个领角处领里稍拉紧，绢时领里向上，有里外匀窝势
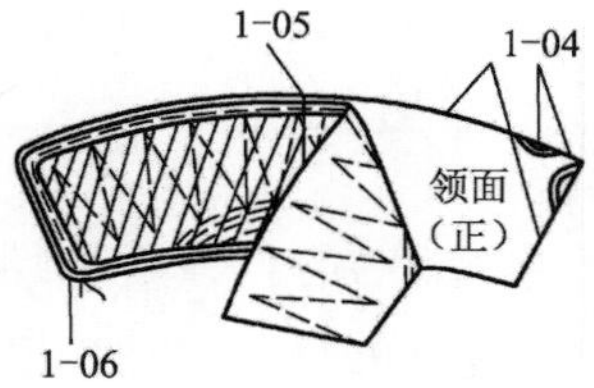	1-04	归烫		归烫部位正确，归烫量适中
	1-05	缝合领面、领里	手工	领面、领里中缝对齐
	1-06	缝合领面、领里	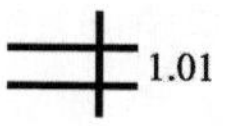 1.01	缝份适中、领面放下层，缝迹整齐，松紧左右对称
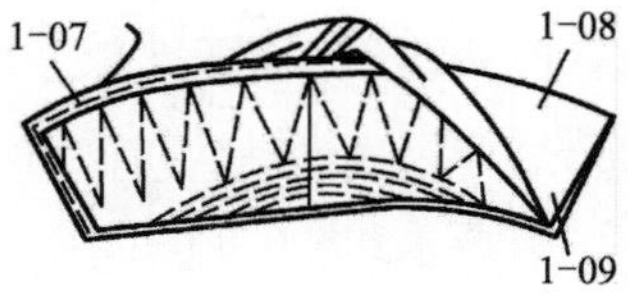	1-07	修剪并固定缝份	手工	缝份宽窄修剪一致，朝领衬一边折转，用手针扎缝固定好
	1-08	翻领	手工	注意领角方正，角要尖、对称
	1-09	烫领		止口不外露，有里外匀，窝服

西装的领头具有严格的外观要求，它要求外形端正，左右对称，线条优美流畅，平挺饱满，里外窝服。因此，其缝制工艺大有讲究，在面、里、衬丝缕的弯度、角度、归拔等方面都有不同的要求。但只要采用适合其规律的工艺方法，加以精细操作，是可以化难为易的。

下面分别介绍单、夹西装上衣领的缝制方法。

(1)单西装上衣领子的缝制：首先按领净样裁领衬。领衬为净样，并且裁斜料(45°斜)，领里也采用斜料，领里按领衬四周各放出一些缝份，余量适中。领面用横料。具体缝制方法如表6－1－3所示。

表6－1－3　单西装上衣领的缝制方法

工艺图	操作编号	工艺内容	缝型及工艺方法	工艺要求
	1－01	黏衬		后拼接对齐，注意黏接强度
	1－02	缝合领衬、领里下口	1.01	紧贴领衬边沿，起固定作用
	1－03	绢领脚	1.01	部位准确，线迹均匀、顺直
	1－04	绢缝领里	1.01	领里正面朝上，有里外匀窝势
	1－05	缝合领衬、领里、领面	1.01	位置放正确，在两个领角处，领面应归拢，下口留一豁口
	1－06	修剪并扣烫	手工	缝合修齐，倒向领里
	1－07	翻领、熨烫	手工	两个领角方正、对称、窝服
	1－08	修剪	手工	领面下口宽于领里下口一余量

(2)全夹毛呢料西装上衣领子的缝制：首先裁领衬、领里、领面。领衬采用两层，一层衬用软衬制作，后领中部位以45°斜丝裁放，根据领净样，后中放一缝份；另一层衬用细布制作，也是45°正斜，和软衬斜势基本一致，细布衬根据领净样，后中缩短一缝份，领脚处放一缝份。裁领里时，根据领净样，上口不放缝份，后中以45°斜丝和领衬相同。领里允许拼接，但拼接时应注意以下三点要求(图6－1－1)。

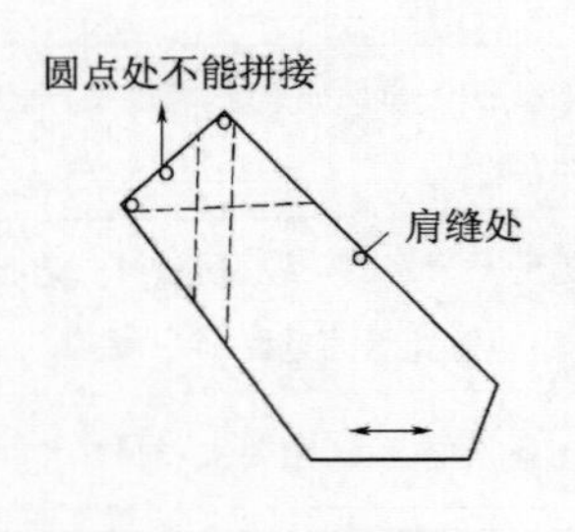

图6－1－1　领里拼接

①拼接处两边丝缕要直丝。

②拼缝不能超过肩缝。

③拼缝不能叠上翻折线和缝角处，以便减薄厚度。

领面采用横料。领面长度比领里加长较多余量，宽度也应留足，后领中条格要对准后背中条格，前领角条格要对称。具体缝制方法如表6－1－4所示。

表 6－1－4　全夹西装上衣领子的缝制方法

工　艺　图	操作编号	工艺内容	缝型及工艺方法	工 艺 要 求
	1－01	缝合领里、领衬	1.01	注意缝份要求，宽窄适中
	1－02	绷缝领脚线	手工	领脚尺寸、位置正确
	1－03	缉缝领脚线	1.01	缉缝时，领正面朝上
	1－04	扎缝领里	手工	有窝势、领里面朝上，扎细针
	1－05	整烫		各部位归拔位置正确，量适中
	1－06	修剪领里	手工	按净领型板样修正
	1－07	烫领面		领面归拔位置正确，量适中
	1－08	敷领面	手工	归拔之后需冷却透
	1－09	绷缝定位线	手工	位置正确，松紧适中，前角、肩头处松，后中平放
	1－10	领里外口与领面扳牢	手工	领面上不露针迹
	1－11	领面包转、用三角针缝牢	手工	领面包转领里后缝牢，不能缝到领面，成活络状
	1－12	烫领		有足够的里外匀，窝服

一般缉缝领里有三种做法：第一种做法如表 6－1－4 中所述；第二种做法是底领下口同样机缉直线，翻领领里缉斜角形；第三种做法是领里上下不分底领，全都机缉斜角形（图 6－1－2）。

以上缉缝领里的三种做法各有特点。第一种手工扎衬，软中带挺，窝势服帖。第二种做法速度快，但质地较硬。第三种做法没有缉出领脚线，在烫领脚高低时有活动性。不论采用哪一种方法做领脚，操作时都要使领里紧、领衬宽，有足够的里外匀，其作用是使领子翻折后窝服、挺括。

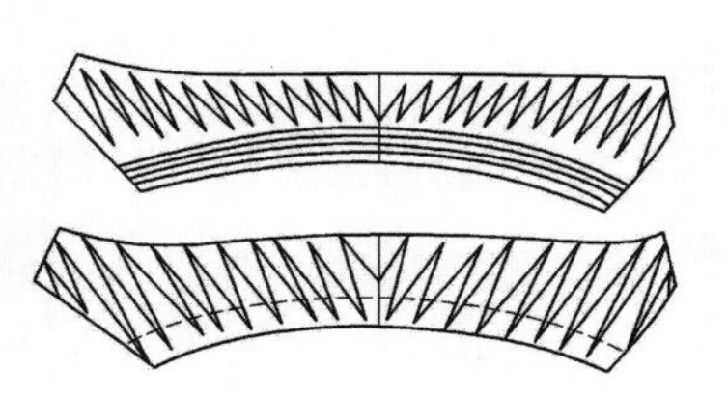

图 6－1－2　缉缝领里

（二）翻立领的缝制

翻立领多见于男式衬衫、中山装等。下面以男式衬衫领为例。

男式衬衫领的领衬比较讲究，要求既平整，又柔软、挺括，富有弹性。经穿着洗涤后不皱不缩，且不走样。目前，使用较多的有树脂衬、塑料衬、布质黏合衬等。布质黏合衬是一种薄型衬料，因其黏合方便，性能良好，故目前使用较多。选用薄型衬料的，一般裁剪时可与翻领、底领一样大小。若选用厚型衬料，裁剪时，翻领衬一般采用上净下毛，底领衬采用上毛下净的方法。为了保持领子制成后两领角挺括，一般采用两种方法：领角插片或在领角部位粘上一块塑料薄膜，使其与黏合衬融合，令领角柔中有刚、挺括美观。

下面介绍采用树脂衬的男式衬衫领的缝制方法（表6－1－5）。

表6－1－5 男士衬衫领缝制方法

工 艺 图	操作编号	工艺内容	缝型及工艺方法	工 艺 要 求
1-01 1-02 1-02	1－01	黏烫领角衬	1.01	注意黏接状况，剥离强度
	1－02	剪领衬角	手工	剪去量适中，注意对称
1-03 1-04 1-05	1－03	缝合领衬	1.01	翻领领面、领里应比领衬宽出一缝份，翻领衬为上净下毛，缝合时，领面放最下层，注意松紧适中，领面、领角部位要有吃势，领尖要翻折好
	1－04	翻领	手工	
	1－05	扣烫、缉明线止口	1.06	注意止口不外露，明线宽窄一致
1-06 1-08 1-07	1－06	缝底领	1.01	底领衬比领里、领面小一缝份，底领衬为上毛下净，底领里包住领衬，折边缝合
	1－07	缝合翻领与底领	1.01	翻领和底领刀眼对齐，缝份不宜太大
1-09	1－08	修剪缝份	手工	底领圆弧处打剪口，部位正确，不宜太深，使翻转平服
	1－09	翻转及缉明线止口	6.03	面、里平服，缉窄止口线迹整齐

（三）连驳领的缝制

连驳领的特点是领面与前片挂面连在一起，它的缝制方法与其他领式略有不同。现以青果领为例，介绍连驳领的缝制（表6－1－6）。

表6－1－6 青果领的缝制方法

工 艺 图	操作编号	工艺内容	缝型及工艺方法	工 艺 要 求
1-01 1-03 1-02	1－01	缝后领缝	1.01	领衬、领里分别拼缝，缝份按净领大小
	1－02	绢缝领里底领	1.01	位置准确，针迹均匀、顺直，领里朝上，有里外匀
	1－03	绢缝领里翻领	1.01	领里朝上，有里外匀窝势

续表

工 艺 图	操作编号	工艺内容	缝型及工艺方法	工 艺 要 求
	1－04	装缝领里	1.01	刀眼对准,两边松紧一致
	1－05	缝领面	6.03	缝份窄小
	1－06	修剪领里	手工	弧线圆顺
	1－07	装缝领面	1.01	刀眼对准,领面要有吃势
	1－08	翻转并烫领		止口不外露,窝服
	1－09	领面下口缉线	1.01	位置准确,盖住第一道装领线,平服

(四)领口领的缝制

领口领是一种在衣身领窝上不装缝衣领,只装缝狭窄的呈带状物贴边的领式,通常称为挖领。这种领在夏季衣裙上应用较多。领口领的造型变化很多,常见的有圆领口、方领口、V形领口、橄榄领口等。领口领的特点是清新简洁、舒坦大方、缝制简单。领口领不仅在衬衣、裙衫上应用较多,随着服装款式的翻新流行,在外衣上也经常使用。在缝制领口领时,为使领口平服,领口贴边采用和衣片同方向丝缕的衣料裁制。下面以女短袖衬衫为例,介绍领口领的缝制方法(表6－1－7)。

表6－1－7 领口领的缝制方法

工 艺 图	操作编号	工艺内容	缝型及工艺方法	工 艺 要 求
	1－01	黏领贴边衬		注意黏接强度
	1－02	拼接领贴边,扣缝领贴边	1.01 6.03	注意长短,缝份窄小
	1－03	装缝门襟、里襟	1.01	区分部位、方向
	1－04	装缝领贴边	1.01	缝份对齐、松紧一致
	1－05	修剪	手工	领口四角打剪口,不能剪断缝线
	1－06	翻转并扣烫	手工	止口不外露,贴边不可倒吐
	1－07	领口缉明线	1.06	缉线整齐,宽窄一致,平服

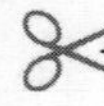

（五）单立领的缝制

单立领也称竖领，常用于学生装、青年装、夹克等。下面以学生装为例，介绍单立领的缝制方法（表6－1－8）。

表6－1－8　单立领的缝制方法

工　艺　图	操作编号	工艺内容	缝型及工艺方法	工 艺 要 求
	1－01	缉缝领钩襻	1.01	部位正确，领衬采用树脂衬，钉缝牢固
	1－02	修剪领衬	手工	两端钩襻对齐，衬左右两端对称，按净样修准
	1－03	缝合领衬、领面	6.03	四周缝份折转，缉线整齐，宽窄一致
	1－04	缝合领里、领面	5.31	领里稍拔开，松紧适中，线迹整齐、均匀
	1－05	扣烫		止口不外露
	1－06	修剪领里	手工	领里下口比领面宽一缝份，作好领中标记
	1－07	折烫下口缝份		两端、下口缝份折烫好

（六）其他领款的缝制

1. 飘带领的缝制

飘带领多见于衬衫、衣裙上。它通过对领口的深浅、飘带的长短宽窄等不同处理而各具特色。飘带领又称扎结领，飘逸秀美。它的缝制比一般衬衫领的缝制更为简单方便。飘带领一般选用斜料或横料制作，采用丝绸、涤乔等材料效果最佳。飘带的长短宽窄可根据各人的喜好而定，一般常用宽度为5cm左右。领角的造型，一般有平形、斜形、宝剑头形、圆形等，可根据各人的爱好进行选择。表6－1－9所示为飘带领的缝制方法。

2. 荷叶边领的缝制

这是一种装饰性衣领，严格地讲它不能算作是衣领，而是围在领口周围的荷叶边装饰。其造型美观别致，多见于轻、薄、软面料制作的衫裙上。领口的大小、深浅视各人爱好而定。荷叶边领一般用直料裁制，外口为光边。若采用毛边裁制，一边是抽线收褶，其余三边用卷边压脚将毛边缝光。领口滚边采用斜料（45°斜）裁制。缝制方法如表6－1－10所示。

表 6－1－9　飘带领的缝制方法

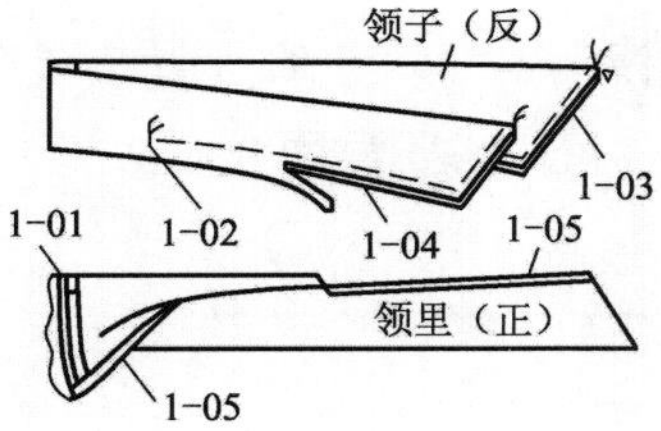

工　艺　图	操作编号	工艺内容	缝型及工艺方法	工 艺 要 求
	1－01	缝合领中缝	1.01	缝份顺直
	1－02	画绱领印记	手工	按净缝大小，左右对称
	1－03	缝合领面、领里	1.01	松紧适中，避免链形，缝份按要求
	1－04	修剪	手工	缝份减少，两个领角修去少许，打上装领剪口
	1－05	翻转并熨烫	手工	角翻足，左右对称，装领部位留出，缝份折烫好

表 6－1－10　荷叶边领的缝制方法

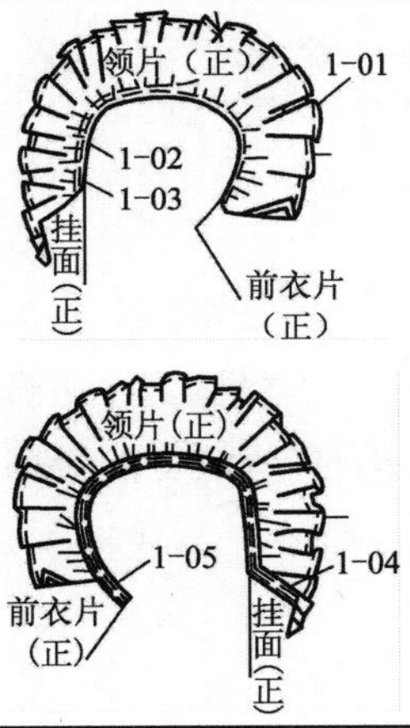

工　艺　图	操作编号	工艺内容	缝型及工艺方法	工 艺 要 求
	1－01	缝领毛边	6.03	注意缝份窄小
	1－02	抽细褶	1.01	针距疏，褶均匀，长度与领圈吻合一致
	1－03	缝合领与衣片	1.01	细褶疏密均匀，缝份宽窄一致
	1－04	做滚条		对折烫定形，下层稍宽于上层，烫出一定弧势
	1－05	缝合滚条与衣片	3.05	线迹整齐、顺直，防止起链形

二、衣袖的缝制

衣袖是服装的主要部件之一，除了背心，各类上衣都装有袖子。袖子式样变化很多，其缝制工艺亦有所不同，下面将介绍各类常用衣袖的缝制方法。

（一）一片袖的缝制

一片袖是较简单的衣袖形式，使用较为广泛，一般男、女衬衫都采用这类衣袖。近几年夹克较流行，其袖子也多采用一片袖形式。此类衣袖有长袖、短袖之分。长袖的下端可装缝各种式样的袖口边；短袖的袖口边在日常应用中也是变化较多的部位，有外翻边、克夫式袖口边等。

表6－1－11所示为一片袖的短袖外翻袖边的缝制方法。以灯笼袖口为例，此种衣袖的上、下两端都抽有较多的细褶，两端紧，中间松，形状像灯笼而得名。灯笼袖的褶裥一般有两种打法：一种是采用不规则的细密皱褶，缝制时沿袖山弧线用大针距缉两道线，然后抽缩，要以袖中线为中心，两边抽缩要均匀；另一种是采用有规则的褶裥，褶裥的宽窄、间距的大小，由款式造型所决定，褶裥的数量也不是固定的，一般讲，以袖中线为准，两边对称基本一致。袖口的抽缩同理。抽缩袖山弧线和缝合袖底缝可参照表6－1－12。装缝袖衩和袖口边将于后面介绍。

表6－1－11　一片袖（灯笼袖）的缝制方法

工　艺　图	操作编号	工艺内容	缝型及工艺方法	工 艺 要 求
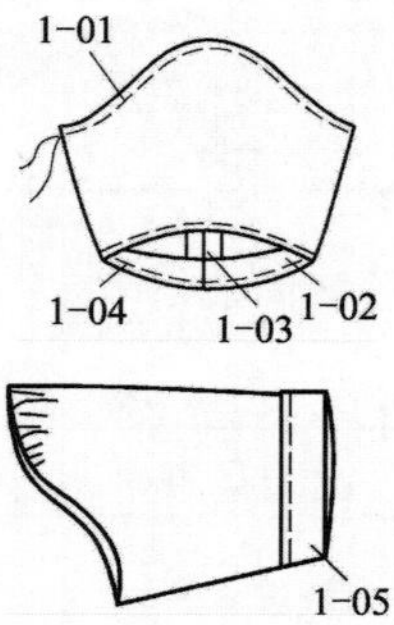 1-01 1-04　1-03　1-02 1-05	1－01	袖山抽缩	1.01	抽缩部位正确，抽缩量适中
	1－02	折烫袖口边		按净缝线折烫
	1－03	缝合袖底缝	1.01	松紧均匀，缝份宽窄一致
	1－04	缝合袖口翻边	6.03	按净缝折痕缉缝，无链形
	1－05	翻烫贴边		平服，整齐

（二）二片式圆袖的缝制

二片式圆袖是较普遍的衣袖样式之一，男女西装、中山装、春秋装等所使用的都是此种衣袖。此种衣袖合体，美观、舒适。根据造型的不同，袖山有高低之分，袖口有宽窄之分，袖筒有肥瘦之分，可根据各人的需要和爱好进行选择。缝制圆袖时，由于采用的面料不同，方法也略有不同。如采用一般的面料，制成单衣袖，缝制则较为简单。若采用精纺毛呢面料，制成夹衣袖，则缝制相应复杂一些。下面将分别介绍这两种缝制方法。

1. ***单二片式圆袖的缝制***（表6－1－12）

表6－1－12　单二片式圆袖的缝制方法

工　艺　图	操作编号	工艺内容	缝型及工艺方法	工 艺 要 求
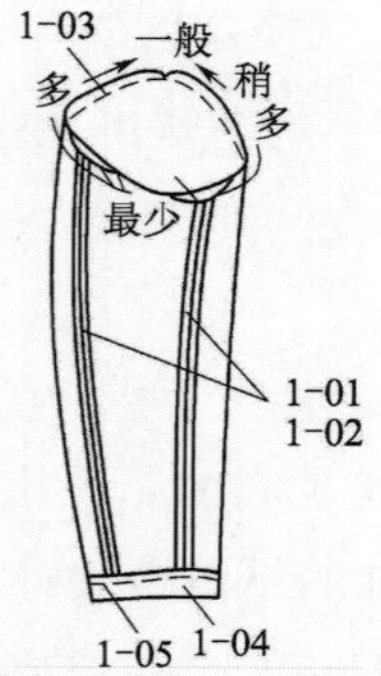 1-03　一般　稍多　多 最少 1-01　1-02 1-05　1-04	1－01	缝合大小袖片	1.01	对条对格，松紧适宜，缝份宽度一致
	1－02	劈烫缝份		
	1－03	抽缩袖山弧线	1.01	抽缩部位正确，抽缩量适中
	1－04	扣烫袖口边		按净缝折烫
	1－05	缝袖口边	1.01	松紧适中，按净缝宽度，防止起链形

2. 夹二片式圆袖的缝制(表6-1-13)

表6-1-13　夹二片式圆袖的缝制方法

工艺图	操作编号	工艺内容	缝型及工艺方法	工艺要求
	1-01	归拔袖片		部位正确,归拔量适中
	1-02	缝合大小袖片,并劈烫缝份	1.01	对条对格,松紧适中,缝份宽度一致
	1-03	抽缩袖山	1.01	抽缩部位正确,抽缩量适中
	1-04	扣烫袖口边		按净缝折烫
	1-05	缝合袖夹里并熨烫	1.01	注意缝份大小,均匀
	1-06	装缝袖夹里	手工	擦针,位置放正确
	1-07	翻袖子	手工	袖夹里有一定余量,可调节,平服

(三)连袖的缝制

连袖是一种衣袖与衣身连在一起的袖子形式,有中式和西式之分。传统的中式服装是最典型的中式连袖服装。其行动方便,裁制容易,不用做袖,也不用装袖,而只需将袖底缝和衣身侧缝一起缝合即可。其缺点是穿着后腋下有较多的皱褶,不美观,不能很好地反映人的形体曲线,缺少立体感。西式服装中的连袖,和中式连袖完全不同。它的肩部有一定斜度,袖中到肩部也需要做缝。一般在常见的有套肩袖、插角袖、马鞍袖等。它弥补了中式连袖不美观、缺少立体感的不足,但缝制方法较中式连袖要复杂得多。下面介绍插角连袖和连肩袖的缝制方法。

1. 插角连袖的缝制

在缝制插角连袖时,为了增加腋下部位的牢度,在衣片的三角顶端处,垫缝一块正方形或菱形的同种面料(称为拉力布),使缝制时三角处结实牢固。此拉力布用斜料制作。具体缝制方法见表6-1-14所示。

2. 连肩袖的缝制

连肩袖又称套裤袖。连肩袖,是一种袖片连着前后肩部的衣袖样式。它的裁剪和缝制方法与一般的圆袖不同,其袖山上端面料是从前后衣片的肩部移过来的,所以前后衣片在肩部缺去斜圆形的一段,由袖子伸出的一段补上。连肩袖有一片式、二片式和三片式三种。一片式没有肩缝和袖中缝,不分前后袖片。一般工作服大都选用一片式连肩袖,穿着舒适,行动方便。二片式连肩袖分前后袖片,制成的袖有两道做缝(袖中缝与袖底缝)。一般在时装上应用较多,如夹克、风衣、大衣等服装。三片式连肩袖是从二片式变化而来的,除了前后袖片以外,袖底还有一块小袖片。这里介绍的是二片式连肩袖的缝制方法。如用毛呢料裁制连肩袖,则在缝制前应先

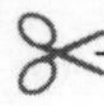

进行归拔定形，前袖片的袖底缝要拔开，后袖片的袖中缝和袖底缝要归拢。在袖肩缝的弯势处敷上一段牵带，牵带要敷得略紧，使袖片收拢。具体缝制方法见表6－1－15所示。

表6－1－14　插角连袖的缝制方法

工艺图	操作编号	工艺内容	缝型及工艺方法	工艺要求
	1－01	缝拉力布	1.01	缝份窄小
	1－02	修剪熨烫	手工，	角要剪足，但不能剪断缝线；将拉力布烫平
	1－03	缝合袖底缝及侧缝	1.01	按缝份宽度缉缝，松紧适中
	1－04	劈烫缝份		
	1－05	缝菱形插角布	1.01	缝份适中，注意平服
	1－06	正面扣压缉明线	2.02	四角方正，无皱褶，明线止口窄小，线迹顺直

表6－1－15　连肩袖的缝制方法

工艺图	操作编号	工艺内容	缝型及工艺方法	工艺要求
	1－01	归拔袖片		归拔部位正确，归拔量适中
	1－02	敷牵带	1.01	牵带略紧，使斜丝有所归拢
	1－03	缝合前后袖片	1.01	上、下两层松紧适中、均匀，缝份宽窄一致
	1－04	缝合劈烫		袖肩缝胖势烫顺
	1－05	翻转缉明线	6.03	正面沿袖中线缉明线
	1－06	袖口衬折转熨烫		宽窄一致，线迹顺直
	1－07	固定袖衬	手工	按袖口净样折痕
	1－08	缲缝袖口	手工	三角针

(四)袖开衩的缝制

1．衬衫袖开衩的缝制

(1)大小袖开衩的方法：一般用于男式衬衫，也可作为半开襟的形式(图6－1－3)。

(2)垫布开衩的方法：如图6－1－4所示。

(3)加袖开衩条的方法：一般用于女式衬衫(图6－1－5)。

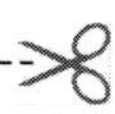

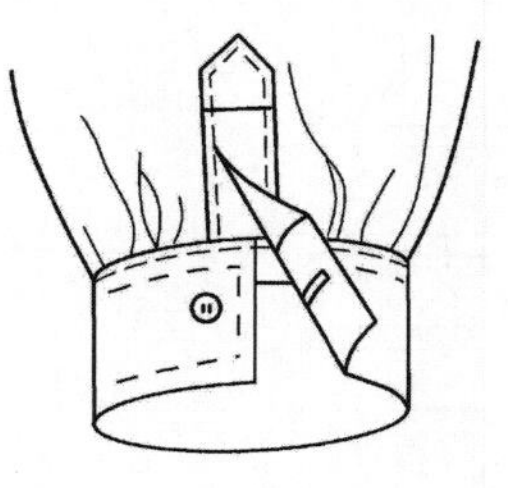

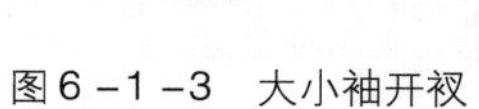

图6-1-3 大小袖开衩

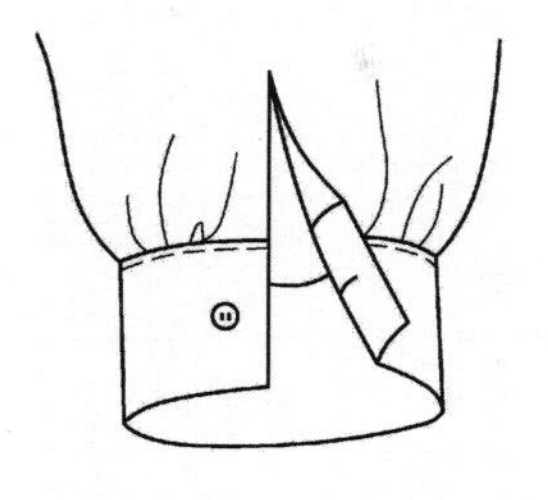

图6-1-4 垫布开衩

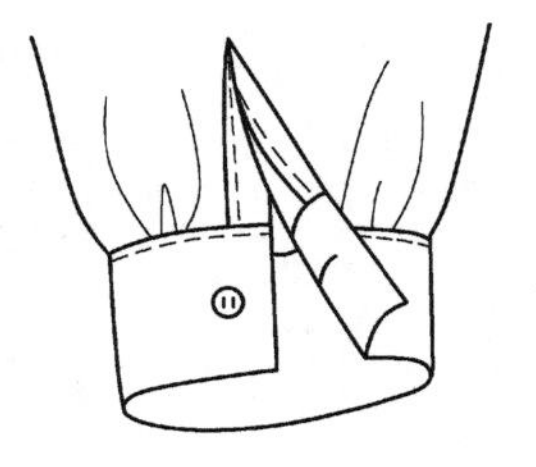

图6-1-5 加袖开衩条

为下面对以上三种缝制方法分别进行介绍。

大小袖开衩的缝制方法：首先裁剪好大小袖衩条，然后用电熨斗将大小袖衩条的一边向反面折转一个缝份烫倒，同时将大袖衩的上端折成三角形烫平（图 6-1-6）。其缝制方法如表6-1-16 所示。垫布开衩的缝制方法如表6-1-17 所示。

表6-1-16 大小袖开衩的缝制方法

工艺图	操作编号	工艺内容	缝型及工艺方法	工艺要求
1-01 1-02 1-04 1-03 1-04	1-01	袖片画、剪衩口印	手工	位置、尺寸准确，顶端剪成斜线形
	1-02	缝小袖衩条	1.01	缝份顺直，宽窄一致
	1-03	缉压小袖衩条明线	6.03	盖住第一条缝线，止口窄
1-06 1-05	1-04	缝大袖衩条	1.01	缝份顺直
	1-05	缉压大袖衩条明线	6.03	盖住第一条缝线，止口窄
	1-06	封袖衩	1.01	线迹整齐、平服、牢固

表6-1-17 垫布开衩的缝制方法

工艺图	操作编号	工艺内容	缝型及工艺方法	工艺要求
袖(正) 1-01 1-02	1-01	缝开衩垫布	6.03	缝份窄小
	1-02	缝袖开衩	1.01	位置、尺寸准确，缝份窄小，缉线顺直
1-04 1-03 袖(反)	1-03	剪开衩	手工	开衩顶端线不能剪断
	1-04	翻转与熨烫		平服，止口朝里

加袖开衩条的缝制方法：先裁剪好开衩条，并将缝份折烫好（图6－1－7）。具体缝制方法如表6－1－18所示。

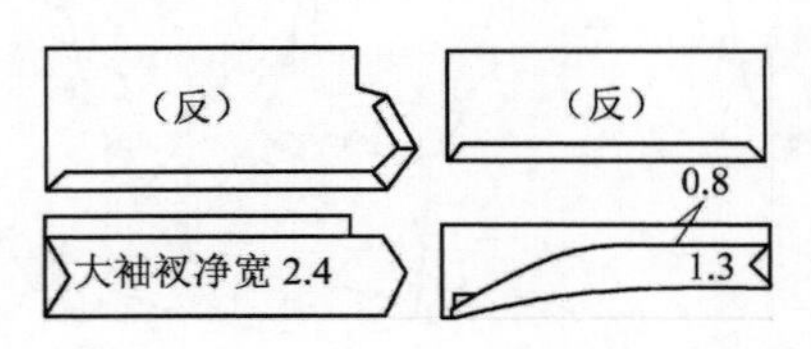

图6－1－6　大小袖开衩的缝制方法

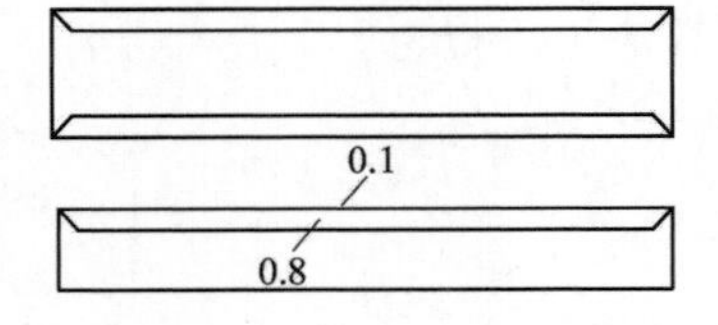

图6－1－7　加袖开衩条的缝制方法

表6－1－18　加袖开衩条的缝制方法

工　艺　图	操作编号	工艺内容	缝型及工艺方法	工 艺 要 求
袖（正） 1-01 1-02	1－01	剪袖开衩	手工	位置、尺寸准确，衩要顺直
	1－02	缉缝开衩条	3.05	袖衩顶端不毛漏、不打褶，为使袖衩平服，可事先在顶端剪一小三角刀眼
袖（反） 1-03	1－03	袖衩封口	1.01	左右袖衩合拢，来回针封口，缉线成斜形

2. 圆袖袖开衩的缝制

根据穿着习惯，用毛呢制作的西服、中山服、礼服等类服装的衣袖，传统式样是在外袖缝的下端设一袖衩。此袖衩有真衩、假衩和真假衩三种。目前大多采用真假衩和假衩，即从表面看上去有开衩的感觉，但上下袖衩是不分离的，常见的袖衩还钉有2～3粒纽扣，作为装饰。

袖衩部位的衣缝在裁剪时应斜出2cm，作为袖衩贴边。缝合时，沿边缉缝。具体缝制方法如表6－1－19所示。

表6－1－19　圆袖袖开衩的缝制方法

工　艺　图	操作编号	工艺内容	缝型及工艺方法	工 艺 要 求
1-01 沿边缉缝 袖片（反） 回针	1－01	缝合袖缝及袖衩	1.01	按缝份，宽窄一致，袖口处留出一段，并打回针
	1－02	袖衩剪斜口	手工	上层袖衩开衩处剪一斜口，不剪断缝线
1-03 1-02 袖片（反） 1-04 1-03	1－03	烫袖缝及袖衩		平服
	1－04	缝袖口边	手工	按净缝线折痕，手针缲缝，正面不露针迹

3. 衬衫袖口边的缝制

衬衫上的袖口边，也有称为袖克夫、袖头的，它主要有两种缝制方法：一种方法是在袖口边面、里之间放一层衬料；另一种方法是使用黏合衬。后者工艺简单，缝制方便，目前使用较多。具体缝制方法如表 6 – 1 – 20 所示。

表 6 – 1 – 20　衬衫袖口边的缝制方法

工艺图	操作编号	工艺内容	缝型及工艺方法	工艺要求
1-01 1-03 里（反） 1-02 1-04 1-05 1-06 面（正） 面（反）	1 – 01	黏衬		注意黏接强度
	1 – 02	袖口面缝份折烫、缉线	6.03	按净样折烫
	1 – 03	烫袖口里缝份		按缝份折烫
	1 – 04	缝合袖口面、里	1.01	里稍紧于面，线迹整齐，两端打来回针
	1 – 05	翻转	手工	袖口边里下口稍宽出一定余量，其余三面均不露止口
	1 – 06	熨烫		烫平服

三、口袋的缝制

对于服装来讲，口袋既是实用部件，又是装饰部件。服装式样的变化，口袋起着重要的作用。常见的口袋分挖袋、插袋和贴袋三大类。

挖袋，又称开袋，就是在一块完整的衣片上，在袋口部位将衣片剪开，内衬双层袋布缝制而成。它的式样有单嵌线、双嵌线，可以附有各种式样的袋盖。日常穿着的西装、春秋装上的口袋都属挖袋一类。

插袋，习惯上分边插袋和斜插袋两种。缝在前后衣片、前后裤片、前后裙片之间的口袋一般称为边插袋，衣片不用剪开，里面内衬两层袋布缝制而成。另一种插袋是在衣片上斜形或竖形剪开，内衬两层袋布缝制，一般称为斜插袋。

贴袋，是在衣片或裤片、裙片上贴缝一块袋布而成。它的式样变化很多，除了最基本的长方形、斜形之外，还有椭圆形、圆形、三角形等各种几何图形的贴袋。近几年，比较流行具有立体感的胖体贴袋。在贴袋上除可以附有相应的袋盖以外，还可作嵌线、刺绣、褶裥、针迹缉线等各类装饰。

还有一种口袋形式，即在贴袋上再挖缝一个开袋，习惯上称为开贴袋或挖贴袋。

下面介绍上述几种口袋的缝制方法。

（一）挖袋的缝制

1. 单嵌线袋

单嵌线袋是挖袋中较简单的一种。缝制时，一种方法是袋布采用漂白布，嵌条和袋垫布采用与衣片同色的面料；另一种方法是袋布、嵌条、袋垫布都是相连的，采用本色面料。一般薄料嵌线袋可采用第二种方法缝制。具体缝制方法如表6－1－21所示。

表6－1－21　单嵌线袋的缝制方法

工　艺　图	操作编号	工艺内容	缝型及工艺方法	工 艺 要 求
	1－01	缉袋口线	1.01	四角方正，线迹宜密，头尾相接数针
	1－02	剪袋口	手工	两端呈丫线形，四角要剪足，但不能剪断缝线
	1－03	翻转	手工	四角拉平，按袋口宽度折转，烫平
	1－04	袋口缉明线	5.31	针迹宜细、密，线头抽到反面打结
	1－05	缝合两层袋布，包边	1.01	两层相对叠齐，平服

2. 双嵌线、带袋盖挖袋

在缝制双嵌线、带袋盖挖袋前应先做好袋盖，如果面料较厚，袋盖的里层可采用其他布料代替。具体缝制方法如表6－1－22所示。

表6－1－22　双嵌线、带袋盖挖袋的缝制方法

工　艺　图	操作编号	工艺内容	缝型及工艺方法	工 艺 要 求
	1－01	缝袋垫布，袋盖上口与袋布缝合	1.01	袋垫布位置准确，袋盖宽度划准
	1－02	缉缝双嵌线	1.01	位置准确，宽度符合要求，上下一致
	1－03	剪袋口，烫嵌线	手工，	两端丫线形刀口，角要剪足，但不能剪断缝线；折烫好嵌线，宽度一致
	1－04	封嵌线	1.01	袋口两端三角折准，与嵌线来回针封牢；袋口正面要求四角方正，清晰
	1－05	下嵌线与外层袋布缝合	5.31	
	1－06	绱袋盖，正面缉袋口明线	漏落缝	将袋盖从袋口掏出，摆准两端袋盖，沿袋口嵌线缉缝一圈，均采用漏落缝缉线，正面不露针迹
	1－07	缝合里、外片袋布	1.01	上、下平服

（二）插袋的缝制

1. 边插袋

边插袋常用于上衣口袋，有两种缝制方法。一种是单层袋布的缝制方法，如表 6－1－23 所示。另一种是两层袋布的缝制方法。缝制时，先将前后衣片缝合，留出口袋位置，然后将两层袋布的袋口边分别与前后衣片袋口位置的边缝相缝合，再将两块袋布对叠，兜缝一圈，最后在袋口的正面，上下两端打回针封口或套结。缝制过程及工艺要求与表 6－1－24 所示基本相仿。

表 6－1－23　上衣边插袋的缝制方法

工艺图	操作编号	工艺内容	缝型及工艺方法	工艺要求
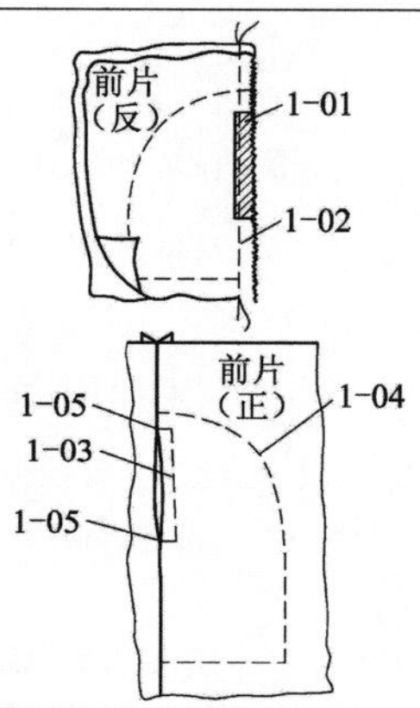	1－01	袋口绱牵带	1.01	留出袋口部位，前片袋口部位缝一牵带，长度大于袋口
	1－02	袋布与后衣片缝合	1.01	沿后片摆缝缝合，位置正确
	1－03	袋口缉缝	1.01或手工	袋口缉明线或用手针缲缝
	1－04	袋布与前衣片钉缝	1.01或手工	前衣片上缉明线或用手针缲缝
	1－05	封袋口	套结	手工套结缝牢

2. 裤边插袋

裤边插袋常用于男女长裤。男女长裤裤边插袋的缝制大致相同。一般女裤在右侧开襟，男裤在前中开襟。下面以男裤为例，介绍裤边插袋的缝制方法（表 6－1－24）。

表 6－1－24　裤边插袋的缝制方法

工艺图	操作编号	工艺内容	缝型及工艺方法	工艺要求
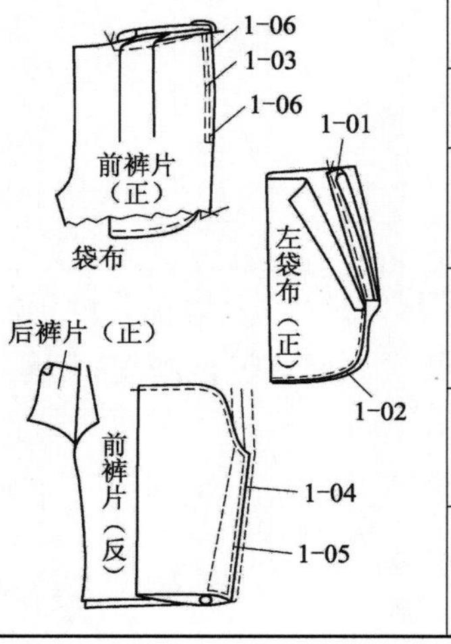	1－01	缝袋垫布	1.01	袋垫布离开袋口一缝份
	1－02	缝合袋底	1.06	袋口处留一豁口，不缝合
	1－03	袋布与前裤片缝合	6.03	按袋口线折转，缉明线，线迹顺直整齐
	1－04	袋垫布与后裤片缝合	1.01	缝线应尽量靠近侧缝
	1－05	袋布与后裤片缝合	5.31	盖住前一道缝份，袋口平服
	1－06	封上、下袋口	1.01	位置准确，封口牢固整齐，上袋口稍盖住袋垫布

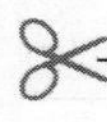

3. 斜插袋

斜插袋的缝制方法和一般的挖袋大致相同。所不同的是，其袋口嵌线较宽，且呈斜形。斜插袋主要用于外套、大衣、风衣等服装。袋口宽窄一般随款式而定，长短一般为 14 ~ 17cm。袋布为两层，外层比里层在袋口处宽出一缝份。具体缝制方法见表 6 – 1 – 25 所示。

表 6 – 1 – 25　斜插袋的缝制方法

工　艺　图	操作编号	工艺内容	缝型及工艺方法	工 艺 要 求
1-01 (正) 1-01 1-02 1-03 袋布（外层） 1-04 1-04 袋布（里层） 1-05 1-06 衣片（正）	1 – 01	缝袋口边	1.01	正面不露止口，四角方正
	1 – 02	袋口边缉明线	1.06	两端留一止口宽度，线头抽到反面打结，线迹顺直
	1 – 03	画袋口印记	手工	衣片上袋口位置准确，印记清晰
	1 – 04	缝合袋口边	1.01	放置正确，线迹宜密、直，缝时弄堂宽（二线迹之间宽）应掌握好
	1 – 05	剪袋口	手工	两端呈三角形，角要剪足，但不能剪断缝线
1-07 1-08 衣片（反） 1-09	1 – 06	翻转熨烫	手工	四角拉平服，注意缝份熨烫方向
	1 – 07	里袋口缉明线止口	2.02	缉线小于袋口长，正面不露针迹
	1 – 08	两端袋口缉明线，即封袋口	1.01	袋口平服，缉线整齐
	1 – 09	缝袋布	1.01	袋布及衣片平服

（三）挖贴袋的缝制

首先在衣片上画出贴袋的位置，再在贴袋上画好挖袋的位置，并将贴袋四周作净缝印记，然后在贴袋上挖缝口袋，方法同上。

四、裤（裙）腰的缝制

裤子或裙子，在其上端一般缝有一条裤腰或裙腰，即使是无腰式的裤子，它也是有裤腰的，只是腰与裤片或裙片连在一起罢了。腰的式样和缝制方法有整条式、分开式、连腰式、松紧式等。下面分别进行介绍。

（一）整条式腰的缝制

一般女裤常采用这类裤腰。缝制方法如表 6 – 1 – 26 所示。

表 6 -1 -26　整条式腰的缝制方法

工　艺　图	操作编号	工艺内容	缝型及工艺方法	工 艺 要 求
腰里（反） 腰衬（净） 腰面（反） 1-02 1-01	1 -01	黏衬		注意黏接强度,腰衬下口为净缝
	1 -02	腰面下口折转缉线	1.01	线迹顺直、整齐
1-03	1 -03	缝合腰两端	1.01	缝合时离开衬头少许
1-04 腰面（正）	1 -04	翻转烫平	手工	正面不露止口,四角方正
腰面（反） 1-05	1 -05	腰里下口包转,腰面烫平		平服、整齐

(二)分开式腰的缝制

一般男裤大多采用这类裤腰,即在后裆缝中间分开,裤腰分成两条。缝制方法如表 6 -1 -27 所示。

表 6 -1 -27　分开式腰的缝制方法

工　艺　图	操作编号	工艺内容	缝型及工艺方法	工 艺 要 求
1-04　1-02　腰里	1 -01	缝裤钩	1.01	位置、距离正确
1-03	1 -02	黏衬		注意黏合强度，腰下口为净缝
1-04	1 -03	腰面下口折转缉缝	6.03	线迹整齐、顺直
1-03　1-01	1 -04	缝合腰面、腰里	1.01	腰里略紧于腰面,在裤钩位置处留一空隙,以备裤钩穿出用
腰里（反） 1-05	1 -05	翻转熨烫	手工	正面不露止口,裤钩拉出,四角方正
1-06	1 -06	缲裤钩	手工	正面不露针花,缲牢

(三)连腰式腰的缝制

连腰式腰的缝制将在本章第三节组装缝制中介绍。

(四)松紧式腰的缝制(表6－1－28)

表6－1－28　松紧式腰的缝制方法

工　艺　图	操作编号	工艺内容	缝型及工艺方法	工 艺 要 求
	1－01	松紧带与腰衬拼接	1.01	拼接注意牢度
	1－02	腰衬与腰面缝合	1.01	线迹整齐,宽窄一致
	1－03	腰面、腰里缝合	1.01	腰里稍紧于腰面,下口留出装腰的缝份
	1－04	翻转		正面不露止口,四角方正
	1－05	腰面包转腰衬熨烫	手工	腰衬下口为净缝
	1－06	腰里包转腰面熨烫		整齐、平服

五、襻、带的缝制

襻、带属服装部件,在许多场合用它们作装饰部件。常用的有腰带、肩襻、袖襻、腰襻、背襻等。襻的取名也不统一,有的是以襻的形状而取名,如剑头襻、圆头襻等;有的则以应用的部位而取名,如上所述。襻、带的缝制方法有多种,下面分别介绍。

(一)合缝法

这是一种最简单的做襻方法。制作前先将襻料的两边按做成的宽度烫倒、烫平,然后对合沿边缉缝即可。折合在中间的,缉线也在中间。常用的裤襻大多采用这种方法缝制(图6－1－8)。

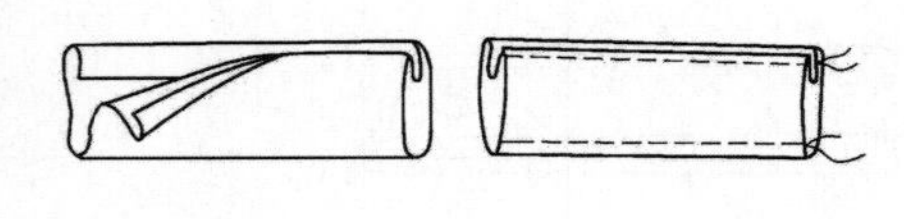

图6－1－8　合缝法

(二)翻缝法

缝制时,先将两层襻料正面相叠,对折缝牢,留一段空隙,便于翻转(有在两边缝合,中间留空隙翻转的;也有三边缝合,另一边留空隙翻转的)。翻出后烫平,然后再在面上缉单道或双道线,空隙处也可用手针缲缝牢(图6－1－9)。

(三)缲缝法

此种方法最适宜用于厚呢面料的襻带制作。里布用其他薄料或羽纱缝制。先将襻带裁剪好，并剪好净样衬料。缝前先把净样衬料放在襻面反面，四周折烫好做缝，然后将烫好的里布用手针缲缝到襻面上。缝制时要注意襻面的缝份应宽些，里布应略小于襻面。在正面是否缉明线，按需要及款式要求而定（图 6－1－10）。

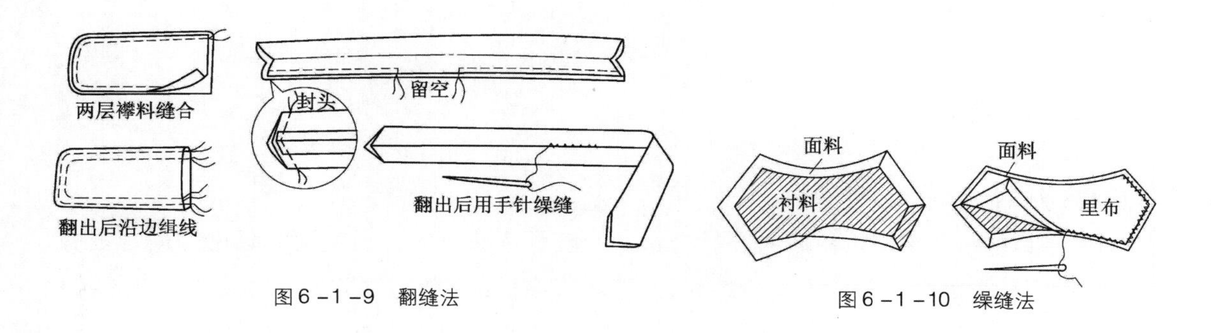

图 6－1－9　翻缝法

图 6－1－10　缲缝法

（四）襻带的装缝

装襻带常用的有钉缝、嵌缝两种方法。

1. 钉缝法

钉缝法是用倒回针明线缉缝的方法，一般裤襻采用此法装缝。先将裤襻的一端嵌塞在裤腰的下口缝牢，然后再翻折向上，用倒回针明线缉缝牢裤襻的另一端（图 6－1－11）。

2. 嵌缝法

嵌缝法是将襻带嵌缝在两层衣片的中间，也可先将襻带缝合在下层衣片上，然后再盖缝上层衣片，将襻带一起缝牢。一般袖襻、肩襻、胸襻等均采用此法装缝（图 6－1－12）。

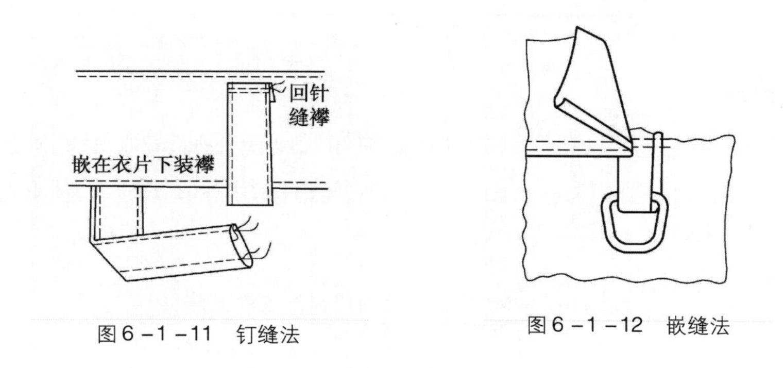

图 6－1－11　钉缝法

图 6－1－12　嵌缝法

第二节　衬料、里布的缝制

为了使服装在穿着过程中能保持挺括、美观、耐穿，并增加其保暖性，常在腰、领、袖口、挂面、驳头、后背、侧缝、下摆及胸等部位垫进衬料并缝制里布。

一、腰、领衬的缝制

缝制方法详见本章第一节。

二、袖口衬的缝制

（一）衬衫袖口衬

衬衫袖口的衬布多使用树脂衬和黏合衬。一般可按袖口的长与宽的实际尺寸进行裁剪。缝制时，应距衬布边沿 0.3cm 旁进行缉线，缝毕将多余的缝边剪去，经熨烫后成形。男式衬衫还需在正面缉明线，宽度与领子的止口明线相同。制作程序和方法如表 6-2-1 所示。

表 6-2-1　衬衫袖口衬的缝制方法

工艺图	操作编号	工艺内容	缝型及工艺方法	工艺要求
1-01	1-01	黏衬		将衬布黏在袖克夫的面布上，并烫倒袖克夫上口的缝份
1-02	1-02	缝合面、里布	1.01	沿袖口衬的边沿缝合袖克夫的面布和里布
1-03	1-03	翻向正面	手工	修剪多余缝份，翻向正面

（二）毛料服装袖口衬

毛料服装袖口衬布多选用浆布衬和黏合衬。衬布长度应比袖口稍大些，宽度约 8cm。如用浆布衬，应先用少许糨糊将衬布固定于面布，然后在其边沿用斜形缭缝线迹加以固定。制作程序和方法见表 6-2-2 所示。

表 6-2-2　毛料服装袖口衬的缝制方法

工艺图	操作编号	工艺内容	缝型及工艺方法	工艺要求
	1-01	绿缝衬布	手工	将长为袖口长、宽为 8cm 左右的浆布衬，用少许糨糊固定于面布上，然后用斜形缭缝线迹加以固定
	1-02	黏衬		将黏合衬粘于袖口部位

三、挂面衬的缝制

在服装中，为了增加门襟部位的挺度，需在门襟部位的衣身、挂面敷衬（部分服装两者都需加衬）。衬布的种类可有浆布衬、树脂衬、黏合衬等。衬布的长短与衣长相同，宽度为 6 ~ 7cm。敷衬时，衬布距止口 1cm 左右。如用浆布衬或树脂衬，需在边沿包缝，以防纱线脱散。具体方法如下：

（1）将衬布止口折倒 1.3cm 后缉线加以固定（图 6 – 2 – 1）。

（2）将白布衬敷在衣身上，沿衣身门襟止口线做三角针缝，固定衣身与白布衬（图 6 – 2 – 2）。

（3）如采用黏合衬，将衬布粘烫在前衣片上（图 6 – 2 – 3）。

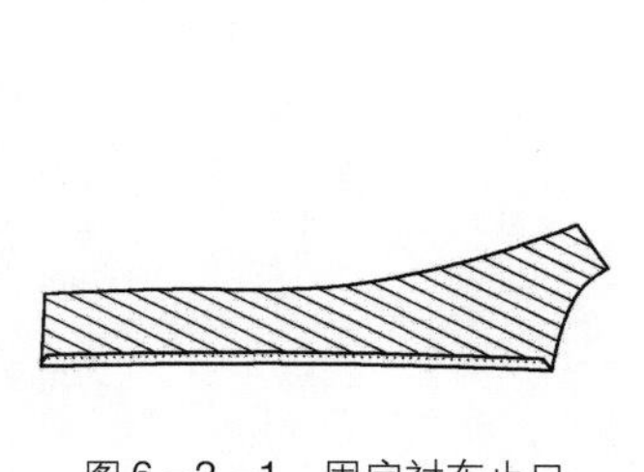

图 6 –2 –1　固定衬布止口

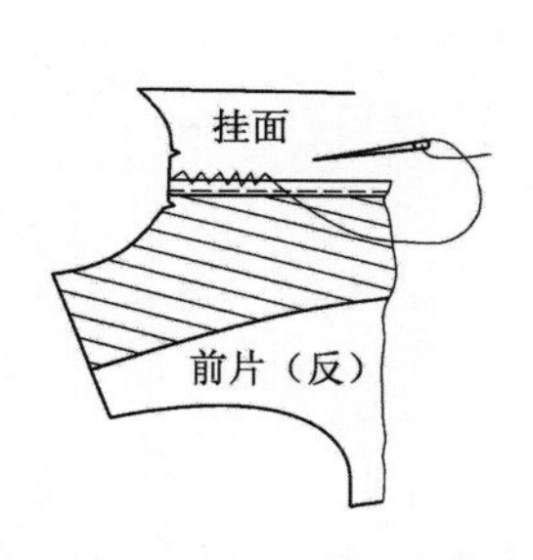

图 6 –2 –2　三角针缝固定衣身与白布衬

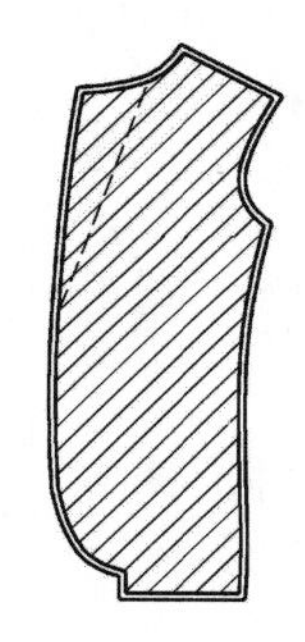

图 6 –2 –3　采用黏合衬

四、驳头衬的缝制

驳头衬可在缲驳机上进行机缝，也可用手工采用八字针法缝制。在扎针过程中要将衬与面料一起固定，但面料上不能留出过多的线迹。驳头要扎成卷曲形，线迹规格为 6 针/3cm（图 6 – 2 – 4）。

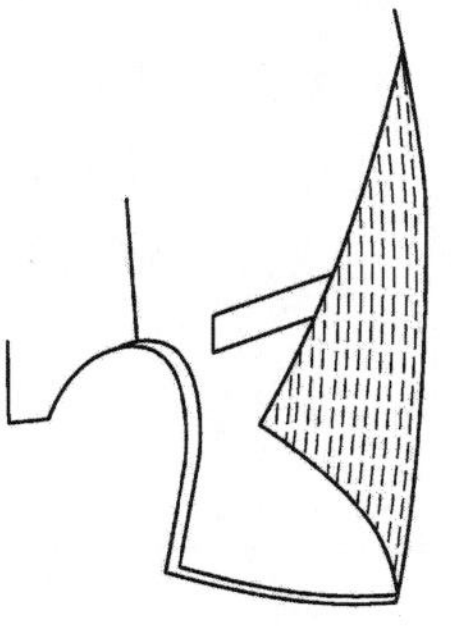

图 6 –2 –4　驳头衬的缝制

五、后背衬、侧缝衬、下摆衬的缝制

（一）后背衬

为了显示背部的隆起形态，可在袖窿处进行归烫，归烫后需放衬布。后背衬料的质地必须根据体型而选择。如果想使隆起程度大，可选用细薄的毛料衬或胖哔叽。根据需要，布纹可选择直料或斜料。

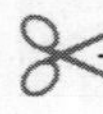

(二)侧缝衬

为使袖窿底部形态美观，在前侧缝的上部敷衬。衬料的质地可与后背衬布相同。衬布的下口剪成波浪形，以减少对面料的影响。

(三)下摆衬

下摆敷衬是为了防止下摆发生回口，并使底边线挺括、美观。可根据需要选用浆布衬、毛料衬、胖哔叽、丝绸、平纹布的斜裁布料或黏合衬，上口最好剪成波浪形（图6－2－5）。

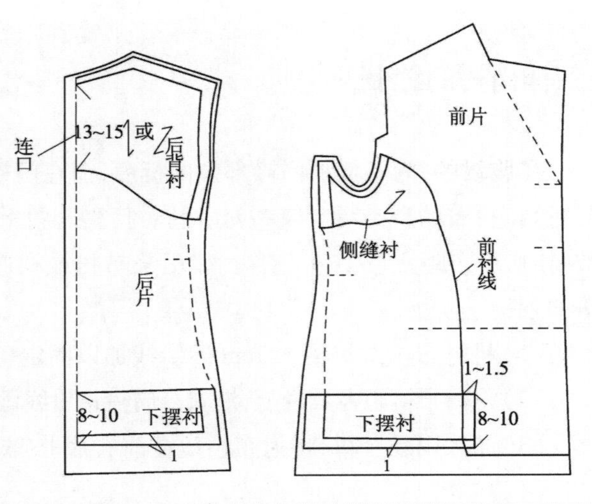

图6－2－5　后背衬、侧缝衬、下摆衬的缝制

六、胸衬的缝制

(一)男西装胸衬

1. 缉底衬的省道，将驳头衬拼缝于底衬上

为了增强拼接处的牢度，在缉省和拼缝驳头衬时要垫牵带（图6－2－6）。

2. 烫马尾衬

将剪好的马尾衬熨烫成胸部浑圆状造型。

3. 固定马尾衬，下脚衬于底衬

将马尾衬用粗疏的绗针固定在底衬的胸部，要求窝服。将袋口衬钉在袋口部位。将下脚衬固定在底衬下部，上端盖住马尾衬（图6－2－7）。

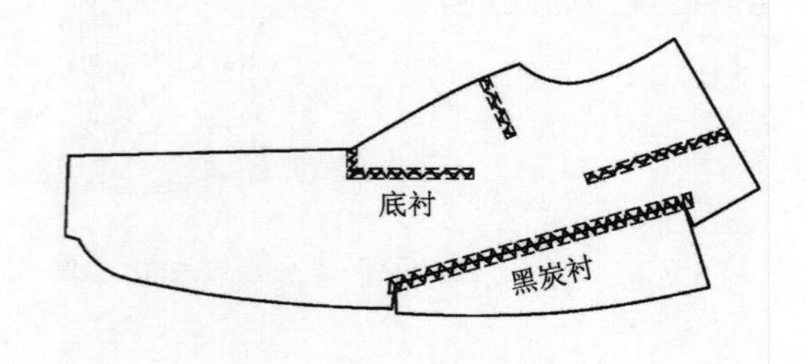

图6－2－6　缉底衬和驳头衬

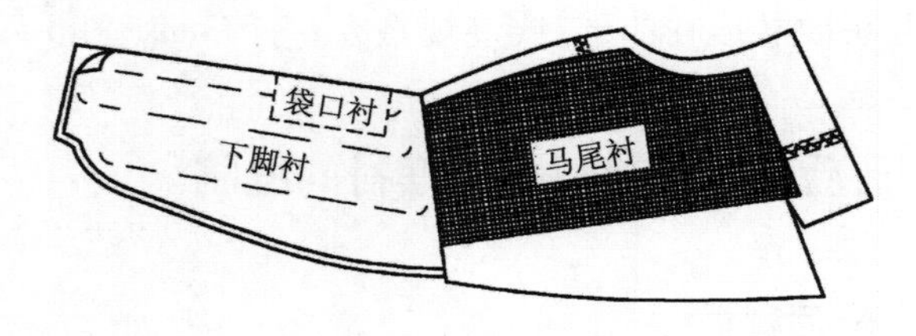

图6－2－7　固定马尾衬和袋口衬、下脚衬

4. 固定帮胸衬、托肩衬、驳头盖衬布于底衬上

将帮胸衬固定在底衬的腰部，盖住马尾衬。将托肩衬固定在底衬的肩部，盖住马尾衬。将

驳头盖住衬布固定在驳头衬上，盖住马尾衬的边沿（图6－2－8）。

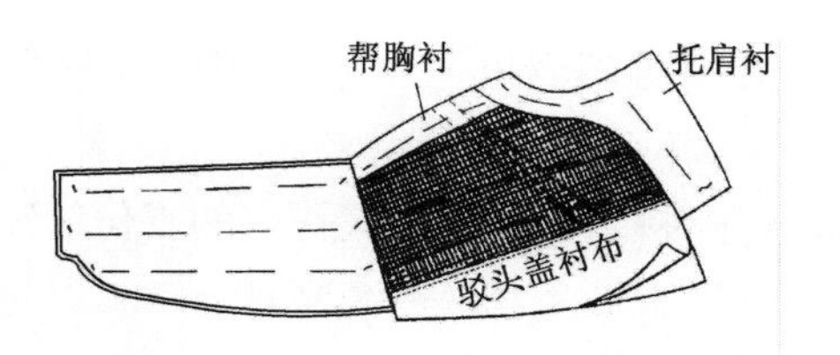

图6－2－8　固定帮胸衬、托肩衬、驳头盖衬布

5. 缉衬

从胸衬的中部开始向两边作45°缉线。在缉线过程中要防止底衬起泡，并注意胸衬与底衬之间的里外匀。

（二）女西装胸衬

1. 搭缝胸衬

将剪开的底衬两部分搭缝在一起，然后分开缝份（图6－2－9）。

2. 黑炭衬固定于底衬

将剪开的黑炭衬用粗疏的绗针固定在胸衬上（图6－2－10）。

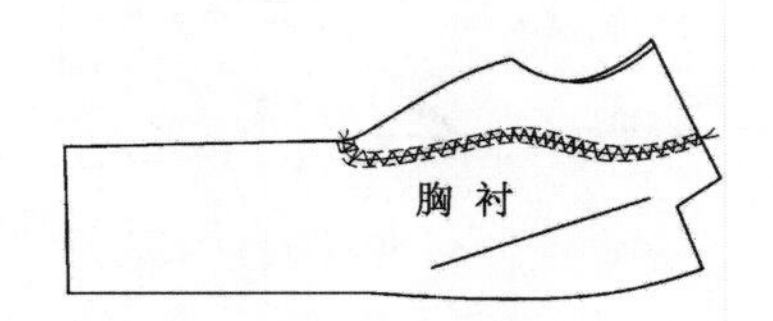

图6－2－9　搭缝胸衬

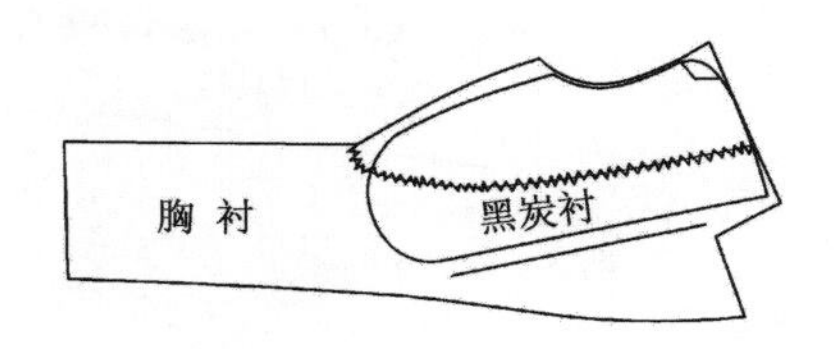

图6－2－10　黑炭衬固定于底衬

3. 缉黑炭衬

用45°的斜形线迹将黑炭衬与胸衬缉缝在一起。注意防止底衬起泡和黑炭衬与底衬之间的里外匀（图6－2－11）。

4. 缉帮胸衬、下脚衬布和驳头衬布

将帮胸衬缉缝在胸衬的腰部，将下脚衬布缉缝在胸衬的下部，将驳头衬布缉缝在驳头处（图6－2－12）。

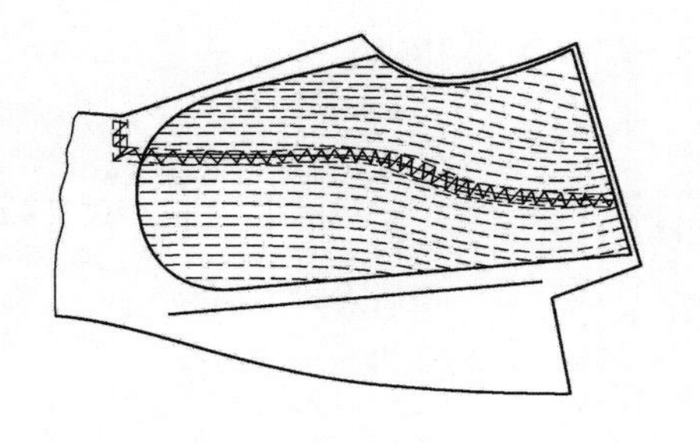
图6－2－11　缉黑炭衬

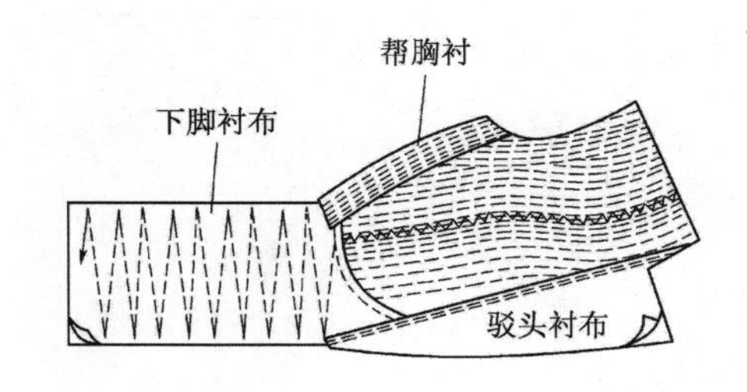

图6－2－12　缉帮胸衬、下脚衬布和驳头衬布

（三）男大衣衬

1. **缉省**

将浆布衬和黑炭衬上的省份缉牢。缉缝时要垫牵带（图6－2－13）。

2. **固定底衬和黑炭衬**

将底衬和黑炭衬固定在一起。可采用专用机械或手工缝合的方法（图6－2－14）。

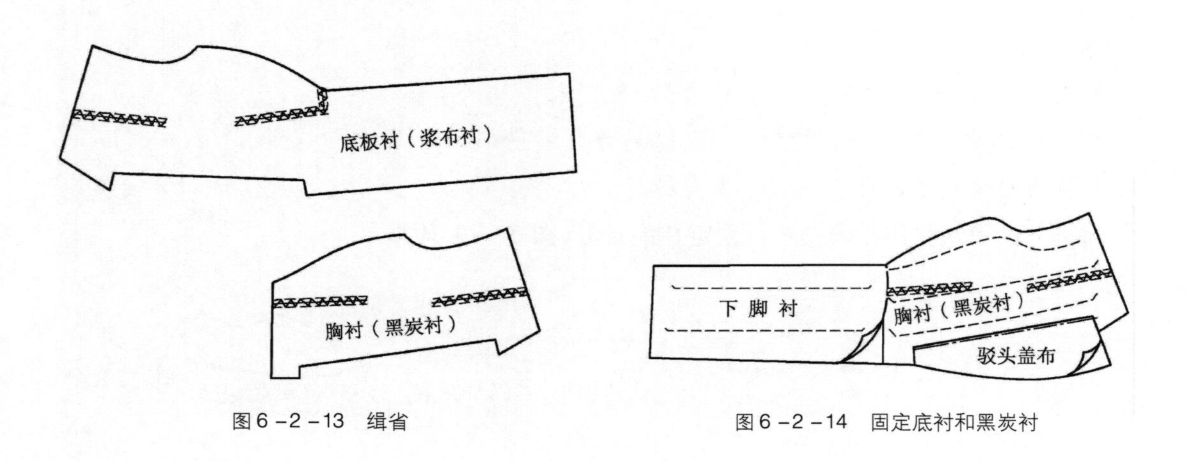

图6－2－13　缉省

图6－2－14　固定底衬和黑炭衬

3. **缉衬**

在胸衬部位采用45°斜形线迹缉衬，要求达到窝服、不起泡（图6－2－15）。

（四）女大衣衬

女大衣衬料采用黑炭衬作底衬。在胸峰处垫一块挺胸衬，并在袖窿处和胁腰处分别垫上袖窿衬和帮胸衬。

1. **缉省**

先将底衬上的省拼缝，拼缝时要垫上牵带，并用之字缝固定在底衬上（图6－2－16）。

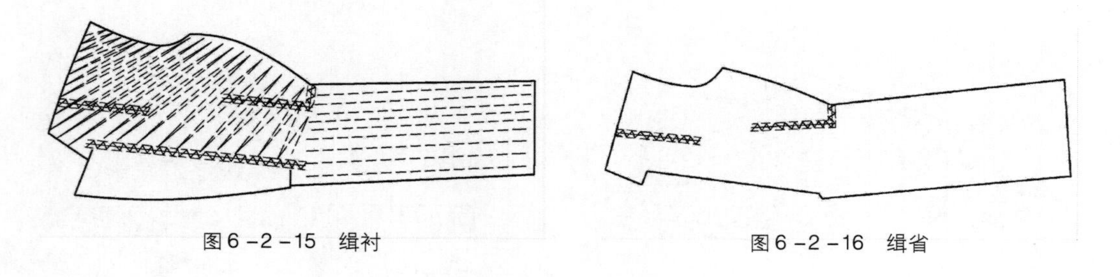

图6－2－15　缉衬

图6－2－16　缉省

2. **缉挺胸衬**

先缉挺胸衬的省，并将挺胸衬置于胸峰处，而后将挺胸衬与底衬缉牢，要求达到窝服（图6－2－17、图6－2－18）。

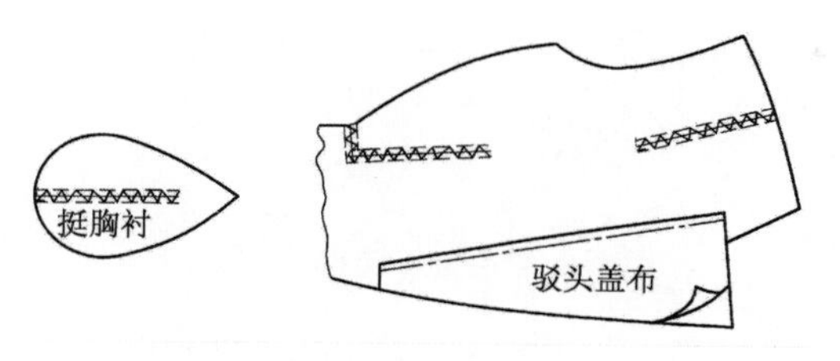

图6－2－17　缉挺胸衬的省

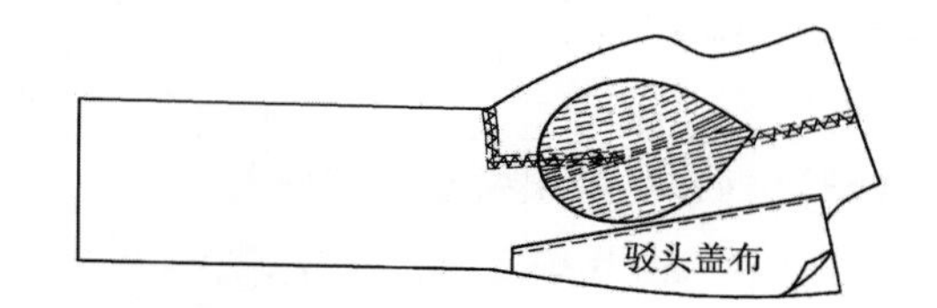

图6－2－18　缉挺胸衬

3. 缉袖窿衬、帮胸衬和下脚衬

将底衬卷向袖窿处和胁腰处后进行缉缝，分别缉牢袖窿衬和帮胸衬，要求达到整个胸部衬料窝服。最后用垂直线迹缉牢下脚衬（图6－2－19）。

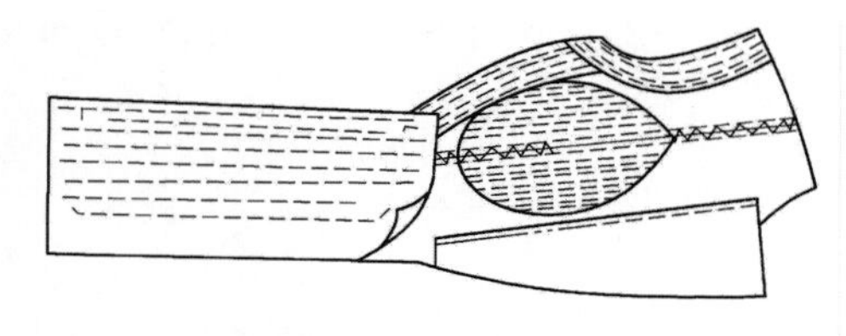

图6－2－19　缉袖窿衬、帮胸衬和下脚衬

（五）直接涂衬法

这种衣衬的制作方法是将衬料用特殊的直接定形处理方法进行处理。定形时，在服装裁片背面确定的部位按一定方向涂敷聚合胶。聚合胶部分渗进织物中，达到弹性定形，以保持服装形态稳定、挺括。

对某些式样的服装，上述敷衬方法还可以联合使用。如夹克的胸部，可按一定的角度进行两次涂敷，这样可起到附加的加固作用。此外，也可以先使用直接定形，然后在整个前片附加一片黏合衬。

直接涂敷衬料可在直接涂衬机上进行。常用的直接涂衬机由五个部分组成，包括喂给装置、涂敷装置、烘燥装置、冷却装置和叠放装置。操作工人将需要处理的裁片放置在喂给装置的输送带上，然后送入涂敷单元。裁片经涂层后，再经烘干、冷却，最后被叠放在运输车上。这种涂衬机可以连续有效地进行工作。如德国生产的KANNEGISSER（坎尼吉塞）直接涂衬机，能对不同形状、不同尺寸和重量的裁片有良好的适应性。对不同的织物，可改变涂层头的压力，调节烘燥与交给的温度和时间，使之相适应。

采用这种方法加工的服装，既能保证加工质量，又能获得较好的经济效果。

在质量方面，经涂衬的部分，面料仍能保持原有的性能（如渗透性、弹性等），而无僵硬感觉。而且在涂胶的不同区域之间无明显的“分界线”。面料的加热与加压处理不像通常在压烫机上那样同时进行，可避免产生极光，在干洗中也不会出现“脱层”和“起泡”现象。经直接涂衬处理的服装，可保持最佳的服用性能，如手感、折皱回复性、回弹性及外观等。采用直接定形加工方法，可节约里衬材料达80%以上，同时也节省了衬料与人力等。

七、里布的缝制

（一）男西装、中山装里布的缝制

1. 缉省，缝合前衣身上下里布

先将里布的胸省、袖窿省分别缉好，然后将里布上下片分别与耳朵皮的上口和下口缝合在一起（图6－2－20）。

2. 前片里布与挂面的缝合

烫倒里布省，烫平袋耳朵皮，将里布与挂面缝合。缝合时里布要稍宽松些（图6－2－21）。

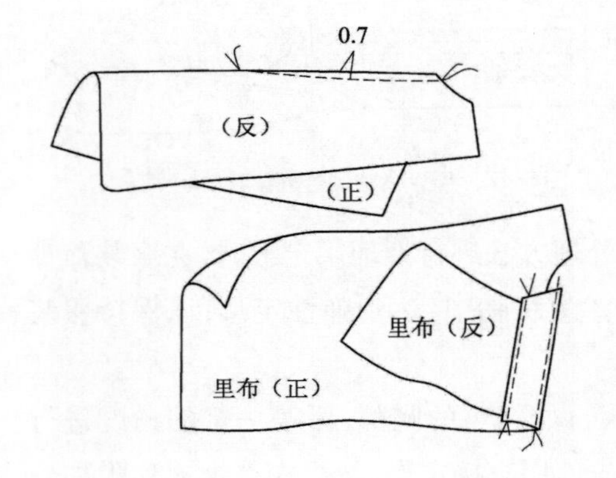

图6－2－20　缉省、缝合里布

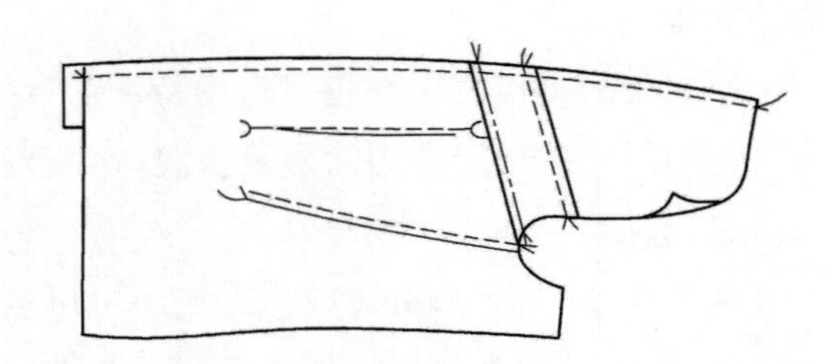
图6－2－21　缝合前片里布与挂面

3. 后片里布与前片里布的缝合

左、右片的前、后里布在摆缝处缝合后与面布摆缝的缝份固定住，固定的线迹要宽松些（图6－2－22）。

4. 后片里布的缝合

后片里布从背缝处缝合，翻向正面后熨烫平整。男西装里布还要做背衩。在背衩止点处里布要剪开、折光，然后分别用手工线迹固定于面布上（图6－2－23）。

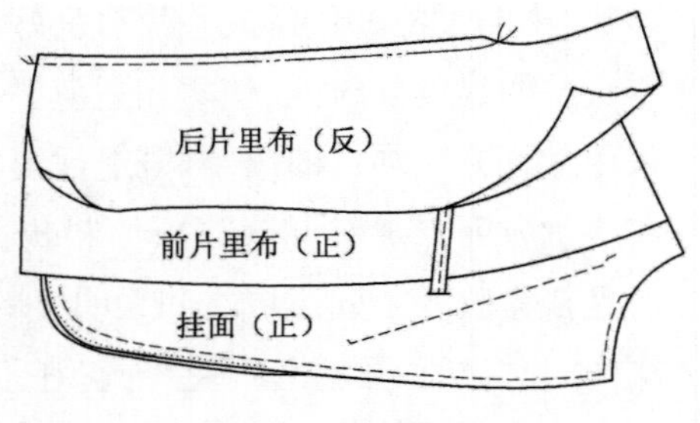

图6－2－22　缝合前、后片里布

（二）女西装、女两用衫里布的缝制

1. 缉省，缝合侧缝和背缝

将前片里布的胸省、腋下省分别缉好并烫向摆缝，然后将前、后片里布在侧缝、肩缝处缝合。

2. 将挂面与面布衣身缝合

先进行挂面与衣身的缝合，再将缝份剪齐后用手工线迹缭缝于衬布上。

3. 将里布和面布缝合

将里布边沿折光，用手工缲缝后固定在衣身上。注意里布应稍宽松些。

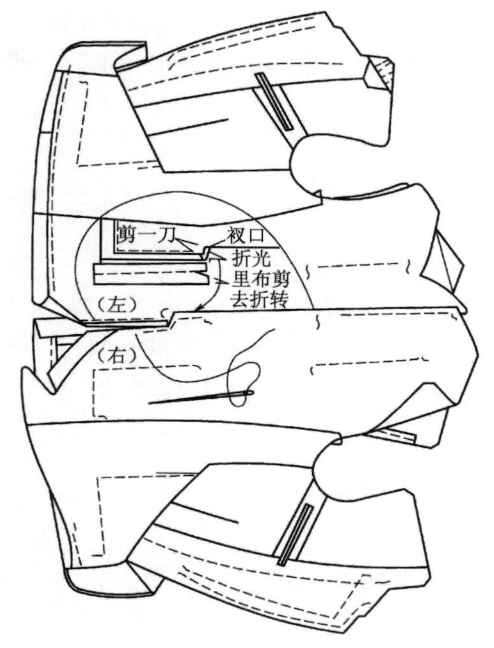

图6-2-23 缝合后片里布

(三) 女式大衣里布的缝制

1. 缝合里布

先缉省道，再将前、后里布的侧缝、肩缝缝合。

2. 手工缝出杨树花缝迹

将里布折转出贴边并扣光。采用粗丝线手工缝杨树花针，既可固定贴边，又可起到装饰作用。

3. 里布的熨烫

将里布的肩省缝向领窝方向烫倒，需烫平。里布全部熨烫平挺后放置在衣架上冷却。

4. 里布与衣身的固定

待挂面、领面的边沿用斜裁布条滚边后，将里布插入挂面和领面的边沿。在滚边缝的旁侧用细丝线进行倒钩针，将里布、挂面(领面)、衬布三者固定在一起(图6-2-24)。袖里布用手工线迹缝合固定。

5. 袖里布

折转袖里布的袖口贴布，用手工缭缝于袖面布布的袖口上。

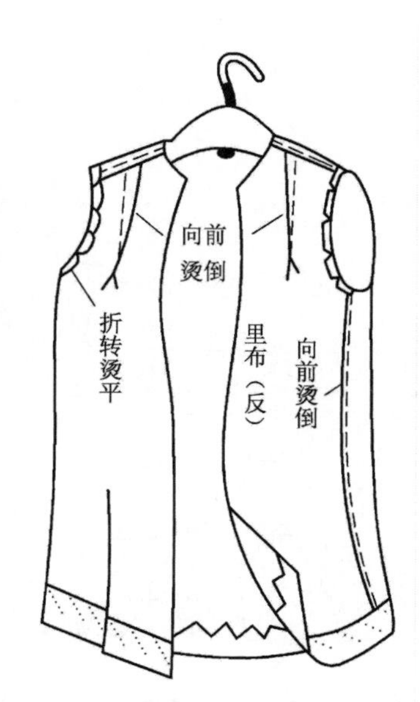

图6-2-24 女式大衣里布的缝制

(四) 男女西装、中山装袖里布的缝制

(1)将袖里布的前袖缝和后袖缝进行缝合。

(2)折转袖里布的后袖缝，与袖面布的后袖缝用手工线迹固定。袖面布的前袖缝与袖里布用手工线迹缝合固定。

(3)折转袖里布的袖口贴布，用手工缭缝于袖面布的袖口上。

(五) 男女大衣、女两用衫袖里布的缝制

(1)先将袖里布的后袖缝缝合。

(2)再将袖里布的袖口边与袖面布的袖口边进行缝合。

(3)然后从衣袖的前袖偏缝一直缝合至袖里布的前袖偏缝。

第三节　组装缝制

一套服装各部件分别缝制好之后,进行组装缝制。在上衣组装中,装袖是较关键的工序,其工艺要求比较高,装缝方法也有多种。本节将就衣领、衣袖、裤腰的装缝方法进行分析。

一、衣领的安装

(一)拉盖式装领

拉盖式装领是一种使用最多、最普遍的装领方法,不论薄料、厚料,还是男装、女装,均可采用。下面以女式春秋外衣为例,具体缝制方法如表 6-3-1 所示。

表 6-3-1　拉盖式装领方法

工艺图	操作编号	工艺内容	缝型及工艺方法	工艺要求
1-02 1-01 挂面(反) (正)领面 1-03 挂面角 (正) 1-04 领面(正) 挂面(正) (反) 1-05	1-01	衣领、衣片对位	手工	装领刀口对齐
	1-02	缝合领脚、挂面衣片	1.01	缝到距挂面 1.2cm 处,打一刀口,四层衣料一起剪开
	1-03	领口缉缝	1.01	翻起挂面角与领面,缝合领里与衣片
	1-04	领子翻转烫平	手工	挂面翻出,领面下口扣烫一缝份
	1-05	缝合领面与衣片	5.31	挂面角嵌入,领面平服,不起链形,盖住第一道装领线

(二)滚条式装领

滚条式装领的方法缝制比较简单,但需裁剪一根滚条。此种方法可以装缝各种式样的软翻领,如小方领、圆角领、尖角领等。在女式裙衫、春秋衫上使用较多。下面以女式圆领衬衫为例,具体缝制方法见表 6-3-2 所示。

表 6－3－2　滚条式装领方法

工　艺　图	操作编号	工艺内容	缝型及工艺方法	工 艺 要 求
	1－01	做滚条		斜料制作，两边缝份折转烫平
	1－02	领与衣片对位	手工	位置放置正确，刀口对齐
	1－03	缝合滚条、领子、衣片	1.01	两端对齐，松紧适中，挂面按止口线折转
	1－04	领子翻转	手工	挂面翻出，烫平
	1－05	沿滚条边缉明线	6.03	衣领平服，缉线整齐

（三）嵌缝式装领

采用嵌缝式装领方法，衣领下没有缝线，较整齐，但需裁剪并装缝一块领贴边。它的适用范围较广，各种式样，薄料、厚料等均能采用。下面以女式方领衬衫为例，具体缝制方法见表 6－3－3 所示。

表 6－3－3　嵌缝式装领方法

工　艺　图	操作编号	工艺内容	缝型及工艺方法	工 艺 要 求
	1－01	缝领贴边	1.01	领贴边与挂面缝合
	1－02	装缝领子、挂面、领贴边	1.01	三层放置正确，装领刀口对准
	1－03	领子翻转，烫平	手工	装领缝烫平，左右对称
	1－04	沿领子、挂面缉明线止口	1.06	止口宽窄一致，线迹整齐

不管采用何种方法，如果领圈较领子小些，可在肩缝前后的领圈部位略微拉伸，而其他部位不宜拉伸。如果衣领较领圈小些，可略微拉伸衣领下口。这种拉伸是有限度的，一般只允许有 0.7cm 的伸缩，不宜过多。

男式衬衫领的装缝，一般采用骑缝方法，要注意的是第二道缉线必须盖住第一道缝线。在缝至领角时，用针顶足门襟，使止口线与底领对齐。

二、衣袖的安装

（一）装缝衬衫袖（一片袖）

在装袖之前，必须在衣片及袖片上作好装袖标记，如装袖刀口等。常用的一般有三种装袖方法。

1. **包缝装袖**

包缝装袖是将衣片、袖片在缝前先包缝好布边，然后再按缝份一次缝合。也有先缝合再包缝的，把两层缝份包缝在一起。两种方法均可，详见表6－3－4中图（a）所示。

2. **来去缝装袖**

来去缝装袖是在裁剪衣片时，袖窿处和袖片弧线处缝份稍多放些，详见表6－3－4中图（b）所示。

3. **外包缝装袖**

外包缝装袖的方法详见表6－3－4中图（c）所示。

表6－3－4　衬衫袖装缝方法

工　艺　图	操作编号	工艺内容	缝型及工艺方法	工 艺 要 求
1-03 1-01 1-02 1-04 (a)	1－01	包缝		
	1－02	缝合袖窿与袖片	1.01	装袖刀口对准，上、下两层松紧适中
	1－03	缝合袖底缝	1.01	平服、整齐，缝份宽窄一致
	1－04	缝合袖贴边	1.01	按净缝线折转
2-04 2-01 2-02 衣片（反） 袖片（正） 2-03 (b)	2－01	缝合袖窿与袖片	1.01	装袖刀口对准，上、下两层松紧适中
	2－02	袖片与袖窿在反面车缝	1.01	
	2－03	缝合袖底缝	1.06	平服、整齐
	2－04	缝合袖贴边	手工	按净缝线折转
3-01 前衣片（正） 袖片（正） 3-02 后衣片（正） (c)	3－01	缝合袖窿与袖片	1.01	装袖刀口对准，上、下两层松紧适中
	3－02	衣片正面缉线	2.04	线迹整齐，宽窄一致

装缝一片袖，为使操作简单方便，常见的是以上几种方法，即将袖底缝与衣片摆缝一起缝合。若是短袖，可最后缝袖口；若是长袖，可先把袖口做好，再一起缝合袖底缝与摆缝。也可先把袖子全部做好再装缝。具体缝制方法参见下面圆袖的装缝。

(二)装缝圆袖(二片袖)

同样，在装袖前，必须在衣片及袖片上作好装袖刀口。常用的有两种方法：一种是衣片和袖片包缝后，在反面按缝份一次缝合即可；另一种是滚条式装袖。不论采用哪种方法，为了装袖正确，可先用手针定缝后试样，然后再作正式缝合。装袖时，左、右两袖的位置应对称一致，如是条格面料，还应注意对条对格(表6－3－5)。

表6－3－5　圆袖装缝方法

工艺图	操作编号	工艺内容	缝型及工艺方法	工艺要求
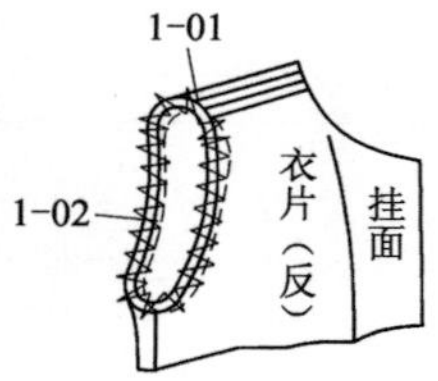 1-01；1-02；衣片(反)；挂面	1－01	包缝，袖子与袖窿对齐	手工	装袖刀口对准
	1－02	缝合袖窿与袖片	1.01	上、下两层松紧适中，吃势均匀
	1－03	衣身翻转	手工	
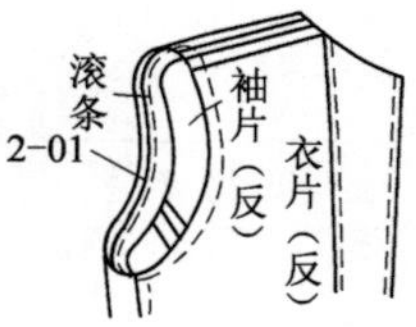 滚条；2-01；袖片(反)；衣片(反)	2－01	缝合衣片、袖片滚条	1.01	三层放置正确，各刀口对准
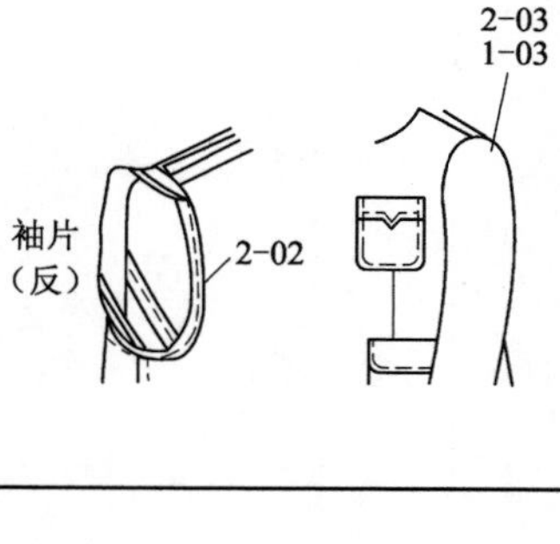 袖片(反)；2-02；2-03 1-03	2－02	滚条翻转，沿边缉线	3.03	线迹宽窄一致，防止起链形
	2－03	衣身翻转	手工	袖山圆顺自然，袖子盖住大袋1/2袋口

(三)装缝连肩袖

在装缝连肩袖时，先将衣片、袖片刀口对齐。衣片、袖片上段都是斜料，装缝时应注意不要拉伸，可先用牵带固定或手针定缝好，再上机缉装(表6－3－6)。

表 6-3-6 连肩袖装缝方法

工 艺 图	操作编号	工艺内容	缝型及工艺方法	工 艺 要 求
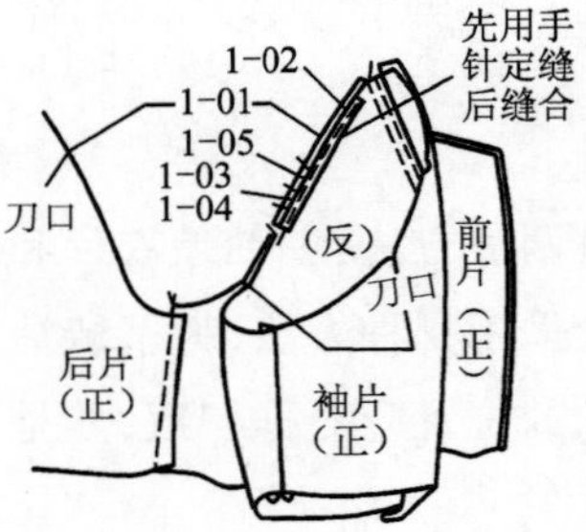 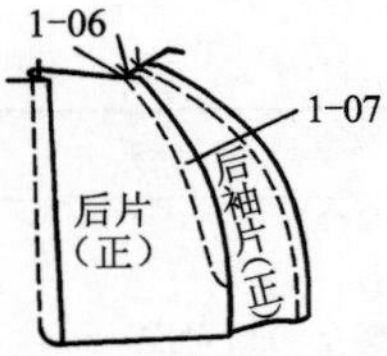	1-01	对准装袖位置	手工	各刀口对齐
	1-02	手针定缝	手工	斜丝部位不能拉伸
	1-03	缝合衣片与袖片	1.01	缝份宽窄一致
	1-04	缝份折烫		
	1-05	垫贴斜料并缝合	1.01	或用手针定缝
	1-06	翻转	手工	
	1-07	正面缉明线		宽窄一致，松紧适中，线迹整齐

三、拉链的安装

装缝拉链有全开襟与半开襟两种：一般全开襟拉链采用夹缝法装缝（表 6-3-7），半开襟拉链采用贴缝法装缝（表 6-3-8）。

表 6-3-7 全开襟拉链的安装方法

工 艺 图	操作编号	工艺内容	缝型及工艺方法	工 艺 要 求
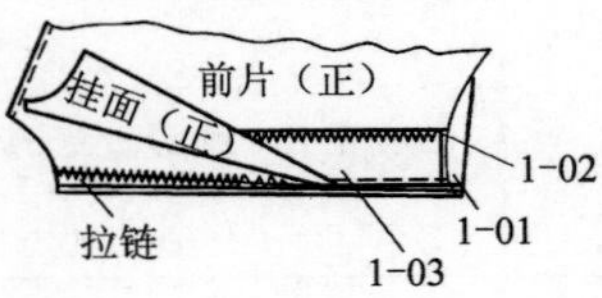 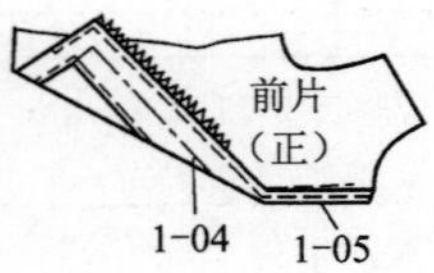	1-01	缝合挂面与衣领贴边	1.01	
	1-02	折转贴边	手工	按底边净缝线折叠
	1-03	缝合衣片、拉链、挂面	1.01	三层放置正确，松紧适中
	1-04	翻转，用手针定缝	手工	缝份翻折整齐
	1-05	衣片正面缉明线	1.06	止口宽窄一致，上、下整齐，不起链形

表 6-3-8 半开襟拉链的安装方法

工 艺 图	操作编号	工艺内容	缝型及工艺方法	工 艺 要 求
	1-01	缝合半开襟下端	1.01	留出装拉链的位置
	1-02	缝份烫开		按照贴边缝份折转烫倒
	1-03	固定衣片、拉链、垫襟布	手工	三层上、下松紧适中，所留缝份要符合要求，位置放置正确
	1-04	缉缝拉链与衣片	5.31	宽窄一致，线迹整齐、平服，注意左侧不要缉住垫襟布

四、裤腰的安装

（一）装缝整条式裤腰

装缝整条式裤腰一般有两种方法：一种是闷缝装腰法。在装腰前，先在裤腰上做好作缝的标记，并且折烫好缝份，然后将裤片嵌在腰里、腰面之间，上、下刀口对齐，再沿着腰面下口缉明线将三层一起缝牢。有时为了牢固或装饰，还可在腰的上、下缉缝双道明线。另一种是拉压缝装腰法（表 6-3-9）。

（二）装缝分开式裤腰

装缝分开式裤腰可采用拉压缝的方法，具体缝制方法参见表 6-3-9 所示。

表 6-3-9 整条式裤腰装缝方法（拉压缝装腰法）

工 艺 图	操作编号	工艺内容	缝型及工艺方法	工 艺 要 求
	1-01	腰里对齐腰口	手工	装腰刀口对齐
	1-02	缝合腰里与裤片	1.01	上、下松紧一致，缝份宽度一致
	1-03	翻转	手工	
	1-04	嵌入串带襻	手工	位置正确
	1-05	缝合腰面与裤片	1.01	平服、不起链形
	1-06	缝牢串带襻	5.31	来回针

（三）装缝连腰式裤腰

连腰式是指裤腰与裤片是连在一起的，但裤腰里布仍然需要裁配片。装缝时，先按照褶裥部位缉缝褶裥。缉缝后片省缝时，腰节以上缉成直线，具体缝制方法如表6－3－10所示。

表6－3－10　连腰式裤腰装缝方法

工　艺　图	操作编号	工艺内容	缝型及工艺方法	工 艺 要 求
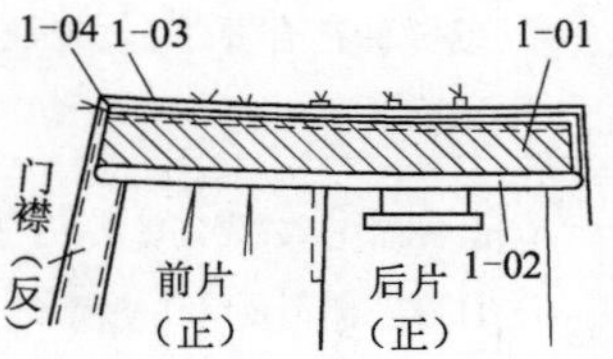	1－01	腰里粘衬	1.01	注意剥离强度
	1－02	腰里包衬折烫		缝份宽窄一致
	1－03	腰里与裤片缝合	1.01	上、下松紧适中，缝份宽窄一致
	1－04	翻转压缉	2.02	腰里翻转，紧贴上口缉窄明线止口
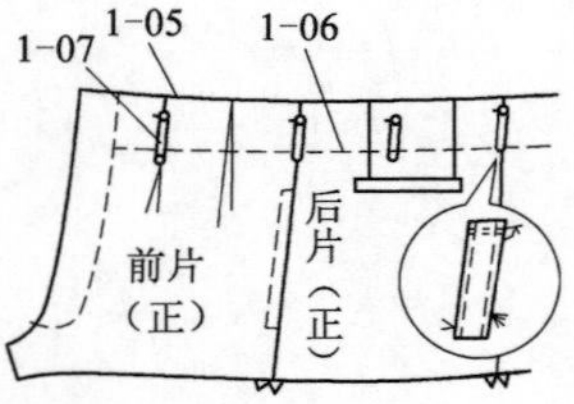	1－05	折烫		正面不露止口
	1－06	腰里下口与裤片缝合	5.31	平服不起链形，线迹整齐，宽度一致
	1－07	钉缝串带襻	1.01 5.31	位置正确，来回针缝牢，注意牢度

（四）装缝松紧式裤腰

装缝松紧式裤腰可采用拉压缝的方法（表6－3－9）。缝时特别要注意腰里与腰面的平服。裤腰必须拉紧才可与裤片缝合，松紧应一致，否则上下尺寸将发生落差，导致裤腰装缝不上。

第四节　特殊材料服装的缝制

服装的种类很多，除了前面介绍的机织品服装外，还有其他一些种类的服装，如针织品服装、皮革类服装、羽绒服装等。下面介绍这些服装种类的缝制方法。

一、针织成衣的缝制

所谓针织服装，是指用各种针织坯布制成的服装。针织生产中几乎所有品种都需经过缝制加工才能成为成品，所以缝制工艺直接影响到针织产品的规格、式样和质量。通过裁剪等缝制工艺过程，还可以部分地解决在编织、染整工程中所造成的一些疵病。

在针织服装的设计、裁剪、缝制等作业中，应充分注意到针织面料本身所具有的一些特有性质，如脱散性、拉伸性、工艺回缩性等。

（一）脱散性

有些针织面料在裁剪后，被切断的布边处线圈失去了串套连接后，就会按一定方向发生脱散。由于脱散性的存在，在设计和缝制时，就要考虑采用防止脱散的线迹结构。

（二）拉伸性

针织面料具有较强的拉伸性（也就是弹性）。拉伸性或弹性好的面料，在裁剪、缝制和整烫过程中均应加以注意防止成品拉伸，使规格尺寸发生变化。缝制时，要选用与缝料拉伸性相适应的弹性缝线及线迹结构，以防止成衣在穿着过程中缝线断裂。

（三）工艺回缩性

在缝制加工过程中，针织衣片在长度和宽度方向上会发生一定程度的回缩，其回缩量与原裁片长度之比称为缝制工艺回缩率，一般在2%左右。在针织服装的设计和缝制过程中，工艺回缩率也是需要慎重考虑的因素之一。

针织产品缝制加工顺序主要取决于产品的款式和所选择的缝迹。组合工序的原则是：选择合理缝迹，各工序协作顺手，交接方便，能充分发挥机器的使用效率等。

下面以男横机领长袖衬衫为例，介绍其缝制过程（表6－4－1）。

表6－4－1　针织男横机领长袖衬衫的缝制方法

工　艺　图	操作编号	工艺内容	缝型及工艺方法	工 艺 要 求
0－1　0－2　0－3　0－4　0－5　0－6　0－7　0－8　0－9　0－10	0－1	做口袋，画袋口位置	包缝，手工	袋口粘衬，位置准确，不歪斜
	0－2	装缝口袋	5.31	折边宽窄一致
	0－3	做门、里襟	1.01	平服、无皱褶
	0－4	缝侧缝	五线包缝	上、下两层松紧一致
	0－5	做袖	四线包缝	上罗口松紧均匀
	0－6	装袖	五线包缝	袖底缝与大身侧缝对齐
	0－7	装领	平缝	松紧均匀，两领角对称一致，商标同时钉缝牢
	0－8	门襟封门、里襟包边	四线包缝	
	0－9	缝底边	三线包缝	宽窄均匀一致，不匀程度不超过0.3mm
	0－10	锁眼、钉扣		眼位正确，大小与纽扣规格相配，眼孔端打3～4针套结，纽扣位置对准扣眼

二、皮革服装的缝制

皮革服装的品种很多，有外衣，也有内衣。内衣又有背心、衬衫、短裤等。外衣有皮袍、大衣、夹克、裙子、皮裤等。有上下配套的，也有与其他服装相配套的。

皮革服装的用料十分讲究，张大、板薄，无严重伤残的优质动物皮才能缝制服装。由于动物皮资源不像棉、麻、毛、化学纤维原料那样易得，数量少，挑选率低，技术要求高，因此显得十分珍贵。皮革服装在服装品种中属高档产品。

用以制作服装的皮革是软革品种，同时它又比较挺括，因为它是一种天然的多层交错的网状纤维组织。这种柔软和挺括的统一，是皮革服装特有的性能。皮革服装另一个特点是耐穿，由于皮革纤维是立体结构，所以它具有耐折、耐磨、耐压性能。一般来讲，其服用寿命比任何纺织纤维服装都长。

由于皮革原料的一些特有性能，在成衣缝制过程中，工艺要求、设备等也与一般服装有所不同。如皮革服装的缝份一般不是熨烫开的，而是用一种专用胶水把缝份与衣片粘住，然后用锤子敲平，这在工艺上称为“敲开缝”。一般上衣两侧侧缝、装领等都采用敲开缝。前、后衣片各块皮革之间的拼接缝，有时常采用正面缉明线止口的工艺进行。这就不采用敲开缝了，而是采用坐倒缝。采用哪一种工艺方法缝制，主要视品种款式和工艺要求等而定。

下面以绵羊皮男夹克为例，介绍其缝制过程及工艺要求（表6－4－2）。

表6－4－2　绵羊皮男夹克缝制方法

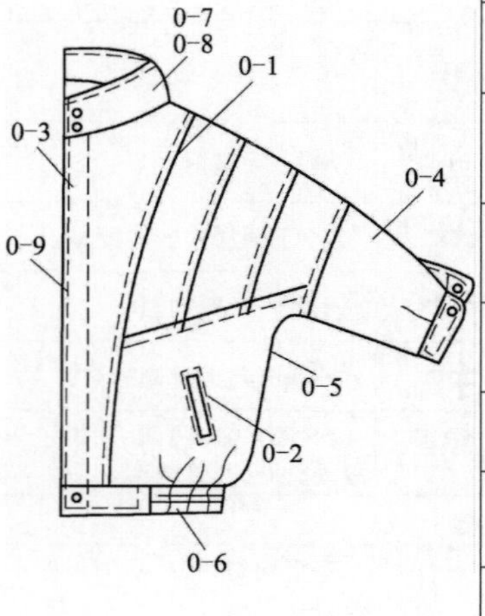

工　艺　图	操作编号	工艺内容	缝型及工艺方法	工 艺 要 求
	0－1	前、后衣片拼块	2.02	前后、上下方向不能颠倒，正面缉止口，宽度一致，门襟黏衬
	0－2	画袋口，开袋	2.02	位置准确，开袋平服，反面缝份均为敲开缝，正面袋口缉止口
	0－3	缝大身里布、袖里布，绱拉链	1.01	拉链装缝在挂面上，大身与袖里布不缝合
	0－4	做袖，绱克夫，绱里布，开衩	4.07	袖中缝、袖底缝均为敲开缝，袖开衩缉明线，袖克夫松紧适中，袖里布底缝处留一空隙，以便翻转
	0－5	合侧缝，绱袖肩衬	1.01 敲开缝	平服，左右对称，肩衬定制，侧缝为敲开缝
	0－6	装底边克夫	1.01 敲开缝	松紧均匀，对称
	0－7	做领	1.01	粘衬，无链形，平服
	0－8	绱领	2.20	左右对称，缝份为敲开缝
	0－9	缝合里布、面布	1.01 敲开缝	各部位对齐，先缝合大身，后缝合大身与袖片
	0－10	翻转	2.02 手工	从袖底空隙处翻出整件衣服，门襟、领缉止口

三、羽绒服装的缝制

羽绒服装是指在面布与里布的中间，用羽绒作为填充料的服装。羽绒服装具有轻、暖、软的特点，御寒力强，舒适轻便。由于羽绒的绒丝细而富有弹性，穿着羽绒服装很容易跑绒，即绒丝会穿过面料钻出来。为了防止这个弊病，羽绒制品的面料须选择组织细密、经过涂层处理、手感柔软、轻薄挺括的上等面料，目前使用的面料有高密度防绒、防水的真丝塔夫绸、尼龙缎、防绒棉、TC 布等。有的采用单层，有的采用双层。在缝制羽绒服装时，因为羽绒比重特别轻，能随气流飘走，所以不能像棉花那样先铺后缝，而是采用先将衣片裁剪缝制好，留一小孔，再用专用设备往里面充绒，拍打均匀，最后绗绒。一般在面上绗成大方块或其他图案形状。绗绒的目的，一是固定绒丝，使衣服各部位绒丝均匀，不至于涌成一堆；二是出于对款式的要求，作为装饰。近年来，又出现了在面上不绗绒，而采用一层密度较高、牢度较强的防绒纸或涂层尼龙，衬在面布与羽绒的中间，缝制时，将里布、羽绒、防绒纸绗在一起即可。

羽绒服装，由于填充料的特点，使其缝制工艺与其他种类的服装有所不同。在裁剪衣片时，一般以背长为基本尺寸，同时考虑以下几方面的因素。

(1)面料的自然回缩。一般在衣长上加 1cm。

(2)绗面线的回缩。每档加 0.5cm，即竖向有绗面线，回缩加在胸围尺寸上，每一档加 0.5cm；横向有绗面线，回缩加在衣长尺寸上，同样是每一档加 0.5cm。

(3)胸围的自然回缩。若无直绗面线，预放自然回缩 2cm；若有直绗面线，除上面所加的绗面线回缩外，再预放自然回缩 2cm。

羽绒服装缝制工艺流程与一般服装大体相仿，只是要进行充绒、拍绒、绗绒的工艺过程。羽绒计量单位为克(g)，目前经常使用的有白鹅绒、灰鸭绒、白鸭绒、混合绒等。每种羽绒含绒量用百分比来表示，百分比越高，羽绒质量越好，混合绒不标百分比。一般一件羽绒服装充绒量确定之后，各部位如大身(前片、后片)、袖子、帽子等的羽绒量比例也就相应确定了。充绒之后，封口拍绒，要求前胸与后背厚些；腰节上部比腰节下部厚些；袖子不能厚于大身；袖肘下部不能厚于袖肘上部；钉袋部位略薄，但整件衣服应无明显厚薄感。一般讲，羽绒服装大身、袖子等部位的充绒是分开的，但也有不分开的。有些羽绒服装的口袋、领子的填充物为腈纶棉，但也有充绒的，视款式和要求不同而异。

绗绒时，将机针对准画线，左手食指略将面子向上推送，用右手在前面拉，但不能用力过猛，以免造成针迹稀疏，面、里料有长有短或打裥。要求绗线顺直，针迹清晰、均匀，面里平服，松紧一致，绒厚薄无明显差别。

下面以 TC 布面尼龙里男羽绒大衣为例介绍其缝制过程(表 6-4-3)。

表6-4-3　男羽绒大衣缝制方法

工　艺　图	操作编号	工艺内容	缝型及工艺方法	工 艺 要 求
	0-1	画线点眼	手工	采用粉质的铅笔，线条要细而浓
	0-2	缝里布	1.01	缝线整齐、清晰
	0-3	做领	1.06	领子平服，要有里外匀，缉止口顺直
	0-4	做袖	1.01	袖山吃势均匀圆顺，两袖对称
	0-5	做大袋	1.01	三层袋布放置准确，两袋对称
	0-6	缝门襟	1.06	门、里襟无长短，明线整齐不弯曲
	0-7	做帽	1.01	正面缉窄止口，帽门穿丝带
	0-8	缝育克	1.06	前后拼缝无长短，活络贴边顺直、平服
	0-9	开胸袋	1.06	袋角方正不毛，嵌线顺直、袋布平服，正面缉止口
	0-10	装领	1.01	装领领圈不逥、不剩，里、面省缝对齐，商标尺码吊襻居中
	1-11	装拉链	4.07	拉链平挺整齐，不起链形
	1-12	缉里襟	1.01	外形止口顺直、平整，宽窄一致
	1-13	充、拍、绗绒	专用设备	绒厚薄无明显差别，绒铺到头无坐势，来回针牢固，袖底缝、侧缝线对齐
	1-14	装大袋		止口顺直，不起链，不反吐，回针牢固，两袋高低进出一致
	1-15	钉纽扣	1.01	钉扣位置准确、牢固

第五节　缝制工艺实例分析

本节以女立领衬衫为例，全程分析其缝制工艺，帮助理解缝制工艺的程序和要点。

一、技术文件的准备

女衬衫工艺单如表 6－5－1 所示。

表 6－5－1 女衬衫工艺单

××制衣有限公司制造通知单(第 1 页)　　编号:×××××

女装立领衬衫　　××年×月×日

客户订单号码	客户款式号码	制造品名称	数量	落货日期
	339618	女装长袖衬衫	2790PCS	

测量编号	服装部位（量法见后款式图）	尺寸单位:cm				
		XS	S	M	L	XL
1	前长			54		
2	胸围(1/2 胸围)			44		
3	袖长			74		
4	克夫长			17		
5	克夫宽			6		
6	袖底缝长			36.5		
7	袖窿深			23		
8	前省长			21		
9	底摆宽			44.5		
10	前底摆翘			7		
11	门襟宽			3		
12	门襟长			38		
13	底领高			3		
14	翻领宽			4.5		
15	领围			39		
16	领尖长			6		
17	胸宽			32		
18	肩宽			37.5		
19	背宽			37		
20	后省长			22		
21	侧缝长			26		
22	后底摆翘			7.5		
23	纽间距			7		
24	纽洞间距			7		
分　配						
浅蓝色			300	580	250	
灰白色			450	660	265	
粉红色			85	150	50	
总:835＋1390＋565＝2790PCS						

续表

××制衣有限公司制造通知单(第2页)　　编号:×××××

女装立领衬衫　　××年×月×日

布料名称	组织/成分	颜　色
涤纶人造丝	100% RAYON	

缝线	#695	拉链		唛头	HONG COLLECTION	纽扣	#18 及#20 两孔配色纽

<table>
<tr><td rowspan="8">唛头位置</td><td>HONG COLLECTION(黑底白字)主唛:配唛线四边车于底领后中</td></tr>
<tr><td></td></tr>
<tr><td>HRZH1002(黑底白字)成分唛:摄车于左后底领内下,离主唛1.3cm</td></tr>
<tr><td></td></tr>
<tr><td>HRZH1003(白底黑字)洗水唛:摄车于左侧缝内,离腋下7.5cm</td></tr>
<tr><td></td></tr>
<tr><td></td></tr>
<tr><td></td></tr>
<tr><td rowspan="16">制造要求</td><td>针距:13针/3cm</td></tr>
<tr><td>过肩:一片边线过肩,前盖后,0.3cm单线,不见止口</td></tr>
<tr><td>前襟:右搭左,另备5 cm明贴,扣压缝0.2cm明线,贴内里前中边1.3 cm车单线(面不见线),右前中顶摄车边线纽耳(见衣身款式图)</td></tr>
<tr><td>肩线:内包缝,上盖下,0.1cm单线</td></tr>
<tr><td>袖身:开袖衩,面用宽3cm的宝剑头袖衩,袖底衩用1cm捆条捆边,衩顶内车单线(见袖图)</td></tr>
<tr><td>袖口:一片0.6cm单线袖克夫,顶双线,边0.3cm单线(见袖图),不见止口</td></tr>
<tr><td>袖底连摆骨:外包缝,缉0.1cm、0.6cm双线</td></tr>
<tr><td>袖窿:内包缝,衫身盖袖,衫身0.7cm单线</td></tr>
<tr><td>底边:卷边0.6cm单线</td></tr>
<tr><td>领:衬衫领,翻领0.3cm单线,不见止口,底领0.1cm单线(见领图)</td></tr>
<tr><td>纽门:左前中(6粒)　袖克夫(2粒)　纽耳扣合处(1粒)</td></tr>
<tr><td>钉纽:纽耳扣合处(1粒)　储备纽(1粒)　袖克夫(2粒)　(共4粒皆为#18纽)</td></tr>
<tr><td>纽门扣合处(6粒)　储备纽(1粒)　(共7粒皆为#20纽)</td></tr>
<tr><td>储备纽钉于左前纽贴内,离脚上7.5cm</td></tr>
<tr><td>钉纽用配纽色线</td></tr>
<tr><td>衬:GP-6衬用于领内、前中贴内及袖克夫内</td></tr>
</table>

续表

××制衣有限公司制造通知单(第3页)　　　　编号:×××××

××款式图

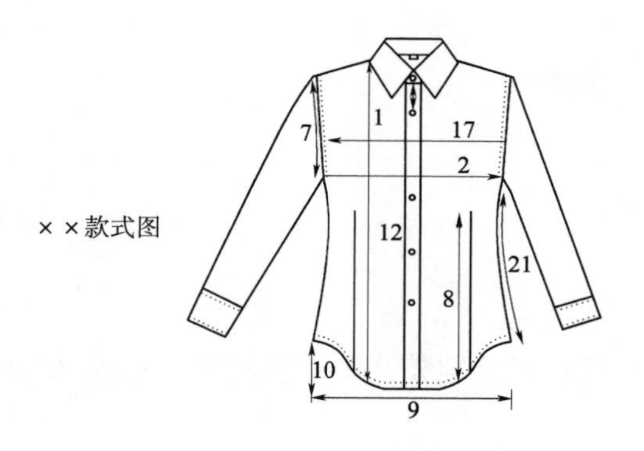

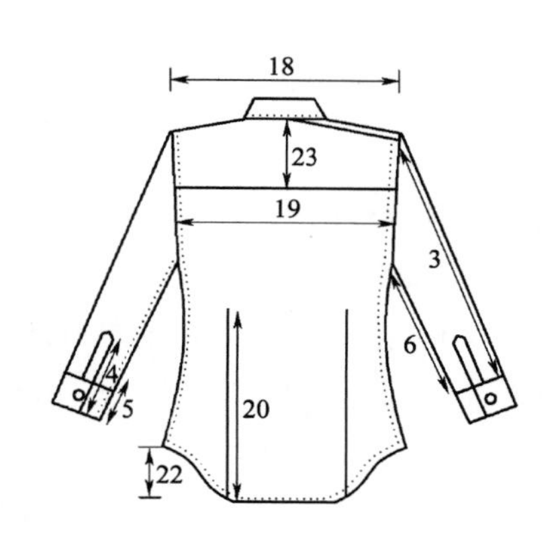

门襟宽度编号为11

纽扣位置:第一粒距离前中顶下距离为6cm,编号为23;其余间距相等,都是9cm、编号为24

××制衣有限公司制造通知单(第4页)　　　　编号:×××××

××款式图

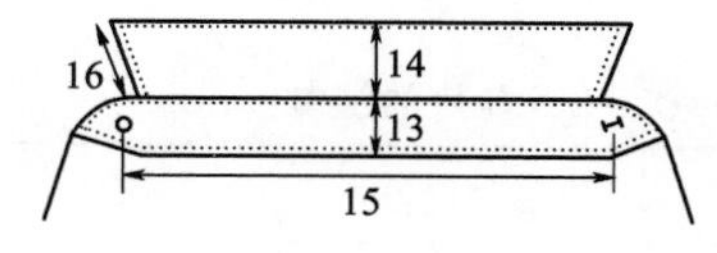

翻领缉0.3cm明线
底领缉0.1cm明线

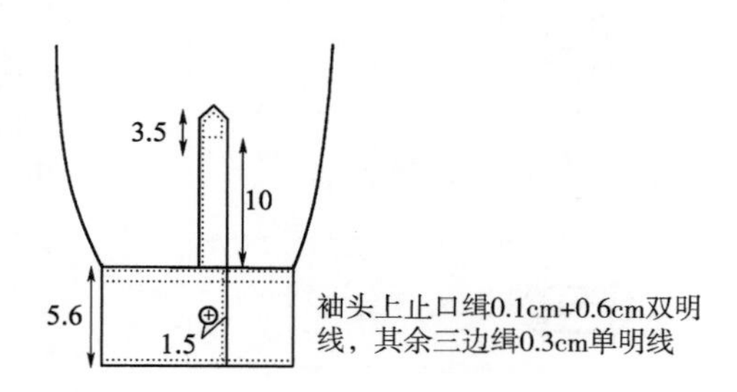

注　本制造单所列各项,必须看清楚再做板样,核准后方可制。

二、女衬衫缝制工艺

(一)女衬衫缝制工艺顺序

(1)准备工作:做缝制标记、粘衬。

(2)做前片:收前腰省,烫门、里襟挂面,缉缝门、里襟。

(3)做后片:收后腰省,缉合后片和过肩。

(4)做袖:做袖开衩、袖克夫。

(5)做领:做翻领和底领。

(6)组合:合肩缝、绱领、绱袖、装袖克夫、卷底边、剪线头。

(7)后道工序:锁眼、钉纽、整烫、检验、包装。

(二) 女衬衫的缝制

1. 缝制准备工作

(1)粘衬:可在缝制前黏好所有衬,也可在缝制各部件时分别黏。根据工艺单的要求,在翻领、底领和袖克夫面上黏 GP-6 衬。

(2)作缝制标记。

①前片:挂面宽、省、袖对位刀口、底边贴边宽。

②后片:后背中心、省。

③后过肩:后领圈中心、后背中心。

④袖片:对肩刀口、对位刀口。

2. 前片的缝制(表 6-5-2)

表 6-5-2 前片的缝制

缝制编号	缝制名称	缝型	缝纫设备
1,4	黏衬		黏合机
2	折叠并缉缝左止口		单针平缝机
3,7	缉省		平缝机
5	在右前片缉装门襟		平缝机
6	在右前片开扣眼		开眼机

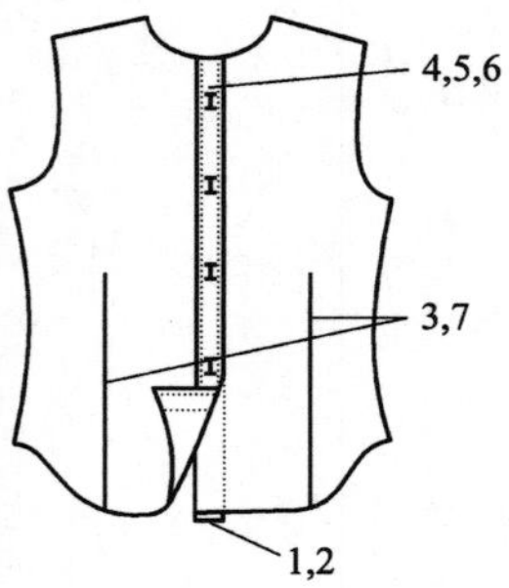

4,5,6
3,7
1,2

工艺说明:

(1)收腰省:省尖缉尖,两片省左右对称、长短一致,省尖处留线头不少于 4cm,打结后剪短。

(2)烫省:从省根向省尖烫。省缝向门襟方向烫倒。省尖部位的胖形要烫散,不可有褶裥现象。

(3)烫门、里襟:门、里襟宽窄按刀口,从上向下烫,再在门襟上缉压明线,止口按工艺单要求为0.2cm,里襟缉1.3 cm明线。

3. **后片的缝制**(表6-5-3)

表6-5-3 后片的缝制

缝制编号	缝制名称	缝型	缝纫设备
8	缉省		平缝机
9	缉后育克		平缝机

后育克采用内包缝形式,根据工艺单,缉0.3cm明线。

4. **袖开衩工艺**(表6-5-4)

表6-5-4 袖开衩工艺

缝制编号	缝制名称	缝型	缝纫设备
10	扣烫大、小袖衩	手工	熨斗
11	在袖衩上缉小袖花		平缝机
12	缉小袖衩和三角底边		平缝机
13	缉合宝剑头袖花和袖片		平缝机

工艺说明:

(1)扣烫好大、小袖衩,注意扣烫好的袖衩底比面宽出0.1cm。

(2)先装里襟袖衩,袖衩比小三角的底边高出1cm,缉0.1cm明线直到三角底边,再在袖的正面将小三角的底和小袖衩缉合。

(3)装宝剑头袖衩。宝剑头比小三角底边高出2cm左右,缝制方法如表6-5-4所示,封口位置在开衩口向下0.8~1cm处,然后沿着宝剑头缉0.1cm明线。

5. 袖口工艺(表6-5-5)

表6-5-5　袖口工艺

缝制编号	缝制名称	缝型	缝纫设备
14	黏衬		黏合机
15	扣烫克夫面、里上止口		熨斗
16	缉面止口明线		平缝机
17	缉合面、里克夫		平缝机
18	翻转、熨烫	手工	熨斗
19	袖克夫锁眼		锁眼机

工艺说明：扣烫面、里上止口时，袖克夫里要比面多出0.1cm，然后在袖克夫面的上止口根据工艺单要求缉0.5cm明线。把袖克夫的角折方烫煞后再翻到正面，左右要对称。锁扣眼的位置如工艺单所示。

6. 衣领的缝制(表6-5-6)

表6-5-6　衣领的缝制

缝制编号	缝制名称	缝型	缝纫设备
20,25	黏衬		黏合机
21	缉缝翻领外口		平缝机
22	翻向领面	手工	翻领机/手工
23	熨烫	手工	熨斗
24	缉翻领明线		平缝机
26	扣烫底领下止口		熨斗
27	缉底领下止口明线		平缝机
28	缉合翻领和底领		平缝机
29	翻转底领		手工
30	缉缝底领上口明线		平缝机

工艺说明：按净板样黏衬，缝合两片翻领时，要面松里紧，避免反吐。衣领翻到正面时，用翻领机。如果用手工，先把缝份向领面一方扣烫，在净缝的基础上多扣烫0.1cm，把领角折叠，领尖烫煞，有时需剪掉领尖缝份的三角。这一步很重要，不然衣领的领角翻不尖，且易反吐。

在缝合翻领、底领时,要注意对齐刀口。缉底领 0.1cm 明线时,从距离翻领领边 3cm 左右开始,到距另一边约 3cm 处结束,衣领左右务必对称。

7. **衬衫组合工艺**(表 6-5-7)

表 6-5-7 衬衫组合工艺

缝制编号	缝制名称	缝型	缝纫设备
31	缉合肩缝		平缝机
32	绱领,缝唛头		平缝机
33	绱袖		平缝机
34	缉腋下缝(侧缝)、袖底缝、缝成分唛		平缝机
35	绱袖克夫		平缝机
36	缉克夫明线		平缝机
37	钉纽扣		钉扣机
38	卷底边		平缝机
39	清剪线头,检查	手工	

工艺说明:

(1)绱领时,衣身领圈在下,衣领领身在上。起针时,下层比上层多出 0.1cm,这样可避免前门襟衣身和衣领相接的地方不齐、衣领长出来的现象。

(2)绱袖时,衣身和袖面面相对,袖片在下层,袖缝份比衣身多出 0.3cm,按衣身净缝缉合,袖吃量多的地方衣身拉紧,注意对刀口。将袖缝份多出的部分包住衣身扣烫,整个缝份倒向衣身,在正面按工艺单要求缉 0.7cm 明线。

(3)绱袖克夫时,袖克夫里、面两层夹住衣身袖口,按工艺要求缉明线。

(4)钉扣位置如款式图所示,前门襟第一粒在底领上,第二粒距第一粒 6cm,其余间距 9cm。钉缝袖克夫纽扣及备用纽扣,钉扣的位置如款式图。

小结

本章详细阐述了衣身、口袋、衣领、衣袖、下装等服装部件的缝制方法和要点,重点分析了衬

衫、西装、西裤等典型品种的组装工序和技术要点。

本章的重点是服装各部件的缝制方法和衬衫、西装、西裤等典型服装品种的组装工序。

思考题

1. 根据翻折线的形状，翻折领有哪几种？简述各自的缝制工艺要点和工艺流程。
2. 衬衫袖开衩的缝制方法有哪几种？并简单说明各自的工艺流程。
3. 简述双嵌线、带袋盖挖袋的缝制要点。
4. 襻带的缝制方法有哪些？具体说明缝制过程要点。
5. 简述男西装胸衬的缝制过程并图示说明。
6. 简述男西装里布的缝制过程并图示说明。
7. 简述装缝二片袖的要点和方法并图示说明。
8. 简述装缝拉链的方法和缝制要点并图示说明。
9. 什么是"敲开缝"？皮革服装的缝制过程中哪些部位采用这种缝制方法？
10. 羽绒服装在裁剪衣片时应考虑哪些因素？在进行拍绒和绗绒时要注意哪些关键技术动作？

基础理论——

缝纫原理

课题名称: 缝纫原理

课题内容: 缝纫机线迹的特点及形成

缝口强度

缝制质量因素

课题时间: 2 课时

训练目的: 1. 了解缝纫机线迹的特点及形成中的用线量与线迹的强度

2. 了解缝口强度的计算及影响缝制质量的因素

教学要求: 用图示及动态教具展示成缝原理。

第七章　缝纫原理

在服装缝制加工过程中通常要采用机线进行缝合，对于无纺布、化学纤维布、尼龙布、喷胶棉、热熔性面料等有时也运用超声波缝合机进行无针缝合，所以只有了解了服装缝制的过程和缝纫设备的工作原理，才可能在缝纫工艺方面保证产品的质量。

第一节　缝纫机线迹的特点及形成

一、线迹的脱落性

为了保证机缝缝口的强度，很重要的一个指标是线迹的脱落性，在穿着的过程中不能过早地脱落。平缝线迹可以说是一种无脱落性的线迹，因为该线迹上下线编织后的交点应该位于面料层次的中间。当上下线编织后的交点在面料的表面时，如图 7－1－1 所示的情况下，线迹因有弹性松弛，不能使面料间更好地结合起来，任何一条线的断裂都会引起线迹的脱落。通常在组合部件时，运用这种线迹使面料间暂时缝合在一起。曲折线通常用在扣眼上是因为它的线迹具有不脱落性，并且在一个线迹上的线数是正常曲折线的 2 倍。如果正确地选择和运用锁式线迹，那么它非常适于面料间的缝合。通常不用锁式线迹来缝制针织面料，因为这种线迹的弹性很小，如棉线的弹性为 13% 左右。

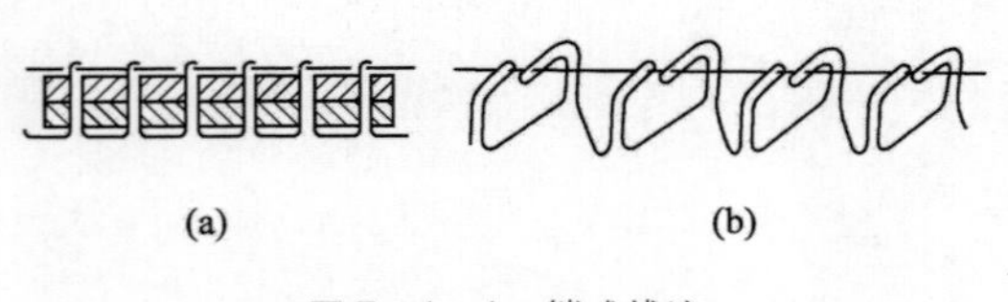

图 7－1－1　锁式线迹

单线链式线迹有更强的脱落性，拽断线迹的尾端，很容易一个接着一个地脱落，直至最后一个套结，所以这种线迹常用于暂时性的面料间的缝合[图 7－1－2(a)]。暗线单线链式线迹一般运用于大衣、风衣、裙子和裤子的底边上。应该注意的是，在缝制后应留出 0.5～0.6cm 的线头，通常从经常受力的一端缝起，这样线迹在受力的时候不会脱落[图 7－1－2(b)]。用单线链式线迹缝纽扣和扣眼时，套结打结在面料的下面[图 7－1－2(c)]，这样可以排除脱落的可能。在用单线链式曲折线迹锁扣眼时应注意线迹密度。这种线迹锁的扣眼要比锁式线迹漂亮得多。

双线链式线迹的脱落性是有相对性的。如图 7－1－3 所示，要想拆散该缝迹，首先打开最后一个线迹，然后按顺序拉上、下机线。这就是说，如果最后一个线迹被固定的话，那么缝迹就

很难拆散。即便是在缝迹的某个位置断裂而下机线没有断裂的时候,这种线迹也不会脱落。但在形成这种线迹时,如果机线的拉力不够并且线迹很长、很松的话,就很容易脱落。这时拉伸下机线,下机线会变直并从缝迹中抽出来。

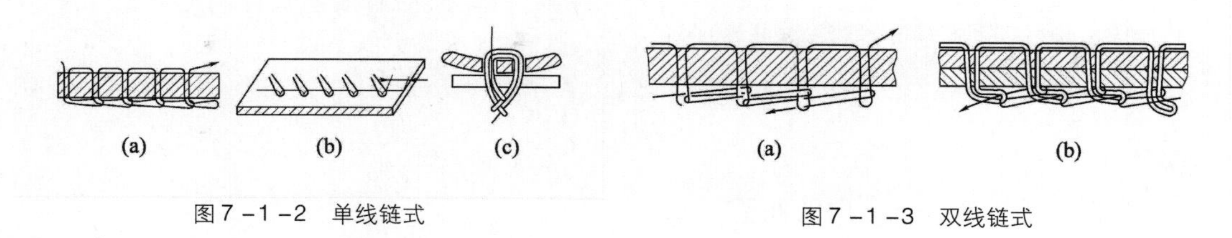

图 7-1-2 单线链式　　图 7-1-3 双线链式

在机线的用量上,链式的线迹要比锁式的线迹用量大。同样的单线迹,在同长度缝迹上的用量,链式线迹的机线用量要比锁式的线迹多 1.5 倍。用链式的线迹来锁边,如皮毛、针织产品、真丝产品等,可以达到节省面料的目的,因为其可以省去缝份的部分。

二、缝纫线耗量

缝纫线耗量是在缝制服装前,准备面、辅料时必不可少的数据。为了计算缝迹的缝纫线耗量,需要知道单位线迹上的缝纫线耗量。单位线迹上的缝纫线耗量可以通过实验法和计算法求得。

实验法是拆开已缝的线迹可以得到缝纫线的长度,或者缝前测量好线的长度,然后再缝并测量好缝迹的长度。实验方法可以测量出不同面料的厚度、不同种类、不同密度的线迹的缝纫线耗量。这样缝纫线的耗量可以用以下公式来计算:

$$L = mll_X$$

式中:L——缝纫线的耗量,cm;

m——单位缝迹上(1cm)的线迹数量;

l——缝迹的长度,cm;

l_X——单位线迹上的缝纫线的耗量。

单位线迹上的缝纫线耗量也可以通过公式计算得出。任何机缝线迹的缝纫线耗量都由两部分组成:线迹中弯曲在交点的部分和在线迹交点间的部分。缝纫线在线迹交点的部分是曲线,并由于面料的变形而产生了张力。在较硬面料上的线迹的走向近似为直角,而在软一些的面料上近似为椭圆形。由于这样的特点,找到合适的计算公式来求出缝纫线的用量是很困难的。线迹是均匀的,任何形状的线迹都可以它的一边作矩形的边长(图 7-1-4),就是说如果采用一个系数,任何形状的线迹都可以近似为矩形,每条线在面料中的形状是由几个直角组成的。

如图 7-1-4 所示,单位缝迹上的线迹密度为 m,线迹长为$\frac{1}{m}$(cm),在同一线迹中重复的

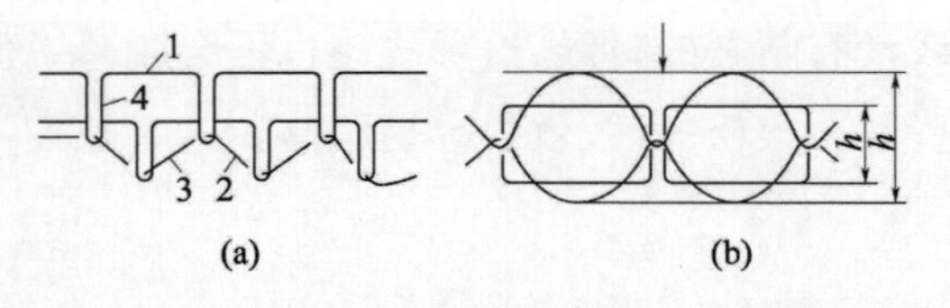

图 7-1-4　图解机缝线迹的缝纫线耗量

部分为 n，线迹宽为 b(cm)，面料厚度为 h(cm)，校正系数为 K，这样线迹可以看作是由几部分组成的：

第一部分，沿着线迹长方向的耗量：

$$\sum l_1 = \frac{n_1}{m}$$

第二部分，沿着线迹宽方向的耗量：

$$\sum l_2 = n_2 b$$

第三部分，与线迹长成一定角度，即直角三角形的斜边，另两个直角边为线迹的长 $\frac{1}{m}$ 和线迹的宽 b：

$$\sum l_3 = n_3\sqrt{\frac{1}{m^2} + b^2} = \frac{n_3\sqrt{1 + m^2 b^2}}{m}$$

第四部分，沿面料厚度方向的耗量：

$$\sum l_4 = n_4 K h$$

这样缝迹的长等于四部分的和与该缝迹上线迹数量的积，缝迹的缝纫线耗量（单位：m）为：

$$L = l[n_1 + n_3\sqrt{1 + m^2 b^2} + m(n_2 b + n_4 K h)]$$

如果我们想更好地运用这个公式，就需要了解线迹的结构，判断出在一个线迹中各部分的数量。如简单的平缝线迹缝纫线的用量单位：m。公式：$n_1 = 2$，$n_2 = n_3 = 0$，$n_4 = 2$，$b = 0$。这样平缝线迹的缝纫线耗量的公式为：

$$L = 2l \cdot (1 + Kmh)$$

在计算单线包缝线迹的缝纫线耗量时，它的线迹长不是沿着缝迹的方向，而是从针迹到面料的边沿，再从面料的边沿到针迹，所以为了不使该公式复杂化，把一半的倾斜线看成是线迹的宽。例如，算出单线包缝线迹的缝纫线耗量公式，线迹长上的数 $n_1 = 1$，与线迹长成倾斜角的有4条线，一半认为是线迹宽上的数 $n_2 = 2$，一半斜边上的数 $n_3 = 2$，在面料厚度上 $n_4 = 4$，这样可以求出单线包缝线迹的缝纫线耗量（单位：m）为：

$$L = l[1 + 2\sqrt{1 + m^2 b^2} + 2m(b + 2Kh)]$$

校正系数 K 与线迹的种类和面料的特点有关，数值 l、m、h 可以通过实验来获得。在 l、m、h 等数值已知的情况下，可以通过公式求得在不同线迹密度和厚度的情况下，平均校正系数 K 的值。对于较薄的面料，如里料等，$K = 0.6$；西装和大衣的面料，$K = 0.5$；毛呢等厚的面料，$K=0.2\sim0.4$。链式线迹的校正系数大于平缝线迹的校正系数。

三、线迹的强度

在缝合过程中线迹受到摩擦力、温度、拉力、弯折等的影响，从而改变了缝纫线的性质，降低了缝纫线的拉伸强度。拉伸强度降低的多少与线的结构、缝纫机的转速、线上的拉力和线迹密度有关。

机线的强度不但消耗在穿过针孔的过程中，还消耗在面料、跳线杆和其他的地方。所以在平缝机机线强度上的损失是非常大的，最高可以达到40%，平均损失为13%～15%。

机线强度的损耗还与机线的捻向有关[图7－1－5(a)]。捻向从左向右的顺时针的Z捻和捻向从右向左的逆时针的S捻，在机线穿过针孔和曲挡时，造成了机线的变形。针孔一侧的机线变得更有捻力，而另一侧的机线则变得更松弛[图7－1－5(b)(c)]。受到单纱数量的影响，可能会形成图7－1－5中(c)的情况，在线迹的形成中运用了更有捻力的机线。这样，在穿过针孔时，机线的捻数越少，机线强度损耗的就越小。

对于平缝线迹，入针孔前和过针孔后的机线捻数是有差别的。Z捻向机线的捻数差小于6%，而S捻向的小于40%。正是由于这一特点，S捻的机线在缝制后，机线会损失很大的强度，并且外观也不好，所以平缝线迹常用Z捻的机线。

影响机线捻数变化的因素还会出现在线迹编织的过程中，线迹的编织可以是右向的[图7－1－6(a)]，也可以是左向的[图7－1－6(b)]。这些编织的方式是由缝制的工艺而定的。图7－1－6(a)是Z捻向的编织，使工作区的机线更有捻力，线迹中机线的捻数下降。图7－1－6(b)中S捻向的情况与Z捻向的正相反。

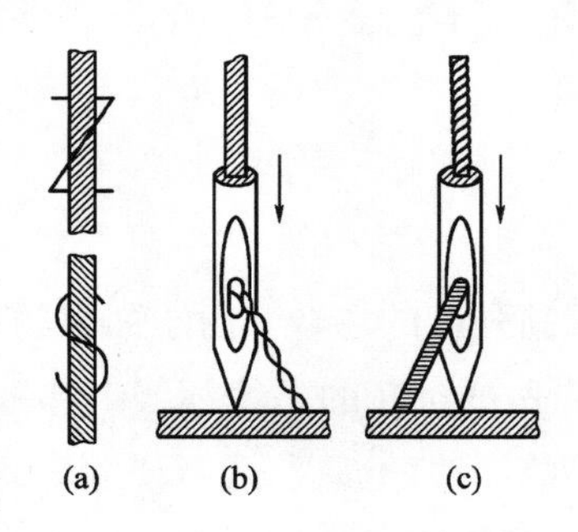

图7－1－5　针孔中的机线

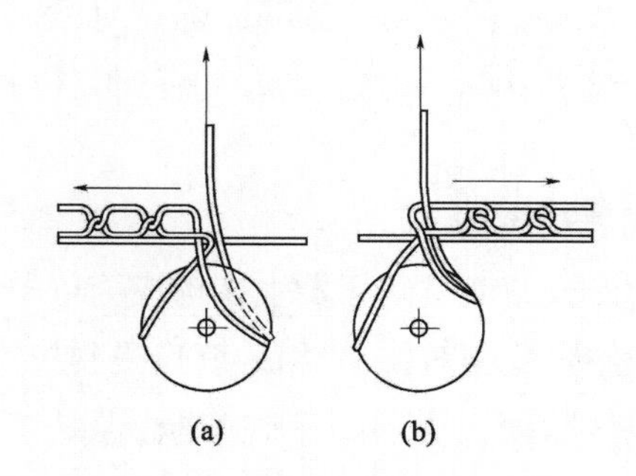

图7－1－6　线迹编织的方向

第二节　缝口强度

一件服装是由若干衣片组合而成的，衣片与衣片相互结合的部位称为缝口。服装缝制质量的好坏，集中表现在缝口的性能上，而缝口强度是缝口性能中最为重要的。

一、缝口强度的定义和测定

所谓缝口强度，是指缝口的牢固强度。在服装穿用过程中，缝口处总会受到各种拉力。缝口所能经受的最大拉力就是缝口的强度。除特殊规定外，缝口强度一般指垂直于缝口的作用力。

缝口强度可以利用织物拉伸强力机，参照织物断裂强度的测定方法进行测定。因为缝口强度与缝口的长度有关，因此测定缝口强度前要确定试样的宽度，一般试样的宽度确定为5cm。

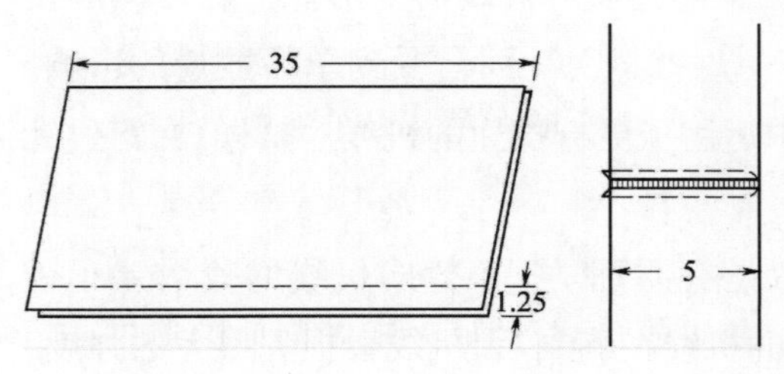

图7－2－1 制作缝口强度试样（单位：cm）

缝制试样时，先将面料剪成35cm宽，按规定的缝口条件将两片面料缝合，使缝迹距布边1.25cm，然后将缝好的试样剪成5cm宽。选用中间的五块作为正式试样（图7－2－1），将五块试样分别置于强力机上进行拉伸，测出缝口开始发生断裂时的拉力大小。测试时应注意将试样放平直并使缝口处于两只夹持器的中央部位。五块试样的测定值的平均值即为此缝口的强度。

二、缝口破坏形式

当缝口所受的拉力达到缝口强度时，缝口将遭到破坏。但是，由于缝口的组成情况不同，缝口的破坏形式也有所不同。基本有两种缝口破坏形式。

（一）缝纫线断裂型

此种形式的缝口破坏发生在构成缝口的面料具有较高强度的场合。由于面料的强度较高，而缝纫线的强度相对较小，因此缝口受到拉力作用时，首先被拉断的是缝纫线。伴随缝纫线的断裂，有时可能也会发生面料的破损，但是首先出现的是缝纫线的断裂，或者说缝口的破坏是由缝纫线的断裂所造成的。因此，这种缝口破坏形式为缝纫线断裂。

（二）面料破损型

此种形式的缝口破坏发生在用高强度的缝纫线缝合强度比较低的面料时。在这种场合下，当缝口受到拉力时，缝纫线一般不会被拉断，而是缝口附近的面料被拉破，使缝口遭到破坏，其实际过程是，当缝口受到拉力作用，面料被拉破之前，首先是平行于缝口的纱线（经纱或纬纱）发生位移或者叫作纱线的滑脱，这时缝口附近出现许多裂口，严重影响了衣服的外观。这种情况下缝口已经受到了破坏,因此在缝口的这种破坏形式中,测定缝口强度有两个试验值,一个是缝口附近的纱线开始发生位移,缝口出现裂口时的拉力大小;另一个是缝口处的面料被拉破时的拉力大小。从实用上考虑,前者较为重要。

三、影响缝口强度的因素

缝口强度的大小,受许多因素的互相影响,其中主要的影响因素有以下几个方面。

(一)缝口的形式

衣片与衣片可以以各种不同的形式组成缝口。缝口的形式不同,其强度也不同。如两衣片缝合时,可以组成、、等各种形式的缝口。这些缝口的强度因其组成形式不同而各有差异。

(二)线迹的形式

各种线迹具有不同的强度,因此采用不同的线迹进行缝制,缝口的强度受其影响也会不同。如双重锁链线迹(401)的强度大于平缝线迹(301),因此使用双重锁链线迹缝制的缝口具有较大的强度。

(三)面料的性能

面料的性能,特别是面料的强度,是决定缝口强度的基础。如果面料的强度很小,那么无论其他因素如何改善,也难获得强度较大的缝口。而面料的强度又与面料的组织结构和纱线的性质有关。面料的组织密度大小、纱线之间摩擦系数的大小,都会影响缝口的强度。

(四)缝纫线的性能

缝纫线是使衣片构成缝口的纽带。因此,它的性能,特别是它的强力大小是影响缝口强度的重要因素。

通常所指的缝纫线强力,是指缝纫线在顺直的情况下[图7-2-2(a)]所测得的强力。如果图7-2-2(b)中,两根缝线在环套情况下进行强力测试,所得的强力值就称为缝线的环套强力。由于缝线在弯折部位应力集中,因此缝线的环套强力一般小于普通强力。为了测试简便,通常可以如图7-2-2(c)所示那样,测量缝线的结扣强力。缝线的结扣强力一般与环套强力相近似。

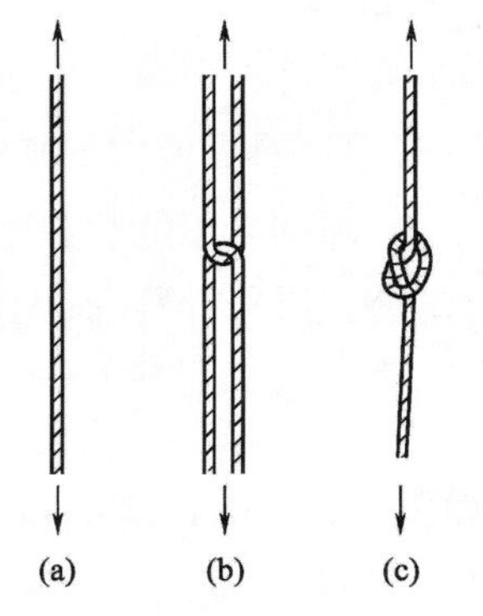

图7-2-2 缝线强力测试图

缝纫线经过缝制,在缝口中受到外力作用时大都处于环套状或结扣状,因此影响缝口强度的是缝纫线的环套强度或结扣强度。而且直接影响缝口强度的不是缝纫线环套或结扣强力的平均值大小,

而是它们之中最小的强力值。因为缝口的破坏都是从这些强力最小的地方开始的。

可以用以下方法测得缝纫线的最小结扣强力。

将50cm长的缝纫线每隔5cm打一个结，共打10个结。将此缝纫线在强力机上拉伸，此时各个结受到的拉力是相等的，最终缝纫线在最弱的打结处断裂。如此测试10次，找出记录中的最小值，便可以得到100个结中最小的结扣强力。

（五）面料在缝制中的损伤

面料在缝制过程中受到机械的作用，会产生一些损伤。如缝纫机针刺穿面料时往往会将面料中的纱线刺断，因而使面料的强度降低，从而影响缝口的强度。

（六）线迹密度

线迹密度与缝口强度有密切关系。改变线迹密度的大小，会影响缝口强度的大小，这在生产中有较大的实际意义。在生产中经常通过线迹密度来提高缝口的强度。

四、针织物的缝口强度

除特殊场合外，机织物的缝口强度只需用垂直于缝口的强度来表示。而针织物尤其是纬编织物，由于它本身具有很大的伸缩性，由这种面料构成的缝口，其强度除了表现在承受垂直于缝口的作用力外，还表现在承受沿缝口方向所作用的拉力。当针织物缝口沿线迹方向受到拉力时，将会产生较大的伸长变形。当伸长变形达到缝纫线断裂伸长率时，缝纫线将被拉断，而这时并没有达到针织物本身的断裂伸长，面料仍保持完好。由于缝纫线的断裂，缝口已受到破坏，这种破坏属于缝纫线断裂。对于针织服装，这种破坏形式是经常发生的，因此沿缝口方向的强度比垂直缝口的强度更为重要。这是针织物与机织物在缝制中的不同特点。

针织服装大多为非常合体的内衣，因此要求缝口平展，不能太厚，使人穿着舒适。从这个角度考虑，使用平缝线迹或双重锁链线迹进行缝制比较适宜。而三线包缝线迹缝制效果较厚，不如平缝线迹。但是三线包缝线迹具有较大的伸缩性，当沿着缝口方向受到拉力时，不易发生断裂，使缝口具有较大的强度，因此也较多被采用。

针织物处于缝纫线断裂型时，其缝口强度也可以根据机织物在缝纫线断裂型时的缝口强度计算公式进行计算，其中只需增加一个系数K，即：

$$T_N = 2tnK$$

式中：T_N——1cm宽缝口的断裂强度，N/cm；

t——缝纫线经缝制后的最小结扣强力，N；

n——线迹密度，针/cm；

K——系数;K可根据所采用的线迹形式而定。平缝线迹$K=0.92$,双重锁链线迹$K=1.12$,三线包缝线迹$K=0.94$。

当针织物缝口沿缝口方向受到拉力,缝纫线开始发生断裂时,缝口的伸长率F可由下式进行计算:

$$F=\frac{2nd}{f}\times 100\% + E$$

式中:n——线迹密度,针/cm;

d——布的厚度,cm;

E——缝纫线的断裂伸长率,%;

f——大于1的系数,根据面料的性质而定。

如$n=4$针/cm,$d=0.09$cm,$f=1.5$,$E=10\%$,则可算出缝口的伸长率$F=58\%$。

五、缝合效率

缝合效率,是指缝口强度与构成缝口的面料本身强度之比。如缝口强度P为193.06N,构成缝口的面料的强度T为245N,则缝合效率Q为:

$$Q=\frac{P}{T}=\frac{193.06}{245}=78.8\%$$

在服装缝制中,缝合效率可以作为缝口强度的评价标准。根据服装种类、用途、面料性能等条件,应规定出缝口强度的最低标准。这个标准目前一般是按缝合效率85%来确定的,也就是要求缝口的强度应达到面料本身强度的85%左右。表7-2-1所列数据是美国制订的女衬衫的缝口强度,其缝合效率均在这一水平上。

表7-2-1　女衬衫缝口强度标准值

品　种	面料强力		缝口强力		缝合效率(%)
	磅	N	磅	N	
普通女衫(薄面料)	20	89.18	17	75.46	85
	15	66.64	13	57.82	87
	50	221.48	43	191.10	86
普通女衫(厚面料)	35	154.84	30	133.28	86
	100	446.88	85	377.30	85
	50	221.48	43	191.10	86

理想的缝口强度是缝纫线与面料受拉力后同时发生断裂,但这很难实现。而且,从实际情况考虑,如果缝口处只是缝纫线断了,衣服还可以重新缝合继续穿用,而如果面料破了,则难以修补,衣服不能再穿。因此,缝制服装时还是控制使缝纫线在面料即将断裂之前发生断裂较为

适宜。这样对于棉织物来讲，缝合效率应控制在75%左右。表7－2－2所列数据是日本制订的棉织物缝口强度标准，其缝合效率多在75%左右。

表7－2－2　各种面料的缝合效率

面料品种	面料拉伸强力(N)	缝合强力(N)	缝合效率(%)	缝制条件	
				缝针数/3cm	针号
棉华达呢	245	193.06	78.8	棉50/3	14
棉双丝斜纹	415	279.30	67.3	棉40/3	18
棉单丝斜纹	380.24	279.30	73.4	棉40/3	17
丙/棉混纺	323.40	268.52	83.0	棉40/3	15
维/棉混纺	328.30	279.30	85.0	棉40/3	15
丙/涤/棉混纺	315.56	258.72	82.0	棉50/3	14

第三节　缝制质量因素

缝制质量的优劣关系着服装成品的外观好坏和服用性能。因此，对影响缝制质量的各种因素加以科学的控制，是生产中的重要问题。

服装生产是在机械化、高速化条件下进行的。要想获得良好的缝制质量，首先要保证服装材料具有良好的可缝性。所谓可缝性，是指服装材料能够适应机械的高速加工作用，能够按照加工制作的要求，不使材料受到损坏。因此，缝制质量，实际上是控制生产中的各种因素，使服装材料具有良好的可缝性。

服装材料的可缝性有各种表现形式，其影响因素也是多方面的。前面所讲到的缝口强度，实际上也可作为可缝性。下面就生产中常遇到的可缝性问题，分析一下与之有关的各种因素。

一、缝口缩皱

缝口缩皱，是指服装面料经过缝制加工后沿缝口产生的变形现象。例如，缝口凹凸不平、缝口长度缩小、缝口起皱、产生波纹、上下两层面料移位等都属于缝口缩皱。缝口缩皱是缝制中经常出现的问题，它对服装产品的外观质量有很大影响。

（一）缝口缩皱的形成

1. 缝制过程中产生

用缝纫机缝合面料时，为了形成线迹，缝纫线都将受到很大的张力。缝合以后，缝纫线在自

然状态下要回复原状，便产生一定的收缩力。缝口在缝纫线收缩力的压迫下便会产生变形，出现缩皱现象（图 7－3－1）。

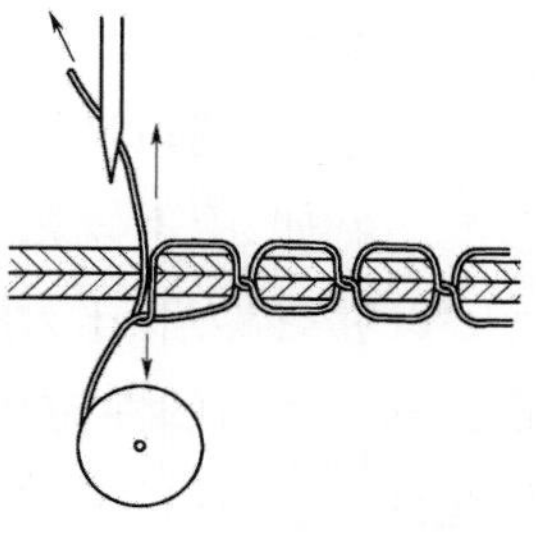

2. 穿用过程中产生

虽然缝制后没有明显的缝口缩皱，但在穿用过程中或洗涤过程中，由于缝纫线和面料都具有缩水性，当两者的缩水率有较大差异时，即吸水后收缩量不等的情况下，便会产生缝口缩皱现象。

图 7－3－1 缩皱现象

3. 由于面料性能差异而产生

当被缝合的两片面料性能有显著差异或者两片面料的缝合方向不一致时，由于面料的尺寸稳定性不同，因此缝合后会产生缝口的缩皱现象。

（二）缝口缩皱的测定与评价

生产中为了更好地控制缝制质量，对缝口缩皱需要进行测定与评价。测定与评价的方法有以下两种。

1. 目测分级法

目测分级法是一种定性的测定方法，多用于服装成品质量评定。具体做法是：将被检验的缝口剪为 9 段，放在灯光下分别与标准照片进行对比。由有经验的检验人员进行观察，与缝口状态一致的标准照片比较，其等级即为此缝口缩皱等级。9 段缝口分别由 3 名检验人员观测，每人观测 3 段，最后取平均值作为测定结果。

标准照片共分为 5 级。缝口缩皱最严重为 5 级，没有缩皱现象为 1 级。

2. 测量计算法

测量计算法是一种定量的测定方法，多用于缝制质量的分析与技术管理。缝口缩皱既然是面料在缝口方向上的变形，则必定可以测量出其物理量的变化。其中最简单的物理量是缝口的长度。把缝口长度的变化量作为缝口缩皱大小的标志，可用下列公式计算缝口的缩率大小：

$$SP = \frac{L - L'}{L} \times 100\%$$

式中：SP——缝口缩率；

L——缝合前缝口长度，cm；

L'——缝合后缝口长度，cm。

（三）缝口缩皱的因素

缝口的缩皱是由多种因素造成的，其中主要因素是缝纫时的机械作用、面料的性能以及缝制时的操作技术等。

1. 缝纫机械作用

在生产中，缝口是依靠缝纫机进行缝制的。因此缝纫机的性能和工作状态对缝制质量有直接影响。例如，上下线张力的大小、送布齿的形状及动程大小、针板的形状、针的粗细、针尖的造型、压脚的摩擦力和压力的大小、机器的转速、线迹的密度等，都是使缝口产生缩皱的因素。只有根据缝制面料的性能和缝口的特点，把这些因素调节到适合的状态，才能保证面料具有良好的可缝性，避免缝口缩皱的产生。

下面的实验结果表明缝制机械因素与缝口缩皱的关系。

实验是将两层面料在各种条件下进行缝合，然后测量12.7cm长的缝口中所缝进的上下层面料的长度。在一定长度的缝口中，缝进的面料长度越长，则缝口的缩皱越大。图7－3－2所示为实验结果。

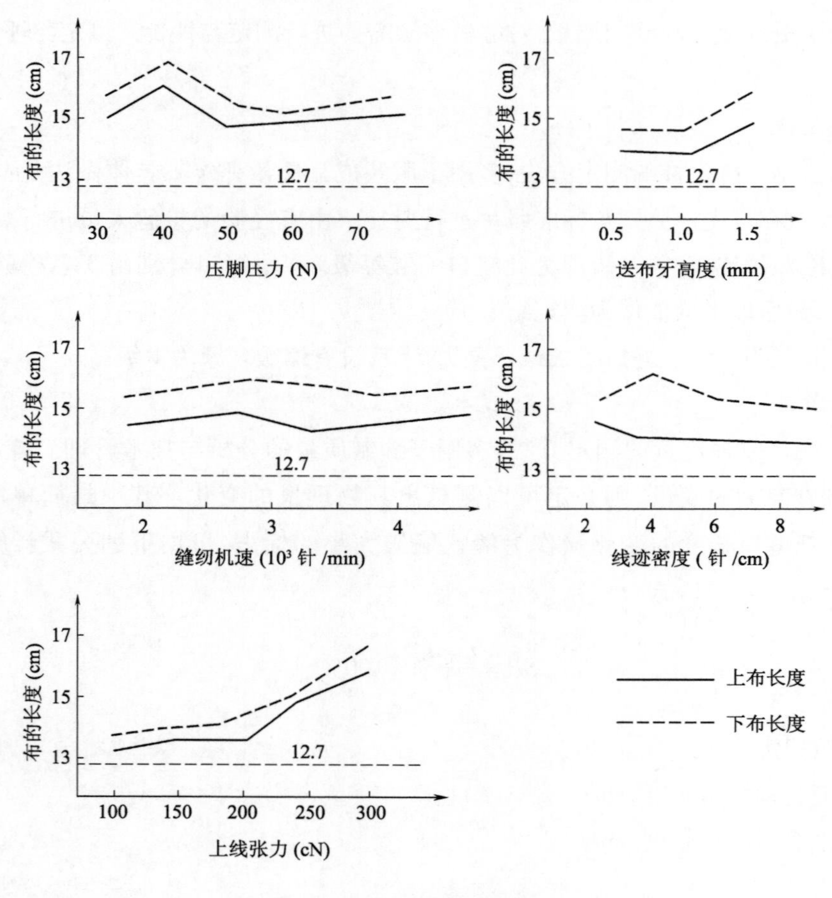

图7－3－2 实验结果

从实验结果可以看出，在各种影响因素中，上线张力和送布牙高度对缝口缩皱的影响最为显著。因此在生产中要特别注意根据产品特点调节上线张力和送布牙的高度。一般情况

下，在保证线迹形成良好的前提下，上线张力应以小为宜，送布牙的高度也应尽量降低。除此之外，还应注意机针不宜过粗，压脚压力适中，适当降低车速。这些对减小缝口缩皱也有一定作用。

2. 面料性能

不同性能的面料经过缝制后产生缩皱的情况不同。一般情况下，轻薄柔软的面料缝制时容易产生缩皱，而针织面料缝制时常产生上下层移位现象。另外，同一面料不同方向的尺寸稳定性不同，因此车缝方向不同时，产生缩皱的程度也不相同。通常，面料沿经向车缝缩皱较大，而沿纬向车缝缩皱较小。

为了减少缝制中产生缩皱现象，除了在产品设计和制订工艺过程中合理选择面料和加工工艺外，也可采取必要措施减少缩皱现象的产生。例如，车缝薄软面料时选用细机针和孔径小的针板，也可以在面料上垫上薄纸以增加缝合厚度，缝后将纸除去，以起到减小缝纫线张力的作用。

3. 操作技术

掌握正确的操作技术，也是避免缝合缩皱的重要方面。目前进行的缝制加工，除了机械作用外，一般都需手工加以辅助，因此操作时，双手的手势动作与机械配合等都会影响缝制质量。然而操作技术是人为的，是难以绝对控制的因素，最理想的途径还是研制性能更加全面、自动化程度更高的机械代替手工操作，从而保证缝制质量。例如，采用上下差动送布缝纫机就可以克服手工操作技术上的不足，有效防止缝口缩皱的产生。

二、材料热损伤

目前，缝制加工使用的高速缝纫机，速度为5000r/min，机针穿透面料的速度可达4m/s。在这样高的速度下，针与加工材料之间产生剧烈的摩擦，因而会产生大量的热，使机针的温度明显升高。据测定，当缝纫机速度为1200r/min时，机针温度达217～239℃。当缝纫机速度为2200r/min时，机针温度达275～285℃。在这样的高温下，许多服装材料将受到严重损伤。一些耐热性能差的面料，如氯纶织物，在这样高的温度下，将会熔融变质，使产品报废。有些化纤面料，如浅色的确良面料，经过车缝，针孔周围会变成黄褐色，出现面料炭化现象，严重影响外观质量。而一些缝纫线也会由于高温出现大量断线，影响生产正常进行。

材料在缝制过程中的这种损伤，是由于机针与材料剧烈摩擦产生热量而造成的，因此预防措施主要是减少摩擦，加速散热。首先是改进机针的构造设计，采取相关措施，以减少机针与材料的摩擦，有利于热量的散发。除此之外，缝制耐热性能差的化纤面料时适当降低车速，也是防止面料损伤的有效手段。在缝纫线方面，为了防止缝纫线受热损伤，提高可缝性，采取柔软剂、润滑剂处理，也可增加耐热性。

三、材料机械损伤

缝制过程中材料的机械损伤，主要是指机针穿透面料时将面料中的经纬纱线刺断而造成的面料损坏。

对于机织面料，少数纱线被刺断，除影响缝口强度以外，一般不会造成十分严重的后果；然而对于针织面料，少数纱线被刺伤会发展成很大的破洞，后果就会很严重。因此在缝制针织面料时，更需特别注意防止机针刺伤的问题。

根据经验，机针刺伤面料多发生在以下场合：

（1）缝制比较硬板的面料。

（2）组成面料的纱线较细，密度较高。

（3）缝合面料的层数较多。

（4）缝合层数突然变化的部位。

（5）使用机针较粗，针尖锋利。

（6）缝纫机速度很高。

（7）在面料局部位置反复进行车缝。

除了前两项属于面料本身问题外，其他因素都需要在生产中加以调节控制，使各种因素达到适宜状态，以防止缝制过程中机针对面料的损伤。

小结

本章分析了缝纫线迹的特点及形成中的用线量、线迹强度的计算、缝口强度的相关因素，最后分析了影响缝制质量的各种因素。

本章的重点是理解缝口强度和影响缝制质量的相关因素。

思考题

1. 如何计算缝纫线的耗量？

2. 影响线迹强度的因素有哪些？

3. 什么是缝口强度？影响缝口强度的主要因素有哪些？如何调节缝口强度？

4. 缝口破坏形式可分为哪两种？比较它们的异同。

5. 什么是缝合效率？它的高低有什么意义？

6. 缝口缩皱是如何产生的？简述避免缝口缩皱的方法。

7. 缝纫机针对面料的损伤是怎样产生的？如何改善？

实用理论及技术——

熨烫定形工艺

课题名称:熨烫定形工艺

课题内容:熨烫定形基本条件

手工熨烫

机械熨烫

熨烫定形机理

课题时间:2课时

训练目的:1. 掌握熨烫定形基本条件及其值域

2. 掌握手工熨烫的技术方法

3. 了解机械熨烫的设备、生产方式

4. 了解熨烫定形的机理及各种熨烫状态的缘由

教学要求:实景展示服装工厂典型产品的熨烫设备,图表展示各种熨烫状态的技术参数。

第八章 熨烫定形工艺

第一节 熨烫定形基本条件

一、熨烫的作用和分类

(一)熨烫的作用

服装要表现人体曲线,首先是通过结构设计,在衣片上采用局部收省(或褶裥)的方法。由于服装整体造型在外观上有一定要求,不能按照人体各部位的外形一一收省,尤其是西服、中山装等一些传统款式的服装,对收省部位都有严格的规定,不能随意变动和增减,所以在衣片上收省仅是表现人体曲线的一种手段,仍有很大的局限性,还不能符合整体造型的要求,因此要借助熨烫定形来解决。如裤子的后片,没有经过熨烫时,挺缝线折叠后,臀部与裤口成为一条直线,这样穿在身上后显然是不合乎人体的。熨烫后臀部突出,穿在身上不仅美观,而且舒适(图 8-1-1)。

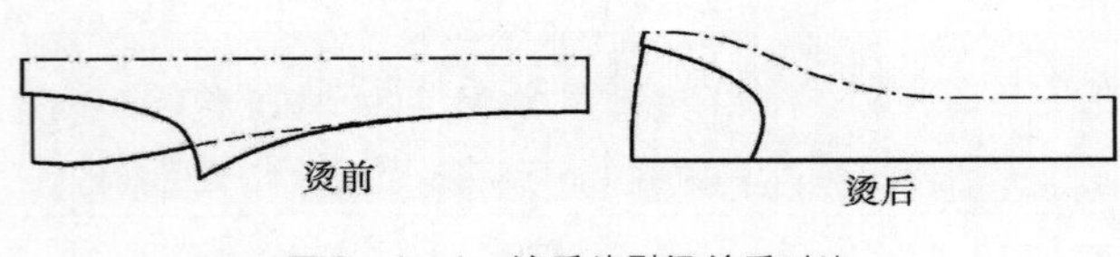

图 8-1-1 裤后片熨烫前后对比

熨烫定形在服装的加工过程中,主要起三方面的作用:通过喷雾熨烫使衣料得到预缩,并去掉皱痕;经过熨烫定形使服装外形平整,褶裥和线条挺直;利用纺织纤维的可塑性,适当改变纺织纤维的伸缩度与织物经纬组织的密度和方向,塑造服装的立体造型,以适应人体与活动状况的要求,达到使服装外形美观、穿着舒适的目的。

(二)熨烫的分类

1. *按其在制衣工艺流程中的作用分*

熨烫按其在制衣工艺流程中的作用可分为:产前熨烫、黏合熨烫、中间熨烫和成品熨烫。

(1)产前熨烫是在裁剪之前对服装的面料或里料进行的预处理,使服装面料或里料获得一定的热缩并去掉皱褶,以保证裁剪衣片的质量。

(2)黏合熨烫是对需用黏合衬的衣片进行黏合处理,一般在裁片编号之后进行。使用黏合衬既简化了做衬、敷衬工序,又使缝制的服装挺括、不变形。

(3)中间熨烫包括部件熨烫、分缝熨烫和归拔熨烫,一般在缝纫工序之间进行。部件熨烫是对衣片边沿的扣缝、领子、口袋以及克夫等部件的定形熨烫;分缝熨烫是用于熨开、烫平连接缝,如省缝、侧缝、背缝、肩缝以及袖缝等;归拔熨烫则使平面衣片塑形成为三维立体,如前衣片的推门、后衣片的归拔以及裤子的拔裆等都是运用归拔熨烫。

(4)成品熨烫虽然介于缝纫工序之间,是在服装的某一个部位进行的,但它却是构成服装总体造型的关键,对于服装的质量起着重要的作用。成品熨烫又称整烫,是对缝制完成的服装作最后的定形和保形处理,并兼有成品检验和整理的功能。整烫时,将缝好的衣服放在依据人体各部位的形状合理设计的各个烫模或平台上,然后对其施加合适的温度、水分、压力,待去湿冷却后,服装的形状就被固定下来了。成品熨烫质量的好坏,会直接反映到成品上,它的技术要求是使服装线条流畅,外形丰满,平服合体,不易变形,有较好的服用效果。

2. 按其定形效果所维持的时间长短分

熨烫按其定形效果所维持的时间长短可分为:暂时性定形、半永久性定形和永久性定形。

(1)暂时性定形指服装在平时的服用过程中,由于低热、湿度变化以及浸湿作用情况下定形就消失,或是在轻微机械力作用下定形即可消失的那种定形。

(2)半永久性定形指可以抗拒一般使用过程中的外界温湿度、机械力影响,但若予以较强烈的外界因素的处理,其抗拒变形的能力就会缓慢消失的那种定形。

(3)永久性定形指纤维与织物的结构发生了变化而定形后的形状难以复原的那种定形。

在许多情况下,总的定形效果实际上包含着暂时性、半永久性和永久性这样几种成分,而且也只有当它们都能得到合理运用的时候,定形才是最有效果的。合成纤维服装的定形以永久、半永久性定形为主,因此合成纤维服装具有洗可穿的良好性能,是其他面料服装所不及的。由于合成纤维服装的定形中仍残留一小部分暂时性定形,在衣服穿着时受到人体热量的影响以及机械力的作用,会使暂时性定形和部分半永久性定形消失,所以合成纤维服装在穿着一段时间后,仍需进行熨烫,以恢复穿着之前的定形效果。

3. 按其所采用的作业方式分

熨烫按其所采用的作业方式也可分为:手工熨烫和机械熨烫。

(1)手工熨烫是以电熨斗为主要工具,通过电熨斗使织物受热,再配合以归、拔、推等一系列工艺技巧而达到塑造服装立体造型的目的。

(2)机械熨烫则是利用蒸汽熨烫机喷出的高温、高压蒸汽对织物加热给湿,使纺织纤维变软可塑,然后对衣料施加压力而使其变形。由于高温蒸汽可均匀地渗透到织物内部,因此能获得极佳的熨烫效果。

二、熨烫的基本条件

实现熨烫定形的基本条件有熨烫定形时的温度、湿度、压力、时间和冷却方式。织物在低温时,纤维分子结构比较稳定，其分子链的相对运动比较困难。但在高温条件下，分子链的相对运动就要容易得多，此时的织物变得柔软，如及时地按要求使其变形并加以冷却，织物就会被固定在新的形态上。

湿度的作用是使纤维润湿、膨胀伸展，在潮湿情况下，由于水分子进入纤维内部改变了纤维分子间的结合状态，使得织物的塑性变形增加，并且变得柔软，容易变形。

熨烫压力也是一个必不可少的条件，由于大多数纤维都有一个明显的屈服应力点，如果外力超过这一点，就会使织物产生变形。

熨烫时间，由于织物的导热性差，即使是对很薄的织物，上下层的受热都有一定的时间差，因此熨烫时都要有一定的延续时间，才能达到熨平或定形的目的。此外，对某些织物的加湿熨烫，是使纤维降低弹性，达到定形的目的，所以在形变的要求达到以后，必须将织物附加的水分完全烫干蒸发，才能取得较好的定形效果。这样的熨烫过程必须保证有充分的延续时间。

以上温度、湿度、压力等几个条件可使织物达到变形，但定形不能在加热过程中产生，而是在冷却中实现的。对于熨烫后的冷却方式，则是根据服装材料性能以及熨烫方式的不同而选择不同的冷却方式，一般使用的有自然冷却、冷压冷却以及抽湿冷却等。熨烫后采用合理的冷却方式，可以提高定形效果。

第二节　手工熨烫

服装工业的自动化和机械化水平相对其他产业还不高，部分企业仍是作坊式的，生产工艺仍采用传统的工艺方法，手工熨烫仍占很大的比重。另外，手工熨烫以其精湛的工艺和灵活多变的手法塑造服装的立体造型，更有它的独特之处。所以，手工熨烫仍是服装缝制过程中一项必不可少的基本工艺。

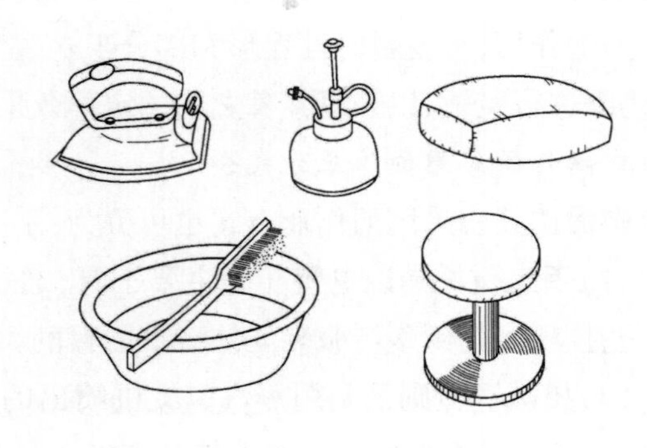

图8－2－1　手工熨烫的工具

一、手工熨烫的工具

手工熨烫中通常使用的熨烫工具大致有下列几种（图8－2－1）。

（一）电熨斗

电熨斗是熨烫的主要工具，可分为普通电熨斗、调温电熨斗和蒸汽电熨斗。常用的普通电熨斗和调温电熨斗有300W、500W和700W三种功率。

蒸汽电熨斗的功率一般不低于1000W。熨烫零部件用300W和500W的电熨斗比较适宜，使用时轻便灵活。700W的电熨斗一般用于成品整烫和呢料织物熨烫。它面积大、压力大，可提高工作效率。总之，使用电熨斗的功率大小，应取决于操作的部件和衣料的薄厚程度。

(二)喷水壶

喷水壶是熨烫工艺中不可缺少的一种辅助工具(使用蒸汽电熨斗的除外)。如前衣片的推门工艺必须喷上水花才能进行有效的熨烫。使用喷水壶要注意两点：一是壶内水要清洁，否则喷嘴易堵塞且弄污衣物；二是使用时压力要均匀适当，不要过轻或过猛，否则出水反而不匀。

(三)烫枕(又称熨烫馒头)

烫枕是用白布包裹木屑，制成枕头形的工具。熨烫时将它垫在服装的胸部、臀部等丰满处，使这些部位熨烫后丰满，有立体感。

(四)水盆和刷子

水盆和刷子是熨烫时用于局部给湿的工具，如分缝烫、小部件烫等的给湿。刷子的毛最好是羊毛，它吸水饱满而且毛比较软，不易损坏织物，且刷水均匀。

(五)铁凳

铁凳主要用于熨烫袖窿、肩缝、裤后裆缝等部位，以达到熨烫这些部位时能转动自如而不影响其他部位。

(六)烫布及烫垫呢

烫布是用白棉布去浆后制成的，也称水布，其规格可按不同需要灵活选用，一般用于大面积熨烫的水布约为90cm×50cm或100cm×60cm。在熨烫时覆盖在衣料上，可起到避免衣料烫脏和减少极光的作用。烫垫呢可用棉毯铺在平坦的烫台上，上面覆盖一层没有退浆的麻衬。

二、手工熨烫的工艺参数选择

(一) 手工熨烫的温度和湿度

手工熨烫的温度和湿度，与织物的性能以及熨烫方法有关。在熨烫之前，应先熟悉织物的性能及其受热的允许温度。

纯棉织物的化学性能比较稳定，直接加温如超过100℃时其纤维本身不起变化，所以纯棉

织物的熨烫温度可选在150～160℃。对含浆量大的白色或浅色织物，熨烫温度一般不超过130℃，因为温度再增加，浆质就会变黄，使织物表面呈现出被烫黄的样子，影响外观。由于纯棉织物的吸湿性较好而弹性较差，故熨烫时一般不需另外加湿。

纯毛织物的特点是吸湿性和保温性好，又富于弹性，但导热性能很差，一般都要加湿熨烫，并要增加熨烫的持续时间，因此纯毛织物表面不宜与电熨斗直接接触，而要隔布熨烫。目前常用的方法是在被熨烫部位覆盖一层干布，在干布上再加盖一层湿布进行熨烫。湿布的作用是给湿，给湿后即取去。这种熨烫方法能使被熨烫部位的加湿度和受热度都比较均匀，熨烫效果较好。纯毛织物的熨烫温度，根据熨烫部位和熨烫方式的不同，可选在150～170℃之间。如对服装前后衣片的归、拔、推烫，由于是单层加湿熨烫，织物直接与电熨斗接触，中间无法垫布，所以熨烫温度应稍低一些，可增加熨烫的延续时间。其熨烫温度可选在150℃左右，隔布加湿熨烫，其温度可提高到160～170℃，使织物的实际受热温度仍保持在150～160℃之间，并保证有一定的延续时间。对有些纯毛织物，如法兰绒、啥味呢、凡立丁、派力司等，由于一般颜色较浅，织物表面容易呈现黄色，所以熨烫温度还应降低一些。一般喷水熨烫，温度可掌握在130～140℃之间，且延续时间也不能过长。

涤纶织物的耐热性能很好而吸湿性又很差，所以其熨烫温度可选在150～170℃之间，采用加湿熨烫效果较好，延续时间不需过长。

腈纶织物的耐热性略低于涤纶织物，其熨烫温度可选在140～150℃之间，加湿度也可尽量小些。

粘胶纤维的化学组成与棉相似，耐热性接近于棉，吸湿性较棉纤维好，故其熨烫温度可选在150～160℃之间。由于粘胶纤维在湿态时会膨化、缩短和变硬，纤维强度也会大幅度下降，所以在熨烫时应尽量避免给湿，以免织物出现条形收缩以及起皱不平等现象。

对于花样繁多的混纺织物，则要根据混纺材料及比例的不同，一般按耐热性最差的纤维选取其熨烫温度。

在服装的熨烫加工中，还有两种织物须注意。一种是维纶织物。对维纶织物不宜加湿熨烫。这主要是维纶织物在热湿作用下会急剧收缩以致熔融。熨烫温度只可选在120℃左右。另一种是柞丝织物，不能直接喷水熨烫，因为喷水是一种不均匀的加湿，在柞丝织物的表面往往会呈现星点形水迹，影响外观。若必须加湿熨烫时（如在服装的多层部位，由于缝制等方面的需要），则可在被熨烫部位盖一层干布，在干布上再加盖一层拧得很干的湿布，电熨斗在湿布上烫一下后，迅速将湿布去掉，接着趁热在干布上熨烫，这样织物接触的是热蒸汽，可避免水印出现。即使这样，仍应尽量在被熨烫部位的反面进行。

在手工熨烫工艺中，正确掌握电熨斗的温度是至关重要的。如使用调温电熨斗可根据需要来调节熨斗的温度；如使用普通电熨斗，则可使用传统的测试方法，将水滴在电熨斗底面，靠观察水滴变化和听其声音来辨别电熨斗的温度。具体方法如表8－2－1所示。

表 8-2-1 辨别电熨斗温度的方法

温度	100℃以下	100~120℃	130~140℃	150~170℃	180~200℃	200℃以上
电熨斗底面滴水后的水滴特征及声音变化	水滴不散开，没有迸发声音	水滴起较大的泡沫而扩散开，发出"嗤嗤"的声音	电熨斗不太沾湿，发出水泡并向四周溅出细小水滴，发出"叽由"的声音	不起泡，迸发出滚转的水滴，电熨斗底面留有很少水珠，发出"扑叽"的声音	电熨斗完全不沾湿，水滴散布和蒸发成水汽，发出"叭嗤"的声音	发出"叭嗤"的声音

(二)手工熨烫的压力和时间

手工熨烫的压力应根据具体情况而定。对于较薄的织物，一般靠电熨斗本身的重量就够用了；对较厚织物的服装多层部位（如厚呢服装的领和止口等），熨烫时则应适当增加压力和时间，使多层部位压缩变薄，以提高产品的外观质量。熨烫时间是一个可变量，它是随着温度、湿度和压力的变化而改变的。

手工熨烫的熨烫温度、湿度、压力和时间这四个因素是相辅相成的，既可相互弥补，又可相互调节。如熨烫时感到温度偏低，则可以放慢电熨斗的移动速度，停留的时间略为长些，也可加大熨烫压力等。因此在实际操作过程中，对熨烫时的湿度、温度、压力及时间要灵活掌握，以达到熨平或定形的目的。

(三)手工熨烫的工艺形式

手工熨烫的工艺形式大致有归、拔、推、缩褶、打裥、折边、分缝、烫直、烫弯、烫薄和烫平等。其中技巧性较强的工艺形式主要有归、拔、推。

归，就是归拢。归拢后，衣片某部位的织物缩短，使该部位的周围塑成胖形立体形态。拔，就是拔开。将衣片某部位熨烫后伸展拉长。推，是指通过电熨斗的熨烫运动，将衣片边沿的胖势部分推向中间所需部位。

实际上，归、拔、推三者密切相关，互为一体，操作时往往是同时进行的。在熨烫工艺中就是依靠这些手法来制造衣片的主体起伏状态。当然，对于织物来说，归与拔是有一定限度的，不能归拔过量，否则会影响造型或织物的强度。因此，人体的凹凸曲线不能仅仅依靠归拔来完成，首先应以结构上的剪裁、放松量和收省等手段作为保证。

衣片的归拔熨烫，主要是根据人体的部位需要进行的。归拔有一定的步骤，电熨斗的移动也有一定的方向。这些都应视衣片的不同而各异。下面仅以前衣片的推门和后裤片的拔裆为例加以说明。

1. 前衣片推门

先将衣片止口一边靠身放平，在腰省的腰节部位略向止口方向拉出拔开；并在腰线部位腰省与胁省之间中点处归拢；然后按电熨斗走向将前胸部归烫，电熨斗自胸高点向驳头线处熨烫归拢，反复动作多次，使驳口线归直，并将出现的松势推过前胸中心位置，使胸部隆起。在熨烫过程中，前腰节以下的止口丝缕要保持顺直。然后归直摆缝弧线，将松势推向大袋中间，并把摆缝腰节部位略拢一下，同时将上摆缝归拢，再归烫袖窿弯处。最后把外肩袖窿直丝缕略向上拉，肩头横纱向下推至胸部(图 8－2－2)。

2. 后裤片拔裆

先归拔下裆部位。电熨斗从臀围线开始按图 8－2－3(a)所示中箭头方向朝下拔开，直至中裆线为止，将原来下裆凹进的弧形拔成直线状；同时电熨斗在往返运动时要归拢横裆线以下的烫迹线。当下裆拔开后，裆角要往上翘，此时将上翘的部分在下裆缝处按图示位置归进去，归至纬纱平衡为止，然后从侧缝一边归拢横裆线以下的烫迹线；归直袋口部位，并将松势推到后臀部，使侧缝近似直线形。

最后将裤片对折，观察经过归拔的部位是否与人体臀部相符。若裤口处还不平齐，则应继续归拔烫迹线和下裆线之间部位。烫好后再将裤边对折，并从图 8－2－3(b)所示位置开始逐渐反复烫平臀部，若臀部不够圆时，可以把左手伸进去往外推一推。

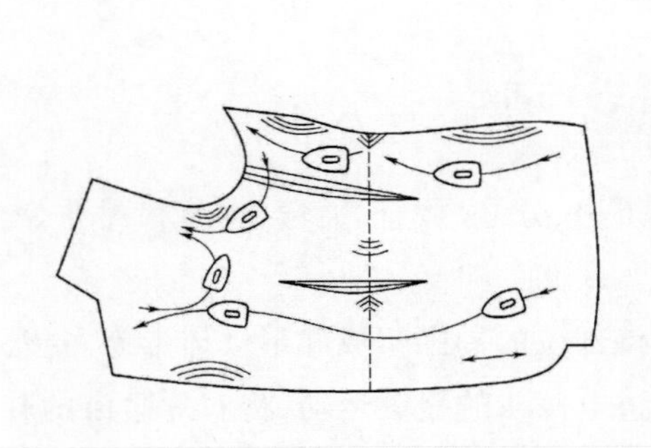

图8－2－2　前衣片推门

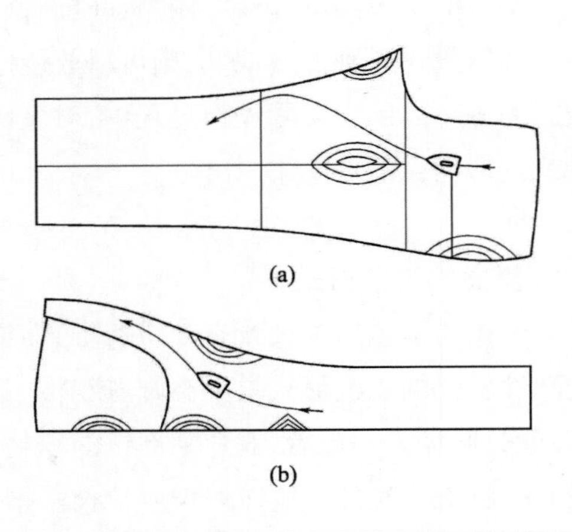

图8－2－3　后裤片拔裆

综上所述，手工熨烫的方法一定要在实践中反复摸索才能掌握。为了使衣服定形效果良好，且长久不变形，要求手工熨烫的内功要好，这主要是熨烫时湿度、温度、压力、时间的配合以及手法的灵活运用。

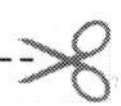

第三节　机械熨烫

机械熨烫就是通过机械来提供熨烫所需的温度、湿度、压力、冷却方式以及符合人体各个部位的烫模，完成熨烫定形的全过程。目前使用的熨烫机械以蒸汽熨烫机为主。由于手工熨烫是靠电熨斗的金属底面直接使织物受热的，这样往往会使织物受热不均匀，容易烫坏织物和产生极光。蒸汽熨烫机则可克服电熨斗所产生的弊病，不仅能够保证质量，更重要的是大大提高了生产效率，减轻了工人的劳动强度。

蒸汽熨烫机的工作过程是：将需熨烫的部位放在熨烫机的下模上，在合模的同时由上模喷出高温高压蒸汽，然后加压，抽湿冷却，以达到定形的目的。

一、蒸汽熨烫设备

（一）熨烫机的分类与特点

蒸汽熨烫机的种类很多，一般可从三个方面加以分类。

（1）按熨烫对象可分为：西装熨烫机、衬衫熨烫机、针织服装熨烫机。

（2）按在工艺过程中的作用可分为：中间工序熨烫机和成品熨烫机。

（3）按操作方式可分为：手动熨烫机、半自动熨烫机和全自动熨烫机。

中间工序熨烫机主要用于服装加工过程中的熨烫，如烫省缝、烫贴边、敷衬、领头归拔等。成品熨烫机则是对缝制工序完成后的成衣进行熨烫，以达到所要求的外观效果。中间工序熨烫机和成品熨烫机都分别有手动式、半自动式及全自动式的熨烫机。

手动式熨烫机是用手或脚操纵开关连杆来完成熨烫工序的。由于手动式熨烫机的合模、喷汽、加压、启模以及抽湿等均为手工控制，因此熨烫的质量与工人的操作水平有很大关系，所以必须制订合理的操作规程并严格加以执行，才能保证熨烫的质量。

全自动熨烫机是指启动一次按钮后能够按规定程序完成整个熨烫工序的熨衣机。其自动装置可以是时间继电器控制的定时式，也可以是程序卡片控制的程序式。操作时，先用脚控制电动气压抽气装置，将被烫部位吸附固定于烫模上，按启动按钮，熨烫机则自动实行合模、喷汽、加压、抽湿和启模等熨烫全过程。由于自动熨烫机的工艺参数得到了严格的控制，因此熨烫质量比较容易得到保证。随着熨烫设备的不断更新，目前问世的全自动熨烫机还有装有多种烫模的旋转式熨烫机，只启动一次便能重复多次完成整个熨烫工序的高效熨烫机，可以记忆不同面料的熨烫条件的计算机熨烫机等。这些现代化的熨烫设备将会把服装的熨烫工艺推向一个新的高度。

真空抽湿烫台具有真空抽湿装置，并配有各种形状的模具，使用蒸汽电熨斗对织物进行熨烫。由于与工作台配套的模具品种齐全，更换方便，所以真空抽湿蒸汽烫台适用范围广，应变能力强，既可用于中间工序熨烫，也可用于成品熨烫。

（二）熨烫机的主要构成

以日本重机公司生产的半自动熨烫机为例，熨烫机主要由机架、模头操作机构、烫模、真空系统、蒸汽系统、气动系统、控制系统构成。

（1）机架：用于固定或支承机器的零部件。

（2）模头操作机构：用于实现合模、加压、启模等动作。

（3）烫模：烫模分为上模和下模。上模喷射蒸汽，下模用于支承和吸附被烫物（有些在合模后也可喷射蒸汽）。上、下模合后的夹紧力就是施加于被烫物的总压力。抽湿可在下模腔中形成真空，以吸附烫件，并使被烫物冷却，去湿。

（4）蒸汽系统：喷射蒸汽，承担对被烫物的加热与给湿。

（5）真空系统：通过控制阀可使下模腔产生负压，形成真空。

（6）控制系统：是熨烫机自动部分的控制中枢。

（7）气动系统：作为自动控制的执行机构，用于实现合模、喷蒸汽、加压、抽真空等动作。

（三）熨烫机的附属设备

熨烫机是发生熨烫动作的主体，但除了要具备熨烫的蒸汽、压力等基本条件外，还需要其他设施配套使用才能完成熨烫工艺的全过程。与熨烫机配套使用的附属设备主要有锅炉、真空泵以及空气压缩机。

（1）锅炉：锅炉是蒸汽的发生源，是使被烫物受热的基本条件。锅炉的容量以熨烫机耗汽量总和加上管道蒸汽损耗量而定。

（2）真空泵：其作用是产生负压，以便使被烫物定位、抽湿、干燥和冷却。

（3）空气压缩机：其作用是压缩空气，用作半自动或全自动熨烫机气动执行元件的动力源。

与真空抽湿烫台配套使用的有电热锅炉、蒸汽电熨斗以及电子调湿器。

二、蒸汽熨烫工艺流程

在熨烫工艺设计工作中，需要根据加工产品的种类及特点，选择合理的工艺流程。工艺流程合理与否，会直接影响加工产品的产量和质量。

熨烫工艺流程以加工对象不同而不同。对于同一加工对象，其流程又可分为中间熨烫工艺流程及成品熨烫工艺流程。由于熨烫的工艺流程往往因习惯而不同，工厂条件的限制等客观因素也会不尽相同，但必须以因地制宜、流程合理、优质高产为原则。下面列举几个例子供参考。

(一)男西装上衣熨烫工艺流程(举例)

1. 中间熨烫

敷衬→分省缝→分背缝→分侧缝→分止口→烫挂面→烫袋盖→归烫大袋→分肩缝→分袖缝→分袖窿→归拔领子。

2. 成品熨烫

烫大袖→烫小袖→烫双肩→烫前身→烫侧缝→烫后背→烫驳头→烫领子→烫领头→烫袖窿→烫袖山。

(二)男西裤熨烫工艺流程(举例)

1. 中间熨烫

拔裆→烫后袋→归拔裤腰→烫侧袋→分后裆缝→分下裆缝→分侧缝。

2. 成品熨烫

烫腰身→烫裤口。

(三)女西装熨烫工艺流程(举例)

1. 中间熨烫

烫袋盖→分省缝→归烫后背→归烫前衣片→分侧缝→分背中缝→分肩缝→分袖缝→烫袖子→烫挂面→烫领子→烫下摆。

2. 成品熨烫

烫前身→烫侧缝→烫后背→烫双肩→烫袖窿→烫袖山→烫领子→烫驳头→补烫。

(四)女西裤熨烫工艺流程(举例)

1. 中间熨烫

归拔裤后片→烫裤腰→烫袋口→分侧缝→分上裆缝→分下裆缝→烫裤口。

2. 成品熨烫

烫腰身→烫裤腰。

三、蒸汽熨烫工艺参数选择

熨烫工艺参数的选择与面料性质、熨烫部位以及设备特点有关。合理调节熨烫工艺参数是提高产品质量、降低能量消耗的重要因素。

(一)熨烫温度

蒸汽熨烫的温度与蒸汽的压力有着直接的关系,蒸汽的压力决定了蒸汽的温度。一般来

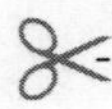

说，蒸汽压力越大，蒸汽温度越高。表8－3－1所示是一组实测数据。

表8－3－1　蒸汽熨烫温度与蒸汽压力的关系

蒸汽压强(kPa)	蒸汽压强(kgf/cm^2)	蒸汽温度(℃)	适用品种
245	2.5	120	化纤织物
294	3	128	混纺织物
392	4	149.6	薄型毛织物
490	5	160.5	中厚及厚型毛织物

（二）熨烫时间

在熨烫过程中，各个动作所需时间的配置也是很重要的。熨烫时间的配置和面料的性能有关。以手动式熨烫机为例，其加压时间一般不少于4s，抽湿冷却时间一般不少于7s（表8－3－2）。在熨烫时间的搭配上，可以是连续熨烫，也可以是间歇熨烫。所谓连续、间歇，主要指加压、喷汽、抽湿等动作的连续与否。由于服装面料的性能不同，所处的部位也不同，纤维充分软化所需的条件就不一样。所以，对于中厚面料及较厚的部位宜采用间歇式熨烫，这样可以保证熨烫的质量；而对于较薄的面料则可采用连续式熨烫，在保证质量的前提下，可提高生产效率。

表8－3－2　不同织物的熨烫加压时间和抽湿冷却时间

面　　料	加压时间(s)	抽湿冷却时间(s)
丝绸织物	3	5
化纤织物	4	7
混纺织物	5	7
薄型毛织物	6	8
中厚型毛织物	7	10

（三）熨烫压力

熨烫压力，根据织物情况及熨烫部位的不同而不同。手动式熨烫机是通过烫模的闭合对面料产生压力，并通过加压微调机构来获得不同的压力。在实际生产中，是由技术员凭经验调节的。而自动熨烫机则是通过控制压缩空气的压力来获得熨烫压力的，一般的织物都需进行加压熨烫，但如果压力使用不当，织物表面往往会出现极光现象。此时应采用虚汽熨烫。对毛呢织物进行熨烫时，为了保持其毛绒丰满、立体感强的特点，不宜采用加压熨烫，而是采用虚汽熨烫的方法。所谓虚汽熨烫，就是合模时，上模与下模之间留有间隙，始终不接触，然后进行喷射蒸汽、抽湿冷却等动作。这样既不破坏毛呢织物的外观，又达到了熨烫定形的目的。

对毛呢织物采用虚汽熨烫时，虚汽的时间宜长，以使纤维充分软化，然后抽湿冷却，其时间也宜长些，这样熨烫出的效果最佳。毛呢织物虚汽熨烫参数如表 8－3－3 所示。

表 8－3－3 毛呢织物虚汽熨烫参数

面 料	熨烫压力(kPa)	熨烫温度(℃)	喷气时间(s)	冷却时间(s)
毛呢织物	0	160	10	15

(四)蒸汽喷射方式

熨烫机喷射蒸汽的方式可分为上模喷射和上模、下模同时喷射两种形式。它是由机构本身决定的。一般部位的熨烫机只要具备上模喷射就可以了；但对于熨烫厚实部位的熨烫机(如敷衬机)以及产生较大变形的归拔烫机(如裤片归拔机)等，则需上模、下模同时喷射蒸汽才能达到比较理想的定形效果。

(五)熨烫工艺参数举例

1. 烫压上衣前身

用 JP—130—2 手动式熨烫机(表 8－3－4)。

表 8－3－4 上衣前身熨烫工艺参数

工艺参数 \ 面料	毛涤凡立丁	毛涤马裤呢
加压时间(s)	5	5
喷气时间(s)	3	3
抽湿时间(s)	5	5
熨烫温度(℃)	150 左右	160 左右
蒸汽压力(kPa)	392(4)	490(5)

注 ( )内的数字单位为 kgf/cm^2。

2. 归拔后裤片

用 JAK—662 型半自动式熨烫机(表 8－3－5)。

熨烫厚料时，两条裤子(4 片)同时放入进行归拔定形。熨烫薄料时，三条裤子(6 片)同时放入进行归拔定形。

表8－3－5　熨烫工艺参数（裤子后片）

面　　料	毛涤混纺织物
加压时间（s）	7
喷气时间（s）	5
抽湿时间（s）	7
熨烫温度（℃）	150～160
蒸汽压力（kPa）	392～490

3. 烫压西服后背

用HR2A—27—13/011全自动熨烫机（表8－3－6）。

表8－3－6　熨烫工艺参数（西服后背）

时间（s）＼动作	上模蒸汽	抽真空	自锁	下模蒸汽	总程序	加压
5						
10						
15						
20						

面料:全毛花呢。

熨烫温度:160℃。

加压压力:392kPa(4kgf/cm²)。

蒸汽压力:490kPa(5kgf/cm²)。

四、蒸汽熨烫工艺技术要求

蒸汽熨烫工艺的技术要求,根据产品的外形要求及部位的不同来制订,它是生产过程中一项不可缺少的工作。制订合理的技术要求,有利于提高熨烫质量,同时也便于工人操作管理。

熨烫工艺技术要求举例,如表8-3-7所示。

表8-3-7 熨烫工艺技术要求举例

部 位	烫压上衣侧缝
机 型	JP—111—1手动式熨烫机
工艺技术要求	对准中腰位置,上端避开袖窿2cm,侧缝及腰省缝纱向摆直,袋盖和袋布放平,并与上工序部位衔接,熨烫时按照操作程序,只开上汽,如产品表面出现极光,则需要加盖垫布或虚汽处理,待熨烫部位冷却后取下,衣服表面及里子不能有死褶,熨烫完后挂架交下道工序

五、熨烫机操作技术规定

熨烫机械的操作必须遵守下列技术规定:

(1)按时开启、关闭总阀门,分汽管阀门,回水阀门及电源开关。

(2)操作前检查蒸汽阀是否关闭,旁通阀是否打开。

(3)在蒸汽主管道经减压后蒸汽压力须达到规定的指标数。蒸汽压力未达到指标数不允许操作。

(4)开蒸汽阀时先转半圈,在熨烫模具加热2min后再全部打开。

(5)排出冷凝水后关闭旁通阀。

(6)熨烫上模具对工作物的压力,要根据材料性质和熨烫部位的厚薄程度进行调整。

(7)机器必须预热20~30min。预热后检查仪表及各部位符合要求后方可操作。

(8)严格按工艺规定进行操作,熨烫后的产品要保持成形规整,面、里平展,干燥无极光。

(9)操作中如发现异常现象应停止熨烫,及时进行检修。

(10)保持机器整洁,每天用柔软棉布擦拭机器,每星期换洗一次,机台上不得放金属物和其他非生产用品。

(11)熨烫上模手柄不允许直拉到底。正确的使用方法是先用右手轻拉,然后右脚踏主踏板,使上、下模具锁合。

第四节　熨烫定形机理

熨烫定形与织物所处的平衡状态有关。熨烫的结果是使织物实现一种特定形式的结构稳定性。对于平衡状态，理论上有两种表示方法。一种方法是对该系统中力的平衡方程进行求解，这就需要求出系统内所有力的矢量和。这种办法，只有在结构中所有单元之间的相互作用完全明确的情况下才能使用，但对于包括有成百万计的纤维的纺织品，用求解力的平衡方程的方法往往显得不可能。另一种方法是用系统处于“能量最小位置”的概念来描述的，能量越小，结构越稳定。采用这种方法，对于纺织品来说比较适用。所以最简单的定形机理就是纤维及织物的结构发生了一个导致它获得新的最小能量位置的变化。

纺织品形态不稳定的主要原因，是由于在纺织加工过程中以及制成服装后的穿着使用中受到一系列外力作用产生形变，并使纺织品贮存了一定的内应力。当这些内应力遇到一定机会（如遇热、湿和机械作用时）就会释放出来，从而导致了织物的变形。一般说来，这种变形是不受人们欢迎的，如烫好的裤线容易消失，膝盖部位会拱起，腿弯部分会出现许多褶皱等，因此，熨烫定形除了塑造服装的立体形态外，就在于使服装具有在通常的加工和使用条件下，即使遇到湿、热和机械的作用，也能保持形态的稳定。

一、熨烫定形的基本机理及过程

通过热湿结合的方法，使纤维大分子间的作用力减小，分子链段可以自由转动，纤维的变形能力增大，而刚度则发生明显的降低。在一定外力的作用下强迫其变形，使纤维内部的分子链在新的位置上重新得到建立。冷却和解除外力作用后，纤维以及织物的形状会在新的分子排列状态下稳定下来，这就是熨烫定形的基本机理。

熨烫定形包括三个基本过程：纺织材料通过加热柔性化；柔性材料在外力作用下变形；变形后冷却使新形态得以稳定。在这三个基本过程中，纺织纤维的柔性化是使织物改变形态的首要条件，所以纺织品的变形都基于纺织材料的软化。对织物所施加的外力则是产生变形的主要手段，它加速了变形的过程，并能按照人为的意志塑造纺织品的形态。在纺织品达到了预定要求的变形时给予冷却则是个关键。熨烫定形的这三个基本过程是有机联系的，对时间的配合有着很严格的要求。

二、暂时性定形机理

纺织纤维是结晶态的混合物，也就是说在一根纤维中，一些局部区域呈结晶态，称为结晶

区;在另一些区域呈非结晶态,称为非结晶区。对于这样一种结构产生变形,则较大的内应力存在于非结晶区,从而使氢键和结晶区承受应力。如果把纤维或织物加热到玻璃化温度时,氢键分裂,从而使内应力消除。当冷却时,氢键再次形成,并使纤维及织物的结构稳定下来。此时,这种定形仅仅是暂时的,若再经受高于玻璃化温度的热定形时,原定形效果即可解除。这就是暂时性定形的机理。

三、永久性定形机理

纤维或织物的永久性定形是同纤维中晶体的熔融联系在一起的。如果把纤维或织物加热到温度 T_1 时,最小而不完整的晶体将发生熔融,而大一些的晶体还将产生,从而使结晶区的大小和完整性分布达到一个新的状态。当该纤维或织物再经受 T_1 温度的热处理时,就不会发生熔融,也就是说,其热稳定性提高到了可以抵抗 T_1 的程度。如果该纤维或织物是在变形状态下处理的,应力得到消除后,再结晶将使变形后的形状稳定下来,于是得到一个新的结晶完整性的频率分布,构成了一定的永久性定形。

此时,如将该纤维或织物加热到更高的温度 T_2 时,则将重复上述过程,而使该纤维或织物达到另一新的永久形态。因此,对于永久性定形来说,纤维或织物的这种结构的变化是不可逆的,这就是永久性定形的机理。

永久性定形与暂时性定形之间的关系是永久性定形不能叠加于暂时性定形之上,但暂时性定形却可以叠加于永久性定形的上面。虽然永久性定形可使服装获得洗可穿效果,但由于在其上可以叠加暂时性定形,故仍可出现包装折印,就是这个道理。暂时性定形易施易除,有其独特的功用。因此,原则上各种定形效果同时存在为最好,这样往往能取得最佳的定形效果。

根据永久性定形机理可知,纤维或织物的永久性定形与纤维中晶体的熔融有关。对于大多数的合成纤维及织物来说,在高温作用下首先软化,然后熔融。一般在熔点以下 20 ~ 40℃ 的温度称为软化温度。因此对不同的合成纤维选择其最佳的熨烫温度,便可使其达到一定的永久性定形。而对于天然纤维以及人造纤维来说,由于它们的熔点高于分解点,在高温作用下首先软化,然后不熔融而是分解或炭化。这就是天然及人造纤维或织物不能通过单纯的热定形方法而使其达到永久性定形的缘故。目前服装行业仍是以有控制地应用热量与温度作为对毛织物定形的基础,结果很难使服装的定形经过洗涤仍能保持其形态不变。因此,引用多种化学处理方法以使毛织物得到真正的永久性定形正在研究中。

小结

本章分析熨烫定形的四个基本条件和作用,解释了手工熨烫的工具、程序和技术方法,分析了机械熨烫的技术参数和使用要点,剖析了熨烫定形暂时定形和永久定形的机理。

本章的要点是讲述熨烫定形的基本条件和手工熨烫的技术方法及机械熨烫的技术参数。

思考题

1. 分析熨烫定形在服装生产中的作用。
2. 简述熨烫的分类及各熨烫的作用。
3. 熨烫工艺的基本条件是哪几项？各自有何作用？
4. 手工熨烫的工艺参数有哪些？应如何控制？
5. 蒸汽熨烫的工作原理是什么？有什么优缺点？
6. 蒸汽熨烫机分为哪几类？其主要机构有哪些？
7. 熨烫中的“极光”现象是怎样产生的？
8. 蒸汽压力与蒸汽温度之间有什么关系？
9. 简述熨烫定形的基本机理及过程。

实用理论及技术——

成衣品质控制

课题名称:成衣品质控制

课题内容:成衣品质控制程序和内容

成衣跟单的品质控制

服装质量疵病及其产生原因

服装质量检测标准

成衣品质控制的检查方法

课题时间:4 课时

训练目的:1. 了解成衣品质控制程序和在制品及制品的品质控制内容

2. 掌握成衣跟单的品质控制方法和内容

3. 了解服装质量疵病及其产生原因

4. 掌握服装质量检测内容和参数标准

5. 了解典型品种成衣品质控制方法

教学要求:图示成衣品质控制的程序和内容,图示典型品种服装质量和疵病及其产生原因,举例分析国家标准对服装质量检测的内容和参数标准。

第九章　成衣品质控制

所谓成衣品质控制，就是为求得能以最经济的方法生产顾客需求的成衣品质，而实施整体作业生产方法。

成衣品质的衡量标准是合乎潮流的美观造型，耐用与舒适的穿着质量，多功能的效用以及配置的售后服务。

成衣品质包括三个方面：设计品质，即依照所决定的品质目标，把握消费者的使用方法及其希望性能，设计能满足顾客需求的品质；制造品质，选择符合设计目标的加工设备和技术手段，使用恰当的材料生产符合标准的产品；营业品质，指销售的服务品质，包括营业人员的素质、服务方法、企业形象等。

为保证成衣品质，企业要制订四种品质水准：品质目标，技术设计部门为预测将来消费者的需求而制订的成衣品质应达到的目标；品质标准，由技术设计部门提供给制造部门的制品或服务的标准，即制造现场的作业能依照标准而实现的品质水准；检查标准，检查部门日常工作的依据，以检查厂内各种项目的合格与否；品质保证，营业部门提供给消费者的品质水准。

为确保品质控制的成功，应进行全面的品质管理（Quality Control），简称QC。其包括以下内容：

（1）调查消费者需求方向，以决定生产方针的调查计划。

（2）设计符合消费者需求而有用的产品，并制作标准板样、施工说明书等设计工作。

（3）准备机械、设备、工程编制，制订生产操作的规范与技术说明。

（4）制造商品并加以检查。

（5）研究如何销售产品，并实际进行销售。

（6）调查客户使用该商品的状况及售后服务工作。

（7）其他各种成本计算、设备保养等工作。

本章将着重讨论制订生产操作的规范与技术说明以及生产过程中的品质检查。

第一节　成衣品质控制程序和内容

一、成衣品质控制程序

成衣品质控制的过程包括三个阶段：规定（技术、设计）→生产（制造）→检查（检查）。

第一阶段，设计具有竞争力的款式，制订裁剪、缝制、熨烫工程的技术标准；第二阶段，执行各项技术标准规定进行的生产活动；第三阶段，为了解所生产的成品是否符合规定，对其加以检查，检查应贯彻生产总过程，包括工序检查和成品检查两部分。即使实行品质控制活动，遵守标准作业，仍会有产生不良制品的情况，因此检查是绝对需要的。

（一）检查站的建立

在生产工程的适当部位必须设立检查点，以检查生产的进行是否正确。这种检查点称为检查站（图9－1－1）。

检查站的功能，除了检查制品品质外，尚能同时查核成本、交货日期与数量的状态。

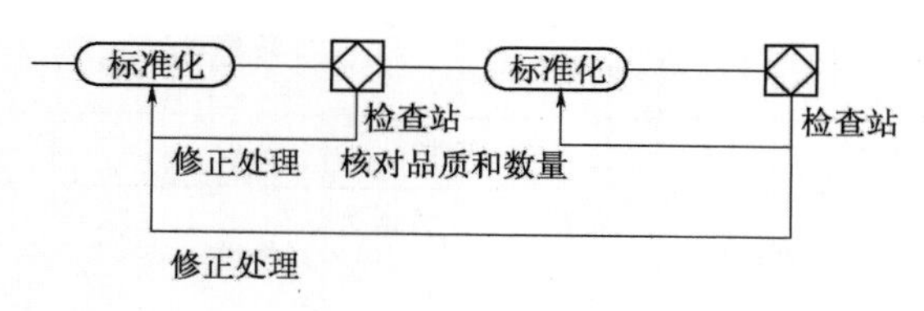

图9－1－1　检查站的建立

在制品生产过程中，每个作业员于作业后核查其生产的成品或半成品的品质，称为自我检查或自主检查。安排于几个作业结束后的检查，称为中间检查。

检查站的设置必须明确下列内容：设在工程的哪个部位（Where），要检查什么特性（What），什么时候检查（When），谁来检查（Who），怎样检查（How）。

检查站安排得越多，越能控制品质，但太多会增加成本和工时。检查站的位置设置视企业的经验、技术水准而定。将检查站编入工程表则为QC工程表，表9－1－1为夹克的QC工程表。

表9－1－1　夹克的QC工程表

项目 工程	检查项目	检查时期	测定工具	报告对象	关系标准
检查制作说明书	检查交货预定期	接洽订单时	目视	管理人员	设备一览表
检查原始纸样	与规格书核对	接单时款式、尺码	方尺、钢尺、竹尺	客户、裁剪科长	作业标准
编制工程分析表	总时间	分款式	目视	管理人员	作业标准
材料进货检查	对照样本性能测试	每批进货	钢尺	管理人员	作业标准
下水预缩	收缩率	裁剪前，全部布料	钢尺	板样制定人	作业标准
黏接试验	温度、压力	分材料、分颜色，全部	拉力测验器	板样制定人	作业标准
填写各现场的指示表	颜色指示颜色	分款式、分颜色	目视	现场班长	作业标准
制作工业用板样及标准尺寸	核对原始板样	各款式、各尺码	钢尺	现场班长	作业标准

续表

工程＼项目	检查项目	检查时期	测定工具	报告对象	关系标准
工程分析，核对工业用板样	核对是否符合品质特性	各款式、各尺码	钢尺，目视	管理人员	作业标准
加工负荷图表	加工时间对照	各款式	目视	管理人员	平均加工时间
加工工程配置图	使用机械	各款式	目视	管理人员	标准记号
制订检查标准	核对是否符合品质特性	各款式		管理人员	检查标准
裁剪面布、里布	拉布有无歪扭	每批	钢尺、板样	裁剪作业员	作业标准
上流水线前检查	布料上、下层是否照板样	每批	钢尺、板样	裁剪科长 车缝科长	检查标准
缝制外袋	有袋盖	抽样检查 $n=30$	竹尺，目视	裁剪科长 车缝科长	作业标准
缝制内袋		抽样检查 $n=30$	竹尺，目视	裁剪科长 车缝科长	作业标准
外袋、内袋中间检查	对格对布纹，袋深	全部	竹尺，目视	裁剪科长 车缝科长	检查标准

一般在下列工序设置检查站：对产品的性能、成分、精度、寿命、可靠性和安全性等有直接影响的关键工序；工序本身有特殊要求，并对下道工序有影响的工序；质量不稳定、出现不良品多的工序；对用户或各种抽验、试验中所反馈的不良工序。

（二）质量检验类型及特征

对于不同的检验对象、在不同的条件和要求下，可以采取不同的检验方式。不同的检验方式反映了不同的检验要求。合理选择检验类型的原则是：既要保证产品的品质，又要方便生产，尽可能减少费用、缩短检验和产品的流转周期。

质量检验的类型及特征可分为以下几种。

1. 按工作过程的顺序分

有投产前检验、生产过程中检验和成品检验三种。投产前检验是加工前对投入的原材料的检验。

裁片的检验、半成品检验是加工过程中对某道工序的半成品检验；成品检验则是对制品的完工检验。

2. 按检验的地点分

有固定检验和流动检验两种形式。固定检验是在固定的地点检验，适合大批量在制（或完工)产品必经的关键工序的检验。流动检验又称巡回检验,适合对一般工序的抽查检验。

3. 按检验的数量分

有全数检验和抽样检验两种形式。全数检验是对在制(或完工)产品的逐件、逐工序检验;抽样检验是按事先确定的抽样方案,对产品按生产总数的规定比率进行的抽查检验。

4. 按检验的预防性分

有首件检验和统计检验两种形式。首件检验是对首件产品按质量标准、工艺规程等有关技术规定进行的检验;统计检验是运用数理统计方法对产品进行抽查检验。

5. 按检验人员分

有专职检验、工人自检、相关工序互检等三种形式。专职检验是由专职检验人员进行的检验;工人自检是操作者对本工序产品的自我检验;互检是相关工序之间进行的相互检验。

下面重点分析按工作过程顺序划分的检验类型的具体技术特征。

投产前检查。投产前必须对设计资料及使用的材料进行全面、细致的检查。

首先,对设计师制订的款式效果图、产品规格制造单、产品缝制标准、标准板样等技术资料进行检查。对一些初次投产的产品,为防止缝制错误及提高生产效率而制订的工程分析表,需检查其合理性。

其次,应对加工设备进行检查。机械设备是保障生产产品的品质、成本、交货期的重要因素。机械设备无故障才能发挥最高的缝制效率、整烫效果。检查内容包括清除异物、找出磨损、松弛、摇动、变形或损伤等潜在缺陷,并加以修护处理。

最后,进行材料的检查。原材料的费用在成本中占很大比重,因此材料的检查是产品品质控制的第一要素。材料的检查,包括对面布、里布、衬布、缝线、纽扣、垫肩、拉链、裤钩、按扣、牵带等材料的外观与特性的检查。对于判为不合格的材料应退回仓库或换新(表9-1-2)。

表9-1-2 材料检查表

检查项目		检查方法	判定标准	检查手段	检查数量
裤钩	形状	对照样品看	同一货品	样品	到货时每批(200个)抽一个检查
	表面处理	对照样品看	同一货品	样品	
	材质	用00#锉刀锉某部位	真铜	00#锉刀	
	强牢度	按压榨试验器测定	主刻度标准仍不破	压榨试验器	
按扣	形状	对照样品看	同一货品	样品	到货时每10罗(1440个)任意抽2个检查
	表面处理	对照样品看	同一货品	样品	
	材质	用00#锉刀锉某部位	真铜	00#锉刀	
	嵌扣度	把一按扣连布用力敲摔	不脱开		

续表

检查项目			检查方法	判定标准	检查手段	检查数量
样板用纸	形状	幅度	用1m竹尺测量	(180 ±5)cm	1m竹尺	
		长度	用1m竹尺测量	(180 ±5)cm	1m竹尺	
	强牢度	纸边翻卷	用竹尺往复5次磨纸板	翻卷1mm以上不合格	目视	
		破损	卷成三角形观察	3mm以上的破损则不合格	目视	
		弯翘	对齐长度(180cm)两边	放开会复原	目视	

生产过程中检查。管理人员及所有作业人员应充分了解所需生产作业标准，并严格按标准生产才能使产品符合最好的品质标准。生产过程中造成的服装疵病待到成品检查时，很多已是难以修改了。

生产工序中的检查站必须首先检查裁片质量，发现色差、错片、规格不符应立即换片。其次在缝制过程中要进行全数检查或抽样检查，即使在整条流水线品质安定时，仍然需要每天查看4次检查表，抽样检查以确认实际品质，发现不良品质，应适当指导出错的作业员，防止继续出错。整烫工序是保持裁剪及缝制工序所制造的产品及品质并进一步提高的作业，比起缝制工序来说，该工序的作业员所受到的训练和指导较少，故应更重视熨烫质量检查。

成品质量检查。成品质量检查包括产品的外观、包装质量的检查。产品外观质量检查需检查前后衣(裤)身、领、袖、缝迹、后整理等方面的质量，一般应采取全数检查，不合格者应剔除，部分可送流水线有关工序修改，修改合格者仍可视作成品。包装必须检查内包装、外包装等外观质量。

二、成衣品质控制内容

由于成衣业生产日趋多品种少批量，统计式的品质控制已无法给服装厂带来显著的经济效益。管理技术及其固有的技能已成为服装厂营运的主要动力，应注意加强系统化。

（一）设计的检查

产品投产前需要对设计人员的各种技术文件和资料进行严格检查。

1. 生产通知单的检查

生产通知单是规定产品的规格、使用材料、缝制要点、包装方法的技术文件，需要进行下列内容检查。

(1)服装各控制部位及细部规格的数量是否合理，有无疑误。

(2)面布、里布、衬布、纽扣、商标、袋布等原辅材料是否齐全，品号、规格、用量是否正确。

(3)服装各部位的缝迹宽度和长度、布边处理形式、缝型、各部位特殊缝合形式是否清楚、合理。

2. 缝制标准的检查

缝制标准是对产品加工质量细则进行规定的技术文件，必须根据本厂设备、技术条件对产品的缝制要求作出规范化的规定，需要进行下列内容检查。

(1)各部位(上装如门襟、口袋、衣领、衣袖、后背等，下装如门襟、侧缝、下裆、上裆、口袋等)的缝合程序、缝型、缝迹的数量、形式的规定。

(2)各部位的对条、对格、纹样的具体规定。

(3)特殊的缝制要求。

3. 标准板样的检查

标准板样是用于裁制衣片的正式板样，必须在投产前与生产通知规格进行对照，确认按设计图设计的标准板样有无错误，需要进行下列内容检查。

(1)各控制部位及细部规格是否符合预定规格。

(2)各相关部位是否相吻合，即数量是否相配，角度组合后曲线是否光滑。

(3)各部位的对位刀口是否正确及齐全，布纹方向是否标明。

(二)加工设备的检查

确保机械无故障才能发挥最高的缝制效率，保证整烫效果，需要进行下列内容检查。

(1)清除各类设备的尘埃、污垢及异物。

(2)检查磨损、松弛、摇动、变形及损伤等细小的潜在缺陷，并加以修护处理。

(3)要求车缝人员对自己使用的缝纫机进行车针安装、压脚调节、梭子线张力调节、切线器的调节、绕线器卷线、梭头轴和支带轮的调整等内容的自我检查。

(三)材料的检查

对采购的原、辅料进行全数或抽样检查，以排除不良品质的材料。材料进货检查报告书及试验记录表如表9-1-3、表9-1-4所示。

表9－1－3　进货检查报告书

进货材料品名			进货厂商		
进货时间			索赔期限		

项目 次数	数量	等级	污垢	瑕疵	色差	幅宽
1						
2						
3						
4						
5						
6						
检查鉴定			检查时间			
			检查人			

表9－1－4　黏接及收缩试验结果记录表

批数 No.		试验时间	年　月　日	气温(℃)	
布料名称		混纺率(%)		幅宽(cm)	
布料组织		布料质量		衬布名称	
黏衬部位	（服装部位）	（前身）		（领、门襟）	
干热黏接条件	温度(℃)				
	压力(kPa)				
	时间(s)				

测试项目 测试条件		色彩					色彩					色彩				
		面布		面布＋衬			面布		面布＋衬			面布		面布＋衬		
		直	横	直	横	强度	直	横	直	横	强度	直	横	直	横	强度
干热	温度															
	放置															
整烫	温度															
	放置															
水洗																
干洗																
胶渗出布面				有　无					胶渗出衬面					有　无		

（试验片贴样栏）衣身
（试验片贴样栏）领门襟

1. 缝制、熨烫材料检查

对缝线（棉、丝、麻、化纤）和衬布，按国家标准进行缩水率、拉力试验检查和粘接性能检查。

2. 面、里布检查

对面、里布等主要材料进行缩水率、干洗、水洗、摩擦、日晒染色牢度的试验，检查污垢、瑕疵、色差、幅宽等。

3. 辅料检查

对垫肩、拉链、裤钩、纽扣、按扣、牵带等辅料进行抽样检查。检查项目为形状、表面处理、材质、强牢度、嵌扣度等，检查方法为对照样品观察，使用锉、敲、压等破坏性实验。

（四）裁剪用板样检查

每月对裁剪工序中使用的板样进行全数检查，检查内容包括对照标准板样进行规格检查、数量检查、刀口检查、翻卷和折破等破损现象的检查等（表 9－1－5）。

表 9－1－5 中间检查规则表

分类号码		检查项目	检查规则	制订时间
整理号码				

1. 适用范围

（1）目的。尽早发现事故防患于未然，向后段工程提供良好的品质，同时对成品检查无法检查的部位予以管理检查。

（2）内容：有关纸样、缩水、拉布、裁片配合、缝制、安装、附属品等的检查次序、检查项目、检查方法等，判定基准，使用器具及记录等予以适用。

2. 纸样检查一览表（表 9－1－6）

表 9－1－6 纸样检查一览表

检查项目	检查方法	判定基准	处理方法
尺寸	对照标准板样观察	A、B ±1mm 合格 C ±2mm 合格	根据标准尺寸进行修改
翻卷	对照标准板样观察，看纸样有无翻卷	翻卷在 1mm 内为合格	有翻卷者弄平
折破	目视	没有为合格	不合格应重做
表示内容	观察，同时核对纸样标签	需与标准板样、标签一样	应与标准板样、标签一致
刀口位置	与标准纸样核对	对则合格	不对应修改
纸样数量	确认所需纸样数量	对则合格	不对要补全

裁剪工序要严格执行“五核对、八不裁”制度，把好裁片质量关。

“五核对”是：核对合同、款式、规格、型号、批号、数量和工艺单；核对原、辅料等级、花型、倒顺、正反、数量、门幅；核对板样数量是否齐全；核对原、辅料定额和排料图是否齐全；核对辅料层数和要求是否符合技术文件。

“八不裁”是：没有缩率试验数据的不裁；原、辅料等级档次不符合要求的不裁；纬斜超规定的不裁；板样规格不准确、相关部位不吻合的不裁；色差、疵点、脏残超过标准的不裁；板样不齐全的不裁；定额不齐全、不准确、门幅不符的不裁；技术要求交代不清的不裁。

（五）裁片质量检查

裁剪工序裁制的衣片需要检查下列内容。

1. 裁片质量

将每批裁片抽出上下两片，对照标准纸样，检查布纹及剪切形状、色差现象，对不合格者须改裁，过小者缩小一号作小规格裁片处理。

2. 裁片数量

全数检查裁片数量，数量不够则补裁。

3. 尺码标记

对尺码及对位记号进行检查，不合格者按小规格裁片处理（表9－1－7）。

表9－1－7　裁片质量检查表

检查项目		检查情况	检查方法	判定标准	处理方法
裁片质量	1		每批裁片上、下层各抽一件对照纸样，查看裁剪是否走样、布纹是否正确	±2mm以内为A ±3mm以内为B ±5mm以内为C	大则根据标准尺寸改裁，小则缩小一号改裁
	2				
	3				
	4				
	5				
	6				
裁片数量	1		以全数计算读取	按照裁剪指示表	数量不够则补裁
	2				
	3				
	4				
	5				
	6				
尺码标记	1		抽上、下层裁片，目视与标准纸样核对	必须与标准纸样一致	尺寸标记不对则换，大纸样可照尺寸修改后作为小尺寸纸样用
	2				
	3				
	4				
	5				
	6				

(六)缝制、熨烫质量检查

缝制工序半成品的检查包括下列内容。

1. 部件外形

领、袖、袋等部件成形后,形状是否符合设计要求,应与标准纸样进行对照检查。

2. 外观平整

缝合后外观是否平整,缝缩量是否过少或过量。

3. 缝迹质量

缝迹的数量及缝迹的光顺程度是否符合质量规定。

4. 半成品熨烫质量

半成品熨烫成形质量是否符合设计要求,有无烫黄、污迹等沾污现象(表 9-1-8)。

表 9-1-8 半成品检查的检核表

<table>
<tr><td colspan="2">制　品</td><td>西装上衣</td><td colspan="2" rowspan="3">制品中间检查日报</td><td colspan="3"></td></tr>
<tr><td colspan="2">检查数</td><td>____件</td><td colspan="3"></td></tr>
<tr><td colspan="2">不良数</td><td>____件</td><td>检查时间</td><td colspan="2">年　月　日</td></tr>
<tr><td colspan="2">检查项目</td><td>检查部位</td><td>裁剪不良</td><td>车缝作业不良</td><td>整烫作业不良</td><td>外观尺寸</td><td>计</td></tr>
<tr><td rowspan="9">前　身</td><td rowspan="4">口　袋</td><td>腰袋</td><td></td><td></td><td></td><td></td><td></td></tr>
<tr><td>上袋</td><td></td><td></td><td></td><td></td><td></td></tr>
<tr><td>口袋</td><td></td><td></td><td></td><td></td><td></td></tr>
<tr><td>袋盖</td><td></td><td></td><td></td><td></td><td></td></tr>
<tr><td>纽位</td><td>纽位,钉线</td><td></td><td></td><td></td><td></td><td></td></tr>
<tr><td rowspan="4">门襟贴边</td><td>门襟贴边宽松</td><td></td><td></td><td></td><td></td><td></td></tr>
<tr><td>门襟贴边保留份</td><td></td><td></td><td></td><td></td><td></td></tr>
<tr><td>领、门襟宽</td><td></td><td></td><td></td><td></td><td></td></tr>
<tr><td>前身切线</td><td></td><td></td><td></td><td></td><td></td></tr>
<tr><td rowspan="4">背</td><td rowspan="4">面、里</td><td>滚边</td><td></td><td></td><td></td><td></td><td></td></tr>
<tr><td>开衩</td><td></td><td></td><td></td><td></td><td></td></tr>
<tr><td>背里缝合</td><td></td><td></td><td></td><td></td><td></td></tr>
<tr><td>针码</td><td></td><td></td><td></td><td></td><td></td></tr>
<tr><td rowspan="4">胁　边</td><td rowspan="4">里、面</td><td>胁边里缝合</td><td></td><td></td><td></td><td></td><td></td></tr>
<tr><td>针码</td><td></td><td></td><td></td><td></td><td></td></tr>
<tr><td>合胁边</td><td></td><td></td><td></td><td></td><td></td></tr>
<tr><td>胸围宽松</td><td></td><td></td><td></td><td></td><td></td></tr>
</table>

续表

制品		西装上衣	制品中间检查日报				
检查数		____件					
不良数		____件			检查时间	年 月 日	
检查项目		检查部位	裁剪不良	车缝作业不良	整烫作业不良	外观尺寸	计
肩	面、里	肩里缝合					
		肩宽					
		缝肩垫					
		合肩					
翻领	领	刀口左右不同					
		领缝合					
		领窝不平服					
		缝迹					
袖		绱袖					
		袖缝合					
		绱袖缝迹					
		袖长左右不同					
		袖口衩不良					
下摆		下摆滚边					
		缝合下摆里					
其他		下摆不良					
检查部位		缺点件数	不良理由	处理	备注		

（七）成品质量检查

1. 成品质量检查程序

（1）对照缝制指示书，确认各种缝制的外观与操作规定指标。

（2）为迅速、准确地检查制品质量，常规的检查顺序为自上而下检查，外观检查后翻向里侧检查，自左而右检查。

（3）检查的姿势宜以检查者站立检查为宜，将制品穿着在人体模型上，然后站立检查，这样视野开阔、整体感觉强。

（4）检查的重点放在制品的正面外观上，然后翻向里侧，检查制品的里布外观，最后检查缝迹等细微质量。

（5）服装规格的测量主要是控制部位的规格尺寸，但也必须包括口袋大小、领子宽窄等细部规格的尺寸。

(6)成品质量的检查结果必须记录在册,以便作为以后同类产品的参考资料。

2. 成品质量检查内容

(1)裁剪质量:布纹是否歪斜;部件形状是否正确;驳头部位的外口布纹是否整齐;除特殊造型外,口袋及袋盖的布纹是否与衣身相符;有毛向的布料各部位倒顺是否一致;对位记号是否正确。

(2)对条对格:除特殊造型外,必须对条、对格,衣身、部件的左右两边必须条格一致。需检查衣领的左右两边是否条格一致;前衣身的上下两部分是否条格相符;后衣身的背缝两侧条格是否一致;左右衣袖的条格是否一致;袖头、腰头的左右条格是否一致;口袋与袋盖是否与衣身的条格一致;侧缝部位前后衣身的条格是否相对;下装的前后裤(裙)身条格是否一致,前裤(裙)身的左右两片条格是否一致,上裆的门襟封口处条格是否一致。

(3)缝份量:缝份是否适合于所用材料(面、里);缝份是否适合所采用的缝合形式(缝型);卷边缝的外观是否有斜裂现象;后裆缝、下裆缝以及需补正的重要部位的缝份是否适当。

(4)布料的折边量:折边量是否适合所用材料(面、里);折边量是否均匀一致;折边是否平整;尺寸需修改的部位折边量是否恰当;袖口的里布和里布的折边量是否相配。

(5)黏衬质量:黏衬后面布是否起泡、起皱;面布表面是否有黏胶溢出;面布黏衬后是否产生变色现象;面布黏衬后尺寸规格是否发生变化;黏衬后面布能否做出所希望的风格。

(6)缝线:缝线的材料与支数是否与面、里布相符;缝线能否耐洗与耐磨;缝线是否褪色与收缩;缝线是否与面、里料同色或同色系(装饰线迹除外)。

(7)针迹:是否按指定的针迹数缝制;是否按与面、里布料相符的针迹数进行缝制;是否按与缝型相符的针迹数进行缝制;是否按与缝线的支数相符的针迹数进行缝制。

(8)裁边处理方法:口袋的嵌线与袋垫布的裁边处理方法是否合理;面布里侧的缝迹处理方法是否合理;容易脱散的里布缝边处理是否合理;裁片外露部分的缝边处理是否妥当。

(9)缝迹:缝迹松紧状态是否均匀;缝迹是否歪斜;缝迹的伸缩性如何;缝迹开始与结尾的倒回针是否牢固;缝迹是否有脱线现象。

(10)止口:各部位的缝制是否良好;面线与底线松紧是否相配;缝线是否牵紧;缝线是否有浮线;缝线是否脱线;止口缝迹宽窄是否一致;止口缝迹开始与结尾是否用倒回针或线结加以固定;缝线粗的缝迹是否浮线;部件的裁剪线是否外露;针织品的针眼是否刺断布料丝缕;针织品的缝迹拉伸性是否与布料的拉伸性一致;缝纫机送布齿的痕迹是否留下。

(11)套结:套结的位置是否正确;套结的质量是否牢固;套结是否拉破材料。

3. 成品质量检查步骤

成品质量检查时需将上述质量内容具体体现在服装的部位质量上,检查时须按具体部位的顺序进行。下面以上装和下装两部分进行介绍。

（1）上装成品质量检查：

①衣领部位：衣领位置是否装正；衣领翻折线是否在设计的位置上；衣领的领面是否平服；衣领的领角是否有里外匀；衣领的左右两边丝缕、条格是否一致；衣领的翻领部分翻下是否牵紧；衣领弯曲后形态是否自然圆顺；衣领弯曲后里侧是否有多余皱褶；驳头表面是否平服；驳头是否能自然驳下；驳头的驳折位置是否在规定位置；驳头的里侧是否反吐；领、驳部位的纽眼是否美观；衣领部位的吊带是否牢固、位置是否正确。

②肩部：肩缝是否顺直、不歪斜；肩端是否下坍、肩部是否平挺；前肩部是否平服、有无多余褶皱；垫肩量是否恰当，位置是否合适。

③前衣身：前门襟止口是否顺直、挺服；衬布与面布是否相符；胸部的造型是否美观；纽眼的位置是否适当，锁眼方法是否恰当；纽扣钉的位置与方法是否适当；止口的缝制是否美观；前身的领口贴边是否平服；省缝头是否呈酒窝状，省缝份熨烫是否美观。

④挂面：挂面是否平整、挺服；挂面里侧的攥线是否牢固；倒钩的暗缝是否服帖；挂面的胸部是否牵紧。

⑤衣袖：袖缝是否平服；前袖缝归拔是否充分；袖子的里布攥缝是否牢固、平服；袖子的位置是否正确；袖口衬安放是否服帖；袖头的开口位置重叠是否一致；袖口里布的缭缝以及袖里布与面布之间的配合是否恰当；袖口的形态是否美观；袖山缝缩量分配是否恰当，装袖缝是否美观；袖山侧型是否丰满；衣袖是否能贴近衣身。

⑥侧缝：侧缝是否平服；侧缝的面、里布的攥线是否牢固。

⑦后背：背缝是否平服；后背的盖背是否美观；后背的装领部位是否平服。

⑧口袋：胸袋的宽窄是否一致，位置是否正确；胸袋口是否用暗缝加固。

⑨下摆：下摆的折边是否合适；下摆的缭缝是否粗疏，是否影响布料的正面；下摆的暗缝线是否平服；下摆的明线是否美观；门襟是否重叠过多或过少，上片与下片长短是否一致；门襟的转角部位是否平服、窝服。

⑩里布：里布的缝道是否平服；里布在纵向、围向是否有必要的余量；袖里布的缭缝是否粗疏，宽松量分配是否恰当；肩里布的缭缝是否粗疏，宽松量分配是否恰当；里布下摆缭缝是否平服，横向是否过紧或过松；驳头里侧的里布纵向是否有宽余量，缭缝线是否美观；侧缝袋的裁边是否美观。

（2）下装成品质量检查：

①腰围：腰头宽度方向的丝缕是否一致；安装腰头的缝道是否弯曲，缝迹是否平服；串带襻的位置是否恰当，缝合是否牢固。

②侧袋：左、右侧袋口的尺寸及斜度是否一致；袋口的缝份是否平服、美观；袋口的封口位置是否恰当，缝合是否牢固；袋嵌线与袋垫布的布边处理是否恰当。

③后袋：左、右后袋的位置是否一致；袋口的缝迹是否平服、美观；袋嵌线宽度是否一致；袋

口两侧的封口位置是否恰当，缝合是否牢固；嵌线与袋垫布的布边处理是否恰当；纽眼的位置是否处于袋口的中心，锁缝方法是否恰当；纽扣钉的位置与方法是否合适；袋布的尺寸是否恰当；袋布的缝迹是否平服。

④后省道：后省道位置是否正确；左右两省是否一致；省道的处理方法是否恰当。

⑤侧缝：侧缝的缝道是否歪斜；侧缝的缝线是否平服；分割方法是否恰当；包缝线迹是否有脱散。

⑥上裆缝：上裆十字是否平整；上裆缝是否歪斜；后上裆缝是否用双道缝迹加固；后上裆缝与前上裆缝的缝合是否错位；前上裆缝的封口位置是否适当，是否牢固。

⑦门、里襟：前门襟位置是否适当；门、里襟缝合是否牢固；前门襟是否平服，里布是否外吐；前门襟止口线迹是否歪斜，面布是否出现斜裂现象；装拉链的位置是否适当，拉链关启是否自然；门、里襟的长度是否一致；里襟的形状是否良好，宽窄是否一致；纽眼位置是否恰当，锁缝方法是否良好；钉纽扣的位置与方法是否正确。

⑧脚口（下摆）：左、右裤（裙）片的脚口（下摆）尺寸是否一致；脚口（下摆）的折边方法是否恰当，缭缝方法是否良好；侧缝与下裆部位是否正确。

⑨里布：腰里布是否平整；膝盖绸的缝迹是否齐整；包缝的线迹是否良好。

4. 成品质量检查要领

下面以实例介绍成品质量检查的动作与要领。

（1）适用范围：上、下套装的长裤及中长裤。

（2）检查设备与条件：

①检查台：宽1m，长2m以上。

②光线：400～1500lx。

（3）用具：软尺、短尺以及其他认为必需的工具。

（4）长裤的平面检查：裁剪、布边、瑕疵、污迹、吊纱、松弛、整理、对格等，检查动作及要领如表9－1－9所示。

（5）整烫后规格尺寸检查要领：如表9－1－10所示。

表9－1－9　长裤质量检查动作与要领

序号	检查顺序	动　作	检查要领
1	左边全体	左手拿腰部，右手拿裤脚	全体的感觉，平衡
2	侧边	看左边全部	缝合，布纹歪斜
3	侧袋	插进手，看袋口及贴边	打结，缝合堵塞，袋垫布，贴边
4	后袋	插进手，看袋口及贴边	滚边，打结，钉纽，锁眼，袋垫布，贴边及缝合
5	腰部	双手提裤带扣	裤带扣缝法，位置，腰明线，针码

续表

序号	检查顺序	动　作	检查要领
6	下裆	双手拉开	缝合平滑,稳定
7	后裆	左手放斜,拉到前面	缝合,接缝情况
8	裤裆	左手放到裤裆下,右手拿下裆	裤缝法,打结,下裆接缝
9	前门襟	关拉链,右手插进里面	门襟饰缝,门襟双叠,门襟缝法,裤钩位及钉法
10	舌盖	开拉链,露舌盖	拉链缝法,打结,裤钩,锁眼
11	舌盖里	左手拿门襟上面,右手拿裤裆部	缝份,缝里(吊,松,绽)
12	门襟里	左手拿门襟上面,右手拿裤裆	裤钩,拉链缝法,打结,包缝,缝份,吊,松
13	臀腰部	双手插入腰部作弧形	后裆缝合,裤带扣,腰里吊否,后袋位,后裤褶
14	翻里面(右)	门襟向前,翻腰里	腰里挑缝,打结,宽松量
15	侧袋袋布	拿袋布	包缝(底缝翻出压明线),袋布上端倒四针
16	后袋袋布	双手拿袋布	包缝(底缝翻出压明线),袋布上端倒四针
17	侧边	双手拿,上下拉	拷边,缝份,烫开,纱线头,缝线头记号
18	下裆	翻,看下裆	拷边,缝份,烫开,纱线头,缝线头记号
19	后裆		拷边,缝份,烫开,双缝
20	裤裆贴		裤裆贴缝法
21	裤脚以及侧缝、侧袋、腰部	对齐侧边及下裆线,门襟方向向上	侧边、下裆线吊否,左、右两边的裤脚宽(完成时)、按扣、暗袋、裤脚贴条相同
22	膝贴里(左、右)侧袋袋布,后袋袋布侧边(里料缝合)	缝上时	包缝,宽松量,与左边同
23	前后不齐	双手拿腰上面,吊起	前后不齐
24	左右不齐		左右不齐

表9-1-10　整烫后规格尺寸检查要领

序号	检查顺序	检　查
1	腰围	扣上裤钩,门襟在中央,两边用尺量腰带中心
2	裤长	从侧边上端,由侧缝线量至裤脚
3	下裆	由下、后裆接点,由下裆线量至裤脚
4	前后裆宽	后裆直下以纬向平量
5	裤脚	(半完成式时)由裤脚上15cm平量
6	膝位宽	(半完成式时)除掉裤脚上15cm的下膝折半中点上5cm平量
7	其他	指定尺寸,侧袋口、后袋、腰带宽等用尺量

(八)包装及出仓的质量检验

包装和仓储是成衣生产的最后工序。良好的包装必须能满足品质及生产性所需的下列条件。

1. 品质

应保持成品整烫完成后的外观,必须防止在销售流通过程中或在销售中心所造成的损伤或污垢,保护商品完好无疵地到达顾客手中。

2. 生产性

最适当的包装应配合以下的所有移动条件:工厂内的移动;出厂给销售流通中心的捆扎和包装;在流通中心或批发商、经销商的进货、检查、包装;寄给顾客的挑选包装等,使制品在经销的任何环节不产生包装上的问题。

成品质量检查统计表如表 9-1-11 所示。

表 9-1-11 成品质量检查的一周统计表

<table>
<tr><td colspan="2">制品名称</td><td colspan="2">西装上衣</td><td rowspan="3">日期</td><td colspan="11">区分不良统计(%)</td></tr>
<tr><td colspan="2">检查数及合格数</td><td>件</td><td>件</td><td rowspan="2"></td><td rowspan="2">10</td><td rowspan="2">20</td><td rowspan="2">30</td><td rowspan="2">40</td><td rowspan="2">50</td><td rowspan="2">60</td><td rowspan="2">70</td><td rowspan="2">80</td><td rowspan="2">90</td><td rowspan="2"></td></tr>
<tr><td colspan="2">不良数及不良率</td><td>件</td><td>%</td></tr>
<tr><td colspan="2">区 分</td><td colspan="2">部位</td><td></td><td></td><td></td><td></td><td></td><td></td><td></td><td></td><td></td><td></td><td></td><td></td></tr>
<tr><td rowspan="6">前身</td><td rowspan="2">口袋</td><td colspan="2">袋盖门纽绽</td><td></td><td></td><td></td><td></td><td></td><td></td><td></td><td></td><td></td><td></td><td></td><td></td></tr>
<tr><td colspan="2">里袋盖门绽线</td><td></td><td></td><td></td><td></td><td></td><td></td><td></td><td></td><td></td><td></td><td></td><td></td></tr>
<tr><td>门</td><td colspan="2">门襟纽门绽线</td><td></td><td></td><td></td><td></td><td></td><td></td><td></td><td></td><td></td><td></td><td></td><td></td></tr>
<tr><td rowspan="3">门襟边</td><td colspan="2">反翘</td><td></td><td></td><td></td><td></td><td></td><td></td><td></td><td></td><td></td><td></td><td></td><td></td></tr>
<tr><td colspan="2">缝份不良</td><td></td><td></td><td></td><td></td><td></td><td></td><td></td><td></td><td></td><td></td><td></td><td></td></tr>
<tr><td colspan="2">下摆里弯</td><td></td><td></td><td></td><td></td><td></td><td></td><td></td><td></td><td></td><td></td><td></td><td></td></tr>
<tr><td colspan="2" rowspan="4">针 码</td><td colspan="2">背衩止缝</td><td></td><td></td><td></td><td></td><td></td><td></td><td></td><td></td><td></td><td></td><td></td><td></td></tr>
<tr><td colspan="2">防拉止缝</td><td></td><td></td><td></td><td></td><td></td><td></td><td></td><td></td><td></td><td></td><td></td><td></td></tr>
<tr><td colspan="2">肩垫歪</td><td></td><td></td><td></td><td></td><td></td><td></td><td></td><td></td><td></td><td></td><td></td><td></td></tr>
<tr><td colspan="2">肩里跳缝</td><td></td><td></td><td></td><td></td><td></td><td></td><td></td><td></td><td></td><td></td><td></td><td></td></tr>
<tr><td colspan="2" rowspan="6">袖</td><td colspan="2">袖窿跳缝</td><td></td><td></td><td></td><td></td><td></td><td></td><td></td><td></td><td></td><td></td><td></td><td></td></tr>
<tr><td colspan="2">袖扣钉不好</td><td></td><td></td><td></td><td></td><td></td><td></td><td></td><td></td><td></td><td></td><td></td><td></td></tr>
<tr><td colspan="2">袖里跳缝</td><td></td><td></td><td></td><td></td><td></td><td></td><td></td><td></td><td></td><td></td><td></td><td></td></tr>
<tr><td colspan="2">袖衩不良</td><td></td><td></td><td></td><td></td><td></td><td></td><td></td><td></td><td></td><td></td><td></td><td></td></tr>
<tr><td colspan="2">绱袖</td><td></td><td></td><td></td><td></td><td></td><td></td><td></td><td></td><td></td><td></td><td></td><td></td></tr>
<tr><td colspan="2">袖口里跳缝</td><td></td><td></td><td></td><td></td><td></td><td></td><td></td><td></td><td></td><td></td><td></td><td></td></tr>
<tr><td colspan="2" rowspan="2">开 衩</td><td colspan="2">倒边,中心跳缝</td><td></td><td></td><td></td><td></td><td></td><td></td><td></td><td></td><td></td><td></td><td></td><td></td></tr>
<tr><td colspan="2">长度不对</td><td></td><td></td><td></td><td></td><td></td><td></td><td></td><td></td><td></td><td></td><td></td><td></td></tr>
<tr><td rowspan="4">翻领</td><td rowspan="4">领</td><td colspan="2">补强布重叠</td><td></td><td></td><td></td><td></td><td></td><td></td><td></td><td></td><td></td><td></td><td></td><td></td></tr>
<tr><td colspan="2">领纽门绽线</td><td></td><td></td><td></td><td></td><td></td><td></td><td></td><td></td><td></td><td></td><td></td><td></td></tr>
<tr><td colspan="2">领十字跳缝</td><td></td><td></td><td></td><td></td><td></td><td></td><td></td><td></td><td></td><td></td><td></td><td></td></tr>
<tr><td colspan="2">翻领纽门绽线</td><td></td><td></td><td></td><td></td><td></td><td></td><td></td><td></td><td></td><td></td><td></td><td></td></tr>
</table>

续表

制品名称		西装上衣		日期	区分不良统计(%)										
检查数及合格数		件	件			10	20	30	40	50	60	70	80	90	
不良数及不良率		件	%												
整理	止缝	中心止缝													
		背衩止缝													
	跳缝	衣身跳缝													
		袖身跳缝													
		里布跳缝													
	钉扣	扣位不对													
		纽扣脱落													
外衬		衬布不平													
		黏胶外溢													
各日不良件数					统计人　　主管人										
各日检查件数															
备　注															

三、成衣质量检验操作规程

服装制品检验手段主要是目测与测试量具相结合，且常用的是目测。检验的操作规程主要是对检验者的检验方式和程序进行规范化。

（一）原材料检验操作规程

1. 操作要领

要准备检验量具和仪器，并掌握机械性能规格，准确测试。如无测试手段，可靠目视、手感进行判断。

2. 操作规程

抽查缝纫用线时，首先开箱观察线的色相与箱外注明色相是否一致，回松线的一头查股线粗细是否适宜，用强力机试验韧力、延伸度能否达到规定，用捻度机鉴别捻度。

抽查扣子时，开箱观察色相、大小尺寸是否与箱外标注一致，检查钢扣面、里两层可否拆开或开断，检查构造是否坚牢，是否有氧化锈蚀，材料厚薄是否适当，光泽如何，扣眼位置是否适当，有无裂缝、破伤、色相不一与杂花等情况。

抽查各种色带时，进行强力检查，量宽度，查密度，检查色泽是否一致。

凡抽查材料，均须依据国家标准（或相应的其他标准）和技术科提供的实物样品进行检查，

做好原始记录和抽查材料的一切手续，保证抽查材料质量合乎规定。

（二）板样和裁片检验操作规程

1. 操作要领

检查板样和裁片均需熟练掌握标准，仔细检查核对，多量多比，保质保量。

2. 操作规程

（1）检查板样操作规程：

①首先将板样平放在检验台上，按板样的记录卡注明尺寸，量板样幅宽。

②检验板样的下料，观察各种衣片、零料是否顺料下裁。

③取与产品同号次的板样，核对各部位下料毛裁尺寸，同时检查下料斜度、拼接长度及道数，并检查拼接处是否开圆头和尖角以及影响缝制操作等情况。

④检查拼接缝份的大小、各部件代号与规定相符否，各部位锥眼、刀口有无遗漏，位置尺寸距离是否相对称。

⑤检验板样合格后，加盖验收章，并做好原始记录。

（2）检查裁片操作规程：

①把住色布质量关，各种色布在投产开剪前应依实物标样进行顺色。

②检查断片的质量，按产品标准进行逐部件地检查核对。检查上衣左、右前身片的锥眼、刀口、裁片的走刀、凹刀不齐等情况，将底片两者合一比量；检查后身片，将裁片放开，将底层对折齐，查两腰缝，上袖及领刀口锥眼是否一致；检查大、小袖片，均以底片的左、右片对比，观察袖山的弧线是否圆顺，袖外缝、袖底缝的长短是否一致；检查小部件均适用硬板样比验，零料的拼接应两片对比，防止拼接缝不合；检查下装的前、后身，观察锥眼、刀口有无遗漏，测量袋口尺寸；检查下装小部件均用硬板样比验，零料两片拼缝相对比，观察是否合适。

③裁片经过检查，合格的衣片均进行盖章，不合乎规定的经修剪后复核验收。

（三）上装半成品与成品质量检验操作规程

1. 衣领部位

上衣正面朝上，两手抓住领头钩环，观察是否缉缝领子里线及底领与衣身缝合线迹、底领与翻领结合的压线，目测翻领翻折形态。

2. 口袋部位

左手抓住第一粒扣，右手抓住最后一粒扣，目测前门襟止口；两手放在大袋左右，目测大袋盖明线、封口、打结；掀起大袋盖，看大袋嵌线；右手翻大袋嵌线，左手顶住，看左边袋嵌线；左手换位看右边袋嵌线。目测胸腰省缝、前片的整洁，向上看胸袋盖止口，封线打结；掀起胸袋盖，看袋嵌线、扣、襻，比错位；右手掀起袋嵌线，手指顶住小扣，左手顶住左角，看袋嵌线；换手拉右角，

看右角袋嵌线。

3. 肩袖、侧缝部位

右手拉袖山上端，左手压住领背看右省缝；右手拉住袖山看袖山缩缝状态。右手拿起袖口缝处看袖口部位；两手拿袖口上端看袖口一周；左手抓住袖口向左伸出，看袖外缝部位。由下向上看右身缝，拉开右后袖山，目测后身污迹、色相、下摆；再由下向上看左身缝，右手抓住袖口部看左、右袖山。右手抓住袖口，伸平看左袖外缝；两手拿住袖口外端看袖口一周；左手拿袖口看左袖底部分；右手拉住前袖山，左手拿袖口端，看袖山缝缩状态及肩缝。

4. 右前身部位

领口对齐，看领口、钩环；左手拿右前门襟折合，提起前门襟，看扣结；两手掀起贴边看钉扣垫布。拉住贴边上、下端，看下边直至后身中线。目测后身，两手翻看大袋垫布、大袋布拼接，翻看大袋布。左中指推大袋襻，看胸、腰省缝。右手掀拉胸袋布，两手翻看胸袋头、袋布；右手压住领子，左手抓住袖山看肩缝；两手翻看袖条，右手伸进右袖，抓住袖口看袖底缝；两手抓住袖口上端，看袖口一周；左手抓袖口，右手拿袖山，看袖外缝，目测右身缝。

5. 左前身部位

右手抓领襻，左手抓右下摆。提起向外翻，看下摆直至右前门襟止口。其他与右片相同。

6. 比领、袖、前门襟

在反面比偏袖，右手拿住两肩缝，左手拿住两袖外缝，向上向下比偏袖。右手拿住两领头，左手去抓两肩缝比领偏，比领肩长短、绱领歪斜。右手拿住两领口，左手拿住两前门上端，比前门长短，掀起左前门比扣眼错位。理平盖检验章，将半成品、成品放整齐。

（四）下装半成品、成品质量检验操作规程

1. 左中缝脚口部位

裤长对折，掩襟向上朝外，先里后面目测左襟脚口，由左至右看中缝，两手拿住脚口上端看脚口一周。左手拿住脚口向左伸手，由脚口看大裆，右手拿住大裆的双折处掀开，直至前、后裆结合对折处止。左手拿右大裆折合处，右手拿腰头后缝，伸拉后裆，左手抓右大裆折合处向怀里拉平，看右大裆下段。两手拿脚口上端目测脚口一周；左手拿住脚口向右伸平，向下至上看中缝。

2. 袋布、腰里头部位

两手翻看袋布包口，目测袋布。左手掀起袋布，看袋布拼接、袋垫布、袋口里线，看掩裆、扣结、小裆牵条。左手抓住腰头扣，右手理平腰头，看右腰头里、腰襻带垫布（眼）、省缝。右手提起看右腰襻垫布、开衩，左手拿住两脚口后缝，右手拿后缝向外翻，看左中缝上段、左腰头里、省缝、腰襻垫布（眼），翻看袋布包口，目测袋布。左手掀起左袋布，看袋垫布、袋口里线、拼接袋布；右手扣住腰头扣眼，看门襟眼、接明线，右手推开看里襟的明线、钉扣。

3. 左中缝部位

左手提左腰头,右手深入左裤腿抓住脚口后,中缝翻出,左手换抓后腰缝,提起向外伸手,由下至上目测大裆面。左手提起门襟,右手伸入右裤腿,抓住脚口前中线翻出向外伸平,由下向上看右中缝、袋口打结、明线,翻看里口线。左手抓住门襟,右手抓住脚口将左腿推出,由下向上看大裆。左手扣住腰头扣眼,右手抓住前、后裆结合缝,比门襟长短、扣眼错位、小裆封线、明线;右手拿住左脚口向里拉,由下向上看中缝、袋套结、袋口明线,翻看袋口里线。

4. 比腰头、腰襻带

右手抓住后腰襻带,比看腰头、腰襻带;提起对折放平,左中指钩住右前腰襻带,掀起盖检验章。

第二节　成衣跟单的品质控制

一、成衣生产过程中的跟单

生产过程中的跟单工作是跟单操作流程中的重要过程。在此过程中,跟单的环节较多,工作量也最大。因此跟单员要细心,操作要准确,尽量避免出现差错。这一环节的跟单任务主要包括:生产计划的制订与操作,面、辅料的采购,生产计划的实施,生产跟进。

(一)生产计划的制订与操作

企业的生产计划是生产管理工作的重要内容,也是组织企业生产活动、实现生产过程有效控制的依据。服装企业的生产计划是根据客户订单要求(如生产产品的品种、质量、数量、成本、交货期等)来制订的。生产计划的制订是订单实施过程中的关键组成部分,由跟单人员具体操作和实施。生产计划通常采用两种形式:一种是生产总计划,另一种是每个订单的生产计划。

1. 生产总计划的编制

生产总计划是由部门主管根据订单的情况编制的。为了保证如期交货,订单数量大、交货期短的可以将其中一部分交其他服装企业协作共同完成订单,即所谓外发加工,以保证在订单要求交货期内按时交货。外发加工一般会增加成本,通常情况下应在充分发挥本企业生产能力的条件下,尽量减少外发加工的数量。

表9-2-1所示为生产任务的总体安排计划情况。计划总表应一式几份,根据企业的实际情况,分别送交有关人员和部门,如总经理、生产主管、财务部门、跟单员等。

表 9－2－1　某年某月某日生产总计划表

客户名称	单号	品种	数量	交货期	本企业生产量	外发加工			跟单员
						加工厂家	数量	交货期	
备注									

总经理：　　　　生产主管：　　　　填表：　　　　年　月　日

2. 跟单生产计划安排

跟单的生产计划，由跟单人员根据总计划表的进程安排来制订。订单计划的制订要明确、清晰，既要保证订单任务顺利完成，又要使跟单工作方便有序，可操作性强。订单计划要将作业分配到工作地和操作者，明确作业开始的时间和完工的时间。表 9－2－2 所示为订单生产计划表，是按照每日生产计划安排的。

表 9－2－2　订单生产计划表

日期：

制单号					品名				生产组别			
部门＼日期	1	2	3	4	5	6	7	8	9	10	11	12
裁剪												
分配												
缝纫												
外加工												
整烫												
包装												

在跟单生产计划安排过程中，跟单员应注意以下工作内容：

（1）及时与服装加工企业联系，确认生产计划是否可以执行。

（2）确认生产任务通知单中的内容已表达清晰，生产企业完全能够准确理解。如果有不清

楚的地方，要及时沟通，解释清楚，做到准确无误。

（3）确认能够按照生产任务通知单的开工时间执行，并能够在交货期内交货。

（4）确认原材料运输、送交、收取等环节的操作执行过程，安排好运输工具及交接方式等。

（5）确认交货方式、交货地点和时间等。例如，是分批交货还是一次性交货，交货的具体安排等。

（6）做好生产计划安排工作的记录，并报呈上级主管。

对于外发加工方式，应建立密切的联系和沟通渠道，填写“外协单位登记表”（表9－2－3）。登记内容既包括正常的联系方式，又应包括外协单位较详细的介绍，如企业规模、生产能力等。另须填写生产企业“生产线及设备登记表”（表9－2－4），以利于跟单员了解企业生产能力的情况，安排生产任务。

表9－2－3　外协单位登记表

登记时间：　　　　资料编号：

单位名称（中英文）					
地址				邮编	
电话		传真		E－mail	
联系人		电话		手机	
企业基本情况简介					
备注					

表9－2－4　生产线及设备登记表

流水线	生产品种	设备名称/型号	产地	设备台（套）数	备注
一组					
二组					

（二）面、辅料的采购

采购是公司或企业向外界做出的购物行为，以获得所需的原料，其目的是在获得保质、保量和适合物料的原则之下，尽量降低总成本。

1. 跟单人员在物料采购时应注意的问题

（1）要以订单客户提供的原料小样为依据，采购所需原材料。如果在购买过程中遇到困难，须与客户及时沟通，获取客户的认可后方可执行。

（2）要注意维持物料的持续供应，以保证订单的生产任务顺利进行。

（3）避免物料的重复购买。

（4）要注意确保物料的品质质量标准，做好购买验收工作。

（5）货比三家，以最低的成本获得所需的原材料和售后服务。

2. 面、辅料的采购方式

面、辅料的采购方式主要有两种：一种是集中采购，通常是用于大批量的采购任务；另一种是分散采购。这两种方式各有优缺点，分析如下。

（1）集中采购可享受折扣优惠，易获得所需物料，且所获得的产品品质一致。如面料每一匹布之间都会有色差等问题，集中采购可以尽量避免。集中采购有利于采购技术的专业化，并可节省订购成本。其缺点是作业流程较长，弹性小，对紧急采购任务不能及时完成，容易丧失商机。

（2）分散采购的采购周期短，订购速度快，并可有效地利用当地资源，易于管理。但分散采购订购成本高，一般情况下享受的折扣优惠较少；由于需多次采购，容易形成每批货之间的误差，对产品的质量造成影响。

3. 面、辅料的采购方法

采购的方法有很多种，如议价、比价、招标和询价现购（市场选购）等多种方法。

（1）议价：通常是跟单员以商议的方式来决定购买物料的价格。其适用于：急需购买的物料；供应商无其他竞争对象，仅此一家。

（2）比价：跟单员通过函告的方式与厂商联系，指定日期前来报价，通过比价的方式选定购买的厂商。其适用于：供货的厂商不足三家；购买的物品不易公开招标；若公开招标，有可能有违标现象发生。

（3）招标：若物料的供应商在三家以上，则跟单员可以通过公告的方式，请供应商定期前往报价，以公开标价的方式选定供应商。

（4）询价现购：如果采购的物料数量少且价值不是很高，则跟单员可以直接向市场询明价格，现货采购。这种方式又被称为市场选购。

跟单员在采购过程中，应常与供应商保持联系，确保购买物料的品质、数量并交货准时。对于大批量的采购，要及时跟催，以保证生产顺利进行。

（三）跟单生产计划的实施

在完成了前期的所有准备工作之后，就要进入实质性的生产计划实施阶段。

1. 生产计划实施过程中跟单员的工作任务

（1）按照生产作业任务的进度，做好各项生产作业任务的准备工作，如面、辅料的采购运输到位，提供生产工艺技术要求等。

（2）注意严格控制生产作业的过程进度，及时发现各种问题，并采取对策处理问题，消除有可能造成的损失和隐患。

（3）对所跟进的订单，定期核实、汇总生产进度执行情况，并对生产动态过程进行分析，提出改进生产管理和提高生产效率的建议。

（4）随时监控服装生产过程中的产品质量问题，如发现问题，及时分析产生的原因，并加以处理。

2. 跟单过程中生产计划实施的原则

跟单员在实施生产计划时，特别要注意避免出现两种情况：一种情况是急需的货物生产不出来；另一种情况是没有到交货期的货物生产了一大堆，导致占用较大面积的仓库。因此，在执行生产任务时，一定要按照合理的实施原则，既使生产过程顺畅，又恰到好处地保证交货期。可参照以下原则实施生产计划。

（1）按照交货期实施的原则：可根据客户货单交货期时间前后顺序，妥善安排生产计划。交货期急的，优先安排。此项原则是安排生产实施方案的基本原则。

（2）按照客户实施的原则：对于重要的客户应当重点安排，在众多的客户之中应有轻重之分。

（3）按照工序实施的原则：对各工序的加工时间应予以关注，工序多、加工时间长的工序，在实施生产过程中要特别注意。

（4）按照瓶颈工序实施的原则：对于加工难度大、机器负荷重的工序，要予以特别注意，避免出现后工序停工待料现象。

在实施生产计划的过程中，跟单员还要注意掌握生产产品的质量问题，认真学习生产工艺制单、工艺制造说明、产品质量要求等技术文档，做好质量监控工作。

（四）生产跟进工作

生产跟进是跟单的重要环节，下面分别阐述在此项工作中，跟单员的工作任务及操作方法。

1. 跟单员在生产跟进中的工作内容

在生产过程中，尤其是多品种、小批量的生产方式，掌握其生产的整体动态过程是非常重要的工作内容。为此要求跟单员不仅需具有相应的专业技术知识，还需通过调查各种产品或零部件的生产过程来掌握生产进度。调查生产过程可按照以下步骤进行。

（1）了解掌握各品种的加工进度，即何种产品已经生产加工到何工序。

（2）了解和掌握各工序在制品的状况，如某订单品种正在何工序上加工生产。

（3）了解、掌握生产进度的快慢，比较计划进度与实际生产是否相符，判断生产进程是否正常。

2. 跟单员在生产跟进工作过程中的操作方法

跟单员在生产跟单进程中，可按照图9－2－1所示进行跟进工作。

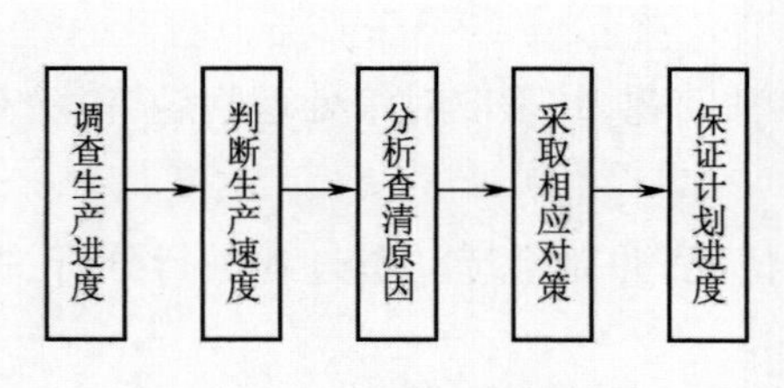

图9－2－1 跟进工作操作方法

跟单员在跟进工作过程中，要经常检查作业的实际进度，并与工作计划进度相对照，如果发现实际生产进度落后于计划安排进度时，要及时查清产生原因，督促有关人员采取改进措施，保证按原计划进度进行生产。

跟单员在跟进过程中，要从以下几个方面进行全方位的跟进工作。

（1）采购进度的跟进。对面、辅料的采购，要严格按照计划规定的采购时间，加以严格控制。

（2）外协生产任务的跟进。要特别注意对委托的外协企业加工生产的成品或半成品完成时间的控制，以保证交货期。

（3）生产过程的进度跟进。

（4）订单任务完成的整体进度跟进。包括从接到客户订单到物料分析、订购等方面的整体时间进度的控制。

二、产品检验、包装过程的跟单

对服装品质的检验，是跟单员的一项重要工作，其检验可分为半成品检验和成品检验。

（一）跟单员在产品检验工作环节的工作内容

（1）利用检验仪器对服装产品进行品质鉴定。在对成衣检验时，要备有相应的工具和仪器，如检查灯、尺子和放大镜等。检查灯主要使用于检查针织面料的成衣质量，通常情况下是争取将成衣套在灯上，来观测有无损坏或断纱、断线等疵点。尺子用来检验成衣的规格尺寸是否符合订单要求。放大镜用于检验服装上缝纫线迹的准确性，尤其是配色线中的黑色系列，线迹的密度检验起来难度较大。

（2）检验产品执行成衣标准的情况。按照订单执行过程中双方协商的质量标准，检验面料、工艺或成品规格。

（3）做好检验记录。

（4）将检验结果与客户沟通，确认产品质量。

（二）检验的方法

1. 订单投产前检验

主要是检验面、辅料质量，检验合格者方可投入生产，其检验目的如下：

(1)可以避免出现因面、辅料的疵点而引起的大面积成品退货的现象。

(2)通过检验,可减少有问题的面、辅料的用量,从而降低成本。

(3)防止因面、辅料的疵点而引起的生产延期。如果在成品或半成品检验过程中才发现面、辅料的疵点问题,则会延长加工生产的时间。

由于面、辅料检验要用验布机,并由专人负责验布工作,同时面、辅料还要在入库时进行停留检查,因而需要占用一定的时间和空间。

2. 订单加工生产过程中检验

跟单人员要对生产过程中的半成品进行检验,以保证产品质量。可以采取随时抽验的方法。检验的工序可根据以下几点来定。

(1)根据产品生产量的大小,生产量大的抽验次数可增多。

(2)检验的次数可根据工序的复杂程度来定。

(3)高档产品对品质要求严格,如各部位的尺寸规格、线迹形态等,要加强质量检测。

通过半成品检验,可避免或减少生产有疵点的成衣。在生产中检验,可以控制半成品的质量,使出现问题的产品得以立即修正。同时还可以减少半成品的次品率,减少修改次品的时间,使产品品质保持统一。

3. 跟单员可采取巡查的检验方法

跟单员可以下生产车间在任何工作位置上随意抽取样本做检验。若要有效地巡查,跟单员必须制订标准的巡查方法、巡查时间和采取预定次数的方法,并登记每一次检验的情况。

4. 成品抽样检验

在产品生产完成时,跟单员从每批产品中抽取预定数量的样本产品,检验其品质和性能。当不合格率低于规定数量时,则视为整批产品合格;如果抽样检验不合格率高于规定标准,则整批产品需按规定的有关程序执行,一般情况下是采取扩大抽样再检验的方法,打折扣收货或拒收。

抽样检验时检验产品的数量较少,较为符合经济的原则,但也有收不合格品或拒收合格品的风险,需要花费较多的时间进行策划及文件处理等缺点。

三、产品交付

产品交付是服装跟单工作的最后一道工序,在确认产品质量和数量符合客户要求后,即可将产品交付客户。一般有分批交付和一次交付两种形式。在交付过程中,跟单工作有以下几项内容。

(一)产品交付的准备工作

1. 核对订单

应再次核对客户的订单要求,检查所要交付的服装成品是否与订单相符。核对的主要内

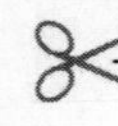

容：订单号及生产单号；服装产品的数量；服装产品的质量；服装产品的名称、品种和规格等；交货的时间、地点及包装运输要求。

2. 准备交付文件

交付时需要准备的文件主要有出库单、交货单和发票。

3. 确认交付方式

与客户沟通，确认是一次交付还是分批交付，应根据客户要求来决定。

（二）通知客户

交付前准备工作完成后，应及时通知客户。通常以书面的形式（如传真、E－mail）通知客户交付产品的订单号、品种、规格、数量、运输方式、运输时间、运输单位（部门）等有关资料。

（三）结算

结算是交易双方最为关注的问题，一般情况下在签订合同时就已作出了具体规定。跟单员应根据订单签订的结算方式，开出正式的结算通知单和发票，一并送交给客户。结算方式通常用货到付款、款到交货、定期结算等方式。对于长期稳定的客户，因供需双方已建立起良好的合作关系和信誉，可采用定期结算方式。结算通知单一般由跟单员起草，经主管或财务部门核准后方可执行。

第三节　服装质量疵病及其产生原因

服装质量疵病是服装因加工方法不当而引起的外观和内在的不良现象。从广义上讲，服装质量疵病应包括服装的合体质量疵病和加工质量疵病两部分。合体质量疵病主要对定制服装而言，即服装的规格和具体部位的结构与穿着者的体型不符；加工质量疵病指服装制品因裁剪、缝制、熨烫加工不当而形成的外观形态疵病和内在的操作质量疵病。从工业化服装生产的角度来看，服装质量主要指加工质量，其中包括某些部位的规格和材料的外观质量。

一、服装质量疵病种类

服装质量疵病按产生的原因进行分类，有下列几种。

（一）材料配置不当

服装制品所配置的面、衬、里布以及缝线、绳带等辅助材料的缩水率以及热收缩率有差异，在缝纫、熨烫加工时会产生伸缩变形上的差异，形成起泡、起皱、起吊等疵病。

(二)加工方法与加工材料特性不符

由操作者对材料的可缝性、湿热塑形等性能缺乏认识而造成。可缝性是服装材料在缝纫时的变形性能。可缝性差的材料容易产生起皱、抽缩等变形，如与之配置的加工方法不当，则更容易引起变形。湿热塑形性能是指材料在熨烫时的形态可塑性。适当改变植物纤维的涨缩度、织物经纬组织的密度和方向，可塑造服装的立体造型。如果操作者对上述性能掌握不当，制品容易产生缝皱、拉回、不贴体、极光等各种形态上的疵病。

(三)生产技能不熟练

服装部件的缝制，部件与部件之间的缝合需要一定的技能，如车缝时需通过各种专用设备，运用钩、镶、滚、夹、包、钉、锁、纳等各种技巧进行缝合。在案板上工作时，需通过相应的工具运用粘、劈、扣、剪、翻、挑、扎、划、归、拔等技法进行工艺处理，如稍有欠缺亦会造成质量上的疵病。

二、服装质量疵病产生原因分析

为讨论方便，将服装质量的主要疵病分上装和下装两部分进行分析。

(一)上装的服装质量疵病及其产生的原因

1. 衣领部位

(1)领角上翘：衣领的领角向上翘起，不挺服。产生原因是领角部分没有做出里外匀状态，领面太紧。

(2)装领歪斜：领位不正。产生原因是装领时没有做对位记号，缝纫时衣领左右两侧松紧程度不一致。

(3)后领不圆顺、生角：衣领在两侧肩部向外豁开，呈三角形，不贴体。产生原因是肩缝处领口不圆顺，后衣身领宽处衣料被拉宽，衣领在肩缝处归拢不够等。

(4)领面起皱：领面不平服。产生原因是领面太宽，领面与领里没有归拔一致，缝合时领面丝缕被拉歪。

(5)领驳口不平服：领口、领面和驳角之间不平服，有起伏的皱纹，驳口弧形起曲。产生原因是装领时有前松(紧)后紧(松)现象，装领时领面或领里缝份不一致。

(6)串口缝不平服：串口缝处领面不平服，驳角处挂面上出现酒窝状褶皱。产生原因是缝串口缝时领面太宽、太紧，或是固定串口缝时只考虑了领面一侧平服，而忽视了挂面处的平整状态。

(7)领驳头部位不贴体：驳领的领驳头部位起空，不贴体，并向外撇开。产生原因是前衣身撇门量过大，绱领时前领口不服帖。

(8)翻领前端上口起链、边沿外翻：翻领的前端上口出现斜形皱褶，特别是华达呢、凡力丁等薄型材料，翻领的宽度方向太紧，边沿外翻。产生原因是领面与领里在反面翻合时，领面上端较宽松或丝缕不正，翻领翻向正面时领面多余的部分没有推向止口，并且翻领与底领装缝时，领面丝缕没有归正。

(9)翻领的领面横向绷紧：翻领在横向方面绷紧，穿着后衣领不自然窝服。产生原因是翻领部分的上口弧线弯度不够。

(10)露领底：装领后翻领盖不住底领。产生原因是领子弯度不够。

(11)装领后领口部位起涌：衣领安装后衣身的领口部位出现宽余量，使衣身不平整。产生原因是后领口部位太平，近肩缝附近部位太弯，装领时领口被拉回。

2.衣袖部位

(1)衣袖吊起或产生斜形皱褶：衣袖自袖口至肩端点部位向上吊起，袖山部位出现斜形皱褶。产生原因是里布与面布部位不一致，里布影响面布的外观。

(2)胸外侧袖窿处起皱：上衣胸部外侧的袖窿产生褶皱。产生原因是袖窿处没有归拢或被拉回，固定面布与胸衬时袖窿部位没有捋挺。

(3)袖窿多出：胸宽部分的衣身向外鼓出，造型不美观。产生原因是胸衬造型不良或压烫方法不正，以致变形。

(4)袖山部位出现瘪陷：袖子的袖山部位不饱满，有瘪陷现象。产生原因是袖山部位缝缩量不均匀，某些部位缝缩量太大。

(5)袖山中部向上拽紧：袖山中间部分向上吊起。产生原因是袖山高度不够或装袖位置不正。

(6)后袖山凹陷：后袖山部位呈向里凹陷状态。产生原因是后袖山弧线过分凹进或在缝合时袖山缝份过大。

(7)后袖缝呈波状：后袖缝处呈波浪状，不平服。产生原因是大、小袖片缝合时，大袖片缝缩量过大或缝线抽紧。

(8)后袖窿塌陷：后袖山部位向下塌陷。产生原因是后袖窿处归拢不够或后衣身过长或过短。

(9)衣袖与衣身不对条格：衣袖与衣身的条格对不准。产生原因是裁配方法不对或缝合时缝缩量不正确。

3.衣身部位

(1)省缝凹窝：省缝缉缝后，省尖处出现酒窝状凹陷。产生原因是省尖不尖或熨烫不充分。

(2)驳头翻转过低或过高：驳头向外翻转后，驳折止点过低或过高，驳不到原定的位置。产生原因是领头的翘度过平或过斜，止口牵紧得过松或过紧。

(3)驳头里露头：驳头翻折后，驳头里露出正面。产生原因是驳头的挂面部分横向不够宽松或驳头扎得不够向里窝服。

(4)驳折止点处衣身凹陷:驳头驳折止点处衣身不窝服,向里凹陷。产生原因是面布过紧,驳头衬太硬,驳折止点处牵条布过分牵紧。

(5)胸部布纹歪斜:前胸、肩部布纹歪斜。产生原因是布面归拔熨烫时方法不当或敷衬时面布未放正。

(6)前门襟止口呈起伏状:前门襟的止口呈起伏的波浪状,不顺直。产生原因是止口处牵带太宽松,挂面里侧过紧。

(7)前摆翻翘:前摆部位呈向外翻翘状。产生原因是转角处牵带不紧,挂面不够牵紧。

(8)侧缝凹凸:侧缝处呈凹凸状,不平服。产生原因是缝合时线迹不整齐,缝缩量不均匀。

(9)背衩歪斜:背衩向外或向里呈歪斜状,不平服。产生原因是后片太长或太短,背衩拉回或过分牵紧。

(10)衣袋横出:腰部的袋口附近丝缕向门襟方向横出。产生原因是袋口坐回或袋口附近丝缕没有归正。

(11)前侧片不平:前侧片缝迹处不平服。产生原因是缝合时线迹不齐或两片有宽紧。

(12)口袋盖回缩:口袋盖前端没有和面料丝缕平行,呈向后回缩状。产生原因是袋盖丝缕没有裁配正确,装袋盖时袋盖过紧。

(13)口袋盖回缩:口袋盖向外翻翘。产生原因是袋盖面布太紧。

(14)背缝不对条格:背缝两侧的衣片条格不能对齐。产生原因是缝合时上、下层衣片有宽紧。

(15)前肩缝下横向多余褶皱:前衣身的肩缝下面有横向的褶皱。产生原因是布料没有向袖窿和领口捋出。

(16)前肩缝下呈斜形皱褶:前衣身领肩部位呈向领口方向的斜形皱褶。产生原因是面布熨烫归拔时,领肩部位没有向袖窿方向推出。

(17)前衣身腰围处布纹歪斜:前衣身腰围处的布纹没有归直,呈歪斜状态。产生原因是面布收省、熨烫后,没有将腰胁部分向止口方向拉出,并归正丝缕。

(二)下装的服装质量疵病现象和原因

1. 上裆部位

(1)门、里襟长短不一:门、里襟有长短,纽位与纽眼对不拢。产生原因是门、里襟长度不一,上裆弯部位被拉回。

(2)前上裆弯部位起链:前上裆弯部位产生斜形皱褶。产生原因是缝纫时将弯部位拉回,左右两片缝合有宽紧。

(3)后上裆吊紧:后上裆牵紧。产生原因是后上裆弯部位的缝份没有充分熨烫拉伸,分烫后影响外观平整。

（4）腰头底缝不平齐：腰头与裤身缝合的底缝不平齐，呈波浪状。原因是裤身收省后未修剪齐整，缝合腰头与裤身时缝份不一致。

（5）腰头呈斜形皱褶：腰头表面有斜形的皱褶。产生原因是缝合时腰头的上、下层不同步，有宽紧现象。

2. 口袋部位

（1）袋垫布外露：袋口不能并拢，袋垫布向外露出。产生原因是袋口拉回，袋垫布缝合时袋垫布过紧，袋垫布外口形状太直，袋布太紧，封口时袋口未拉整齐等。

（2）袋口下起皱：袋口下端的侧缝有泡状皱纹，不平服。产生原因是侧缝的缝道与袋口线连接不光顺，封口时袋口未拉齐整。

（3）嵌线袋两侧豁开：嵌线袋的嵌线不能并拢，呈向两侧豁开的现象。产生原因是袋嵌线缝合时未拉紧、太松弛，缝合时嵌线拉宽，袋嵌线宽窄不一致。

（4）嵌线袋袋角绽开：嵌线袋袋角绽开，封口不齐整。产生原因是剪开袋口三角时将缝线剪断，袋角未粘衬或刮浆，袋角暗封时缝道不齐等。

（5）袋盖丝缕与裤身不符：袋盖丝缕不正。产生原因是袋盖丝缕在裁配时未能按裤身裁配准确，袋盖位置不正等。

3. 侧缝部位

（1）侧缝牵紧：侧缝有向上牵吊的现象。产生原因是缝线过紧，缝合时没有将侧缝部位拉紧等。

（2）侧缝不平整：侧缝两侧的裤身布纹不平整，存在宽紧现象。产生原因是包缝时两裤片长短不一致，缝合时两侧裤片未放平整，宽紧不一致。

（3）侧缝布纹歪斜：侧缝两侧的裤身布纹不整齐，呈歪斜状。产生原因是缝合时缝份有大小，侧缝形状不顺直。

4. 下裆部位

（1）下裆缝有牵紧、起吊：下裆缝不平服，有牵紧、起吊现象。产生原因是缝线太紧，下裆缝熨烫归拔不够。

（2）下裆缝不垂直：下裆缝偏前或偏后，不呈垂直状态。产生原因是下裆缝两侧的裤片包缝时有宽紧，缝合时有宽紧，熨烫时拉伸程度不足或过分。

（3）下裆缝不平整：裆缝两侧的裤身不平整，存在宽紧现象。产生原因是包缝时两裤片长短不一，缝合时两侧的裤片未放平整，宽紧不一致。

5. 熨烫质量

（1）挺缝线不挺：挺缝线挺度不够。产生原因是熨烫不充分，定形效果差。

（2）极光：裤身出现极光，影响外观。产生原因是熨烫温度过高，熨烫后未进行喷射蒸汽处理。

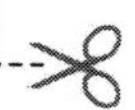

第四节　服装质量检测标准

一、标准的基本概念

(一)标准的领域

广义地讲,标准的领域包括人类生活和生产活动的一切范围。狭义地讲,指经济技术的活动范围。其简单定义是:为了取得国民经济的最佳效果,依据科学、技术和生产实践的综合成果,在充分协商的基础上,由主管机构批准,对经济技术活动中具有多样性、相关性的重复事物的特定形式所颁布的统一规定。

根据这个定义,结合服装生产,具体提出如下几点。

(1)取得国民经济最佳效果,是制订标准的目的和出发点。所谓最佳效果,是对整个国民经济而言。在服装企业,体现最佳效果,是通过制订各类有关服装的技术标准,提高产品质量,节约原材料,高效率地发展成衣生产。

(2)标准是依据科学技术和生产实践的综合成果,在充分协商的基础上产生的。这个特点越突出,标准便越有权威。服装号型系列标准,各类服装缝制的技术标准,都是在调查数据基础上,加以科学分析,并结合我国服装工业生产和消费需要的实际情况而编制的。

(3)标准的对象,是它涉及的领域中具有多样性、相关性特征的重要事务。如服装,同一类型产品具有不同的尺寸;同一技术指标有不同的测试方法;同一类型产品有不同质量水平等。针对事物多样性这一普遍特点制订不同形式、不同内容的统一规定,把多样性限制在必要的合理范围。如服装号型系列数值,为设计各种不同款式的服装提供了一个合理范围。男、女服装技术标准,把各种服装生产技术要求归纳在统一规定中,这种规定就叫标准。

所谓相关性,是指事物内部和外部的相互关系。针对这一特性,指出事物发展过程中起决定作用的关键因素,建立起稳定而协调的关系。如服装号型系列中的号、型和系列设置等,这样建立起来的关系,也称之为标准。

标准的基本特征是统一。不同级别的标准在不同的范围内统一;不同类型的产品,从不同角度、不同侧面进行统一。统一并不意味着统死。要根据当时的条件,科学实践的依据,在现实生活中和经济技术领域中的自身发展,通过互相制约、互相协调,逐步走向统一。

(二)服装标准的内容分类

1. 技术标准

为科研、工艺、检验和工程质量等制订的标准,称技术标准。技术标准可分为以下几种:

（1）基础标准：即具有一般共性、广泛指导意义的标准。如服装号型系列、服装名称术语、服装制图符号、缝制工艺等。

（2）产品标准：指对某一产品而言，包括该产品的形式、规格尺寸、质量指标、检验方法、储存、运输、包装等标准。

（3）方法标准：指通用性的测试方法、程序、规程等。在服装行业中，衬衫洗涤测试方法，就属于方法标准。

（4）安全与环境标准：指设备与人身安全、卫生以及保护环境的标准。

2. 生产组织标准

生产组织标准一般分为生产期量（批量与完成期限）标准、生产能力标准和资源消耗标准。生产过程，无论是社会的、部门的，还是企业的，都是一个复杂的、具有内部和外部联系的系统。生产组织标准，就是生产过程进行科学组织的手段。

3. 经营管理标准

经营管理标准是对生产、建设、积累等经济关系的调节、管理所规定的标准。它是合理组织国民经济，正确处理各种积累与消费比例关系，提高经济效益的依据。

（三）服装标准的级别分类

我国的标准分为国家标准、行业标准、企业标准或团体标准三级。

1. 国家标准

国家标准指对全国经济、技术发展有重要意义而必须在全国范围内统一的标准。

国家标准一经发布，就是技术法规，各级生产、建设、科研、设计管理部门和企业单位，都必须严格执行。成批生产的服装必须按现行的服装国家标准，即各类服装产品的规格、技术质量，均须遵循国家标准。国家标准编号为：GB—××××（标准序号）—××（发布年份）—×××（标准名称）。

2. 行业标准（专业标准）

行业标准指全国性的各专业范围统一的标准。

（1）专业范围内的主要产品标准。

（2）通用零件、配件标准。

（3）专用设备、工具和材料标准。

（4）专业工艺规程。

（5）专业范围内的通用术语、符号、规则、方法等基础标准。

该专业的所有单位和部门，都必须执行有关行业（专业）标准。

为确保国家标准的顺利进行，行业（专业）标准不得与国家标准相抵触。行业（专业）标准必须高于或等于国家标准。行业标准编号方法为FZ—×（专业序号）—××××（标准序号）—××（发布年份）—×××（标准名称）。

3. 企业标准或团体标准

企业标准指或团体标准对企业或团体生产技术、组织工作具有重要意义而需要统一的标准。

(1)没有国标、行标的产品标准和零部件标准。

(2)企业或团体内通用的零部件标准。

(3)典型工艺规程和设备、工具标准。

(4)企业或团体内技术管理、生产组织、经营管理方面的定额规则、方法标准。

企业标准或团体标准不得低于国家、行业标准,且不能与国家、行业标准相抵触。为提高产品质量,使产品具有竞争能力,企业或团体可以制订比国标、行标更加严格的内控标准。企业或团体标准编号方法为 Q—××××(企业名称)—××××(标准序号)—××(发布年份)—×××(标准名称)。

(四)标准体系及体系表

一个国家(或一个行业、一个企业)的所有标准,无论在质的方面还是在量的方面,都存在着内在联系,相互依存、相互补充、相互制约,构成一个有机整体,这就是标准体系。将标准体系的全部内容及其内在结构,用图表的形式加以表达,称为标准体系表。

标准体系表的主要内容包括:继续使用的现有标准,一定时期应制订、修订、更新的标准;各类标准以至各项标准之间互相连接、互相制约的内在联系;标准制订的优先顺序;需要与其他行业配合制订的标准。

二、服装质量标准

服装质量的技术标准的内容繁多,一般应包括如下几项:

(1)标准名称:既应简短明确地反映标准的主题,又应能与其他标准相区别。

(2)适用范围:规定标准的适用范围或应用领域,必要时要特别注明不能适用的范围和领域。

(3)规格系列:

①号型设置:号型规格的起讫、终止和系列数。

②成品主要部位规格:上衣至少要列出衣长、胸围、领大、袖长和肩宽五个部位规格,下装至少要列出裤长、腰围、臀围三个主要部位规格。

③成品测量方法及公差范围:测量方法具体明确,附有测量部位图。

(4)材料规定:严格规定主料以及衬、线、垫、扣等的配合规定。无法明确具体主料的,可只写辅料规定。

(5)技术要求:明确规定产品必须具备的技术性指标和外观质量要求,包括以下内容。

①原材料经、纬向的技术规定,包括各部位经、纬向规定及允许倾斜程度。

②对条、对格、图案规定及允许误差。

③倒顺向规定。

④色差规定,包括各部位允许色差的程度,色差的分级按 GB 250—64《染色牢度褪色样卡》的五级标准。

⑤外观疵点允许存在范围,包括疵点名称及各部位允许存在的程度,并应附疵点样卡或图片及部位划分图。

⑥允许拼接的范围及程度。

⑦缝制规定,包括针距密度、缝纫质量要求等。

⑧外观质量要求,包括部位的平挺、整洁、对称及折叠包装要求。

(6)等级划分规定:包括产品计算单位、成品质量分等标准。其内容有成品规格、缝制、外观、色差、疵点等。

(7)检验规则:规定检验的项目和类别,检验工具、抽样或取样方法以及检验方法、检验结果评定等。

(8)包装及标志、运输、储存的规定:

①包装:规定包装材料、规格,包装方式和包装的技术要求等。

②标志:规定包装标志的内容、制作标志的方法及标志在包装上的位置等。

③运输:规定运输条件以及应注意的事项等。

④储存:规定储存条件及年限等。

(9)其他及附加说明。

本教材以衬衫的国家标准为例,参见附录。

三、服装质量指标

服装质量指标大致可由下列质量指标数综合组成或在某些场合单独组成。

(1)质量评分:对产品实物根据质量标准逐条进行检查评比记分,所得分数即为产品质量分。

(2)质量等级:有关部门根据质量评分将产品划分为优良、一类、二类、三类等级。

(3)合格率:凡符合质量标准和技术要求的产品称为合格品,合格率是全体制品中合格品的比重。计算公式:

$$合格率=\frac{合格品数量}{合格品数量+不合格品数量}\times 100\%$$

计算合格率,应待一批产品全部完工(包括返修、调片)后才能进行计算。

(4)等级(品级)率:指一种产品的某一等级在合格品总和中所占的比重。计算公式:

$$等级(品级)率=\frac{等级品数量}{合格品数量}\times 100\%$$

(5)返修率:在送检的产品中退回重新加工修改的产品比重。计算公式:

$$返修率=\frac{返修品数量}{全部送检数量}\times 100\%$$

(6)调片率:因原料织疵以及缝制加工中人为事故造成的坏片在所需材料总数或生产总件(条)数中的比重。有两种计算公式:

$$调片率=\frac{调片耗用原料数}{正常耗用原料数}\times 100\%$$

$$调片率=\frac{(折算成)调片(件、条)数}{生产总(件、条)数}\times 100\%$$

(7)漏验率:不合格产品漏过前道检验,在后道检验中检查剔出。其比率的计算方法有两种:

$$不合格品前道漏验率=\frac{后道检验剔出的不合格品数}{前道检验剔出的不合格品数+后道检验剔出的不合格品数}\times 100\%$$

$$前道检验漏验率=\frac{后道检验剔出的不合格品数}{前道检验数}\times 100\%$$

(8)废品率:不符合质量标准,且不能作原设计用途使用的产品在总产品(件、条)数中的比重。计算公式:

$$废品率=\frac{废品数}{合格品数+不合格品数}\times 100\%$$

第五节　成衣品质控制的检查方法

所谓检查,是用一定的方法测定产品,将其结果与质量标准相比较,从而作出合格与否的判断。

一、检查的目的

检查的目的是为防止下列状况的损失。

(1)使用不良品直接受到的损害(停工,延期交货)。

(2)因不良品带来的间接损害(重复检查正常品)。

(3)为清出不良品而减价出售的损失(补偿)。

(4)处理后遗症的费用(出差、调查、重检)。

(5)处理退货的费用(运费)。

(6)修改不良品的费用。

(7)不良品报废的损失。

(8)因不良品造成的信誉损失。

(9)顾客、市场的丧失。

(10)因不良品而阻碍进度,影响其他作业的损失。

二、检查的作用

(1)保证作用:保证凡是不符合质量标准的不合格品,不送到下道工序和用户。

(2)预防作用:预防不符合质量标准的产品制造出来。

(3)评价作用:掌握和评价有关质量的实际情况,为质量管理活动提供信息和决策情报。

三、检查方式

新型的品质控制检查方法是一种调整型检查。即随着生产部门的各工程管理状态及品质保证程度的提高而调整检查的方式。检查方式按检查产品数分,全数检查、抽样检查;按严格程度分,严格检查、正常检查、减量检查、核对检查、总检查等。现简单介绍全数检查和抽样检查方法。

(一)全数检查

全数检查是以一定的规格为标准,逐个地检查所有产品,判断其合格与否的方式。适用于下列状况:

(1)不进行全数检查便无法消除不良品,即制造工程极不安定,不良率难以控制。

(2)生产数量虽少,但一有不良品时便有不可收拾的后果。

(3)全数检查易于实施,且所需费用不高时。

(4)不良品具有致命性或重大危险时。

(5)制品为品质要求百分之百的高级品时。

实施全数检查时,由于人手有限,个人的检查件数增加,平均个数检查时间缩短,容易造成检查不彻底而产生漏检现象。因此,全数检查的管制重点在于制订适当的检查项目及检查方法,并规划全数检查的合格品为百分之百的品质保证。不可为防止全数检查所可能造成的疏漏而轻易改用抽样检查。必须经过全数检查的还须正确地实施全数检查。

(二)抽样检查

抽样检查是由需要检查的一批产品中,抽取一部分样品加以检查,将检查结果与该批产品的基准比较,决定合格与否的方式。

(1)必须采用抽样检查的情况如下:

①某些部位的检查需借助破坏制品来测定质量。

②被检验制品为连续性物品时。

③制品检查数量为大量时。

(2)采用抽样检查较为有利的情况如下:

①欲减少检查费用时。

②欲刺激生产者或交货人时。

③检查项目太多时。

由于不进行全数检查,制品中仍然隐藏着难以掌握的不良品存在的情况。

(3)抽样检查必须具备下列条件:

①必须随机抽取样品,不可有意识性挑取。

②由样品推定其特性值时,应合理地判定误差。

③样品必须经由正确抽样取得。

(4)抽样检查必须采取随机抽样方式:

①单纯随机抽样:检查者对于被检查品不具有技术性或统计性的常识时所采取的任意抽样方式。

②有系统的抽样:当整批制品采取单纯随机抽样实际上有困难时,可采取一定间隔的抽样。

判定一批产品的合格与否,常兼用全数检查和抽样检查两种方式。如衬衫的领子,检查项目如表9-5-1所示。表中5~7项为破坏性检查,只有1~4项施行全数检查才是可能的。至于是进行全数检查还是进行抽样检查,要根据实际情况来决定。

表9-5-1 衬衫领子的检查项目

序号	检查项目	量具与检查方法
1	外观造型	目测
2	尺寸	卷尺
3	领角度	量角器
4	色差	比色卡
5	缩率	破坏性检验
6	黏牢度	破坏性检验
7	耐磨度	破坏性检验

小结

本章分析了成衣以衬衫、夹克为例的品质控制程序和内容，分析了成衣外发加工时成衣跟单的品质控制的程序和操作要点，剖析了服装质量检测标准的分类、各类技术参数。

本章的要点是成衣（包括跟单）品质控制的程序和内容，服装质量检验标准的分类以及技术参数的理解。

思考题

1. 什么是成衣品质控制？成衣品质包括哪三个方面？
2. 分析成衣品质控制程序的三阶段的技术内容？
3. 如何在成衣品质控制中设置检查站？
4. 简述选择质量检验类型的原则及各类型的特征。
5. 成衣品质控制的主要内容包括哪些？
6. 按成衣检验要求，请写出衬衫检验的具体程序。
7. 以男西服上衣为例，分别论述衣领、门里襟与前胸、衣袖、肩部等主要部位的质量要求。
8. 成衣生产过程中跟单员需完成的任务有哪些？并简要说明各任务的具体要求。
9. 谈谈跟单员在产品检验过程中所运用的方法。
10. 产品交付过程中的跟单工作有哪些内容？
11. 列举下装中主要的服装质量疵病现象，并说明其产生的原因。
12. 我国的服装标准分为哪几类？试述它们的相互关系。
13. 服装质量标准中的质量指标有哪些？简述各指标的计算方法。
14. 简要说明全数检查与抽样检查的应用范围。

实用理论及技术——

服装标志

课题名称:服装标志

课题内容:服装使用说明图示

服装包装、运输和贮存标志

课题时间:2 课时

训练目的:1. 了解服装标志的重要性

2. 了解服装各类标志的表示方法、含义

3. 掌握洗涤、熨烫、包装的标志的绘制方法

教学要求:图示各类标志,并进行图示要点的分析,对重要的标志要求学生能绘制。

第十章　服装标志

第一节　服装使用说明图示

本节介绍国家标准规定的纺织品和服装使用说明的图形符号及其含义，为生产单位编制使用说明提供依据。

一、术语及图形符号

（一）基本术语

1. 水洗

将纺织品或服装置于水容器中进行洗涤。

水洗包括下列操作：浸渍，预洗，常规洗涤（通常要加热，施加机械作用，添加洗涤剂），冲洗和脱水。

脱水，即在水洗过程中或结束时进行的甩干或拧干。水洗可以用机器也可以用手工进行。

2. 氯漂

在水洗之前、水洗过程中或水洗之后，在水溶液中使用氯漂白剂以提高白度及去除污渍。

3. 熨烫

使用适当的工具和设备，在纺织品或服装上进行熨烫，以恢复其形态和外观。

4. 干洗

使用有机溶剂洗涤纺织品或服装，包括必要的去除污渍、冲洗、脱水、干燥。

5. 水洗后干燥

在水洗后，将纺织品或服装上残留的水分予以去除。不宜用甩干或拧干的，可直接滴干。

（二）基本图形符号

纺织品和服装使用说明的图形符号有5项，如表10－1－1所示。

表 10-1-1 使用说明的基本图形符号

名称		图形符号	说明
中文	英文		
水洗	Washing		用洗涤槽表示，包括机洗和手洗。在图形符号中间添加阿拉伯数字，则表示水洗温度。在图形符号下面添加一条粗实线，则表示对洗涤条件有所限制
氯漂	Chlorine-based bleaching		用等边三角形表示
熨烫	Ironing and pressing		用熨斗表示。在图形符号中间添加"高、中、低"文字或不同个数的圆点，则表示不同的熨烫温度。在图形符号下面加上不同的细部图形，则表示不同的熨烫方法
干洗	Dry cleaning		用圆形表示。在图形符号下面添加一条粗实线，则表示对干洗条件有所限制
水洗后干燥	Drying after washing		用正方形或悬挂的衣服表示。在图形符号中添加不同的细部图形，则表示水洗后不同的干燥方法

注 当符号"×"覆盖在上述基本图形符号中的任意一个上时，则表示不可进行此图形符号所示动作。

二、各国图形符号比较及其说明

（一）水洗图形符号

各国水洗图形符号如表 10-1-2 所示。

表 10-1-2 水洗图形符号

图形符号					说明
中国	美国	英国	日本	韩国	
95	95C	95	95	95℃	最高水温:95℃ 机械运转:常规 甩干或拧干:常规
60	60C	60	60	60℃	最高水温:60℃ 机械运转:常规 甩干或拧干:常规

续表

图形符号					说明
中国	美国	英国	日本	韩国	
40	40C	40	40	40℃	最高水温:40℃ 机械运转:常规 甩干或拧干:常规
40	40C	40	弱 40	약 40℃	最高水温:40℃ 机械运转:缓和 甩干或拧干:小心
30	30C	30	弱 30	약 30℃ 중 성	最高水温:30℃ 机械运转:缓和 甩干或拧干:小心
		40	手洗イ 30	손세탁 30℃ 중 성	手洗，不可机洗，用手轻轻揉搓，冲洗 最高水温:40℃ 洗涤时间:短
					不可水洗
			ヨワク	약, 히 게	拧干
					不可拧干

注 表中并列的图形符号系同义符号，可根据销售对象选用。

(二)氯漂图形符号

各国氯漂图形符号如表10－1－3所示。

表10－1－3 氯漂图形符号

图形符号					说明
中国	美国	英国	日本	韩国	
Cl		Cl	エンソ サラシ	염소 산소 표백	可以氯漂

续表

图形符号					说明
中国	美国	英国	日本	韩国	
Cl					不可氯漂

注 表中并列的图形符号系同义符号,可根据销售对象选用。

(三)熨烫图形符号

各国熨烫图形符号如表 10 -1 -4 所示。

表 10 -1 -4 熨烫图形符号

图形符号					说明
中国	美国	英国	日本	韩国	
高			高	3 180~210℃	熨斗底板最高温度:200℃
中			中	2 140~160℃	熨斗底板最高温度:150℃
低			低	1 80~120℃	熨斗底板最高温度:110℃
			高		垫布熨烫

续表

图形符号					说明
中国	美国	英国	日本	韩国	
					蒸汽熨烫
					不可熨烫

注　表中并列的图形符号系同义符号，可根据销售对象选用。

（四）干洗图形符号

各国干洗图形符号如表10－1－5所示。

表10－1－5　干洗图形符号

图形符号					说明
中国	美国	英国	日本	韩国	
干洗	P	P	ドライ	드라이	常规干洗
干洗			ドライ セキユ系	드라이 석유계	缓和干洗
干 洗			ドライ	드라이	不可干洗

注　表中并列的图形符号系同义符号，可根据销售对象选用。

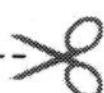

(五)干燥图形符号

各国干燥图形符号如表 10－1－6 所示。

表 10－1－6　干燥图形符号

图形符号					说明
中国	美国	英国	日本	韩国	
					以正方形和内切圆表示转笼翻转干燥
					不可转笼翻转干燥
					低温转笼,翻转干燥
					高温转笼,翻转干燥
				옷걸이	常温转笼,翻转干燥
				옷걸이	悬挂晾干
				뉘어서	滴干

续表

图形符号					说 明
中国	美国	英国	日本	韩国	
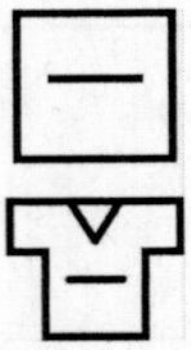			 平	 뉘어서	平摊干燥
			 平	 뉘어서	阴干

注 表中并列的图形符号系同义符号，可根据销售对象选用。

三、图形符号的应用及要求

（一）图形符号的放置

图形符号可以直接印刷或织造在纺织品上，也可以用织造、印刷或其他方法制作成标签，并根据需要以缝合、悬挂或粘贴的方式附着在纺织品、服装（包括装饰品、纽扣、拉链、衬里等）及其包装上。

（二）图形符号的排列

图形符号应依照水洗、氯漂、熨烫、干洗、水洗后干燥的顺序排列。根据纺织品或服装的性能和要求，可以选用必需的图形符号。

（三）图形符号的颜色

凡直接印刷或织造在纺织品上的图形符号，应根据底色以能清晰显示为主。标签的颜色，一般底色为白色，图形符号为黑色。符号“×”也可为红色，以使其更加醒目。同一使用说明上的图形符号应采用相同的颜色。图形符号应保持清晰易辨。

四、服装的使用说明

（一）使用说明的主要内容

服装使用说明包括如下内容。

1. 商标和织造单位

采用原料的成分和含量，必要时还应标明特殊辅料的成分。

产品特殊使用性能，包括阻燃性、防蛀、防水、防缩等。

2. 号型

服装大小。

3. 洗涤

(1)水洗：说明能否水洗，水洗方法(手洗或机洗)和温度，洗涤剂(碱性、中性、酸性)的选择，并说明脱水方法(甩干和拧干)。

(2)氯漂：说明能否氯漂。

(3)熨烫：说明能否熨烫，熨烫方法和熨烫温度的选择。

(4)干洗：说明是否要干洗和干洗机的选择。

(5)水洗后干燥：说明水洗后干燥方法的选择，包括悬挂晾干、平摊干燥、滴干、阴干。

4. 烘干

(1)洗涤和熨烫时的注意事项。包括洗涤和熨烫中的一些特殊处理，如分开洗涤、不可皂洗、反面熨烫等。

(2)穿用或使用时的注意事项。

(3)贮藏条件和注意事项。

(4)其他。

(二)使用说明的形式

1. 根据产品特点

(1)产品本身上的使用说明。

(2)产品包装上的使用说明。

(3)以吊牌形式挂在产品上的说明性标签。

(4)特殊产品也可使用说明书的形式。

2. 不便说明

在销售时不便说明的服装，应在销售点采用适当的使用说明形式，向消费者提供使用信息。

3. 高档服装

高档产品的使用说明应附在产品本身上，应在产品的使用期限内保持清晰可见。

4. 补充说明术语

当几种形式的使用说明同时出现在产品上时，应保证其内容一致。当图形性符号不能满足需要时，可应用补充说明性术语(表10-1-7)。

表 10-1-7 补充说明性术语

分类编号		中文	英文	内容
A1 水洗	A1.1	分开洗涤	Wash separately	单独洗涤或将相近的纺织品或服装放在一起洗涤
	A1.2	反面洗涤	Wash inside out	为了保护纺织品或服装,将其里朝外反过来洗涤
	A1.3	不可皂洗	Do not use soap	不可用脂肪酸皂或类似的不溶性钙皂来洗涤
	A1.4	不可甩干	Do not spin to dry	水洗后不能用机器甩干
	A1.5	不可搓洗	Do not scrub	不能用搓衣板搓洗,也不能用手搓洗
	A1.6	刷洗	Brush	用刷子轻轻刷洗
	A1.7	整件刷洗	All brush	将整件衣服用刷子轻轻刷洗
A2 熨烫	A2.1	反面熨烫	Iron on reverse side only	将纺织品或服装的反面翻到外面来熨烫
	A2.2	湿熨烫	Iron damp	在熨烫前将纺织品或服装弄湿
A3 水洗后干燥	A3.1	远离热源	Dry away from heat	干燥时远离直接热源

(三)使用说明的安放位置

(1)产品本身上的使用说明应大小适当,并缝合于易见之处。

(2)产品包装上的使用说明应以单件包装为单位。

(3)吊牌形式的使用说明应以单件产品为单位,并挂在产品的明显部位。

第二节 服装包装、运输和贮存标志

本节介绍国家标准规定的服装标志、包装、运输和贮存的一般技术要求,适用于成批生产的服装;但不适用于合同双方对包装、运输和贮存技术要求另有约定的成批生产的服装。

一、包装储运图示标志

(一)各国标志的图形和名称

各国标志的图形和名称规定如表 10-2-1 所示。英国、法国、德国均采用 ISO 国际标准。

表 10-2-1　标志的图形和名称

标志号	国别	标志名称	标志图形	使用说明
标志 1	中国	小心轻放	小心轻放	用于碰震易碎、需轻拿轻放的运输包装件
	日本			
	ISO	Fragile		用于易碎应小心处理的运输包装件
标志 2	中国	禁用手钩	禁用手钩	用于不得使用手钩搬动的运输包装件
	日本			
	ISO	Used no hand hooks		用于不得使用手钩搬动的运输包装件
标志 3	中国	向上	向上	用于指示不得倾倒、倒置的运输包装件
	日本	上		
	ISO	This way up		用于指示正确的直立方式的运输包装件

续表

标志号	国别	标志名称	标志图形	使用说明
标志4	中国	怕热	 怕 热	用于怕热的运输包装件
	日本			
	ISO	Keep away from sunlight		用于不能暴露在日光下的运输包装件
标志5	中国	远离放射源及热源	 远离放射源及热源	用于指示需远离放射源及热源的运输包装件
	日本			
	ISO	Protect from radioactive sources		用于指示需远离放射源的运输包装件
标志6	中国	由此吊起	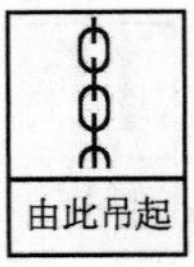 由此吊起	用于指示吊运运输包装件时放链条或绳索的位置
	日本			
	ISO	Sling here	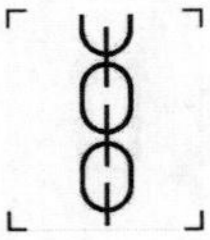	用于指示吊运运输包装件时放链条或绳索的位置

续表

标志号	国别	标志名称	标志图形	使用说明
标志7	中国	怕湿	怕 湿	用于怕湿的运输包装件
	日本			
	ISO	Keep away from rain		用于不能淋雨的运输包装件
标志8	中国	重心点	重心点	用于指示运输包装件中心所在处
	日本			
	ISO	Centre of gravity		用于指示运输包装件中心所在处
标志9	中国	禁止滚翻	禁止滚翻	用于不得滚动搬运的运输包装件
	日本			
	ISO	Do not roll		用于不得滚动搬运的运输包装件

续表

标志号	国别	标志名称	标志图形	使用说明
标志10	中国	堆码重量极限	“最大……千克” 堆码重量极限	用于指示允许最大堆码重量的运输包装件
	日本		kg max	
	ISO	Stacking limit by mass		用于指示允许最大堆码重量的运输包装件
标志11	中国	堆码层数极限	N 堆码层数极限	用于指示允许最大堆码重量的运输包装件。图中N为实际堆码层数，印刷或喷涂时用阿拉伯数字表示
	日本		10	
	ISO	Stacking limit by number	n	用于指示同样的堆码运输包装件的最大数量，n 就是限制数量
标志12	中国	温度限制	…℃ …℃ 温度极限	用于指示需要控制温度的运输包装件
	日本	温度限制		
	ISO			用于指示需要控制温度的运输包装件

(二)标志的尺寸、颜色

1.标志的尺寸

标志的尺寸一般分为4种,如表10－2－2所示。

表10－2－2　标志的尺寸

单位:mm

号　别	长	宽	号　别	长	宽
1	70	50	3	210	150
2	140	100	4	280	200

注　如遇特大或特小的运输包装件,标志的尺寸可以比表10－2－2的规定扩大或缩小。

2.标志的颜色

图示标志的颜色一般为黑色。如果包装件的颜色使图示标志显得不清晰,则可选用其他颜色印刷,也可在印刷品上选用适当的对比色。一般应避免采用红色和橙色。粘贴的标志采用白底和黑字。

(三)标志的使用方法

(1)标志的表达,可采用印刷、粘贴、拴挂或喷涂等方法。印刷时,外框线及标志名称都要印上;喷涂时,外框线及标志名称可以省略。

(2)标志的数目及位置规定如下。

①箱状包装:位于包装端面或侧面的明显处。

②袋、捆包装:位于包装明显处。

③桶形包装:位于桶身或桶盖。

④集装箱和成组货物:粘贴4个侧面。

(3)标志的文字书写应与底边平行;出口货物的标志应按外贸的有关规定办理;粘贴的标志应保证在货物储运期内不脱落。

(4)运输包装件需标打何种标志,应根据货物的性质正确选用。

(5)标志由生产单位在货物出厂前标打。出厂后如改换包装,标志由改换包装单位标打。

二、运输包装收发货标志

(一)内包装规定

内包装可采用纸、胶袋(塑料袋)、纸盒、衣架等材料。包装材料要清洁、干燥。

1.纸包包装

纸包折叠端正,包装牢固。

2. 胶袋（塑料袋）包装

（1）胶袋（塑料袋）大小应与产品相适应，产品装入胶袋要平整，松紧适宜。

（2）使用印有文字图案的胶袋（塑料袋），其颜料不得污染产品。

（3）附有衣架包装的，应端正平整。

3. 纸盒包装

（1）纸盒大小应与产品相适应，产品装入盒内松紧适宜。

（2）附有衣架包装的，应端正平整。

（二）外包装规定

1. 收发货标志的内容

收发货标志内容如表10－2－3所示。

表10－2－3　收发货标志内容

序号	项目			含义
	代号	中文	英文	
1	FL	商品分类图示标志	Classification marks	表示商品类别的特定符号
2	GH	供货号	Contract No	供应该批货物的供货清单号码（出口商品用合同号码）
3	HH	货号	Art No	商品顺序编号，以便出入库、收发货登记和核定商品价格
4	PG	品名规格	Specifications	商品名称或代号，标明单一商品的规格、型号、尺寸、花色等
5	SL	数量	Quantity	包装容器内含商品的数量
6	ZL	质量（毛重）（净重）	Gross wt Net wt	包装件的质量（kg），包括毛重和净重
7	CQ	生产日期	Date of production	产品生产的年、月、日
8	CC	生产工厂	Manufacturer	生产该产品的工厂名称
9	TJ	体积	Volume	包装件的外径长（m）×宽（m）×高（m）＝体积（m^3）
10	XQ	有效日期	Term of validity	商品有效期至×年×月
11	SH	收货地点和单位	Place of destination and consinee	货物到达站、港，某单位或某人收（可用贴签或涂写）

续表

序号	项目			含义
	代号	中文	英文	
12	FH	发货单位	Consignor	发货单位(人)
13	YH	运输号码	Shipping No	运输单号码
14	JS	发运件数	Shipping pieces	发运的件数

注 1. 分类标志一定要有,其他各项合理选用。

2. 外贸出口商品根据国外客户要求,以中、外文对照,印制相应的标志及符号标志。

3. 国内销售的商品包装上不填英文项目。

2. 收发行标志的方式

(1)印刷:适用于纸箱、纸袋、钙塑箱、塑料袋。在包装容器制造过程中,将需要的项目印刷在包装容器上。有些不固定的文字和数字在商品出厂或发运时填写。

(2)刷写:适用于木箱、桶、麻袋、布袋、塑料编织袋。利用印模、镂模涂写在包装容器上,要求醒目、牢固。

(3)粘贴:不固定标志根据收货单位和到达站的需要确定,所以先将需要的项目印刷在 $60g/m^2$ 以上的白纸或牛皮纸上,然后粘贴在包装件有关栏目内。

(4)拴挂:不便印刷、刷写的运输包装件(筐、篓、捆),将需要的项目印刷在不低于 $120g/m^2$ 的牛皮纸或布、塑料薄膜、金属片上,拴挂包装件上(不得用于出口商品包装)。

3. 分类图示标志

纺织品和服装类标志图形如图 10 - 2 - 1 所示。

4. 收发货标志的字体

中文用仿宋体字,代号用汉语拼音大写字母;数码用阿拉伯数码;英文用大写的拉丁文字母。

标志必须清晰、醒目、不脱落、不褪色。

5. 运输包装件各部位的标示方法

(1)平行六面体包装件:包装件应按照运输时的状态放置,使它一端的表面对着标注人员(图 10 - 2 - 2)。其中:①为表面,②为右侧面,③为底面,④为左侧面,⑤为近端面,⑥为远端面。

如果包装件上有接缝时,则按该接缝垂直地置于标注人员右方的方法放置。遇运输状态不明确或包装件有几个接缝时,允许任选定一端作为⑤面,并以此为基本点来确定其他各面。

(2)袋:袋应竖放,标注人员位于袋底部最短对称轴的延长线上(图 10 - 2 - 3)。其中:①为袋的前面,②为右侧面,③为后面,④为左侧面,⑤为袋底,⑥为袋口。

如果有接缝时,应将接缝置于标注人员的右侧面;袋有两个接缝时,则一个置于右侧面,另一个置于左侧面。

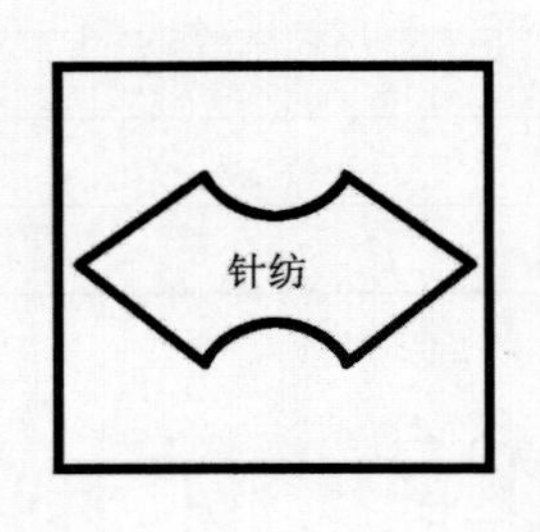

图 10-2-1　纺织品和服装类图示标志

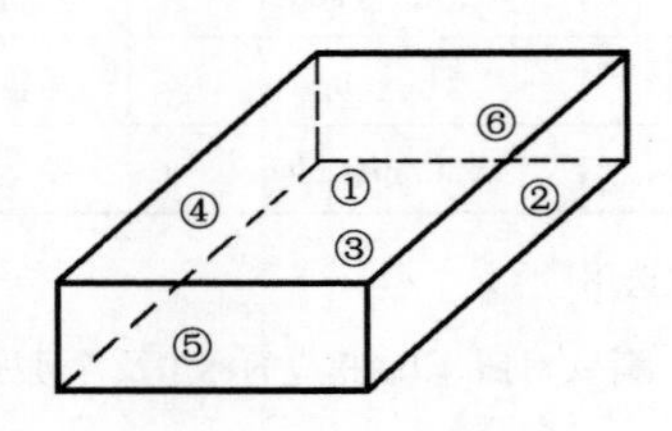

图 10-2-2　平行六面体包装件

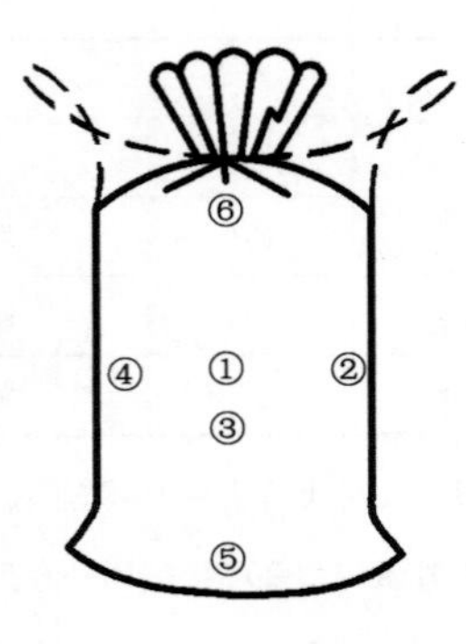

图 10-2-3　袋的标志

6. **标志位置**

（1）六面体包装件的标志位置放在包装件⑤、⑥两面的左上角。收发货标志的其他各项如图 10-2-4 所示。

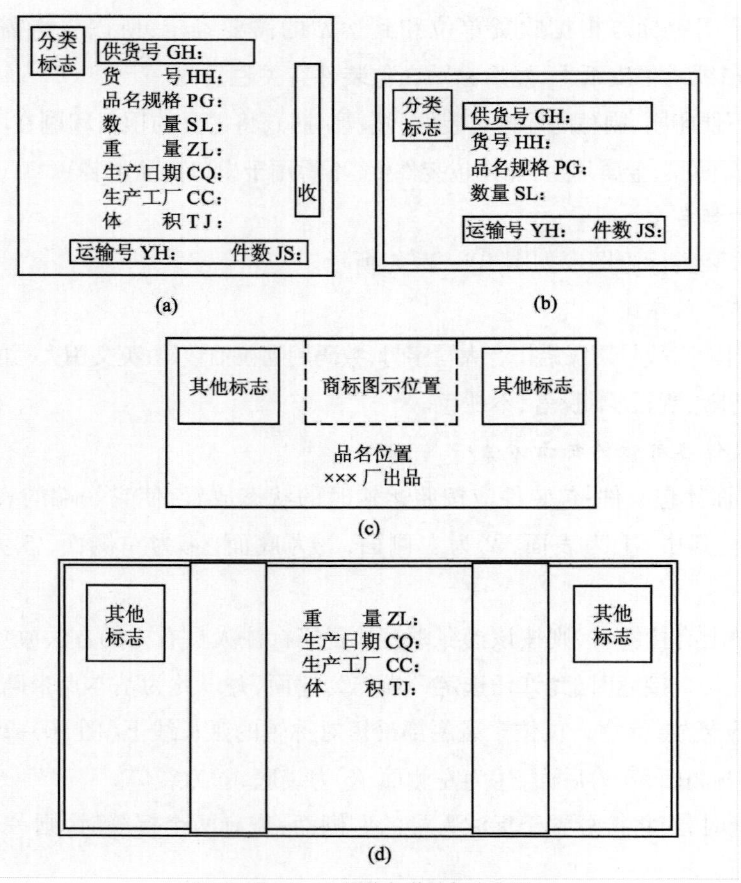

图 10-2-4　六面体包装件标志位置

(2)袋类包装件的分类图示标志放在两大面的左上角。

(3)粘贴标志应贴在包装件的⑤、⑥两个面的有关栏目中。

三、运输标志

产品包装件运输时,应防潮、防破损、防污染。

四、贮存标志

(1)产品贮存应防潮,毛料产品应防蛀。

(2)产品包装件应在仓库内堆放。库房应干燥、通风、清洁。

小结

本章分析了服装作为商品时的国内外使用的说明图示符号及符号的物化含义,分析了服装包装、运输和贮存标志的含义和使用场合。

本章的要点是了解服装各种标识符号的表示方法及物化含义。

思考题

1. 图形符号的应用和要求有哪些?
2. 简述服装使用说明的主要内容、形式及安放位置。
3. 服装使用说明的基本术语包括哪些? 掌握并区分各使用说明的图形符号。
4. 掌握并区分各国服装包装、贮存的图示标志。
5. 简述标志的尺寸、颜色要求和使用方法。
6. 运输包装的内包装一般采用什么材料?

实用理论及技术——

后整理、包装和储运

课题名称:后整理、包装和储运

课题内容:后整理
包装
储运

课题时间:2课时

训练目的:1. 了解后整理工序的技术内容、技术要求
2. 了解包装工序的技术内容、技术要求
3. 了解储运的形式和注意要点

教学要求:尽可能采用照片、图片,直观地展示三类工序的技术内容。

第十一章　后整理、包装和储运

第一节　后整理

服装加工的整理包括材料褶皱消除、色差辨别、布疵修复、污渍洗除、毛梢整理等。

服装加工过程中的整理工作是保证服装质量的重要环节。

首先要进行产前整理，如材料定形、处理色差和布疵等。在生产流程中也往往会出现新的问题，如油污、破损等，必须及时进行中途整理，难以通过整理进行消除的可及时换片。但有些问题是在各个生产环节中难以避免的，如污渍、毛梢等，在生产完成后还必须进行全面后整理，确保整件产品的整洁美观。

一、污渍整理

整烫时发现污渍并设法去除，称“拓渍”。“拓渍”是一种局部洗涤。

服装上的污渍主要可分为油污类、水化类、蛋白质类三种。油污类如机油、食物油、油漆、药膏等。水化类如糨糊、汗、茶、糖、酱油、冷饮、水果、墨、圆珠笔油、铁锈、红蓝墨水、红药水、紫药水、碘酒等。蛋白质类如血、乳、昆虫、痰涕、疮脓等。

三种类型的污渍除油漆、沥青、浓厚的机油之外，一般的油渍边缘逐渐淡化，且往往呈菱形状(经向长而纬向短)。这类污渍一般较易识别。

水化类污渍如红药水、紫药水、碘酒、红蓝墨水等，有其鲜明的色彩；茶渍、水渍呈淡黄色且有较深的边缘，不发硬，这是和蛋白质类污渍的区别所在；薄的糨糊渍在织物上发硬，有时也有较深的边缘，但遇水容易软化。

蛋白质类污渍在织物上一般无固定的形状，但都发硬，且有较深的边缘，其中除血渍、昆虫渍的颜色较深外，其余多数呈淡黄色。

常见污渍的去除方法如表 11 －1 －1 所示。

表 11-1-1 常见污渍去污方法

污渍名称	去 污 方 法
菜汤、乳汁	先用汽油擦去油脂，再用1份氨水、5份水配成溶液搓洗；除去污渍后，用肥皂或洗涤剂再搓擦后用清水洗净
水果汁	用食盐水搓洗，或用5%氨水搓洗；桃汁中含有高价铁，可用草酸搓洗，最后用洗涤剂洗
茶渍	用70~80℃热水清洗，或用浓食盐水、氨水和甘油混合液搓洗
酱油渍	在微温的洗涤剂溶液中，加入20%的氨水或硼砂溶液洗刷，漂净
红墨水渍	先用40%的洗涤剂，再用20%的酒精液洗，或用高锰酸钾液洗涤
蓝墨水渍	如是刚染上，立即浸泡于冷水中擦肥皂反复搓洗；如有痕迹，可用20%草酸液浸洗，温度一般在40~70℃，然后用洗涤液洗净
墨汁渍	墨汁的主要成分是炭黑与骨胶，一般可用饭团或面糊涂搓，亦可用1份酒精、2份肥皂和2份牙膏制成的糊状物揉搓，清水漂洗
圆珠笔油渍	先用温水浸湿，然后用苯或丙酮擦拭，再用洗涤剂洗；也可用冷水浸湿，涂些牙膏，加少量肥皂轻搓，如有残迹，再用酒精洗除
油漆渍	可用汽油、松节油、香蕉水或用苯搓洗，然后再用肥皂或洗涤剂搓洗
汗渍	用1%~2%氨水浸泡，在40~50℃温水中搓洗，再在草酸溶液中洗涤；丝绸织物可用柠檬酸洗涤，切忌用氨水
碘酒渍	浸入酒精或热水中使碘溶解，然后洗涤；也可用淀粉糊搓擦后用清水洗涤
动、植物油渍	可用汽油、香蕉水、四氯化碳等溶剂去除

污渍整理要注意以下几点。

(一)合理选用去污材料

表11-1-1所述的污渍种类和去污材料，一般是在浅色棉、涤棉混纺以及黏胶纤维上使用。毛织物是蛋白质纤维，它的染料一般以酸作为媒介，因此要避免使用碱性去污材料，因为碱能破坏蛋白质(毛织物)，破坏酸性媒介(掉色)。棉织物一般用碱作为染色媒介，所以使用酸性材料后的变色要用纯碱或肥皂来还原。凡是深色织物，使用去污材料时以先试样为妥。

(二)正确使用去污方法

洗涤去污方法分水洗和干洗两种。要根据服装的质料和污渍种类，正确选用去污方法。去污工具一般备有牙刷、玻璃板、垫布、盖布等。垫布必须是清洁、白色、浸水挤干的棉布，折成8~10层平放在玻璃板上(图11-1-1)。去污时，先将除

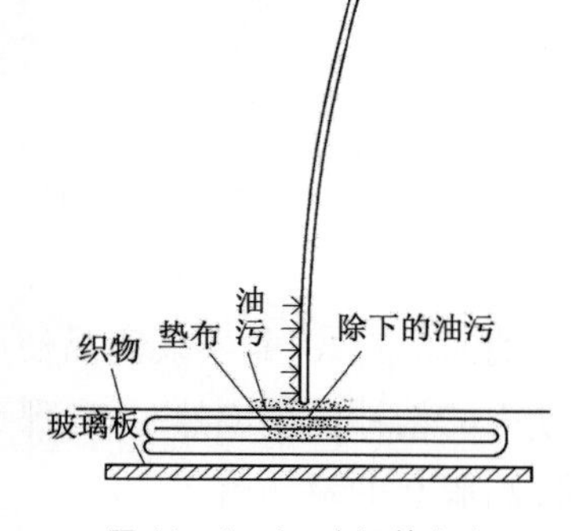

图11-1-1 去污的方法

污板放在有污渍的织物下面，然后涂用去污材料，再用牙刷蘸清水沿垂直方向轻轻地敲击，或加热使污垢和去污材料逐渐脱落到热布上。有的污渍往往要反复多次才能除去。垫布须经常洗涤，保持干净。使用化学药剂干洗时，操作要注意从污渍的边缘向中心擦，防止污渍向外扩散；不能用力过大，避免衣服起毛。

（三）去污渍后防止残留污渍圈

去污后织物局部遇水易形成明显的边缘，如不及时处理极易留下一个黄色的圈迹。无论使用何种去污材料，在去除污渍之后，均应马上用牙刷蘸清水把织物遇水的面积刷得大些，然后再在周围喷些水，使其逐渐化淡，以消除这个明显的边缘，这样无论是烫干还是晾干，都不至于留下黄色圈迹。

二、毛梢整理

毛梢整理是服装加工最容易，但也是最难解决的一道工序，这里面包含着人的因素和客观环境因素。前者是对毛梢的处理不够重视，总认为毛梢不是产品质量的直接问题，容易掉以轻心。后者是场地、工作台、产品储存器的清洁度问题。此外，工作人员身上如沾上毛梢后，也会使服装随时沾上毛梢。

毛梢又称线头，分死线头和活线头两种。死线头是指缝纫工在加工过程中，开始缝制和结束时未将缝纫线剪除干净而残存在加工件上的线头。目前的大工业生产，进口设备多备有自动剪线器，其技术指标是线头长度不能大于0.4cm，大多数线头还需用人工修剪。活线头是指服装产品在生产流程中所沾上的线头和纱头。一般可分三种方法处理。

(1)手工处理：用手将线头拿掉，放置在一个存器内，以防再次沾上产品。

(2)粘去法：用带有黏性的纸或胶布，将产品上的毛梢粘去。

(3)吸取法：这是目前最通用的方法，既省工，效率也高。它是采用吸尘器原理将产品上的毛梢、灰尘吸干净。

第二节 包装

商品的包装，是实现商品使用价值，并提高商品价值的一种重要手段。如果说合体的服装会使人的精神面貌焕然一新，那么包装是服装的“服装”，它可使消费者产生极大的购买欲望，并提高服装的附加值。

包装是在产品运输、储存、销售过程中，为保护产品以及为了识别、销售和方便使用商品，而

使用特定的容器、材料及辅助物等方式，防止外来因素损坏物品的总称。包装也指为了达到上述目的而进行的操作活动。

包装是艺术，也是科学。它涉及材料和设备，将保护、宣传、法律、数学、制造和材料输送等糅合在一起。

一、包装的功能和种类

包装有两个主要的功能。其一是在一定程度上以最低的成本和最短的时间保证生产者将产品运送到买主手中，且不影响产品的质量。这种功能称之为分发功能。其二是通过包装的外部造型设计，刺激消费者对产品的购买欲。这种功能称之为营销功能。随着科技的进步，人们生活水平的提高，这两种功能更加紧密地联系在一起。

服装包装的种类方法有两种。

一种是按用途分类，有销售包装、工业包装和特种包装三类。销售包装是以销售为主要目的的包装，它起着直接保护商品的作用。其包装件小，数量大，讲究装潢印刷。包装上大多印有商标、说明、生产单位，因此又具有美化产品、宣传产品、指导消费的作用。工业包装是将大量的包装件用保护性能好的材料（纸盒、木板、泡沫塑料等）进行的大体积包装，其注重于牢固，方便运输，不讲究外部设计。特种包装用于保护性包装，其材料的构成须由运送和接收单位共同商定，并有专门文件加以说明。

另一种是按包装的层次分类，有内包装和外包装两种。内包装也叫小包装，通常是指将若干件服装组成最小包装整体。内包装主要是为了加强对商品的保护，便于再组装，同时也是为了分拨、销售商品时便于计量的需要。服装的内包装在数量上大多采用 5 件或 10 件、半打或一打组成一个整体。外包装也叫运输包装、大包装，是指在商品的销售包装或内包装外面再增加一层包装。由于它主要是用来保障商品在流通过程中的安全，便于装卸、运输、储存和保管，因而具有提高产品的叠码承载能力，加速交接、点验等作用。

二、包装容器和材料

服装包装容器的基本形式为袋、纸盒、纸箱、纸板箱、板条箱、网丝和包裹。

袋包装是最古老而应用最广泛的包装形式之一。它具有防污染、保护内装物、储放空间小、便于输送流通等基本功能，且成本低廉等优点，但自撑性较差，随着塑料薄膜袋的应用，自撑性差这一弱点可以得到改善。图 11 －2 －1 所示为各种袋形图。

纸盒分折叠盒和固定盒两种。折叠盒的优点是低成本、可回收，缺点是具有脆性。折叠盒的规格尺寸要根据长、宽、高的次序标明，材料的厚度、密度、涂层、光泽度都应写明，前面和侧面也应指明。固定盒是按包装成形后的尺寸制成的，其形状和尺寸不可变化。折叠盒的基本式样有反搭口式、锁底式、飞机式、直搭口式、封底式、硬底式等。固定盒的基本式样有帽盖盒式、天地罩盒式、抽屉式、摇盖插嘴口盒式、胖顶压底板式等（图 11－2－2）。

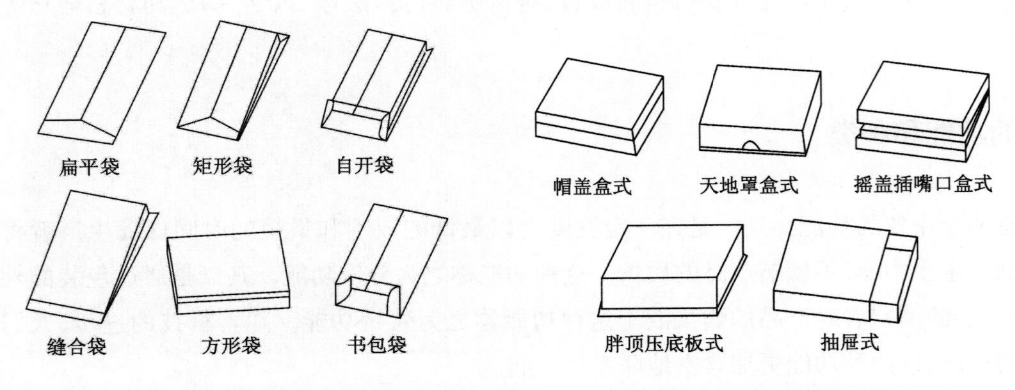

图 11－2－1　袋形图式样　　图 11－2－2　固定盒式样

纸箱的普通类型是瓦楞纸箱，最常见的纸箱式样是正规开槽式和中部特别开槽式等（图 11－2－3）。

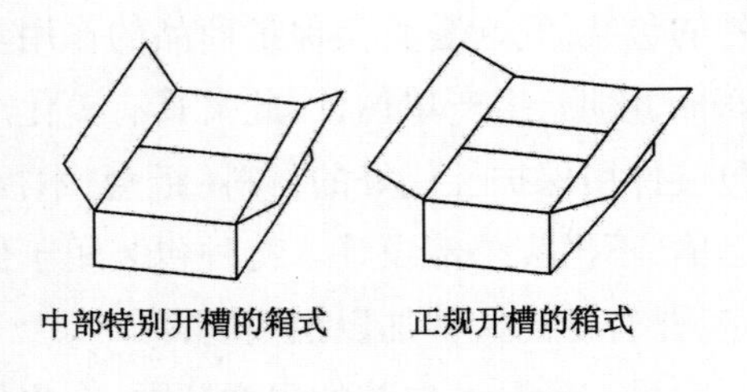

图 11－2－3　纸箱式样

服装的相关产品的基本包装材料是纸、塑料薄膜、木头、铁钉、U 形钉、绳索、橡胶带和金属带等。

包装用纸有牛皮纸、起皱纸、羊皮纸、箱板纸、高密度聚乙烯合成纸等。其中牛皮纸用途最为广泛。羊皮纸（植物羊皮纸）具有良好的抗油脂性能，湿强度高，表面无纤维、无臭无味，但不能很好地隔离气体。箱板纸有挂面板纸和瓦楞芯纸两种，是生产瓦楞纸板箱的材料。高密度聚乙烯合成纸是一种新型包装材料，有良好的白度和极好的强度。在温度变化时，不收缩不伸展、不起毛不生锈，并能防止霉菌的生长。包装用纸的组成种类如图 11－2－4 所示。

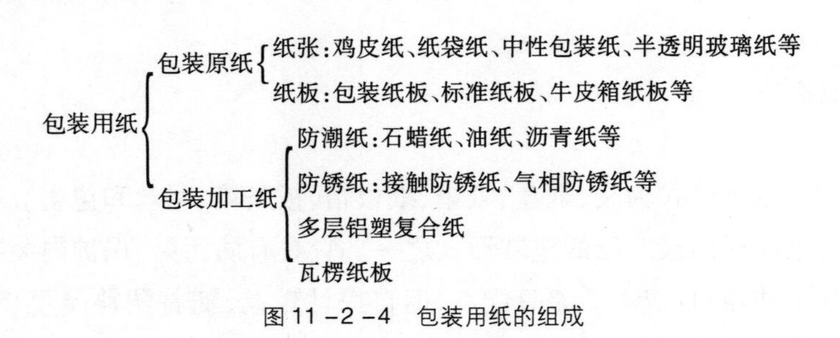

图 11－2－4　包装用纸的组成

塑料薄膜具有清晰、透明、新鲜的感觉，正大量地应用于服装的内包装，其物理特性如表 11－2－1 所示。

表 11－2－1 包装用塑料薄膜特性表

	水蒸气透过率 a(%)	透气性 b			化学品忍受力 c			温度范围 F(℃)	透明度	印刷能力	对灰尘吸附	耐擦伤性 d	翘曲 e	刚性 f	耐冲击强度 g (g/cm^2)	缺口撕裂强度 h (kg/cm^2)	脆性 i
		氧气	氮气	二氧化碳	酸	碱	溶剂										
ABS					G	G	F	－65～215	半透明	F		100	0.006	300	6.2		60
醋酸纤维素	150	117	4 0	1000	F	P	G	－15～140	透明	4E	低	60	0.005	200	2.5	15	40
丙酸纤维素	150		高		F	P	P	－30～200	透明	E	中	70	0.004	200	6.0	25	80
腈基塑料 ANA 类	7	0.80	0.16	1.1	G	F	G	－100～100	透明	G	高	60	0.004	490	2.5		5
酚基					F	F	G	－100～250	不透明	E	低	7120	0.010	1.000	0.5		5
低密度聚乙烯	1.3	550	180	2900	G	G	G	－70～180	透明	F	高	112	0.030	10	20.0	100	400
聚丙烯	0.7	240	60	800	E	E	E	0～275	半透明	G	高	90	0.020	200	1.0	25	300
聚苯乙烯通用级	8	310	50	1050	G	E	P	－80～175	透明	E	非常高	120	0.004	750	0.3		1
聚苯乙烯高抗冲级					G	E	F	－55～200	不透明	E	高	75	0.004		8.0		60
聚氨酯	0.6				P	P	G	－100～90	半透明	E	低	60	0.009				500
硬性聚氯乙烯	4	150		970	E	E	F	－50～200	透明		高	45	0.002		8.0	90	20
脲醛	11	300	50		F	F	G	－100～170	半透明	E	低	150	0.001		0.4		1
聚碳酸酯	0.7	14	0.7	1000	G	P	F	－210～270	透明		中	118	0.006	340	3.0	25	75
聚酯	0.3	600	70	16	E	E	E	－70～230	透明	F	中	68	0.020	550	4.8	40	100
高密度聚乙烯				450	E	E	E	－20～250	半透明	F	高	38	0.040	150	10.0	30	100

三、包装方法和质量规格

常规的纸或纸盒包装有小包装与大包装两种。

小包装要用80g沙皮纸、纸盒或塑料袋，漂白、浅色类服装产品应在纸包内加中性白衬纸，下垫白色硬纸板，以防产品弄污、变形。

小包装有时以件或套为单位装塑料袋，有的以5件或一打为单位打成纸包或装盒。

在小包装内的成品的品种、等级须一致，颜色、花型和尺码规格应符合消费者或订货者的要求，有独色独码、独色混码、混色独码、混色混码等多种方式。在包装的明显部位要注明厂名（或国名）、品名、货号、规格、色别、数量、品级、生产日期等。对于外销产品或部分内销需要，有时还要注明纤维原料名称、纱支及混纺交织比例、产品使用说明等；捆包要见棱见角，包装材料不破损和弄污。

大包装一般用5层瓦楞结构纸箱或使用较坚固的木箱或麻包。箱内装货要平整，勿使包装变形。大包装的箱外通常要印刷产品的唛头标志，包括厂名（或国名）、品名、货号（或合同号）、箱号、数量、尺码规格、色别、重量（毛重、净重、净净重）、体积（长、宽、高）、品级、出厂日期等。唛头标志要与包装内实物内容相符，做到准确无误。

为防止在运输和仓储中发霉、风化、变质，在包装材料外部要涂防潮油，在包装纸内部要衬沥青纸防潮。

小包装一般用纸绳、纱绳或塑料绳进行十字捆扎。大包装使用的纸箱是长方形对口盖箱型。目前我国内销产品包装分三种箱组规格。第一组箱子内径（长×宽）51cm×38cm，第二组箱子内径（长×宽）45cm×34cm，第三组箱子内径（长×宽）38cm×31cm。

每种箱型用箱子的内径高度表示箱号，如"2—36"表示为第二组箱型、内径高36cm。表11-2-2为标准箱组规格。大包装纸箱的封装，一般用8~10cm宽的牛皮纸用糨糊或水玻

表11-2-2 箱组规格表

组别	箱号	箱长（cm）×箱宽（cm）		箱高（cm）		箱子体积（m^3）
		内径	外径	内径	外径	
一组	1—52	51×38	52×39	52	54	0.11
	1—48			48	50	0.101
	1—44			44	46	0.093
	1—40			40	42	0.085
	1—36			36	38	0.077
	1—32			32	34	0.069
	1—28			28	30	0.061
	1—24			24	26	0.053

续表

组　别	箱　号	箱长(cm)×箱宽(cm)		箱高(cm)		箱子体积(m^3)
		内径	外径	内径	外径	
二组	2—48	45×34	46×35	48	50	0.081
	2—44			44	46	0.074
	2—40			40	42	0.068
	2—36			36	38	0.061
	2—32			32	34	0.055
	2—28			28	30	0.048
	2—24			24	26	0.042
	2—20			20	22	0.035
	2—18			18	20	0.032
三组	3—45	38×31	39×32	45	47	0.059
	3—42			42	44	0.055
	3—39			39	41	0.051
	3—36			36	38	0.047
	3—33			33	35	0.044
	3—30			30	32	0.040
	3—27			27	29	0.036
	3—24			24	26	0.032
	3—21			21	23	0.029
	3—18			18	20	0.025

璃粘合,纸箱两头各下垂5~7cm,箱外捆扎扁形纸绳带、塑料带或铁皮条两道。木箱先用钉子将封口钉牢,四周用铁皮条加固。麻布包在专门的压力打包机上进行,两端用线缝合,中间用铁皮条捆扎2~3道。

真空包装是1970年问世的包装新技术。真空包装系统包括以下四个过程:降低服装的含湿量;将服装插进塑料袋内;当服装在袋中被压缩时,将袋中和服装内的空气抽掉;真空和压缩周期结束时,将袋粘合。

真空包装的原理是纺织品要发生永久性或半永久性折痕的先决条件是必须含有一定的湿度,而将含湿量降低到一定程度时,该纺织品便不再产生折痕。

真空包装的功能主要有以下四个方面:减少成衣的装运体积;减轻被运服装的装运重量;在装运前和装运期间,防止服装沾污或产生异味;占用服装工厂和商店的最小储存空间。

随着人们对服装外形要求的提高,近年来立体包装发展很快。立体包装是克服服装经包装与运输后发生皱褶,保持良好外观,提高商品价值的包装方法,主要使用于衬衫、西装类服装的包装。立体包装是将衣服挂在衣架上,外罩塑料袋,再吊装在包装箱内。每箱可吊装西服约20件。由于在整个运输过程中不会发生折叠和压迫,因而可充分保证商品的外观质量。

对任何一种服装产品进行包装设计,首先要对被包装物品的性质和流通环境进行充分的了解,才能选择适当的包装材料和方法,设计出保护可靠、经济实用的包装结构。在确定包装的保护程度时,一定要考虑产品的具体要求。包装的保护强度往往和包装费用呈正比例关系。过高的包装保护强度会增加包装费用;反之,则会使被装物易于损坏,同样会造成经济上的损失。

服装产品的包装设计主要是内盒、外箱、包装袋、衬托材料的规格。

内盒尺寸是依据盒内所装件数总和之高度为实际尺寸。外箱尺寸是按内盒外径(盒盖)、装箱打数及其装法确定外箱内径尺寸,按内盒堆积数将长、高、宽各放大0.5cm。以衬衫和针织服装为例,衬衫内盒尺寸是根据后领宽的高度而定。格料材料盒高等于(后领宽+2.5)×3+0.5(6件装);灯芯绒材料盒高等于(后领宽+3)×3+0.5(6件装);涤棉材料盒高等于(后领宽+2)×3+0.5(6件装)。盒的长宽均按成品折法加放1~1.5cm。针织服装的内盒和外箱尺寸规格如表11-2-3所示。

表11-2-3 针织服装包装规格标准

成品规格 / 品种大类	50~60cm		65~75cm		80~110cm	
	纸包、盒(件)	箱(盒)	纸包、盒(件)	箱(盒)	纸包、盒(件)	箱(盒)
绒衣裤	20~40	5~10	20	5	20	5
棉毛衣裤	100	10	50	5	50	5
汗衫背心	200	20	100	10	100	10
平汗布背心	200	20	200	10	100	10

第三节 储运

产品包装后,要经过入库、保管、装卸、运输、储存到销售的整个过程,称为包装运输。

一、服装储运标志

(1)防湿标志:以雨伞图形表示。

(2)收发货标志:主要供收发货人识别货物的标志,又称唛头。通常由简单的几何图形、字母数字及简单的文字组成。内销产品的收发货标志,包括品名、货号、规格、颜色、毛重、净重、体积、生产厂、收货单位、发货单位等。出口产品的收发货标志主要包括目的地、名称或代号、收货人或发货人的代用简字或代号、付号、体积、重量以及出产国等。

(3)货签:粘贴或栓挂在运输包装件上的一种标签,内容包括运输号码、发货人、收货人、发站、到站、货物名称及件数等。一般用纸、塑料或金属片等制成。

(4)吊牌:是一种活动标签,通常用纸板、塑料、金属等制成,用线、绳、金属链等挂在商品上,上面印有产品简要说明和图样。

二、仓储

服装厂的仓库一般分为原料仓库、辅料仓库和成品仓库。对库储有下列要求:

(1)进仓验收:各种原材料进仓要按单据核对数量(件、箱、包)和重量。

(2)对仓库的要求:仓库建筑必须牢固、干燥、通风、不漏水,库内避免阳光直射,相对湿度要求在60%~65%之间,并有防虫、防鼠、防霉等各种措施,以防止原材料、成品受损。

(3)分类存储:货品堆放时应按不同种类、产地、牌号、级别、批号等分别固定仓位,集中堆放,挂上明显标牌,便于识别。要按顺序,做到先进先出。并做到五不:不沿窗、不着地、不靠墙、不漏水和不霉烂。

(4)翻仓整理:原料和成品的存储,应在每年梅雨结束时期进行翻仓整理一次。在翻仓时,除将下层货品翻到上层外,还须将储放货品的木架、柜子、木箱等容器,分批搬到库外进行日光照射,或者用杀虫药水喷洒,防止害虫滋生。

(5)库房通道及宽度:室内存储应考虑有适当通道。通道宽度至少不受物体搬运的阻碍;通道应整直,直接通向出口;通道的交叉口应尽量减少,视界应广阔明亮;通道应保持畅行无阻,不可在通道上堆积物品。

三、搬运及装卸

货品无论进入库房还是上下车船,均需用人力或机械搬运。一般应符合五项基本原则:直线运输、连续运输、力求简捷、工作集中、经济有效。在大量搬运装卸时,应尽量利用机械,可提高效率,减少包装损失。

小结

本章分析了服装生产的最后工序后整理、包装和储运,其中重点分析了后整理的工序组成的技术内容,简要分析了成衣的内、外包装的形式和要求,解析了成衣仓储和运输的技术要求。

本章的重点是理解服装生产最后工序的后整理、包装和储运等技术内容。

思考题

1. 服装的后整理工序包括哪些技术内容?

2. 服装上的污渍可以分为哪几类?各举几个例子。

3. 污渍处理需要注意哪些方面?

4. 了解并掌握污渍的常用去污方法。

5. 掌握服装包装的功能和种类。

6. 仓储的要求有哪些?

7. 真空包装的原理是什么？它有什么功能?

实用理论及技术——

生产技术文件

课题名称:生产技术文件

课题内容:生产总体设计技术文件

生产工序技术文件

质量标准技术文件

技术档案

课题时间:2 课时

训练目的:1. 了解生产技术文件的组成、分类、相互关系

2. 掌握重要的生产技术文件的缩写方法

3. 了解技术档案的管理方法

教学要求:多举工厂实用的技术文件为实例进行分析,帮助学生能直观地了解。

第十二章　生产技术文件

服装生产技术文件是服装生产及产品检验的技术标准。建立服装生产技术文件,可使服装生产符合产品的规格设置和质量要求,合理利用原材料,降低成本,缩短产品设计和生产周期,高效率地进行生产经营活动。

根据服装厂的生产规模大小,工艺设置及生产品种的不同,生产技术文件的形式和种类也不同。纵观国内服装业现状,服装生产技术文件可以包含以下四个方面:

(1)生产总体设计技术文件。

(2)生产工序技术文件。

(3)质量标准技术文件。

(4)技术档案。

第一节　生产总体设计技术文件

生产总体设计包括两大部分,即服装厂规模和生产品种。其主要内容如下:

(1)产品的种类和数量(总产量、日产量、班产量)。

(2)产品的生产时间。

①实际工作时间:完成一个工序所需的时间。

②标准工作时间:实际工作时间加上辅助动作和生活必需时间。

(3)劳动员工数量配置(裁剪、缝纫、整烫)。

(4)所需加工工具和设备的配置。

(5)工序编成效率。

(6)设计生产流水线。

生产总体设计技术文件是按照产品的要求、技术标准拟定的。

表 12-1-1 所示是生产总体设计的主要内容。对于技术文件来说,以表格的形式有利于存档再使用。表格中应把主要内容罗列出来,详细说明本企业生产品种及各部门人员分配情况。表中生产节拍时间 $=\frac{总工时}{总产量}$。

表12－1－2是生产设备配置情况。该表是根据生产品种在各道工序所需的设备进行列表，分四个大类，即裁剪、熨烫、缝纫、缝纫附件四个部分。

生产总计划表包括将每天生产任务的总体安排列表、制订内产与外发的厂家、数量、交货期等，该表见第九章第二节。

跟单生产计划安排表为跟单生产的生产计划，由跟单人员根据生产计划表的进程来安排，该表见第九章第二节。

表12－1－1　生产总体设计表

生 产 品 种 名 称			
总产量（件、条）		日产量（件、条）	
投入产出日期			
日生产时间			
日生产班次			
各部位工作员工人数（含管理人员）	裁剪员工		
	缝纫员工		
	整烫员工		
	合　计		
各部位加工时间	裁剪工时		
	缝纫工时		
	熨烫工时		
	合　计		
生产节拍时间			

表12－1－2　设备配置表

机器名称	型号与规格	生产品种1	生产品种2	数　量
裁剪部分				
熨烫部分				
缝纫部分				
缝纫附件部分				

第二节　生产工序技术文件

生产工序技术文件通常有服装加工工艺流程图（包括工艺单）、工艺卡两种。在生产工序技术文件中必须详细地说明服装在加工过程中的具体程序、质量要求，并标明各道工序所采用的机器及所需的定额时间。

一、服装加工工艺流程图与工艺单

服装加工工艺流程图是图示服装生产工序的技术文件，它是制订生产工艺的基础，也是安排流水线和配备人员以及准备和安装工艺设备所必需的技术资料。制订工艺流程时，必须掌握一个原则，即选用最合理、最捷径的流程通道，保证生产工序衔接合理、流程畅通、路径最短，达到速度快、质量好。图 12－2－1 是衬衫加工流程图。工艺流程图的特点是：将各道工序的名称、流水程序和上下左右之间的关系以及所需用设备和工艺装备等全部在一张图中显示出来，制订和阅读都比较方便。

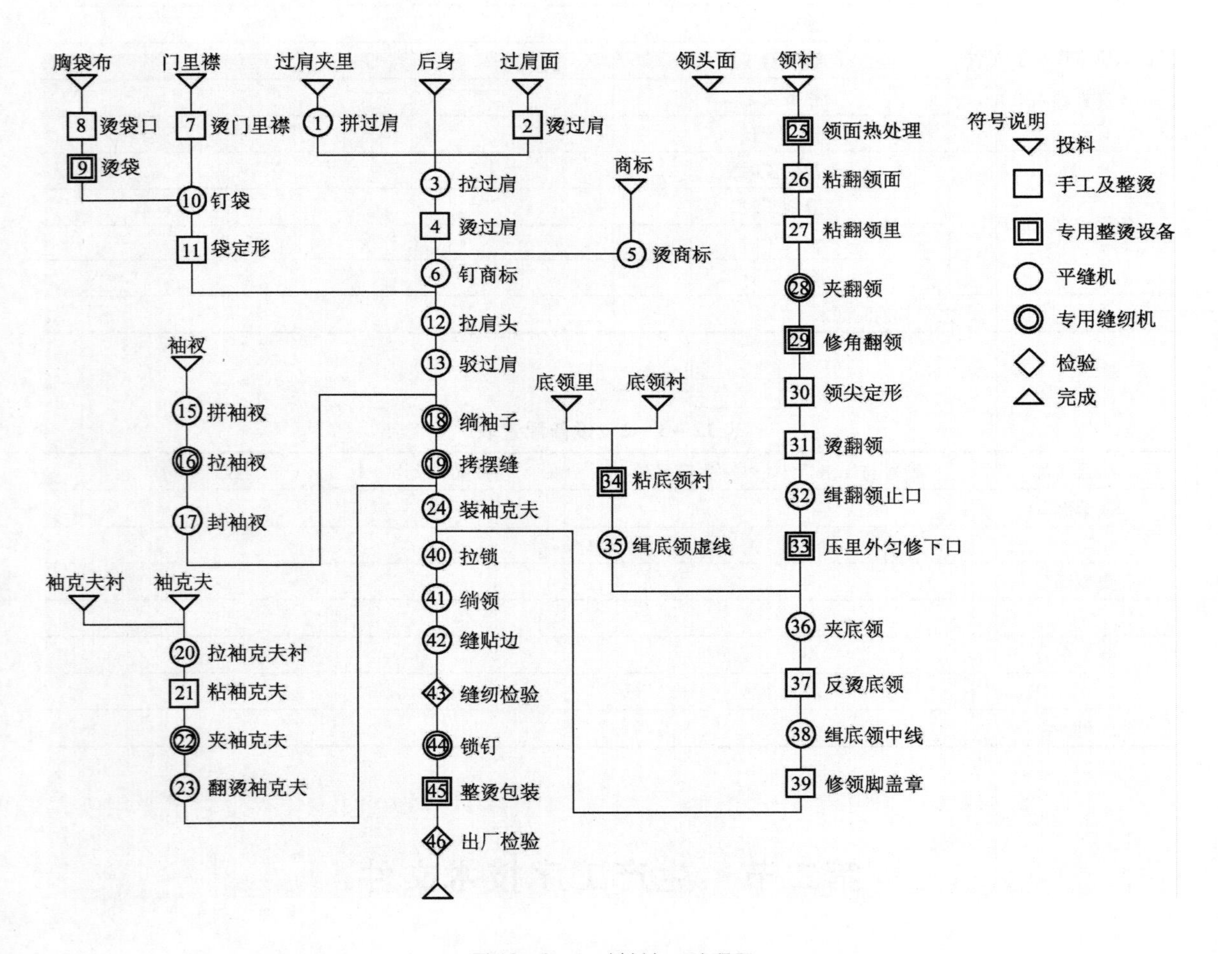

图 12－2－1 衬衫加工流程图

在生产工序技术文件中，还应附上工艺单、服装具体规格及各部位的质量要求。表 12－2－1 是衬衫加工工艺单。工艺单中将衬衫分成衣领、大身、熨烫包装三大类，并在这些类别中分别标明了各个部位的尺寸及要求。由于工艺单不是发给具体操作的工人，因此，具体的加工方法、使用工具、工时定额不必写入工艺单。

表 12－2－1　衬衫加工工艺单

<table>
<tr><td rowspan="14">成品检验规格</td><td>规格</td><td>1</td><td>2</td><td>3</td><td>4</td><td rowspan="6">衣领部位</td><td>翻领式样</td><td></td><td>翻领止口缉线</td><td></td></tr>
<tr><td>领大</td><td></td><td></td><td></td><td></td><td>底领式样</td><td></td><td>底领止口缉线</td><td></td></tr>
<tr><td>肩宽</td><td></td><td></td><td></td><td></td><td>衬布</td><td></td><td colspan="2" rowspan="4">衣领式样</td></tr>
<tr><td>身长</td><td></td><td></td><td></td><td></td><td>规格</td><td></td></tr>
<tr><td>袖窿</td><td></td><td></td><td></td><td></td><td>商标</td><td></td></tr>
<tr><td>袖长</td><td></td><td></td><td></td><td></td><td>衣领成品式样</td><td></td></tr>
<tr><td>袖口大</td><td></td><td></td><td></td><td></td><td rowspan="4">袖头部位</td><td>袖头式样</td><td></td><td>袖头衬</td><td></td></tr>
<tr><td>袖衩长</td><td></td><td></td><td></td><td></td><td>袖头大</td><td></td><td>袖头宽</td><td></td></tr>
<tr><td>袋距肩</td><td></td><td></td><td></td><td></td><td>袖头衬做法</td><td></td><td>袖头止口</td><td></td></tr>
<tr><td>袋长</td><td></td><td></td><td></td><td></td><td>袖缝做法</td><td></td><td>绱袖头</td><td></td></tr>
<tr><td>袋宽</td><td></td><td></td><td></td><td></td><td rowspan="4">扣眼部位</td><td>门襟扣眼距离</td><td></td><td>门襟扣眼数</td><td></td></tr>
<tr><td>袋盖长</td><td></td><td></td><td></td><td></td><td>门襟扣眼大小</td><td></td><td>门襟扣眼进出</td><td></td></tr>
<tr><td>袋盖宽</td><td></td><td></td><td></td><td></td><td>里布纽进出</td><td></td><td>袖口纽进出</td><td></td></tr>
<tr><td>下摆</td><td></td><td></td><td></td><td></td><td>袋盖纽高低</td><td></td><td>袋盖扣眼高低</td><td></td></tr>
<tr><td rowspan="11">衣身部位</td><td>门襟式样</td><td colspan="2"></td><td>门襟宽</td><td></td><td rowspan="11">整烫包装</td><td colspan="2" rowspan="11">整烫折叠示意图</td><td colspan="2" rowspan="11">成品包装示意图</td></tr>
<tr><td>门襟缉线</td><td colspan="2"></td><td>里襟式样</td><td></td></tr>
<tr><td>里襟宽</td><td colspan="2"></td><td>前育克</td><td></td></tr>
<tr><td>后覆势</td><td colspan="2"></td><td>拷肩头</td><td></td></tr>
<tr><td>商标</td><td colspan="2"></td><td>袖衩式样</td><td></td></tr>
<tr><td>下摆式样</td><td></td><td colspan="3" rowspan="6">衣袋式样</td></tr>
<tr><td>下摆贴边</td><td></td></tr>
<tr><td>袋盖式样</td><td></td></tr>
<tr><td>口袋式样</td><td></td></tr>
<tr><td>袋盖缉线</td><td></td></tr>
<tr><td>口袋缉线</td><td></td></tr>
</table>

二、工艺卡

工艺卡是指导具体工序的生产内容、质量标准、工时产量定额的技术文件。它主要用于大批量的定形产品生产线中。在工艺卡中，必须对每道工序进行详细的操作说明，并用图标明主要部位的要求以及使用设备工具、加工技术要求、工时定额等。表 12－2－2 所示为衬衫衣领工艺卡实例。

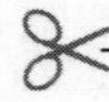

表 12-2-2　衬衫衣领工艺卡

衬　衫	工序名称	做领，装领	制订人	

定额时间：20min

操作要求：

1. 用缝纫机沿衣领边缝一周，缝纫针距 15 针/3cm，然后用翻领工具翻转衣领。要求衣领两端对称，领角要尖
2. 衣领翻好后，在正面沿边缉 0.6cm 单止口
3. 熨烫衣领时，用 500W 电熨斗垫一块白布熨烫，虚线部分需折印熨烫

第三节　质量标准技术文件

“服装标准”是由国家标准总局颁布的全国服装统一标准，是衡量服装产品质量的基本文件。但由于各地区对服装的要求不同，因此，对于“标准”中未规定的具体细节，各地可自定一些补充标准或高于“标准”的企业标准以及工艺操作质量标准。

服装标准通常由国家标准、地区标准、企业标准、内控标准等组成。

一、国家标准

国家标准的表示形式为 GB，包括十一项内容，其中一项是“服装号型系列”，七项是产品品种技术标准（包括衬衫、单服装、棉服装、儿童服装、毛呢上衣、大衣、毛呢裤七个品种），还有三项是产品品种规格推档标准。服装国家标准的每一品种标准中都包括号型系列、辅料规定、技术要求、等级划分、检验规定、包装标志等细则。这些内容，尤其是其中的产品技术标准，对服装的质量鉴别起着技术法规的作用，是检查服装质量的具体尺度。

二、地区标准

地区标准系各地区根据当地的实际情况，对服装新产品及服装次要部位尺寸，在国家标准中未作详细规定的，由地区制订出地区标准。地区标准比国家标准更接近当地消费者的穿着习惯和要求。

三、企业标准

企业标准由各企业或企业主管部门或下属企业根据具体生产规模、生产工艺形式和商品销

售情况,对服装产品质量作出详细的质量规定细则。因此,企业标准比前两种标准更具体、更详细。企业标准通常由三个部分组成:外形质量要求、操作质量要求、规格质量要求。以男式衬衫的企业质量标准为例。

(一)外形质量要求

(1)领头部位:翻领和领座里外均匀,领角挺括不翘,左右对称。

(2)袖子部位:袖山头圆顺略有吃势,袖窿不起链形。

(3)止口部位:连门襟贴边松紧一致,上下宽窄一致。

(4)肩摆缝部位覆势平服,摆缝顺直、不弯曲、不吊链。

(5)袋部位:袋位准确,高低、大小相称。

(6)整件外形要求:将纽扣扣好,领头不歪斜、不后坐,后身折裥叠齐到底,覆势套过肩缝,门襟上段不涌起坐落。整件衬衫能摆得平服落实,不起链形。

(二)操作质量要求

(1)领头部位:裁准领衬,减去领角,缉领头时领里要略微拉紧,缉处里外匀。翻领与底领大小相符。装领时,前领口不拉伸。

(2)袖子部位:装袖子山头略有吃势,缉摆缝与袖底缝两者必须对准,缉线顺直不链。袖开衩的长短、位置要恰当,袖口边做小圆头,三个褶裥排列均匀,中间一个褶裥要对准袖中线。

(3)止口部位:连门襟贴边用光边布料。如布边有蓝条应剪去,挂面平直,门襟长短一致。

(4)肩缝、摆缝部位:覆势里外匀服,后背褶裥位置适当,左右大小相同。摆缝缉线不松不紧。

(5)袋部位:贴袋位置准确,袋口封三角形,袋底角度左右对称,缉线整齐一致。

(三)规格质量要求(表 12-3-1)

表 12-3-1 衬衫规格质量标准

编号	内容
1	袖口边宽 6~7cm
2	门襟贴边宽 3.5~4.5cm
3	底边贴边宽 2~3cm
4	包缝或拷边,按消费者需要而定
5	袖开衩做贴襟,也可做一边滚边
6	大身摆衩,根据消费者需要可开可不开
7	针脚要根据布料性能决定,要求细密整齐

第四节 技术档案

建立技术档案是服装工业企业技术部门必须进行的经常性工作。建立技术档案可以帮助企业健全和完善管理体制，企业技术部门也可借鉴已生产的各类产品的设计加工的技术资料，开发新产品、新工艺，加快生产周期，提高经济效益。目前，服装生产技术档案在我国还没有形成规范化的制度。纵观全国服装企业已经建立的技术档案，大致包含以下一些内容：设计图、内（外）销订货单、生产通知单、原辅料明细表、原辅料测试记录表、工艺单、板样复核单、排料图、原辅料定额表、工序定额表、首件封样单、产品质量分检表、成本单、报验单、软纸样等。

为了便于查阅和保存，技术档案宜用白皮袋装好，袋面上标明以下内容：名称、地区、品号、合约、保管期和密级，并填写企业名称和建档日期（表12－4－1）。

（1）名称，写明服装款式的名称。

（2）地区，写明订货单位或地区。

（3）合约，注明是外销产品还是内销产品。

（4）品号内写明合约号。

（5）保管期限和密级可根据本企业具体情况而定。

表12－4－1 技术档案

总目录号	
分目录号	

技 术 档 案

名称＿＿＿＿＿＿＿＿＿＿＿＿

地区＿＿＿＿＿＿＿＿品号＿＿＿＿

合约内/外＿＿＿＿＿＿编号＿＿＿＿

保管期限＿＿＿＿＿＿密级＿＿＿＿

厂名＿＿＿＿＿＿＿＿＿＿＿＿

日期＿＿＿＿＿＿＿＿＿＿＿＿

技术档案袋的副面列表填写技术档案内容目录，包括拟制文件的部门、拟制日期等（表12－4－2）。

表 12－4－2　卷内目录

序号	内　　容	拟制部门	拟制日期	份数	张号	备注
1	设计图	技术				
2	内(外)销订货单	供销				
3	生产通知单	计划				
4	原辅料明细表	技术				
5	原辅料测试记录表	技术				
6	工艺单	技术				
7	板样复核单	质量检验				
8	排料图	技术				
9	原辅料定额表	技术				
10	工序定额表	劳动工资				
11	首件封样单	技术				
12	产品质量分检表	技术				
13	成本单	财务				
14	报验单	质量检验				
15	软纸样	技术				

下面按卷内目录顺序分别介绍各类技术档案的具体内容及建立档案的方法。

一、设计图

技术档案中的设计图是指服装款式的白描图。通常，白描图包括服装正视图、背视图。如果有些款式用正视图、背视图不能完全表达服装外形，可根据具体情况增加侧视图或部件分解图。对于技术档案的设计图，要求其正视图、背视图突出服装的工艺特征。

二、内/外销订货单

订货单有外销和内销两种，两种订货单都是根据客户的要求拟制。各服装厂都有自己拟定的订货单，这些订货单大多是以表格的形式列出。表格中详细的写明客户订货项目和包装要求。从订货单中可以一目了然地看清客户的要求（表 12－4－3）。

表 12-4-3　内/外销订货单

品名	规格	数量	单位	单价	总值	折合外汇
签约对方		合约号			备注	
		订货日期				
买主国别或地区			保险级别			
付款方式		成交条件及地点			装货期限	
供货单位		要货单位				

货号	色号	品名	规格	数量	单价	总金额	交货期

外包装：1. 木箱；2. 纸板箱；3. 纸箱 内包装：透明薄膜袋 商标：　　提供商标： 交货地点：　　交货期：　年　月　日	备注：

要货单位签章　　经办人　　供货单位签章　　经办人（如图中所指位置）

三、生产通知单

生产通知单，有的也称生产任务单，由服装厂计划部门提供。计划部门根据内（外）销订货单制订生产任务单，并将其送交生产部门。生产部门则依据生产任务单安排生产。为了使生产部门能完全领会订货单位的意图和要求，生产通知单中必须写明订货的所有要求，如生产品种，所用面料、里料及其颜色等。

包装要求中的商标、吊牌、纸箱等，可依据客商的要求决定（表 12-4-4）。

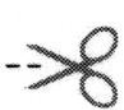

表 12-4-4 生产通知单

内(外)销合约　　　　　　　　　　　　　　　　　　　　编号______

合约			对象				交货期 月 日			生产 组			辅助料
品号			品名										
面料	夹里	颜色	规格及搭配									交货期	
													包装要求
													1 ____商标
													2 ____吊牌
													3 ____织带
													4 ____塑袋
													5 ____纸盒
													6 ____纸箱

开单人:　　　　　　　　　　　　　　　　　　　　　　日期　　年　月　日

四、原辅料明细表

原辅料明细表要求将一件(条)服装所用的面料、里料的样卡贴在相应的原料使用一栏,同时,在辅料使用一栏中,对不同规格服装所用辅料应给予详细的说明,如门襟拉链尺寸、袋口拉链尺寸、纽扣的颜色及尺寸等。所用线的粗细、颜色可在最后一栏中注明。如有商标及吊牌等,可将实样附在明细表中(表 12-4-5)。

表 12-4-5 原辅料明细表

合约地区		品　名				
编　号		数　量				
原 料 使 用		辅 料 使 用				
面料(附样卡)	里料(附样卡)	规格种类	S	M	L	XL
		里缝缝线				
		外缝缝线				
		拉链				
		纽扣				
		按扣				
		牵带				
		锁扣眼线				
		包缝线				
商标		出样				
小商标		交核				
服装材料成分带		生产负责人				
吊牌		填表人				
规格号型带		填表日期				

五、原辅料测试记录表

原辅料测试通常由技术部门承担。测试的数据有耐热度、色差、色牢度、缩水率(纬向、经向)等。原辅料测试的目的是为了掌握原辅料的性能,依据测试数据,确定裁剪、缝纫、熨烫等工序的工艺要求。测试方法可按各企业具体情况决定(表12-4-6)。

表12-4-6 原辅料测试记录表

产品型号		耐热度使用方法		
生产通知单		缩水率使用方法		
要货单编号		色牢度使用方法		
内/外销合约号		花型号与颜色	花型号与颜色	花型号与颜色
要货单位				
原料名称				
备注				
		花型号与颜色	花型号与颜色	花型号与颜色

六、工艺单

工艺单可参照本章第二节生产工艺技术文件。

七、板样复核单

板样复核通常由服装厂质量检查部门承担。板样复核主要是尺寸的复核,即复核样衣与板样的差异(表12-4-7)。

表12-4-7 板样复核单

产品型号		任务单编号	
品　名		规　格	
大板样数		小板样数	
复核部位	复核结果记录		
长度部位			
围度部位			
衣领长、宽			
衣袖长、宽			
衣袖与袖窿吻合			
衣领与领口吻合			
小板样复核			
备　注			
出样人		生产负责人	
复核人		日　期	

复核的数据有衣长、胸围、衣领、袖宽、袖长等。根据服装品种的不同，复核的部位也不同，在板样复核表中，应在复核结果一栏中，简单、明了地写明所有复样情况。

八、排料图

技术档案中的排料图属于一级排料，是每一规格样衣排料图。二级排料是生产部门按硬板样多件套排的排料图。一般服装厂规定，二级排料用料量不能多于一级排料用料。表12－4－8所示为技术档案中的排料图式样。在排料图中，除了说明每种规格的用料、门幅及具体排料图外，还需在排料方法一栏中说明是顺向排料还是逆向排料。

表12－4－8　排料图

货号		品名		排料长度		规格搭配		排料方法	
S档规格用料					M档规格用料				
门幅			每件		门幅			每件	
S档规格排料图					M档规格排料图				

九、原辅料定额表

原辅料定额表由技术部门制定。在表12－4－9所示的原辅料定额汇总表中，要求将服装所用的原辅料列入表中。从表中可以看出定额用料和实际用料的差额。原辅料的总表中不包括拉链、纽扣等。

表12－4－9　原辅料定额汇总表

货　号		品　名			规　格		
任务单编号		数量			S	M	L　XL
原辅料名称	门幅	规格	定额用料	平均用料	定额总用料	平均用料	损溢
面料(1)							
面料(2)							
里料(1)							
里料(2)							
衬料(1)							
衬料(2)							
拉　链							
纽　扣							
缝线(1)							
缝线(2)							
备　注					制表人		
					制表日期		

十、工序定额表

建立工序定额表是企业管理的一项重要基本工作。工序定额分为四个方面：裁剪工种工序定额标准；缝纫工种工序定额标准；锁钉工种工序定额标准；整烫、包装工种工序定额标准。

下面以全毛女式西服裙为例说明工序定额表的建立。

（一）裁剪工种工序定额标准

（1）面料部分原料：素色毛料四条套排。

序号	工序	作业范围	单位	数量	
1	排料划样	包括注明号型、规格、板数、标记	幅	1	98
2	铺料	铺80层	板	1	129
3	开刀前复核	复核排样规格、数量	板	1	22
4	开刀		板	1	92
5	开刀后检查		板	1	37
6	点剪省道	剪阴裥刀口，点后留位，阴裥位	板	1	132
7	结料	包括里料、结算、退料	板	1	28

（2）腰衬部分原料：白衬一幅十二条排料。

序号	工序	作业范围	单位	数量	
1	排料划样	包括注明规格、层次	幅	1	22
2	铺料	铺80层	板	1	59
3	开刀		板	1	29
4	整理	包括点数、分档、扎好	板	1	19
5	结料	包括里料、结算、退料	板	1	14

（3）开包编号部分：

序号	工序	作业范围	单位	数量	
1	开包编号	裙片，零部件编号，腰衬点数	板	1	159

(二)缝纫工种工序定额标准

序号	工　　序	作 业 范 围	工时(min)
1	领片裁片		0.59
2	前后裙片拷边(包缝)	包括腰里、里襟	1.72
3	收缉后省	4 只	1.1
4	缝前片阴裥		1.4
5	缉阴裥		0.59
6	分烫阴裥		2
7	拼缉腰面		0.29
8	缉腰衬	双层缉 4 道	1.79
9	划剪腰衬		0.69
10	前扣商标		0.39
11	钉商标		0.6
12	缉裙摆缝		1.38
13	分烫裙摆	包括折转、开衩、贴边	2
14	扣烫里襟	包括封口	0.3
15	装拉链		1.7
16	装里襟		1.49
17	拼接底边压条	包括接头修齐	0.5
18	滚底边压条		3.2
19	烫底边压条		1
20	缝底边		1.96
21	装腰面		1.8
22	装缉腰面	包括夹腰角钉裤钩	1.5
23	缝腰节	包括缝腰头三角	2.2
24	缉腰节		1.41
25	缲底边		18.59
26	缝扎线		0.53
27	检验半成品		3.15
工时(min)		53.87	
日单产量定额/条		8.91	

(三)锁钉工种工序定额标准

序号	工序	作业范围	单位	数量	工时(min)
1	缲裤钩		条	1	1.5
2	钉裤襻		条	1	2.7

(四)整烫、包装工种工序定额标准

序号	工序	作业范围	单位	数量	工时(min)
1	整烫		条	1	6.4
2	检验		条	1	1
3	盖商标(规格)章		条	1	0.49
4	折叠		条	1	1.4

十一、首件封样单

技术档案中的首件封样单是指第一件样衣存在的问题和改进的措施,以便在批量生产中进行改进。首件封样单通常也是以表格的形式列出(表12-4-10)。

表12-4-10　首件封样单

<table>
<tr><td colspan="2">封样单位________产品名称________型号________原料________
内/外销合约________要货单位________________</td></tr>
<tr><td>存在问题:</td><td>改进措施:</td></tr>
<tr><td>封样人:</td><td>封样负责人:　　年　月　日</td></tr>
</table>

十二、产品质量分检表

产品质量分检是服装厂提高产品质量的重要步骤。通过对产品的分检,可以不断改进产品质量,开发新工艺,提高竞争能力。在进行工艺分析时要记录工艺分析情况,以便今后查找资料,避免重复出现老毛病(表 12－4－11)。

表 12－4－11　产品质量分检表

型号		品名		合约		地区	
出席人:							
工艺分析:							
改进措施:							

十三、成本单

成本计算是对成品服装进行核算。成本计算除了考虑所用的主料和辅料外,还应考虑工交金额、包装费用、水电费、机器折旧费等。这里所说的工交金额就是服装加工费。工交金额根据服装的工序定额进行测算。机器折旧费没有列入表格,在计算成本时应考虑这部分金额(表 12－4－12)。

表12－4－12　成本计算单

主　料	单价	单位	规格 S		规格 M		规格 L		规格 XL		规格 XXL		规格部位	S	M	L	XL	XXL
			用量	金额	用量	金额	用量	金额	用量	金额	用量	金额						
													衣长					
													胸围					
													袖长					
													下摆					
													裤长					
主料合计金额													裤腰					

辅料	单价	数量	金额		产品设计图示意说明：	计划用料数	
						实际用料数	
						用料超计划率	%
						需货单位签章	
辅料合计金额							

外发工交金额		核价人					主管部门签章	
工交总金额		复核人						
包装金额		制表人						
总成本		主管部门负责人						
出厂价		厂部负责人					填表日期	

十四、报验单

成品验收是服装生产的最后一关。验收项目有两个方面，即质量和数量。订货单位和生产单位共同进行质量验收，清点数量。因服装厂常将产品外发，所以表中应填写驻外联络员（表12－4－13）。

表 12－4－13　成品验收单

合约		货号		地区			品名		
商标		吊牌		数量					生产单位质量情况：
箱号	规格	数量	箱号	规格	数量	箱号	规格	数量	
									验收意见（驻外联络员）：
									厂检验意见：
小计			小计			小计			
合计				包装副、次品总数					

备注：1. 每批任务按标准验收，发现重大质量事故由生产单位负责，事故单一式三份送厂部处理

2. 副、次品分隔包扎并填清楚

生产单位	年　月　日

十五、软纸样

软纸板样是按 1∶1 画出的薄型纸板样。技术档案中纸样常用软纸板样，这样有利于折叠存放。在软纸样上要标出订货单上所有的规格。即根据中间尺寸进行板样推档，并注明是毛样还是净样，以备今后原产品质量的查询和新产品的设计、试制。

小结

本章分析了生产总体技术文件的组成及要点，重点分析了生产工序技术文件的组成及具体内容，剖析了质量标准技术文件的组成及具体内容，解析了技术档案的组成及要点。

本章的重点是掌握服装生产过程中各类技术文件的组成和重要文件的技术内容。

思考题

1. 什么是生产技术文件？生产技术文件包含哪几个方面？
2. 生产总体设计的主要内容有哪些？
3. 简述服装加工工艺流程图的用途及制订原则。
4. 以男式衬衫企业为例，简要介绍其质量标准。
5. 为什么要建立技术档案？
6. 简述技术档案的类别与各自的具体内容。

实用理论及技术——

服装产业新兴技术

课题名称: 服装产业新兴技术

课题内容: 智能制造

服装个性化定制

课题时间: 2 课时

训练目的: 1. 了解各国服装产业的智能制造技术

2. 了解服装个性化定制的分类、运营模式和系统

教学要求: 通过举例或播放视频的方式,使学生更加直观地了解智能制造和个性化定制。

第十三章　服装产业新兴技术

第一节　智能制造

一、智能制造概述

从国际发展水平看，前三次工业革命的迅速发展推动了信息技术与制造业的结合，第一次工业革命从工厂手工业发展到机器大生产，以蒸汽机为标志人类社会进入“蒸汽时代”；第二次工业革命以电力的广泛应用为标志，社会进入“电气时代”；第三次工业革命以电子信息技术的发展为标志，诞生了第一款 PLC（Programmable Logic Controller，可编程控制器），生产自动化水平进一步提高；正在进行的第四次工业革命则强调电脑与人工智能的深度学习，开始应用 CPS（Cyber Physical System，信息物理融合系统），具体如图 13－1－1 所示。

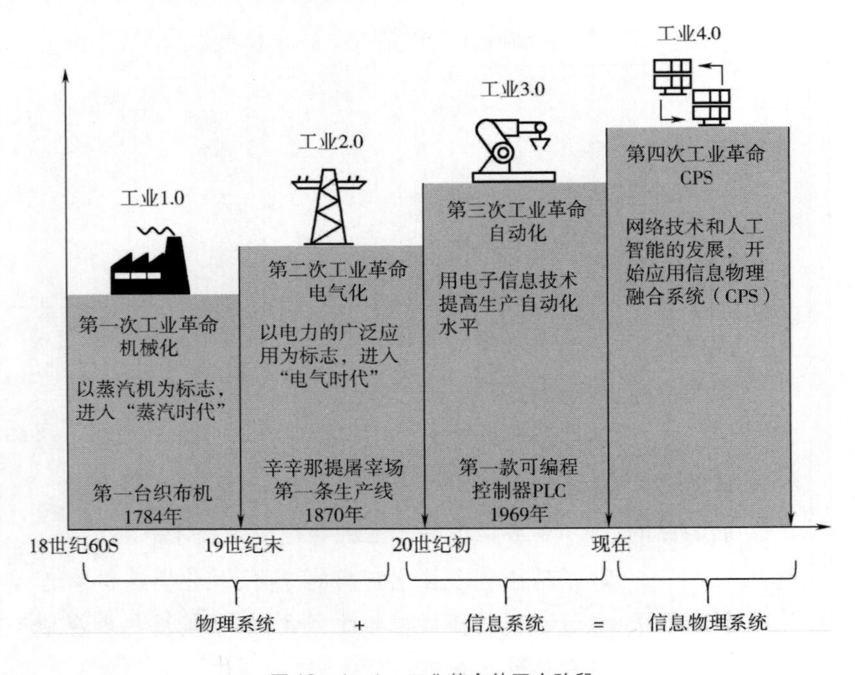

图 13－1－1　工业革命的四个阶段

20世纪80年代人工智能首次出现在制造业领域，90年代智能制造技术和智能制造系统初步形成，至科技加速发展的21世纪，智能制造因相关信息技术的大力推行成为研发热点。其主要是将智能技术、网络技术和制造技术等现代科技手段广泛应用于产品的管理和服务中，同时满足产品在制造过程中的分析、推理、感知等动态需求。此种模式改变了制造业中的生产方式和人机关系，因此，智能制造是科学、技术与制造业的深度融合而非单一的技术改造，智能制造与传统制造的对比，如表13－1－1所示。

表13－1－1　智能制造与传统制造的对比

分类	传统制造	智能制造
设计	■常规产品 ■面向功能需求 ■新产品周期长	■虚实结合的个性化设计和产品 ■面向客户需求设计 ■数字化设计，周期短，可实时动态变化
加工	■按计划进行 ■半智能加工与人工检测 ■生产高度集中 ■人机分离 ■减材加工成型方式	■柔性加工，可实时调整 ■全过程智能化加工与在线实时检测 ■生产组织方式个性化 ■网络化过程实时跟踪、人机交互和智能控制 ■减材、增材多种加工成型方式
管理	■人工管理为主 ■企业内管理	■计算机信息管理技术 ■人机交互指令管理 ■延伸到上下游企业
服务	■产品本身	■产品全生命周期

二、智能制造在各国的发展和应用

智能制造在各国的发展和应用各有不同。德国“工业4.0”旨在通过深度应用信息技术，将制造业向智能化转型；美国“工业互联网”是基于互联网技术，使制造业的数据流、硬件、软件实现智能交互；日本智能制造则是借助物联网技术实现制造业变革；中国制造2025的实质是通过“互联网＋工业”的深度融合，实现制造业转型升级，赋予国家间产业竞争的新内涵。下面对德国、美国、日本以及中国的智能制造做进一步阐述。

(一)德国“工业4.0”

“工业4.0”在德国被认为是第四次工业革命，其实质是德国凭借制造业根基，借助互联网升级制造业，并以此促进本国的经济发展。基于此背景，德国提出“工业4.0”战略及相关的智能制造发展举措，以确保德国的制造业强国地位并引领全球的智能制造发展方向。

“工业4.0”概念包含了由集中式控制向分散式增强型控制的基本模式转变，目标是建立一个高度灵活的个性化和数字化的产品与服务的生产模式，可用一个核心、双重战略、三项集成、三大主题、五个特征、八项举措来概括，如表13－1－2所示。

表13－1－2 “工业4.0”的内容

主题	内 容
一个核心	信息物理系统（CPS）：通过计算、通信与控制技术的有机与深度融合，实现计算资源和物理资源的紧密结合与协调的下一代智能系统
双重战略	①领先的供应商战略；②主导市场策略
三项集成	①横向集成；②纵向集成；③端到端的集成三项集成
三大主题	①智能工厂，重点研究智能化生产系统及过程，以及网络化分布式生产设施的实现 ②智能生产，主要涉及整个企业的生产物流管理、人机互动以及3D技术在工业生产过程中的应用等。该计划将特别注重吸引中小企业参与，力图使中小企业成为新一代智能化生产技术的使用者和受益者，同时也成为先进工业生产技术的创造者和供应者 ③智能物流，主要通过互联网、物联网、物流网，整合物流资源，充分发挥现有物流资源供应方的效率，而需求方则能够快速获得服务匹配，得到物流支持
八项举措	①标准化和参考架构；②管理复杂系统；③基础设施建设；④安全和保障；⑤工作的组织和设计；⑥培训和持续的专业发展；⑦监管框架；⑧资源利用效率

（二）美国“工业互联网”

“工业互联网”的本质是以机器、零部件、控制系统、信息系统、产品以及人之间的网络互联为基础，实现从单个机器到生产工厂的智能决策和动态优化，带动工业革命和网络革命两大革命性转变，具体模块如图13－1－2所示。工业互联网的三要素为智能设备、智能系统和智能决策，与“工业4.0”相比，更注重软件、网络和大数据，目标是促进物理系统和数字系统的融合。

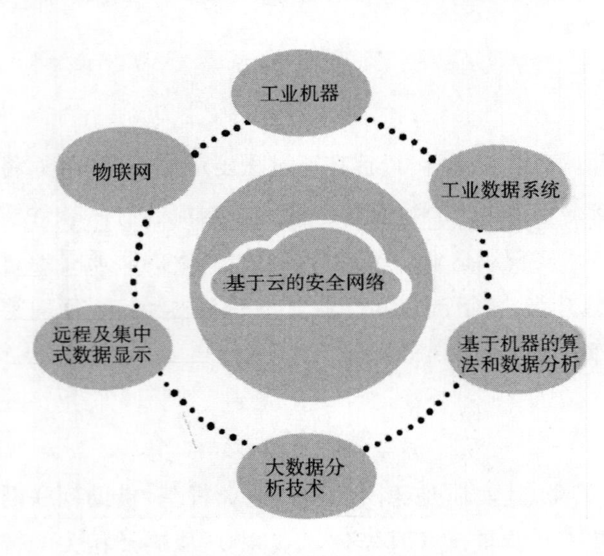

图13－1－2 美国工业互联网

“工业互联网”在客户的需求分析、客户关系管理、生产过程中的质量管理、设备的健康管理、供应链管理、产品的管理和服务等方面都大量地依靠数据进行开发和维护。基于此特性美国在21世纪初提出了“产品全生命周期管理”（Product Lifecycle Management，PLM）的概念，核心是对整个生命周期范围内，对所有与产品相关的数

据进行管理,目的是全生命周期的增值服务和实现到设计端的数据闭环。

(三)日本物联网升级制造

在智能制造发展初期,日本即于1989年提出智能制造系统,且在1994年启动了先进制造国际合作研究项目。2015年1月,日本政府发布了《机器人新战略》,将发展重点集中在机器人研发领域并提出成为"世界第一的机器人应用国家"等口号,在同年成立了物联网升级制造模式工作组。2016年12月8日,标志着日本智能制造独创性的顶层框架——日本工业价值链参考框架正式发布,为应对以德国"工业4.0"为代表的全球制造业升级战略,日本的第4次工业革命主要瞄准物联网、大数据和人工智能,拟通过机器人革命计划协议会,以工业机械、中小企业为突破口,探索领域协调及企业合作的方式,并利用物联网推进实验室,加大与其他领域合作的新型业务的创出。

近年来,日本制造业出现三个新现象:一是采用"小生产线"的企业增多,如本田公司通过新技术和工艺改革将生产线缩短了40%,建成了世界最短的高端车型生产线;二是采用小型设备的企业增多,如日本电装公司改革铝压铸件的生产设备,生产线成本降低了30%,设备面积降低了80%;三是机器人、无人机、智能工厂的突破,如佳能公司成为世界首个数码照相机无人工厂。

(四)中国制造2025

中国是全球制造业第一大国,但近年来面临人工低成本优势丧失、技术后发优势不足、核心技术创新力不够等困境,依靠传统的粗放发展模式难以在全球发展浪潮中保持竞争力,调整生产模式、升级产业结构势在必行。

借助"工业4.0"平台,中国依据国内制造业现状制定了发展规划。《中国制造2025》确立了"一二三四五五十"的总体结构,即一个目标、两化融合、三步走、四项原则、五条方针、五大工程、十个领域,具体如表13-1-3所示。

表13-1-3 "中国制造2025"的内容

主题	内容
一个目标	从制造业大国向制造业强国转变,最终实现制造业强国
两化融合	信息化和工业化两化深度融合
三步走	第一步:到2025年进入制造强国行列 第二步:到2035年我国制造业整体达到世界制造强国阵营中等水平 第三步:到新中国成立一百年时,综合实力进入世界制造强国前列
四项原则	市场主导、政府引导;立足当前,着眼长远;全面推进、重点突破;自主发展、合作共赢
五条方针	创新驱动;质量为先;绿色发展;结构优化;人才为本

续表

主题	内　容
五大工程	制造业创新中心建设的工程；强化基础的工程；智能制造工程；绿色制造工程；高端装备创新工程
十个领域	新一代信息技术产业；高档数控机床和机器人；航空航天装备；海洋工程装备及高技术船舶；先进轨道交通装备；节能与新能源汽车；电力装备；农机装备；新材料；生物医药及高性能医疗器械

（五）各国智能制造情况对比

各国根据国情采用不同的参考框架，德国采用 RAMI 4.0（ReferenceArchitecture Model Industry4.0，工业 4.0 参考架构模型）；美国采用 IIRA（Industrial Internet Reference Architecture，工业互联网参考架构）；日本采用 IVRA（Industrial Value Chain Reference Architecture，工业价值链参考架构）；中国采用中国工业 4.0 参考框架，具体如表 13－1－4 所示。

表 13－1－4　各国智能制造的对比

国家	名称	参考框架	特　点
德国	工业 4.0	RAMI 4.0	• 重视设备和生产系统的持续升级 • 先进设备和自动化生产线研发世界一流 • 借助互联网升级制造业
美国	工业互联网	IIRA	• 重视数据在研发与全过程中的应用 • 人工智能、物联网、基础元器件、数控机床等全球领先 • 借助数据优势颠覆制造业的价值体系
日本	物联网升级制造	IVRA	• 重视生产模式的创新发展 • 机器人技术处于国际前沿 • 借助物联网技术实现制造业变革
中国	中国制造 2025	中国工业 4.0	• 制造业发达但创新和核心技术欠缺 • 重视信息化与工业化的两化融合 • 通过“互联网＋工业”，实现制造业转型升级

三、服装智能工厂

（一）服装智能工厂架构

“工业 4.0”可根据智能制造流程分为三个层次，以对应不同的产品阶段，如图 13－1－3 所示。底层是由工厂自动化即传感器、数据采集器、控制器所组成的智能工厂层，该层以生产设备为主，属于产品智能制造中的执行层，核心为对所生产产品的质量与成本的控制；中间层是由

MES(Manufacturing Execution System,制造执行系统)、ERP(Enterprise Resource Planning,企业资源计划)、APS(Advanced Planning and Scheduling,进阶生产规划及排料系统)及 PLM 中的工艺制订等几大模块构成的智能生产层,与生产车间直接联系的 MES 系统涵盖数据采集、详细计划、调度等过程,注重生产管理的高效性;处于顶层的是与客户需求相关联的个性化的产品定制与相关服务,包括了 C2B2B2S(把消费需求端当作原点,把供应端当作终点,并让 S 服务商参与其中的产业价值链)等互联网+技术与 PLM 的需求管理、研发等环节,关键在于产品的创新能力与服务质量。

图 13-1-3 工业 4.0 层次金字塔

智能制造系统的关键体现在智能工厂上,智能工厂是集设备智能化、管理现代化、信息计算机化为一体的新型生产模式,充分融合了信息技术、先进制造技术、自动化技术、通信技术和人工智能技术。

智能工厂在组成上分为企业层、管理层、操作层、控制层及现场层。企业层统一对产品研发和生产准备进行管控,管理层、操作层、控制层、现场层通过网络互联满足管理生产现场的业务要求。综合来说,智能工厂的运行需要各层级的配合。

以服装智能工厂为例,其架构主要包括大数据、ERP、HR(Human Resource,人力资源)、OA(Office Automation,办公自动化)等系统在内的智能管理;CAD(Computer Aided Design,计算机辅助设计)、MTM(Made to Measure,量身定制)、PDM(Product Data Management,产品数据管理)、PLM 等系统支持下的智能设计;MES 系统支持下的智能制造;WMS(Warehouse Management System,仓库管理系统)、WCS(Warehouse Control System,仓储控制系统)、SCM(Supply Chain Management,供应链管理)等系统支持下的智能供应链几部分,实现协同生产。同时需要智能装备和 IDC(International Data Corporation,互联网内容提供商)智能基础架构提供的硬件及 Fw(Fireworks)软件协助,依据标准体系,运用云计算、物联网、AR(Augmented Reality,增强现实技术)、VR(Virtual Reality,虚拟现实技术)等智能技术实现智能工厂的数字化运作,如图 13-1-4 所示。

(二)服装智能工厂信息流通

以服装企业智能工厂的设计为案例,智能制造中的信息流通主要如图 13-1-5 所示。其中涉及 CRM(Customer Relationship Management,客户关系管理系统)、CAM(Computer Aided Manufacturing,计算机辅助制造)、CAPP(Computer Aided Process Planning,计算机辅助工艺设

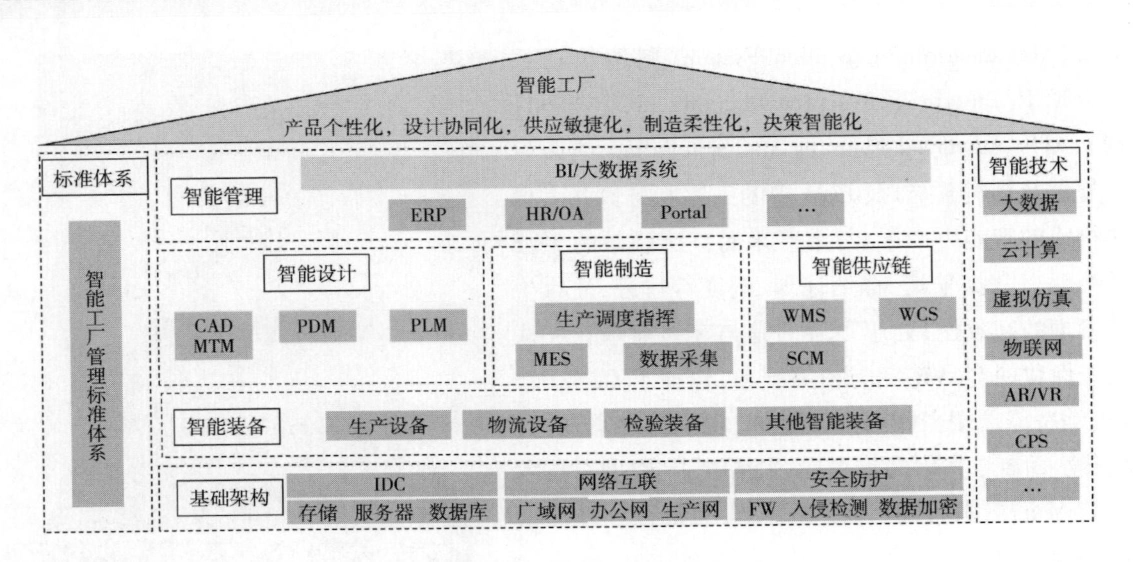

图 13-1-4　服装智能工厂架构

计）、OMS（Order Management System，订单管理系统）、BOM（Bill of Material，物料管理）、GST（General Standard Time，标准工时）和 FMS（Flexible Manufacture System，柔性制造管理）等系统。

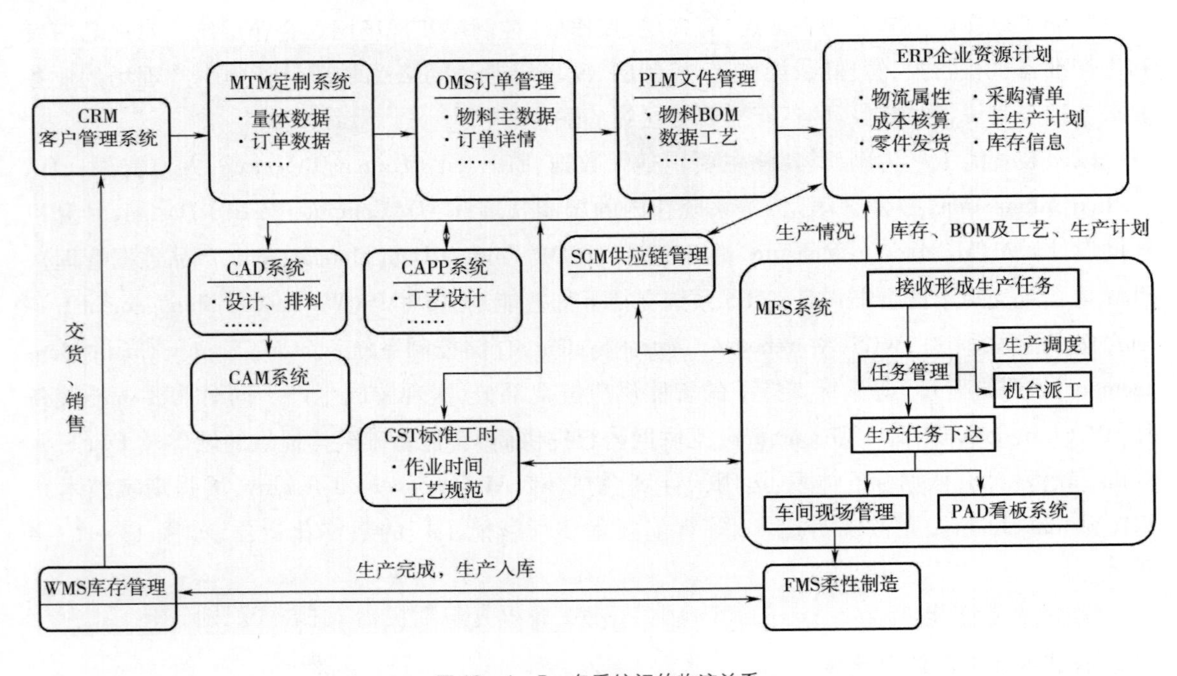

图 13-1-5　各系统间的物流关系

智能工厂体系应涵盖企业层、管理层、操作层、控制层和现场层的各大模块系统、智能化设备以及强大的信息网络系统，才能保证数据与信息传递的流畅性、可靠性。

四、服装智能制造关键技术

未来的服装智能致力于打造服装智能工厂，主要依托于人工智能、机器人、物联网、大数据、传感器、云计算、3D 打印、模式识别、VR/AR 等技术的发展。

（一）VR/AR

虚拟现实（VR）和增强现实（AR）被认为是两种不同的技术，VR（图 13－1－6）主要是通过计算机技术生成一种模拟的场景，将多源信息进行融合，实现三维动态的视景交互与实体行为的系统仿真。AR 则是以现实世界中一定时间与空间范围内难以感知的视觉、听觉、味觉等信息为载体，通过电脑等科学技术对其进行模拟仿真后再叠加，将虚拟的信息应用到真实世界以便被人类感官所感知。随着智能制造的快速发展，虚拟现实已逐渐向工业领域方向渗透，对制造业的研发、生产、管理、服务、销售和售后市场等各环节均产生影响，进一步推动了智能制造的发展。运用 VR 技术的虚拟车间可基本实现和物理车间同步，如图 13－1－6 所示。

图 13－1－6　虚拟车间

（二）AI

AI 即人工智能（Artificial Intelligence），该领域的研究包括机器人、语言识别、图像识别、自然语言处理和专家系统等。人工智能从诞生以来，理论和技术日益成熟，应用领域也不断扩大。

2016 年，在纽约大都市时装庆典上，模特卡罗莱娜·科库娃（Karolina Kurkova）身穿由英国设计工作室玛切萨（Marchesa）与 IBM（International Business Machines Corporation，国际商业机器公司）认知主义机器人“沃森”（Watson）合作设计的“认知主义长裙”，如图 13－1－7 所示；

2016 年 9 月，美国西雅图的初创公司 Sewbo 宣布其研发出了世界上第一个自动化制衣系统，如图 13－1－8 所示；2017 年，阿迪达斯中国供应商、江苏天源服饰在美国的工厂研发出全自动缝纫机器人 Sewbot，每 22 秒钟就能生产一件 T 恤，一条生产线仅需要 1 名工人便可独立操作完成，如图 13－1－9 所示。

图 13－1－7　人机合作设计的长裙

图 13－1－8　自动化制衣系统

图 13－1－9　美国 Sewbot 缝制机器臂

以上可以看出，人工智能在服装领域已取得初步成效。根据未来的趋势预测，各行业的应用需求以及消费者升级发展的需要将有效激活人工智能产品的活跃度，促进人工智能技术和产业发展。

（三）3D 打印

3D 打印技术是基于虚拟三维模型的增材制造技术，属于快速成型技术，以数字化模型文件为基础，采用分层加工、叠加成型的方式逐层增加材料来打印真实物体。

2010 年，艾里斯·范·荷本（Iris van Herpen，IVH）设计了首个在 T 型台上展示的 3D 打印服装——Crystallization（结晶），之后多次在时装周推出 3D 打印系列；著名服装设计师黄玛丽(Mary Huang)和三维模型专家 Jenna Fizel 第一次制作出真正意义的3D 打印泳衣,名为"尼龙12",为世界首款比基尼泳衣(图13-1-10)。创新的服装增材制造(3D 打印产业)技术及复合衣服材料,未来能够进一步满足消费者的个性化需求,实现快速定制生产。2015年,英国公司 Tamicare 取得了3D 打印纺织工艺和生产系统相关专利,并宣布正式运作全球首个3D 打印生产线。该生产线可将需要上百项单独程序的运动鞋生产步骤缩减至3步,同时实现环保生产。

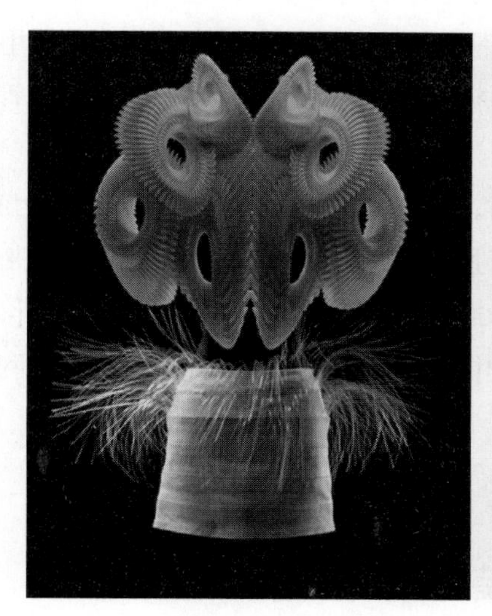
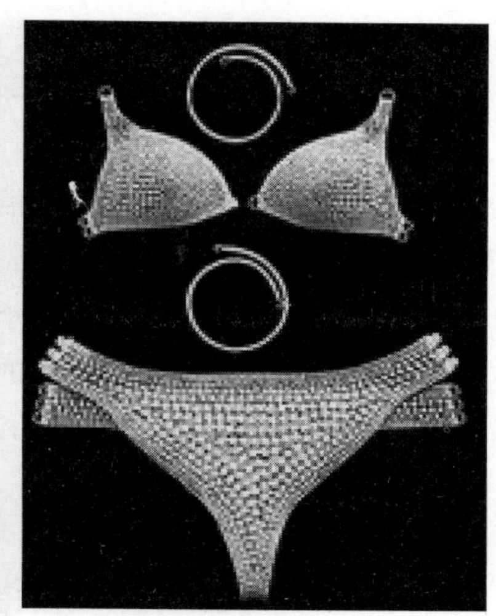

图13-1-10 3D 打印服装设计作品

未来几年,3D 打印将获得长足发展,如牵手云制造,采用"互联网+3D 打印"的全新商业模式——"云打印",有商业影响力的平台将不断涌现。从材料角度说,非金属的3D 打印研究较早,目前已形成规模化产业,根据《中国制造2025》重点领域的文件指示,金属材料的3D 打印将成为未来的发展方向之一。就打印方式而言,未来的3D 打印产品具备3D 扫描功能,并在5~10年内实现全彩色,还可通过单一打印机实现多材质的高质量高速度输出。

(四)物联网

物联网(Internet of Things,IoT)是新一代信息技术的重要组成部分,也是"信息化"时代的重要发展阶段。物联网就是物物相连的互联网,含有两层意思:其一,物联网的核心和基础仍然是互联网,是在互联网基础上的延伸和扩展的网络;其二,其用户端延伸和扩展到了任何物品与物品之间,即物物相息。物联网三项关键技术为传感器技术、RFID(Radio Frequency Identification,无线射频识别技术)和嵌入式系统技术。

目前,加工 M2M (Machine to Machine,设备与设备之间)网络连接并云端化,物联网迈入智造时代(图13-1-11)。

图 13-1-11 IoT 物联网发展

从概念上讲，工业物联网是一个物与互联网服务相互交叉的网络体系，可实时影响所有工业生产设备，人与设备、设备之间、设备与产品、乃至产品与客户/管理/物流等可自发进行连通与交流，并自动向最优解决方案调整，从而构建一个具有高度灵活性、个性化、利用最少资源进行最高效率生产的工业生产体系。总的来说，即把工业自动化设备与企业信息化管理系统联动起来，实现工厂的数字化管理。

在制造业领域，工业物联网的本质就是通信，包括机器与机器、机器与人以及与管理执行系统互联，在这个过程中，将产生大量的工业数据，而且随着柔性化生产的需求，未来的工业数据将呈几何级增长。因此，传统的软件平台无法承载这些海量数据以及大数据分析，软件平台云端化已是大势所趋。此外，在物联网大幅应用的同时，网络安全也将是未来物联网研究和应用的重要方向。

第二节　服装个性化定制

个性化定制是指用户介入产品的设计和生产过程，将指定的需求和个人想法体现在指定的产品上，用户获得自己定制的个人属性强烈的商品或获得与其个人需求匹配的产品或服务。

而服装个性化定制是根据具体穿着者个人情况，量体裁衣，单件制作的服装，也称之为个性化服装设计。通常要根据穿着者个人的体形、肤色、职业、气质、爱好等来选择面料花色、确定服装款式造型。

一、服装个性化定制分类

服装个性化定制总体来说是一个笼统的概念。根据不同的视角和不同的划分标准，有不同的分类方法。

例如可以根据定制程度、定制规模、生产方式、着装场合、定制环节的差异，划分若干种类型，如图 13-2-1 所示。

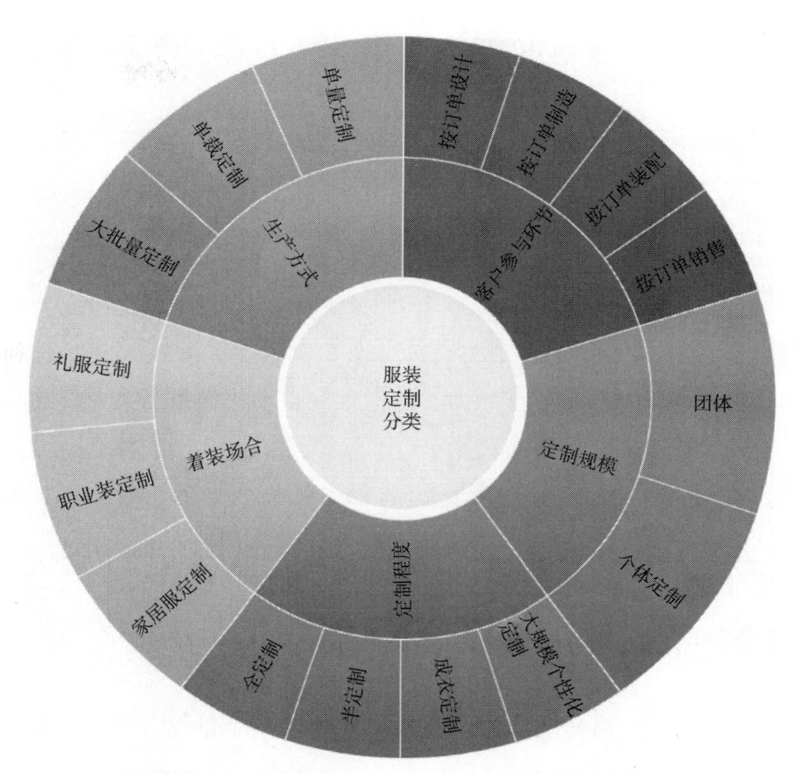

图 13－2－1 服装定制的分类

(一)根据定制渠道分类

根据定制渠道的不同,服装个性化定制可分为实体店服装定制和互联网平台定制,即线下定制和线上定制。

(1)线下定制:客户可以直接在定制门店中购买样衣,也可以根据样衣的款式私人定制;客户也可以拿自己喜欢的款式来定制,确定款式后由量体师进行量体,将肩宽、臂长、腰围、胸围等尺寸数据进行记录,然后带着顾客选择面料。

(2)线上定制:客户在互联网终端填写个人信息,随之选定服装,并下单。企业根据客户的订单进行服装制作,最后将产品送达客户手中。线上定制主要依靠互联网来进行交易。

(二)根据运营模式分类

根据定制品牌的运营模式,服装个性化定制大致分为三大类:

(1)以高级定制为主营业务的个性化定制。

(2)基于成衣品牌延伸的个性化定制。

(3)基于大规模定制的个性化定制。

这三种分类方式又可进一步细分,具体分类情况如表 13-2-1 所示。

表 13-2-1 基于运营模式的定制服装分类

运营模式	分类	品牌举例
以高级定制为主营业务	门店式	诗阁、香港飞伟洋服、华人礼服、恒龙、Henry Poole, Ede & Rsvendcroft, Gieves & Hawkes
	网络化	红都、雍正、罗马世家、隆庆祥、培罗蒙
基于成衣品牌延伸	男装	杉杉、报信爱哦、蓝豹、希努尔、雅戈尔、Ermenegildo Zegna、Kaltendin、Armani Prive
	女装	朗姿、白领、例外、兰玉
基于大规模定制	代加工企业转型的定制	红领、大杨创世、迪诺
	新型网络定制	衣邦人、乐裁、酷绅、OWNONLY、Proper Cloth、J Hiburn
	集成式定制平台	恒龙云定制、7D 定制、尚品定制、RICHES
	大规模定制品牌	乔治白、罗蒙、雅戈尔、宝岛、南山

二、服装个性化定制主要技术及系统

服装个性化定制最基础、最特殊的需求就是尺寸的测量。量体方法在不断创新发展,各品牌也力图在量体服务上获得竞争优势。

(一)服装量身定制的基石——量体

1. 线下量体服务

线下定制一般会采用门店量体服务。门店量体也分为传统接触式量体和非接触式三维扫描量体。

接触式测量方式是人体尺寸数据测量的传统方法,利用皮尺、身高测量仪、腰节带、角度器等测量工具,通过对顾客多个部位的数据测量,量体师与被测量者接触完成量体,最后得到所需的尺寸信息。

非接触式三维人体测量技术基本是以光学为基础,并结合软件应用技术、计算机图像学及传感技术等技术。目前三维人体自动测量技术有 TC^2(美国)、Cyberware、TechMath、Human Solution、博维、随型、嘉纳等。系统以三维扫描仪为测量工具,可在数秒时间内完成人体全身扫描,从而获得 1:1 人体三维模型,再通过测量软件快速的完成若干项人体关键尺寸数据的自动提取,并根据测量方案输出人体测量数据,如图 13-2-2 所示。相比传统的手工测量,三维人体扫描量体具有测量时间短、测量精度高、自动化程度高、效率高等优势。其缺点主要表现在设备移动困难、成本高、量体时对顾客对穿着要求较高等方面。

2. 线上量体服务

目前网络定制量体可以提供三种服务:二维图像量体方法;远程操控,客户自行量体;线上

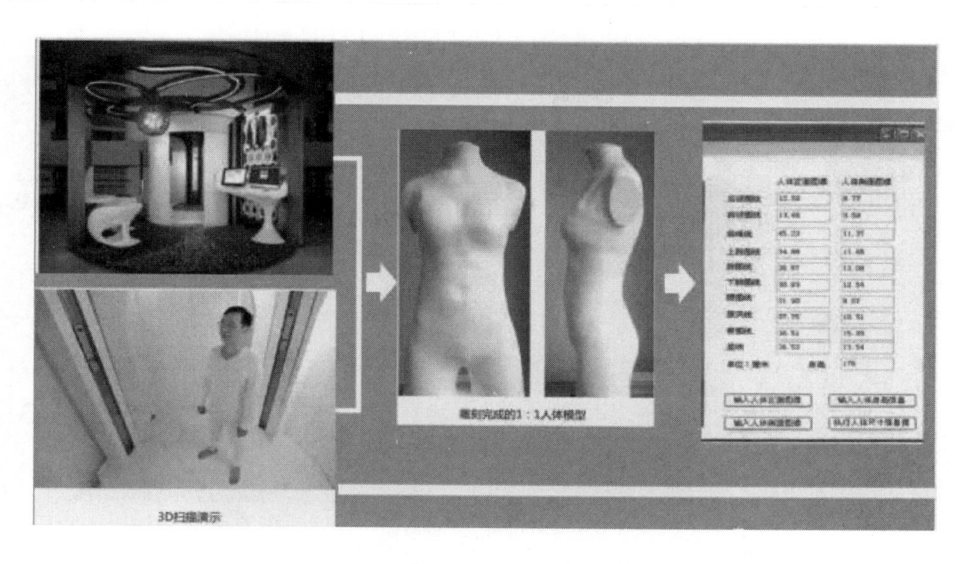

图 13－2－2　三维人体扫描测量方法

预约，线下上门量体。

(1)二维图像量体：通过顾客提供的穿紧身衣的正面、背面、侧面(照片)等方向的二维图像以及身高体重数据，经过软件处理得到人体各部位尺寸。这种测量方式由于测量角度或测量工具的限制会产生差异，所获得的数据精确度也会有所差异，如图 13－2－3 所示。

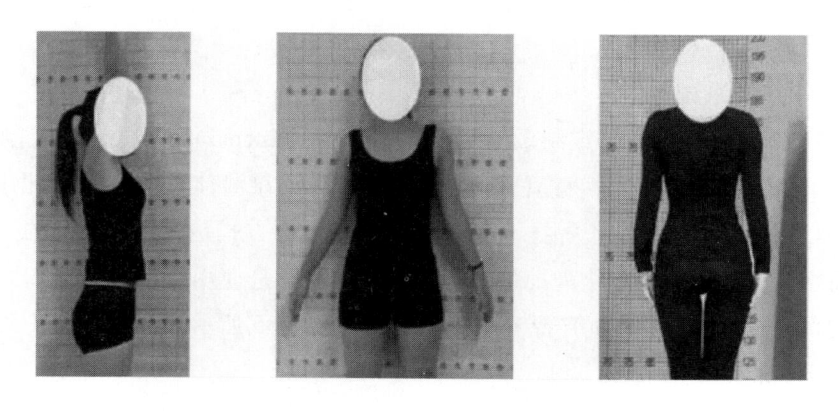

图 13－2－3　通过二维图像获取人体尺寸信息

(2)远程操控，客户自行量体：顾客通过社交软件联系客服，顾客可以直接通过微信、QQ、旺旺等社交软件在客服的一对一指导下在网上自助完成量体事宜，如图 13－2－4 所示。

(3)线上预约，线下提供上门量体服务：顾客可以通过线上预约再到较近的门店进行量体，不但解决了量体的精准问题，也为顾客提供了很好的体验环节。

不同量体方式有不同的优势和劣势，表 13－2－2 所示对多种量体方式的差异性进行了对比。

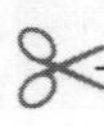

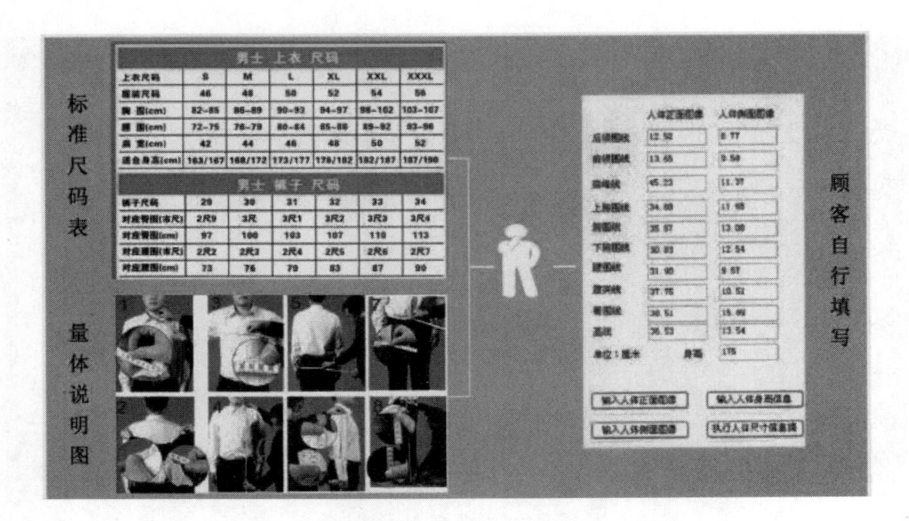

图 13-2-4　客户自行量体方法

表 13-2-2　多种量体方式的差异性对比

量体方法	精准度	优势	劣势
量体师手工量体	精准	与客户进行充分沟通，误差小；量体更量心	测量时间长，工作量大；受地域限制；成本高
客户自行量体	差异大	快速便捷，成本低，客户私密性好	误差大；客户的被服务体验差
二维图像量体	误差较大	不受地域限制；成本较低	误差较大，客户操作有难度
三维人体扫描方法	精准	测量速度快，准确性高，可重复性好	成本高，普及性不高

（二）服装 MTM 定制系统

服装 MTM（Made to Measure）定制系统源于 MC（Mass Customization，大批量定制），是为个体设计所需款式、样板及制造的技术装置总称，其中包括人体三维测体系统、体型数据库、板样库对规定款式的多档板式进行自动修正等技术与装备。MTM 生产方式是将定制服装的生产通过产品重组和过程重组转化为或部分转化为批量生产问题。其目标是使用类似标准化和大规模生产的成本和时间提供客户化特定需求的产品和服务。如图 13-2-5 所示，为服装 MTM 系统流程图。

1. 服装 MTM 系统功能

（1）根据个体体型尺寸进行定制。

（2）通过主机、调制解调器或者互联网的连接接受订单信息。

（3）根据客户订单要求生成相应的排板图、规范档案、款式和尺寸编号。

（4）根据以往经验和相关行业知识建立强大的规则库，指导系统自动选择排板图规范，并进行相应的决策。

（5）MTM 运用批处理软件实现生产效率的最大化。从客户订单到排板图的绘制和裁剪都是在一个步骤通过使用批处理完成的。

（6）根据客户名字来查询订单。

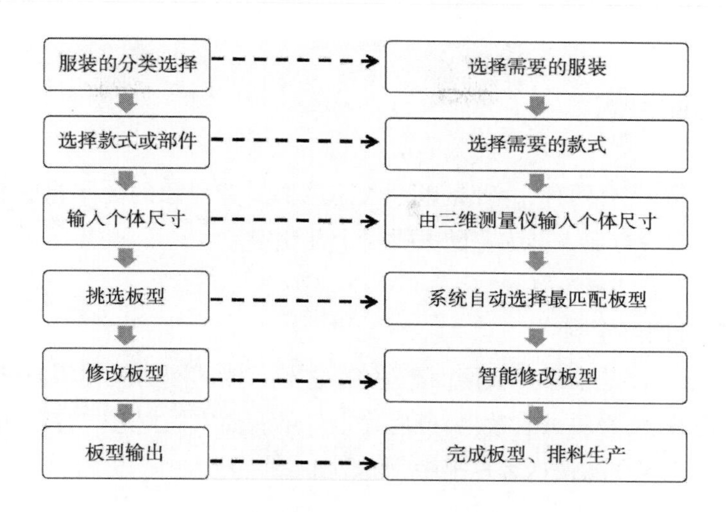

图 13-2-5 服装 MTM 系统流程图

(7)根据使用者的要求对屏幕的显示方式进行选择。

2. 服装 MTM 系统的发展

(1)Bespoke(全定制西服):以萨维尔街为代表,是指传统意义上的量身定制。虽然其定制受空间、时间的限制,但在"高端市场"仍有空间。

(2)全渠道 MTM:以成衣品牌商为代表,具有 O2O 的特质。是一种单体系建设,其重心在 C(Customer)端,主要关注用户体验和用户需求。

(3) MTM:以 OEM(Original Equipment Manufacture,原厂委托制造,也称为定点生产)工厂为代表,有 C2M(Customer to Manufactory,消费者到工厂)潜质。这种模式试图建立到门店的全体系,然而目前大多并不具有足够的开放性。

关于 MTM 的成熟模式,各家仍在探索中,红领、报喜鸟、夏梦等各家的做法都有不同之处。如富友软件开发的 FYMTM(量体定制管理系统)、博客开发的 MTM 系统,如图 13-2-6 所示。

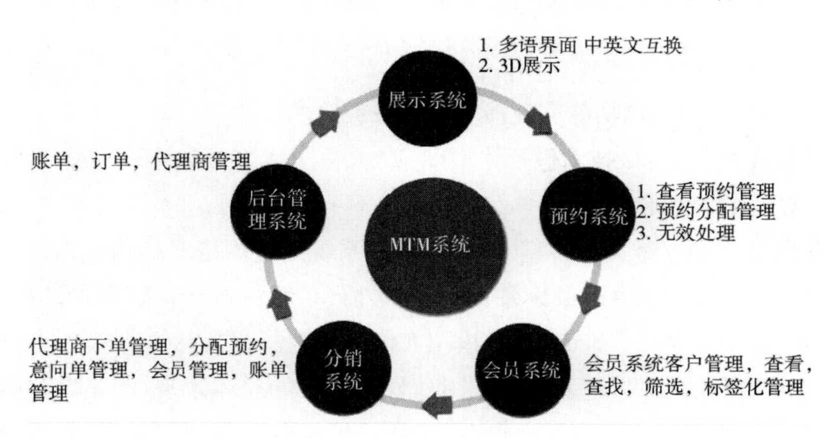

图 13-2-6 博客 MTM 系统流程

三、服装个性化定制模式

服装个性化定制模式有两种，一种是以个人为主要服务对象的数字化服装网络定制，另一种是以某公司、企业或者行业人群为主的大批量个性化定制。

（一）个人数字化服装网络定制

数字化服装网络定制是依靠互联网而产生的，它与一般的网购流程相似。客户在网络终端上传个人信息，选定服装，查看试衣效果，最后确定订单。商家根据客户订单通过后台管理系统制作服装，并通过物流将产品送达客户手中，如图 13－2－7。

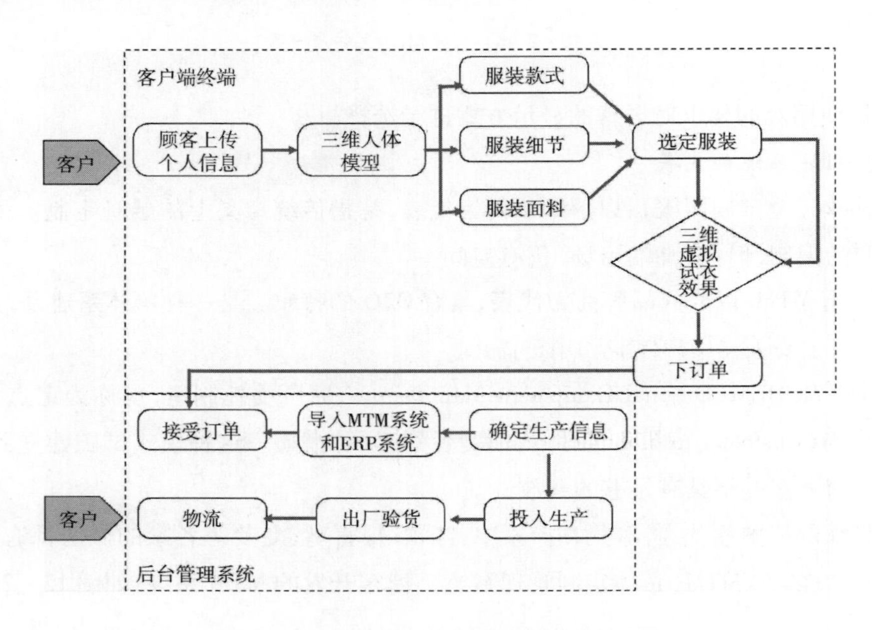

图 13－2－7　电子商务平台下的服装定制流程

数字化服装网络定制平台功能实现涉及以下关键技术：

（1）后台数据库的建立：该技术包括体型库、款式库、板型库、面料库、细节库等数据库的建立，可以实现个人体型的配对与保管。

（2）客户化服装定制三维人体模型生成系统：该系统通过网络终端输入系统指定的脸部及形体参数值，也可以连接终端的测量设备，导入测量值，系统将自动判别客户体型，依照客户定制服装的种类要求，模拟生成三维人体，该模拟人体具有定制意义上的仿真性，包含了所有表达定制所需的人体特征值，同时以逼真可视化图片显示人体的立体效果，满足客户获得真实试衣效果的需求，是目前网络定制技术的一项突破。该系统配备有辅助测量说明，帮助客户在任意网络终端准确输入建模所需的形体参数。

(3)客户化样板快速生成系统:该系统获取客户形体、款式信息后,自动生成符合定制加工企业格式要求的订单文件,该文件包含的信息可通过网络传输至服装技术加工部门,并作为响应条件件触发服装 MTM,快速生成符合客户形体特征的合体服装样片及排料图。

(二)大批量个性化定制生产

大批量定制(Mass Customization,MC)生产方式是一种集企业、客户、供应商和环境等于一体,在系统思想指导下,用整体优化的观点,充分利用企业已有的各种资源,在标准化技术、现代设计方法学、信息技术和先进制造技术等技术和思想的支持下,根据客户的个性化需求,以大批量生产的低成本、高质量和高效率提供定制产品和服务的生产方式(图 13 -2 -8)。

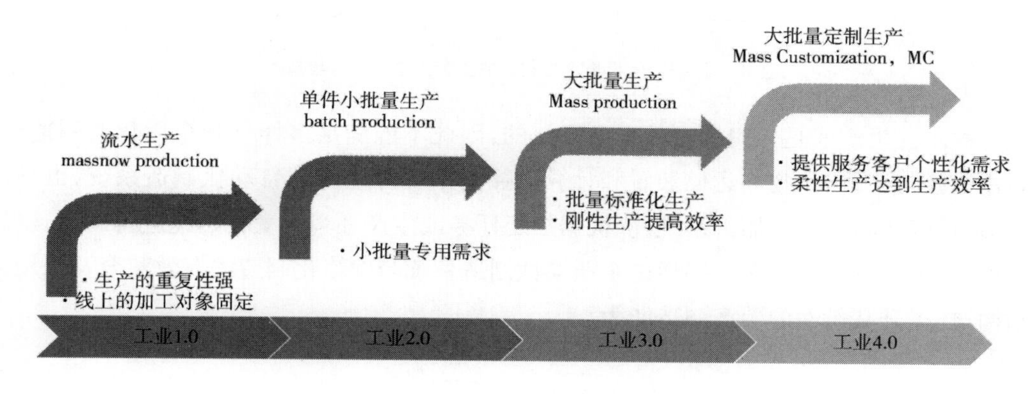

图 13 -2 -8　从批量生产到大规模定制生产的演变

大规模定制生产方式包括了诸如时间的竞争、精益生产和微观销售等管理思想的精华。其方法模式得到了现代生产、管理、组织、信息、营销等技术平台的支持,因而就有超过以往生产模式的优势,更能适应网络经济和经济技术国际一体化的竞争局面。

大批量个性化定制企业需要的核心能力与技术,如图 13 -2 -9 所示。

(1)准确获取顾客需求的能力:准确地获取客户需求信息是满足客户需求的前提条件。大规模定制企业要提供定制的产品和服务满足每个客户个性化的需求,因而准确获取顾客需求的能力在实施大规模定制企业中就显得更加重要。MC 定制企业通过电子商务、客户关系管理及实施一对一营销的有效整合来提升其准确获取顾客需求的能力。

(2)面向 MC 的敏捷产品开发设计能力:敏捷的产品开发设计能力是指企业以快速响应市场变化和市场机遇为目标,结合先进的管理思想和产品开发方法,采用设计产品族和统一并行的开发方式,对时尚流行做出敏锐的反应,对产品进行模块化设计以减少重复设计,使新产品具备快速上市的能力。

(3)柔性生产制造能力:多样化和定制化的产品对企业的生产制造能力提出了更高的要

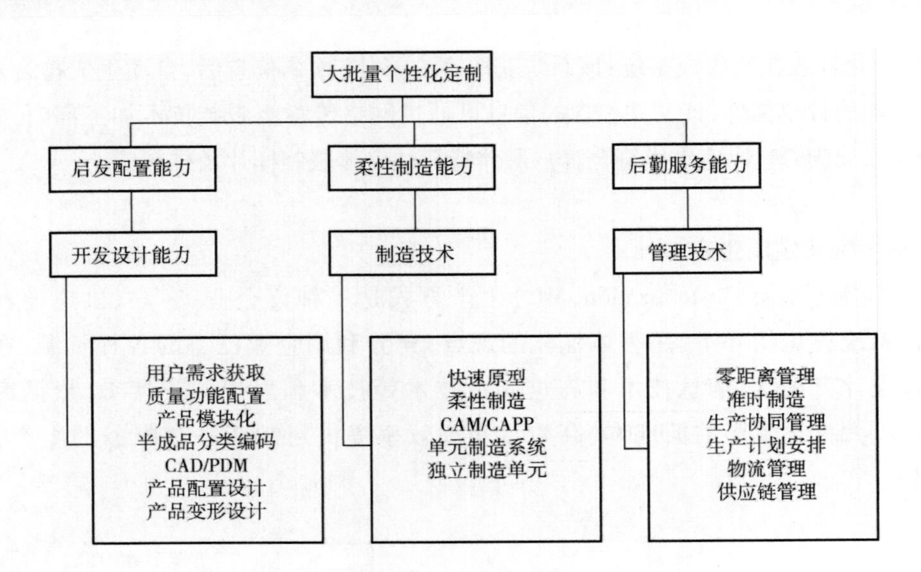

图 13-2-9 大批量个性化定制生产的主要能力与技术

求。传统的刚性生产线是专门为一种产品设计的，因此不能满足多样化和个性化的制造要求。FMS 是由数控加工设备、物料运储装置和计算机控制系统等组成的自动化制造系统，也是一种高效率、高精度和高柔性的加工系统，能根据加工任务或生产环境的变化迅速进行调整，以适宜于多品种、中小批量生产。它主要通过企业柔性制造系统与网络化制造的有效整合及采用柔性管理来构筑、提升其柔性的生产制造能力。

四、个性化定制新形式

随着科学技术的不断发展，个性化定制也在与时俱进。通过和当今热门的物联网、云平台、大数据、AR 技术结合，个性化定制呈现出更加丰富的形式。

（一）个性化定制 + 物联网、云平台

借助物联网技术的优势，构建服装的网络定制系统，面向顾客提供服装的个性化量身定制、在线购物、虚拟试衣等高附加值服务，利用射频识别、电子产品编码系统（Electronic Product Code，EPC）等物联网技术，实现对产品的智能化识别、定位、跟踪、监控和管理，达到信息的实时共享，可以有效应对和处理突发事故，如图 13-2-10 所示。

将网络量身定制技术扩大到物联网，与云平台连接，能够实现对产品（商品）信息的自动识别与共享，将客户的订单和服装价值链中的相关环节的数据和信息进行有效地集成和更新，从而实现对客户订单的快速反应，提高服务水平。同时加强了企业间的信息交流与合作，保证了商流、物流、资金流、信息流的有效衔接，降低供应链成本，如图 13-2-11 所示。

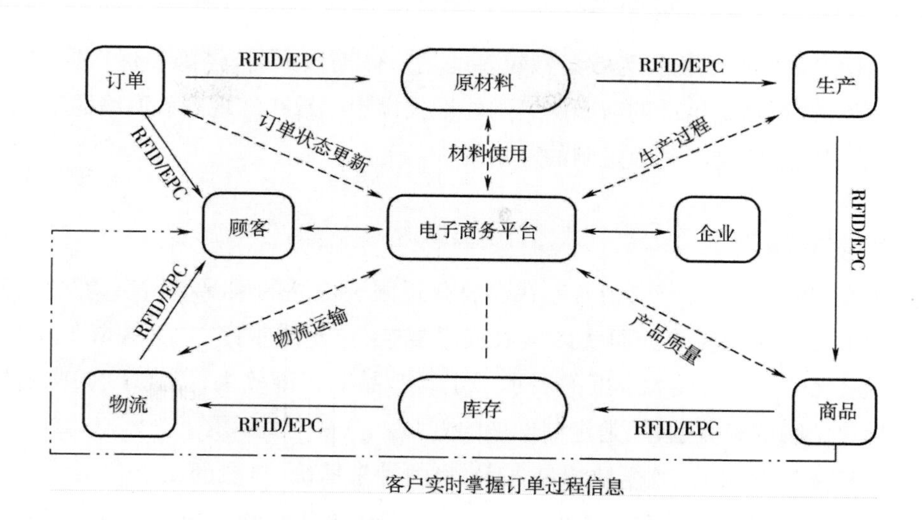

图 13－2－10　物联网下个性化定制的应用模型

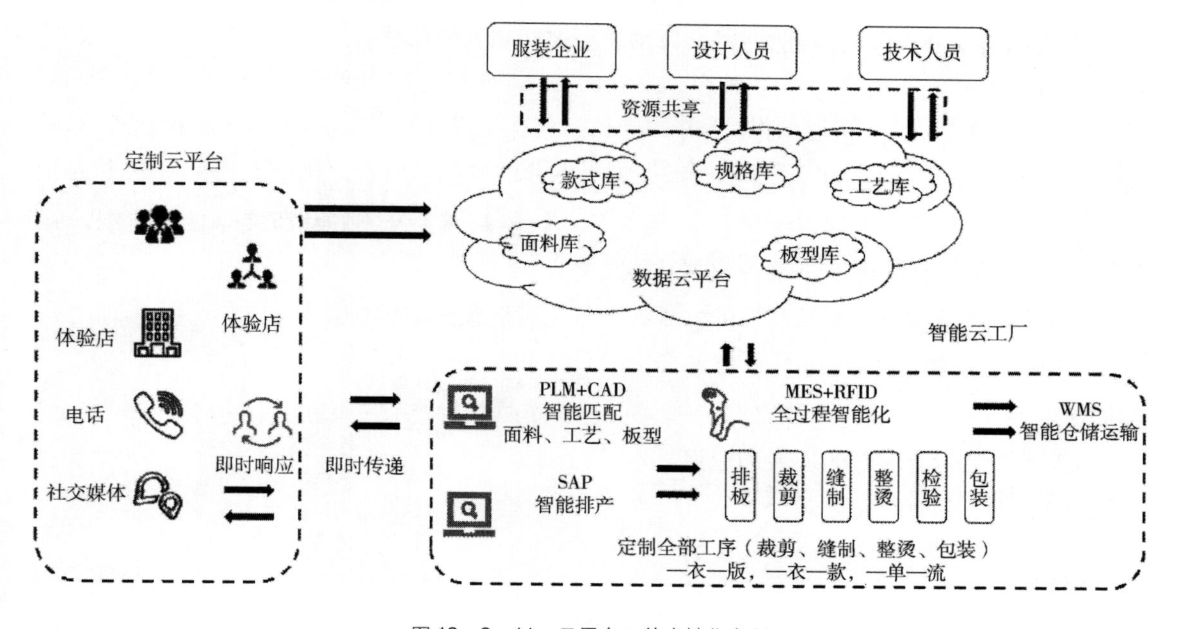

图 13－2－11　云平台下的个性化定制

(二)个性化定制＋大数据

大数据是智能化的基础,智能化改造必须由数据驱动。大数据是制造业智能化的基础,智能化并不仅意味着生产线自动化和无人工厂,而是利用互联网改变制造业的固定生产流程,实现柔性化生产和个性化定制。能否将产品信息转变为数据,在各个信息系统之间流动与协同,是智能化改造的关键。实现个性化定制依靠的首要途径就是数据标准化。

大数据下的服装个性化定制是基于网络大数据背景下提出的一种新的网络服装导购模式,

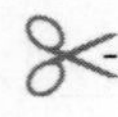

即当商家通过用户的网络购物行为收集到较多的用户体型数据时，经隐私保密原则，指导生产商细化尺码分类，进行精确生产的新型网络购物模式设想。旨在实现高效网络购物模式下的服装精准购买，实现网络购物与私人定制的基本统一。

（三）个性化定制+AR

服装大规模定制是以销定产，消费者在没有获得服装成品的情况下做出购买抉择，给消费者和企业都增加了潜在的风险。而实体试衣程序复杂，定制成本高，且大幅降低了生产效率。基于AR的虚拟化场景试衣最大限度的展示了定制产品的三维效果，提高了客户的消费意愿，确保服装规模化定制的有效途径，是定制发展的方向。

如云之梦科技从人体3D建模和测量入手，力图带来精确、自然的试衣效果。2016年云之梦科技自主开发了“云3D人体测量建模系统”和“云3D服装定制系统”，以VR虚拟现实技术为基础，建立起C2M式商业生态链，实现按需生产和定制。AR服装应用在动漫、游戏定制服装中，可以将周边动漫形象素材创意叠加，以增添更多趣味互动形式。

小结

本章主要分析了在互联网大背景下，服装行业智能制造生产方式和服装个性化定制，阐明了新技术的功能和特点以及未来行业的发展趋势。

本章的重点是对各国智能制造的发展和个性化定制模式的理解。

思考题

1. 简述各国智能制造的发展和应用。
2. 个性化定制有哪些模式？

附录

衬衫缝制标准

一、成品规格测量方法及公差范围

成品规格测量方法及公差范围见附表1。

附表1

单位:cm

序号	部位名称	测量方法	公差	备注
1	领大	领子摊平横量,立领量上口,其他领量下口	±0.6	
2	衣长	男衬衫:前、后身底边拉齐,由领侧最高点垂直量至底边 女衬衫:由前身肩缝最高点,垂直量至底边	±1	
3	长袖长	由袖子最高点量至袖头边	±0.8	
4	短袖长	由袖子最高点量至袖口边	±0.6	
5	胸围	扣好纽扣,前、后身放平(后褶裥拉开)在袖底缝处横量(周围计算)	±2	4cm 分档
			±1.5	3cm 分档
6	肩宽	男衬衫:由肩袖缝边1/2处,解开纽扣放平量 女衬衫:由肩袖缝交叉处,解开纽扣放平量	±0.8	

二、辅料规定

衬布缩水率和缝纫、锁眼线的性能、色泽应与面料相适应。

三、技术要求

1. 对条、对格规定

(1)19tex×2(29英支/2)纱以上面料有明显条、格在1cm以上者,按附表2规定。

(2)倒顺绒原料,全身顺向一致。

(3)特殊图案原料,以主图案为主,全身向上一致。

(4)色织格料纬斜不大于3%,前身底边不倒翘。

附表 2

单位：cm

序号	部位名称	对条、对格规定	备　注
1	左右前身	条料顺直，格料对横，互差不大于 0.4	遇格子大小不一致，以后身 1/3 上部为主
2	袋与前身	条料对条，格料对格，互差不大于 0.3	遇格子大小不一致，以袋前部的中心为准
3	斜料双袋	左右对称，互差不大于 0.5	以明显条为主（阴阳条例外）
4	左右领尖	条、格对称，互差不大于 0.3	遇有阴阳条、格，以明显条、格为主
5	袖头	左右袖头，条、格料以直条对称，互差不大于 0.3	以明显条、格为主
6	后过肩	条料顺直，两端对比，互差不大于 0.4	
7	长袖	格料袖，以袖山为准，两袖对称，互差不大于 1	5cm 以下格料不对横
8	短袖	格料袖，以袖口为准，两袖对称，互差不大于 0.5	3cm 以下格料不对横

2. 表面部位拼接范围

袖子允许拼角，不大于袖围 1/4。

3. 色差规定

（1）领面、过肩、口袋、袖头面料与大身高于 4 级。

（2）其他部位 4 级。

4. 外观疵点

按附表 3 规定。每个独立部位，只允许一处疵点。

附表 3

单位：cm

序号	疵点名称	各部位允许存在程度					样卡序号
		0 部位	1 部位	2 部位	3 部位	4 部位	
1	粗于 1 倍粗纱（2 根）	0	长 3 以下	长不限	长不限	长不限	5
2	粗于 2 倍粗纱（3 根）	0	长 1.5 以下	长 4 以下	长 6 以下	长不限	6
3	粗于 3 倍粗纱（4 根）	0	0	长 2.5 以下	长 4 以下	长 8 以下	7
4	双经双纬	0	0	长不限	长不限	长不限	8
5	小跳花	0	2 个	4 个	6 个	10 个	9
6	经缩	0	0	长 4 宽 1 以下	长 6 宽 1.5 以下	长 10 宽 2 以下	10
7	纬密不匀	0	0	不限	不限	不限	11
8	颗粒状粗纱	0	0	0	0.2 以下	0.2 以下	12
9	经缩波纹	0	0	0	长 4 宽 2 以下	长 6 宽 2 以下	13

续表

序号	疵点名称	各部位允许存在程度					样卡序号
		0 部位	1 部位	2 部位	3 部位	4 部位	
10	断经、断纬(1 根)	0	0	0	长 1.5 以下	长 3 以下	14
11	擦损	0	0	轻微	轻严重（不损纱）	同前	15
12	浅油纱	0	长 1.5 以下	长 2.5 以下	长 3.5 以下	长 5 以下	16
13	色档	0	0	轻微	轻微	轻微	17
14	轻微色斑	0	0	0.2^2 以下	0.3^2 以下	0.4^2 以下	18

注 1. 未列入的疵点，参照此表执行。

2. 浅油纱 1 部位浅色面料不允许，其他色泽在 60cm 距离内目测明显者不允许。

3. 色斑的允许程度不低于五级褪色卡 3～4 级。

4. 29 英支纱以下面料疵点长宽程度按此表扩大 50%。

5. 缝制规定

(1)针距密度按附表 4 规定。

(2)各部位线路顺直、整齐、牢固，松紧适宜。摆缝、袖底缝松紧，不低于外观缝制样卡序号 12。底边、袖口边缝松紧，不低于外观缝制样卡序号 14。口袋缝松紧，不低于外观缝制样卡序号 10。

(3)领子平服，止口整齐，领面松紧适宜，不反翘，不起泡。

(4)商标位置端正，号型标志清晰。

(5)锁眼不偏斜，扣与眼位相对。

(6)对称部位基本一致。

6. 整烫外观

(1)内外熨烫平服、整洁。

(2)领形左右基本一致，折叠端正、平挺。

(3)成品折叠尺寸：

男衬衫：长 31.5cm，宽 20.5cm。

女衬衫：长 29cm，宽 19cm。

附表 4

序号	项 目	针距密度(针)	备 注
1	明线	14～18/3cm	包括无明线的暗线 包括三线包缝
2	四线五线包缝	12～14/3cm	
3	锁眼	11～15/1cm	
4	钉扣	每眼不低于 6 根线	